AF537492

EUL
VERLAG

Rechnungslegung und Wirtschaftsprüfung

Herausgegeben von Prof. (em.) Dr. Dr. h. c. Jörg Baetge, Münster, Prof. Dr. Hans-Jürgen Kirsch, Münster, und Prof. Dr. Stefan Thiele, Wuppertal

Band 53
Vladimir Schirott
Bilanzabgang nach IFRS am Beispiel der Verbriefungstransaktionen – Eine konzeptionelle und bilanzpraktische Würdigung
Lohmar – Köln 2016 • 296 S. • € 59,- (D) • ISBN 978-3-8441-0438-7

Band 54
Nils Gimpel-Henning
Sukzessive Anteilserwerbe im IFRS-Konzernabschluss – Bilanzielle Auswirkungen des Statuswechsels von Unternehmensbeteiligungen
Lohmar – Köln 2015 • 320 S. • € 62,- (D) • ISBN 978-3-8441-0430-1

Band 55
Torsten Moser
Einflussfaktoren auf den Bilanzansatz selbst geschaffener immaterieller Güter nach dem BilMoG – Eine empirische Untersuchung zum Aktivierungsverhalten deutscher Unternehmen
Lohmar – Köln 2015 • 324 S. • € 62,- (D) • ISBN 978-3-8441-0431-8

Band 56
Ilka Lappenküper
Anteile an anderen Unternehmen im IFRS-Konzernanhang – Eine empirische Analyse der Informationsbedürfnisse von Kapitalmarktexperten gemäß IFRS 12
Lohmar – Köln 2016 • 308 S. • € 59,- (D) • ISBN 978-3-8441-0461-5

Band 57
David Sonius
Dynamik von Unternehmenskrisen – Eine empirische Untersuchung zur Reaktion von Kreditinstituten und Krisenunternehmen im Vorfeld des manifesten Krisenstadiums
Lohmar – Köln 2016 • 328 S. • € 68,- (D) • ISBN 978-3-8441-0470-7

JOSEF EUL VERLAG

Reihe: Rechnungslegung und Wirtschaftsprüfung · Band 57

Herausgegeben von Prof. (em.) Dr. Dr. h. c. Jörg Baetge, Münster, Prof. Dr. Hans-Jürgen Kirsch, Münster, und Prof. Dr. Stefan Thiele, Wuppertal

Dr. David Sonius

Dynamik von Unternehmenskrisen

Eine empirische Untersuchung zur Reaktion von Kreditinstituten und Krisenunternehmen im Vorfeld des manifesten Krisenstadiums

Mit einem Geleitwort von Prof. Dr. Jens Leker, Westfälische Wilhelms-Universität Münster

Bibliografische Information der Deutschen Nationalbibliothek

Die Deutsche Nationalbibliothek verzeichnet diese Publikation in der Deutschen Nationalbibliografie; detaillierte bibliografische Daten sind im Internet über <http://dnb.d-nb.de> abrufbar.

Dissertation, Westfälische Wilhelms-Universität Münster, 2015

D 6

ISBN 978-3-8441-0470-7
1. Auflage Juli 2016

JOSEF EUL VERLAG GmbH
Brandsberg 6
53797 Lohmar
Tel.: 0 22 05 / 90 10 6-6
Fax: 0 22 05 / 90 10 6-88
E-Mail: info@eul-verlag.de
http://www.eul-verlag.de

Bei der Herstellung unserer Bücher möchten wir die Umwelt schonen. Dieses Buch ist daher auf säurefreiem, 100% chlorfrei gebleichtem, alterungsbeständigem Papier nach DIN 6738 gedruckt.

Geleitwort

Krisenhafte Unternehmensentwicklungen sind in der betrieblichen Praxis und in der betriebswirtschaftlichen Forschung von besonderem Interesse. Denn nicht weniger als die Existenz eines Unternehmens wird grundlegend in Frage gestellt, wenn keine Lösung für die Ursachen der Unternehmenskrise gefunden wird. Die in diesem Kontext auf die betroffenen internen und externen Anspruchsgruppen des Unternehmens wirkenden Einflüsse sind gravierend.

In der vorliegenden Arbeit liefert Herr Sonius einen wichtigen Beitrag zum Verständnis der Dynamik von Unternehmenskrisen. Zugleich analysiert er für verschiedene Krisentypen das Verhalten der Stakeholder im Übergang zur manifesten Krise. Exemplarisch sei hier das Unternehmen mit unvorbereitetem Wachstum genannt, das sich durch ein überdurchschnittliches Wachstum auszeichnet. Unternehmen dieses Krisentyps werden zunächst überaus positiv bewertet und von Fremdkapitalgebern wohlwollend mit zusätzlichem Kapital begleitet. Letztlich endet die „Erfolgsstory" aber in einer manifesten Unternehmenskrise, da weder interne Organisationsstrukturen noch Finanzierungsstrukturen an das überproportionale Wachstum angepasst wurden.

Insbesondere die erstmalige Zusammenführung unterschiedlicher quantitativer und qualitativer Dimensionen zu einer „ganzheitlichen" Krisenbetrachtung führt zu erheblichen Erkenntnisgewinnen und zeigt anschaulich typische Krisenpfade auf, die Unternehmen immer wieder beschreiten. Hierbei rückt Herr Sonius vor allem die in der Vergangenheit bereits diskutierten „schwachen Signale" wieder in den Fokus und belegt deren Relevanz anhand empirischer Befunde.

In einem zweiten Teil untersucht Herr Sonius die Entscheidungsheuristik von Experten der Kreditinstitute. Der Autor versucht insbesondere der Frage auf den Grund zu gehen, welche Gründe Banker veranlassen ein Unternehmen aus der Normalbetreuung in eine Spezialeinheit zu überführen. Die hier gewonnenen Erkenntnisse wurden bisher noch nicht untersucht und zeigen deutlich, dass derartige Entscheidungen nicht auf Grundlage von quantitativ-statistischen Modellen getroffen werden, sondern vielmehr qualitative Dimensionen ausschlaggebend sind. Daher liefert die Arbeit auch in diesem Feld neue Erkenntnisse und leistet sowohl für die Wissenschaft als auch für die Praxis einen wertvollen Beitrag.

Münster, im Juli 2016 Prof. Dr. Jens Leker

Vorwort

Die vorliegende Arbeit entstand in den Jahren 2012 bis 2015. Während dieser Zeit arbeitete ich als Teil des Ratingteams am Institut für betriebswirtschaftliches Management an der Westfälischen Wilhelms-Universität. Die Arbeit wurde im November 2015 von der Wirtschaftswissenschaftlichen Fakultät angenommen.

An erster Stelle möchte ich meinem Doktorvater Prof. Dr. Jens Leker für die wissenschaftliche Betreuung danken. Einen besseren Doktorvater hätte ich mir nicht wünschen können. Zudem möchte ich Prof. Dr. Hans-Jürgen Kirsch für die Übernahme des Zweitgutachtens danken.

Seit einigen Jahren arbeite ich eng mit Dr. Harald Krehl und Prof. Dr. Andreas Del Re zusammen. Diese Zusammenarbeit ist von einer hohen gegenseitigen Wertschätzung und inhaltlichen Effizienz geprägt. Dafür möchte ich mich herzlich bedanken. Dabei ist mir bewusst, dass eine Fertigstellung ohne diesen Beistand nicht in dieser Form gelungen wäre.

A special thanks goes to my friend and mentor Prof. Dr. Robert „Bill“ Service. Besides occasional research approaches we are connected through wild fundamental discussions, especially to far-off topics. These discussions always lead to a significant broadening of horizons, which I wouldn´t dare to miss.

Ein besonderer Dank gilt auch Prof. Dr. Josef Fischer und Dr. Philipp Heldt-Sorgenfrei für die Begleitung meiner akademischen Laufbahn und zahlreichen fruchtbaren Diskussionen.

Prof. Dr. Uwe Kehrel, Leiter des Ratingteams und Prof. Dr. Nathalie Sick, möchte ich für die ungezählten inhaltlichen Diskussionen zu Unternehmenskrisen, aber auch zur Logik der vorliegenden Arbeit danken. Zudem gilt mein Dank Dr. Markus Weiß für zusätzliche Unterstützung bei der vorliegenden Arbeit.

Des Weiteren möchte ich mich bei den Herren Michael Schneider und Ralf Essling von der Commerzbank AG bedanken, da meine Auswertungen ohne ihre Unterstützung nicht möglich gewesen wären.

Hervorzuheben sind meine Institutskollegen, die mich während der gesamten Zeit fachlich und emotional unterstützt haben. Insbesondere gebührt Dank meinen Bürokollegen und mittlerweile sehr engen Freunden Dipl. Wirt-Chem. Sebastian Eidam und Dr. Nicole vom Stein. Neben zahlreichen gemeinsamen Nachtschichten führten die mittäglichen „postmensalen“ Kicker-Duelle zu erfrischenden Unterbrechungen. Des Weiteren möchte ich mich herzlich bei Dr. Hangzi Zhu für unzählbare witzige Momente, Dr. Xiaoheng Yu für das Erlernen diverser deutscher Sprichwörter und M.Sc. Sebastian Albers für erheiternde Mittagsstunden bedanken.

Zudem möchte ich mich bei M.Sc. Marie Bergstermann und M.Sc. Carolina Liewald für ihre vielfältige Unterstützung in der tagtäglichen Institutsarbeit, sowie redaktionellen Anpassungen der vorliegenden Ausarbeitung bedanken. Des Weiteren danke ich meinen Freunden StB Jan Wenger und M.Sc. Julia Zellmann fürs Korrekturlesen und anderen Hilfestellungen.

Besonderer Dank gebührt meiner Partnerin Mariane Florath, die stets mit einem offenen Ohr, zahlreichen Ideen zur Ablenkung, aber auch hilfreichen inhaltlichen Anmerkungen während dieser intensiven Zeit verständnis- und liebevoll an meiner Seite stand.

Abschließend möchte ich meiner Familie danken. Neben meinen beiden Schwestern Marlene und Greta plus der dazugehörigen neuen Generation, gilt mein Dank insbesondere meinen Eltern Ulrike Sonius und Martin Zumhagen-Sonius, die mich während meiner gesamten akademischen Entwicklung unterstützt haben. Ihnen ist diese Arbeit gewidmet.

Köln, im Juli 2016 David Sonius

Inhaltsverzeichnis

Abbildungsverzeichnis

Tabellenverzeichnis

Abkürzungsverzeichnis

Abs.	Absatz
AfA	Absetzung für Abnutzung
AG	Aktiengesellschaft1
AT	Allgemeiner Teil (MaRisk)
BaFin	Bundesanstalt für Finanzdienstleistungsaufsicht
BDU	Bundesverband Deutscher Unternehmensberater e.V.
BGB	Bürgerliches Gesetzbuch
bspw.	beispielsweise
BTO	Anforderungen an die Aufbau- und Ablauforganisation (MaRisk)
bzw.	beziehungsweise
ca.	circa
DATEV	Datenverarbeitungsorganisation des steuerberatenden Berufs in der Bundesrepublik Deutschland
df	Freiheitsgrad
eG	eingetragene Genossenschaft
et al.	et alii
etc.	et cetera
e.V.	eingetragener Verein
f.	folgende
gem.	gemäß
ggf.	gegebenenfalls
GmbH	Gesellschaft mit beschränkter Haftung
GmbHG	Gesetz betreffend die Gesellschaften mit beschränkter Haftung

GuV	Gewinn- und Verlustrechnung
HGB	Handelsgesetzbuch
Hrsg.	Herausgeber
IDW	Institut der Wirtschaftsprüfer e.V.
InsO	Insolvenzordnung
i. V. m.	in Verbindung mit
KfW	Kreditanstalt für Wiederaufbau
KMU	Kleine und Mittelgroße Unternehmen
KSI	Krisen-, Sanierungs- und Insolvenzberatung
KT	Krisentyp
MaRisk	Mindestanforderungen für das Risikomanagement
MOV	My Office Value
Mio.	Millionen
M&A	Mergers and Acquisitions
mKZI	manifester Krisenzustand I
mKZII	manifester Krisenzustand II
mKZIII	manifester Krisenzustand III
o. Ä.	oder Ähnliche(s)
PD	Probability of Default/ Ausfallwahrscheinlichkeit
S.	Seite
Sig.	Signifikanz
StGB	Strafgesetzbuch
Tz.	Textziffer
u. a.	unter anderem
Vblk	Verbindlichkeiten
Vblk KI	Verbindlichkeiten gegenüber Kreditinstituten
Vblk LuL	Verbindlichkeiten aus Lieferung und Leistung

u. v. m .	und vieles mehr
Vgl.	vergleiche
WP	Wirtschaftsprüfer
z. B.	zum Beispiel

Gesondert aufgeführt werden die Abkürzungen der unterschiedlichen Krisentypen:

Technik	Das technologisch gefährdete Unternehmen
Stützpfeiler	Das Unternehmen auf brechenden Stützpfeilern
Patriarch	Der konservative, starrsinnige Patriarch
Expansion	Das Unternehmen, das unvorbereitet expandiert
Abhängigkeit	Das abhängige Unternehmen
Mitarbeiter	Das Unternehmen mit unkorrekten Mitarbeitern
Einkauf	Das Unternehmen mit Problemen auf dem Beschaffungsmarkt
Finanzierung	Das Unternehmen mit innovativer Finanzierungstätigkeit
Nachfolge	Das Unternehmen mit fehlender Nachfolgeregelung

1. Einleitung

In der Qin-Dynastie des alten China wurde die Ambivalenz des Krisenbegriffs kontrovers diskutiert. Die alten Chinesen interpretierten Krisen entweder positiv, als Chance zur Metamorphose, oder aber negativ, als Beeinträchtigung der vorgelagerten Ziele.[1] So setzt sich das alt-chinesische Wort für „Krise“ aus zwei Schriftzeichen zusammen – Gefahr und Gelegenheit.[2] Die Etymologie des deutschen Wortes „Krise“ leitet sich allerdings von dem griechischen Wort „krisis“ ab. Im Griechischen wird „krisis“ grundsätzlich als eine entscheidende Wendung, insbesondere aber auch als eine schwierige und gefährliche Lage, in der eine Entscheidung herbeigeführt wird, bezeichnet. Der Krisenbegriff wurde in der Antike also ebenfalls ambivalent betrachtet. In der heutigen westlichen Hemisphäre wird diese Kontroverse jedoch nicht mehr geführt und die Krise ausschließlich negativ als Gefahr oder Bedrohung interpretiert.[3]

1.1 Problemstellung und Relevanz

Das primäre Ziel jeder Unternehmung liegt zwar in der Erwirtschaftung einer Mindestrendite, als hinreichende Bedingung kann aber die Sicherung der Zahlungsfähigkeit und der damit verbundenen Vermeidung manifester Unternehmenskrisen abgeleitet werden.[4] Insbesondere der finanziellen Führung kommt hierbei die Rolle der Krisenvorbeugung und -identifikation zu.[5] Die Literatur spricht aus einer volkswirtschaftlichen Betrachtung heraus auch von einem ökonomischen Naturrecht der Zahlungsfähigkeit.[6] Eine Verfehlung dieses primären Zieles sowie der vorgelagerte Entwicklungsprozess werden in der Regel als Unternehmenskrise bezeichnet.

Aus einer lösungsorientierten Perspektive betrachtet kann die Unternehmenskrise aber auch als ein Zustand bezeichnet werden, der sich entweder positiv, anhand einer gelungenen Restrukturierung, oder negativ, durch eine Insolvenz, auflösen lässt. Eine derart negative Auflösung der Unternehmenskrise wird durch die zahlreichen Insolvenzen in Deutschland dokumentiert und unterstreicht die hohe Relevanz existenzbedrohender Entwicklungen von Unternehmen.[7] Da einer Insolvenz in der Regel jedoch eine dynamische Unternehmenskrise vorangeht, muss die Zahl der negativ und positiv aufgelösten vorgelagerten Unternehmenskrisen bedeutend höher liegen.

---

1 Vgl. Jänicke (1973), S. 10.
2 Vgl. Ye (2010), S. 346 und 665 und 1030.
3 Vgl. Duden Online.
4 Vgl. Krehl (1988), S. 18.
5 Vgl. Witte (1963), S. 12-15; Hauschildt (1970), S. 1 und Kappler, Rehkugler (1985), S. 775 f.
6 Vgl. Heldt (2002), S. 4.
7 Vgl. Creditreform Rating Agentur (2015), S. 1-3.

Ein maßgeblicher Stakeholder zur positiven Beendigung von Unternehmenskrisen sind Kreditinstitute.[8] Banken besitzen die Expertise und das Netzwerk, krisenbehafteten Unternehmen unterstützend zur Seite zu stehen. Jedoch sieht die Literatur vielfach das Problem, dass Kreditinstitute die Krisenunternehmen regelmäßig zu spät in die Intensivbetreuung überführen.[9] Erst in diesem Prozess kann krisenbehafteten Unternehmen die notwendige Expertise und das Bankennetzwerk problemlösend zur Verfügung gestellt werden kann. Dies ist problematisch, da der Zeitpunkt zur Überführung in die Intensivbetreuung wesentlich für die erfolgreiche Auflösung der Unternehmenskrise und damit der Fortführung der Geschäftstätigkeit ist. Denn je früher das Unternehmen in die Intensivbetreuung übernommen wird, desto wahrscheinlicher ist eine positive Rückführung in die Normalbetreuung und somit die positive Überwindung der Unternehmenskrise.[10] Würden Kreditinstitute eine Krise bereits in einem früheren Krisenstadium erkennen, könnten frühzeitige und individuell angepasste Betreuungen gewährleistet werden.

In der Literatur sind überwiegend Ansätze über den Verlauf von Unternehmenskrisen anhand von Daten aus dem Jahresabschluss und weiterer quantitativer Daten zu finden. Zahlreiche Beiträge in den Bereichen Bilanzanalyse und statistischer Insolvenzprognose unterstreichen dies.[11] Eine weitere Ausrichtung der Krisenforschung beschreibt Unternehmenskrisen mithilfe von Krisentypen, in der neben quantitativen auch qualitative Kriterien in der Krisenbeschreibung berücksichtigt werden.

Die Krisentypologieforschung hat zahlreiche Beiträge hervorgebracht, die kreativ, praxisnah und plausibel unterschiedlichste Krisentypen ableiten, aber auch immer Ausdruck der jeweiligen Marktgegebenheiten sind.[12] Der Kern der Krisentypologie liegt in der möglichst objektiven, aber externen Beschreibung von Krisenausprägungen, vernachlässigt aber häufig die Geschäftsbeziehung zwischen den Unternehmen und ihren externen Stakeholdern.

In der Beschreibung von Unternehmenskrisen bedarf es jedoch auch einer Berücksichtigung der aktiven Geschäftsbeziehungen und deren zeitlichen Veränderungen. Bei der Beurteilung von Geschäftsbeziehungen ist insbesondere der qualitative Bereich hervorzuheben. Denn der Kern problematischer Geschäftsbeziehungen bei Unternehmenskrisen liegt im Vertrauensverlust zwischen Unternehmen und Stakeholdern begründet,[13] wobei Vertrauen das Kernelement

---

8 Banken, Kreditinstitute, Fremdkapitalgeber und Finanzintermediäre werden im Folgenden synonym genutzt.

9 Vgl. Lüthy (1988), S. 205; Arnold, Ifftner, Portisch (2011), S. 90 und Portisch (2015), S. 13 f.

10 Vgl. Kastner (2007), S. 338; Arnold/ Ifftner/ Portisch (2011), S. 87 und Portisch (2011), S. 34.

11 Die in der Praxis eingesetzten Ratingsysteme stützen die Urteile überwiegend auf Jahresabschlussdaten, vgl. Schnettler (1933); Leffson (1984); Leker (2001), S. 291; Krehl, Knief (2002); Baetge, Kirsch, Thiele (2004); Fischer (2012) und Küting, Weber (2015).

12 Vgl. Argenti (1976); Miller (1977); Hauschildt (1983); Grenz (1987); Lüthy (1988); Pauchant, Mitroff (1992); Lerbinger (1997); Hauschildt (2000); Hwang, Lichtenthal (2000); von Allwörden (2005); Gundel (2005); Snyder et al. (2006); Grape (2006); Leker (2008) und Weiß (2013).

13 Vgl. Krystek, Moldenhauer (2007), S. 73.

jeglicher (Geschäfts-)Beziehungen bildet.[14] Ein Verlust von Vertrauen ist hingegen Ausdruck enttäuschter Geschäftspartner. Bei ausgeprägtem Misstrauen unter den Geschäftspartnern wird eine Überprüfung und Validierung der Gegenpartei zur Verringerung von Risiken notwendig,[15] denn sowohl die direkten, als auch die indirekten Kosten von Insolvenzen sind für alle Stakeholder enorm.[16] Gleichwohl verursacht die zusätzliche Transparenz zur Überprüfung von Geschäftspartnern erhebliche Kosten.

Da die Ausprägung des Vertrauens als eine Funktion des zeitlichen Verlaufs von Geschäftsbeziehungen beschrieben werden kann, muss auch der zeitliche Aspekt einer Unternehmenskrise betrachtet werden.[17] Der aktuellen Krisenforschung fehlt hingegen ein dynamischer Ansatz zur Betrachtung von Unternehmenskrisen unter Berücksichtigung quantitativer und qualitativer Kriterien.

1.2 Zielsetzung der Arbeit

Basierend auf diesen Problemstellungen verfolgt die vorliegende Arbeit mittels einer empirischen Untersuchung zwei vorrangige Ziele. Zunächst wird ein Modell zur dynamischen Beschreibung von Unternehmenskrisen im latenten Krisenstadium abgeleitet und in Abhängigkeit von Krisentypen untersucht. Hierbei liegt der Fokus auf der Darstellung der Dynamik von Krisenverläufen.

In einem zweiten Schritt verfolgt die Analyse das Ziel, Reaktionsmuster von Stakeholdern zur Einordnung in manifeste Krisenzustände zu identifizieren, zu beschreiben und – wenn möglich – zu prognostizieren. Dies gibt Kreditinstituten die Möglichkeit, die Überführung krisenbehafteter Unternehmen in die intern spezialisierten Intensivbetreuungseinheiten effizienter zu gestalten. Diese beiden Zielsetzungen können in den folgenden zwei Forschungsfragen zusammengefasst werden.

1. Welcher Dynamik unterliegen latente Unternehmenskrisen auf quantitativer und auf qualitativer Ebene?

2. Welche Faktoren beeinflussen die Entscheidung der Stakeholder im Rahmen der Feststellung manifester Krisenzustände?

Grundsätzlich können die Forschungsfragen aus verschiedenen Perspektiven betrachtet und beantwortet werden. Der vorliegende Forschungsbeitrag betrachtet allerdings den Zeitraum einer latenten Krise sowie den Übergangszeitpunkt ins manifeste Krisenstadium. Daher hat

---

[14] Vgl. Schoorman, Mayer, Davis (2007), S. 344 und Gullett et al. (2009), S. 330.

[15] Vgl. Gullett et al. (2009), S. 331.

[16] Vgl. Moulton, Thomas (1993), S. 130-132.

[17] Vgl. Morgan, Hunt (1994), S. 22; Saparito, Chen, Sapienza (2004), S. 400-410 und Laske, Neunteufel (2005), S. 44.

die Arbeit weder den Anspruch Krisenbeschreibungen im manifesten Krisenzustand her-, noch Ansätze zur Heilung der Krisen abzuleiten.[18]

1.3 Aufbau der Arbeit und Abgrenzung

Anhand der aufgeworfenen Fragestellungen bietet sich eine inhaltliche Vierteilung der Arbeit an.

Nach dieser Einleitung wird zunächst der theoretische Bezugsrahmen der Analyse beschrieben. Hierbei wird die Krisentheorie mit ihren unterschiedlichen Ausprägungen – Ursachen, Typologie und Phasenmodelle – vorgestellt. Um dynamische Krisenverläufe ableiten zu können, wird hierbei der Fokus insbesondere auf die Krisentypologien und die Krisenphasenmodelle gelegt. Zudem werden verschiedene Verhaltensmuster von Stakeholdern und Krisenunternehmen in Krisensituationen aus der Literatur vorgestellt.

Nachdem der theoretische Bezugsrahmen gesetzt wurde, legt das dritte Kapitel den Fokus auf den konzeptionellen Rahmen und die Modellentwicklung des dynamischen Krisenmodells. Nach einer ersten konzeptionellen Weiterentwicklung der aktuellen Theorie-Konstrukte erfolgt die Entwicklung des Modells zur Untersuchung der Dynamik von Unternehmenskrisen. Des Weiteren wird ein Krisenphasenmodell aus einer handlungsorientierten Sichtweise weiterentwickelt. Dieser Ansatz dient folgend zur Ableitung des konzeptionellen Konstrukts zur Überprüfung des Verhaltens von Stakeholdern im manifesten Krisenzustand.

Anschließend wird im vierten Kapitel zunächst das Krisendynamik-Modell an Hand von empirischen Daten validiert. Der Fokus liegt hierbei in der Darstellung verschiedener Krisenverläufe in Abhängigkeit der Krisentypologie mithilfe eines parametrischen Testverfahrens. Im zweiten Befundblock werden multivariate Diskriminanzanalysen zur Ermittlung der Reaktionen von Stakeholdern angewandt und die Einflussfaktoren zur Einordnung in unterschiedliche manifeste Krisenzustände empirisch überprüft.

Den Kern der Arbeit bildet Kapitel 5, welches anhand der Forschungsfragen zweigeteilt ist. Im ersten Abschnitt werden die dynamischen Verläufe von Unternehmenskrisen in Abhängigkeit von krisentypologischen Ansätzen mithilfe des Dynamik-Modells beschrieben und diskutiert. Den zweiten Teil des fünften Kapitels bildet eine ausführliche Diskussion über die Einflussfaktoren und das Entscheidungsverhalten von Stakeholdern im manifesten Krisenstadium und deren Einordnung in den jeweiligen Krisenzustand. Das Kapitel endet mit Implikationen, die aus dem vorliegenden Forschungsbeitrag abgeleitet werden.

---

[18] Vgl. zum Krisenmanagement fortführend Pearson, Clair (1998); Beck, Möhlmann (2000); Krystek, Moldenhauer (2007); Tobias (2012); Thießen (2013) und Evertz, Krystek (2014).

Die Arbeit schließt mit einer Zusammenfassung und einem Fazit der beobachteten Krisenverläufe und den Reaktionen der Stakeholder auf die Verläufe. Abbildung 1 visualisiert den Aufbau der vorliegenden Arbeit.

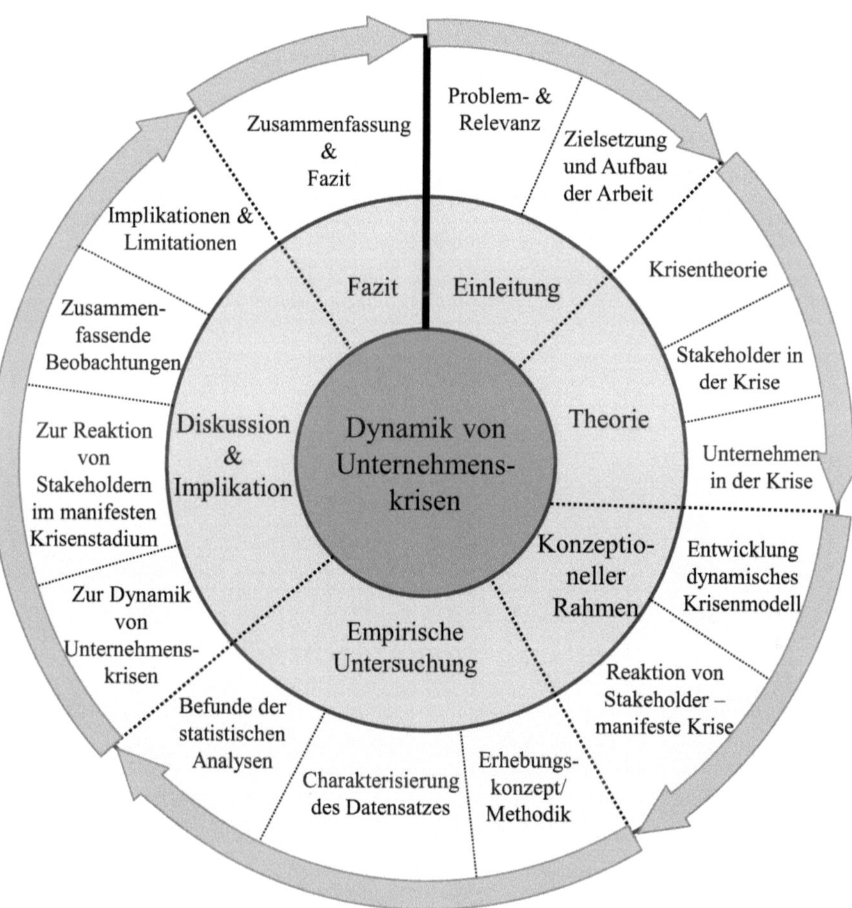

Abbildung 1: Aufbau der Arbeit.

2. Theoretischer Bezugsrahmen

In der Betriebswirtschaftslehre, beispielsweise bei der Berechnung von Unternehmenswerten, wird von einer unendlichen Dauer der Geschäftstätigkeit ausgegangen. Die Unsterblichkeit – ausgedrückt durch das Kalkül der ewigen Rente – wird aktuell kontrovers diskutiert.[19] Da vor allem kleine und mittelgroße Unternehmen (KMU) erheblichen Insolvenzrisiken unterliegen, kann die Annahme eines ewig existierenden Unternehmens als allgemeingültige Annahme eher nicht bestätigt werden.[20] Einer Insolvenz ist in der Regel eine Unternehmenskrise vorgelagert. Während der üblicherweise jahrelangen vorausgehenden Krise bieten sich dem Unternehmen zahlreiche Handlungsoptionen zur Vermeidung einer Insolvenz.[21] Zwar können Unternehmen auch durch externe Schocks in eine Insolvenz gezwungen werden, üblicherweise geht die Insolvenz allerdings mit einem vorgelagerten Krisenprozess einher.

2.1 Krisentheorie

Anfänglich konnte die Zielsetzung der Krisentheorie auf Schmalenbachs Analogie aus den späten 40er Jahren komprimiert werden. Schmalenbach schreibt: „Was der Arzt für den Menschen, das ist der Wirtschaftsprüfer für den Betrieb [...] die Prüfung der Bilanz, der Gewinn- und Verlustrechnung [...] ist mit der des Arztes verwandt.“[22] Auch die in der Krisentheorie genutzten Begriffe sind oftmals an solche der Medizin angelehnt. So spricht man von gesunden und kranken Unternehmen, (Krisen-) Symptome, (Krisen) Diagnose und Vorsorgenuntersuchungen.[23] Gleichwohl erscheint das Niveau der betriebswirtschaftlichen Krisentheorie dem der medizinischen Forschung bei Weitem unterentwickelt. Wird doch vornehmlich in Gegensatzpaaren wie solvent – insolvent, kreditwürdig – nicht kreditwürdig und liquide – illiquide unterschieden. Dies entspricht in medizinischer Betrachtungsweise einer Diagnose von krank und gesund, welches die überwiegende Mehrheit von Patienten zu recht nicht zufriedenstellen würde. Jedoch unterliegt die Krisentheorie im Gegensatz zur medizinischen Forschung einer eher unsteten Weiterentwicklung – immer als Reaktion auf gesamtwirtschaftliche Krisen.

Die erste Aufgabe der Krisentheorie besteht in einer Definition von Krise. Unternehmenskrisen werden als eine existenzbedrohende Gefährdung des Unternehmens, bzw. des Geschäftsmodells definiert. Eine weitere Verschlechterung, oder in einigen Fällen, eine Fortfüh-

---

19 Vgl. Schieszl, Bachmann, Amann (2012), S. 631.

20 Die Insolvenzzahlen aus Deutschland unterstreichen die Existenz von Insolvenzen. Diese relativ hohe Zahl an Unternehmensinsolvenzen widerspricht dem Kalkül der ewigen Rente zumindest bei kleinen und mittelgroßen Unternehmen. Vgl. Creditreform (2014), S. 25 und Leker, Sonius (2015), S. 734.

21 Vgl. Baetge, Schmidt, Hater (2012), S. 19.

22 Vgl. Schmalenbach (1948), S. 3.

23 Vgl. Krehl, Hauschildt (1988), S. 91-101 und Hauschildt (2000), S. 2.

rung der aktuellen Finanz- und Erfolgsplanungen kann dann zu einer Überschuldung oder Illiquidität führen.[24]

Fünf Merkmale sind kennzeichnend für eine Unternehmenskrise. Erstens sind Unternehmenskrisen bestandsgefährdend, sie gefährden die Fortführung der Geschäftstätigkeit. Zweitens treten Unternehmenskrisen üblicherweise überraschend, d.h. zu ihrem Zeitpunkt unerwartet und unbeabsichtigt,[25] bzw. ungewollt auf.[26] Zudem sind Unternehmenskrisen meist ambivalent. In den wenigsten Fällen sind Krisen monokausal erklärbar und basieren auf einer Vielzahl interagierender Ursachen. Daher werden Krisen meist zu spät oder nur sehr schwer erkannt. Das vierte Merkmal beschreibt die begrenzte Zeitspanne für die Unternehmensleitung zur Gegensteuerung und Restrukturierung.[27] Fünftens begrenzen Unternehmenskrisen den Handlungsspielraum krisenbehafteter Unternehmen. Je tiefer diese in eine Krise geraten, bzw. je länger sie in der Krise verharren, desto weniger Handlungsalternativen bieten sich diesen Unternehmen.[28]

Die Literatur liefert eine Vielzahl unterschiedlicher Definitionen und Formulierungen zur Beschreibung von Unternehmenskrisen.[29] Aus diesem Grund sollen keine weiteren Ansätze hinzugefügt werden und mit der zuvor formulierten Definition gearbeitet werden.

2.1.1 Werdegang der Krisenforschung

Üblicherweise wird die Krisenforschung inhaltlich in die drei großen Bereiche Krisenbeschreibung, Krisenfrüherkennung und Krisenbewältigung unterteilt. Die Krisenbeschreibung ist mit den Ausprägungen Krisenursachenforschung, Krisenphasenmodelle und Krisentypenforschung zu finden, welche theoretisch oder empirisch bearbeitet werden können. Unter die Forschung zur Krisenfrüherkennung können insbesondere Ansätze zu Frühwarnsysteme und Insolvenzprognosen, bzw. Rating subsummiert werden. Der große Forschungsbereich der Krisenbewältigung kann durch die Forschungsansätze zu Krisenmanagement, Restrukturierung und Sanierung beschrieben werden.

Als Ausgangspunkt und somit zentral für die weiterführende Krisenforschung ist die Krisenursachenforschung zu bezeichnen. Die Erforschung von Krisenursachen wurde bereits in den 1930er Jahren in ersten Arbeiten begonnen.[30] In einem zweiten Schritt wurden Krisenpha-

---

24 Vgl. Witte (1981), S. 11.

25 Vgl. Tafoya (2013), S. 65 f.

26 Zwar bieten Wissenschaft und Praxis immer mehr Controlling- und Signaltools zur Krisenfrüherkennung, trotzdem werden die meisten Krisen erst zu einem „späten" Zeitpunkt identifiziert.

27 Vgl. Pearson, Clair (1998), S. 60; Sandin (2009), S. 109f. und Baetge, Schmidt, Hater (2012), S. 21 f.

28 Vgl. Hauschildt (2004), S. 714.

29 Vgl. stellvertretend für viele Hauschildt (2000), S. 1 und Krystek, Moldenhauer (2007), S. 25f. und die dort genannten Autoren.

30 Vgl. Fleege-Althoff (1930) und Findeisen (1932).

senmodelle entwickelt, die vor allem durch die Dimensionen Intensität der Krise und Handlungsmöglichkeiten des krisenbehafteten Unternehmens bestimmt werden.[31] Inhaltlich enger an der Krisenursachenforschung gelegen, zeitlich jedoch nach der Krisenphasenmodellforschung begann die Forschung anhand von Krisentypologien.[32]

Darauf aufbauend konnten Modelle zur Krisenfrüherkennung entwickelt werden. Einfache Frühwarnsysteme[33], welche zunächst sehr simple Konstrukte darstellten, wurden auch aufgrund von Bestrebungen des Baseler Ausschusses durch (statistische) Methoden der Insolvenzforschung weiterentwickelt.[34] Zwar nicht zeitlich nach der Krisenfrüherkennung gelegen, sachlich jedoch am Ende des Krisenprozesses ist die Forschung im Bereich Krisenbewältigung aufzuführen. Krisenbewältigung unterteilt sich in die beiden großen Segmente Krisenmanagement und Restrukturierung/ Sanierung. Ansätze zum Krisenmanagement sind getrieben durch die Leitfrage „Wie verhalte ich mich in der Krise?“, wohingegen der Bereich Restrukturierung und Sanierung die Leitfrage „Wie beende ich die Unternehmenskrise und wie verändere ich das aktuelle zu einem nachhaltigen Geschäftsmodell?“ zu beantworten versucht.[35]

Hauschildt unterteilt die Krisenforschung methodisch in einen theoretischen und einen empirischen Bereich. Die empirischen Untersuchungen gliedert er in Studien zur Krisentypologie[36] und in Studien zur Suche nach qualitativen Ursachen. Als dritten Bereich beschreibt er die quantitative Krisenforschung, d.h. Untersuchungen zur krisenorientierten Bilanzanalyse. Schulenberg differenziert 2008 die Krisenforschung in sechs Forschungsbereiche. Auch er unterscheidet im Wesentlichen zwischen theoretischen und empirischen Untersuchungen. Inhaltlich gliedert er jedoch nach Krisenwirkung, klassischen Krisenursachen, Diskontinuitäten, Erfolgspotenziale, Früherkennung und theoretischer Krisenforschung.[37] Hauschildts und Schulenbergs Ansätzen gemein ist die Unterscheidung zwischen theoriegetriebenen und empirischen Untersuchungen. Die empirischen Untersuchungen werden üblicherweise in eine qualitative und eine quantitative Ausrichtung unterteilt.

Sinnvoll ist zunächst eine Betrachtung der empirischen Untersuchungen zu Krisenursachen. Anschließend werden die empirischen Ansätze und Befunde zur Erforschung von Krisenty-

---

31 Im Folgenden wird zwischen der Restrukturierungsperspektive, der Erfolgs- und finanzwirtschaftlichen Perspektive und der Wahrnehmungsperspektive unterschieden. Kapitel 2.1.4 bietet hierzu eine theoretische Einführung.

32 Die Zahl der in der Theorie abgeleiteten Krisentypologien ist enorm. Kapitel 2.1.3. bietet hierzu eine Auswahl von Krisentypologien im chronologischen Ablauf.

33 Oftmals Ampelsysteme, vgl. hierzu fortführend Stober, Moldenhauer (2004), S. 394; Dürselen (2012), S. 196; Stausberg (2012), S. 314 und Grelck, Richter (2012), S. 516.

34 Vgl. Heldt-Sorgenfrei (2012), S. 4 f.

35 Vgl. Gless (1996), S. 20.

36 Die Studien zur Krisentypologie werden nachfolgend in Kapitel 2.1.3 Krisentypologie ausführlich erläutert.

37 Vgl. Schulenburg (2008), S. 41.

pologien dargestellt. Abschließend runden die in der Literatur viel diskutierten Krisenphasenmodelle die theoretische Krisentheorie ab.

2.1.2 Krisenursachen

Ursachen von Unternehmenskrisen sind vielfältig und die Forschung in diesem Bereich blickt auf eine lange Tradition zurück. Bereits in den 1930er Jahren erstellten Fleege-Althoff und Findeisen erste Arbeiten.[38] Fleege-Althoffs Untersuchungen auf Basis von Geschäftsberichten und Konkursunterlagen aus den Jahren 1925-1929 stellt die Begründung der Krisenursachenforschung dar. In dieser Untersuchung wurden endogene und exogene Krisenursachen unterschieden. Zu den wichtigsten exogenen Faktoren zählten neben konjunkturellen, auch wirtschafts- und sozialpolitische, wettbewerbliche sowie kontrahentenbedingte Ursachen. Die endogenen Krisenursachen sind in den konstitutionellen Bedingungen über das Unternehmen, d.h. Standort, Organisation, Rechtsform und Management gelegen. Des Weiteren identifiziert Fleege-Althoff Ursachen in den Unternehmensbereichen Produktion, Disposition und Rechnungswesen.[39]

Der Logik von Fleege-Althoff folgend wurden zahlreiche Folgeuntersuchungen und Forschungsansätze durchgeführt. So unterscheidet die Mehrzahl der Untersuchungen zwischen unternehmensexternen (exogenen) und unternehmensinternen (endogenen) Krisenursachen. Nachfolgend wird zunächst ein kurzer Überblick über den Forschungsstand zu exogenen Krisenursachen aufgeführt. Anschließend werden die wesentlichen Analysen endogener Krisenursachenforschung beschrieben.

Unternehmensexterne Krisenursachen

Unternehmensexterne Krisenursachen sind in der Literatur bisher im Vergleich zu endogenen Krisenursachen weniger umfangreich untersucht worden. Dies liegt insbesondere darin begründet, dass exogene Krisenauslöser nicht im Handlungsbereich der Unternehmung liegen. Cameron/ Zammuto untersuchten in den 1980er Jahren Unternehmenskrisen, welche aufgrund von Veränderungen des Marktes aufgetreten sind.[40] Hier wurde der Fokus auf Unternehmen gelegt, die in Marktnischen positioniert waren. Es konnten zwei Treiber identifiziert werden, die einen wesentlichen Einfluss auf Unternehmen in Marktnischen ausüben. Erstens schrumpfen Marktnischen, wenn sich der Zugang zu verfügbaren Ressourcen verringert. Zweitens übt eine plötzliche Abnahme des Nachfrageverhaltens durch veränderte Präferenzen der Nachfrager einen erheblichen Einfluss auf Nischenprodukte und die bereitstellenden Unternehmen aus.[41] Weitere exogene Krisenursachen wurden in soziokulturellen Gegebenheiten

[38] Vgl. Fleege-Althoff (1930) und Findeisen (1932).
[39] Vgl. Fleege-Althoff (1930), S. 83-85.
[40] Vgl. Cameron, Zammuto (1983), S. 361-363.
[41] Vgl. Cameron, Zammuto (1983), S. 361.

identifiziert. Eine Ausprägung von Widerstand kann insbesondere in bewussten, externen Anschlägen auf das Unternehmen und dessen Produkte gesehen werden.[42] Des Weiteren sind Unternehmen oftmals abhängig von rechtlichen Rahmenbedingungen und politischen Gegebenheiten eines Landes. Insbesondere die Rechtssicherheit ist eine nicht zu vernachlässigende Komponente in der Bewertung von Bonität, Kreditwürdigkeit und diesen folgend der Krisenresistenz.[43] Brühl diskutiert Politik und Gesetzgebung als wesentlichen Faktor von Unternehmenserfolg und -misserfolg.[44] Auch die aktuelle Diskussion um die Subventionierung erneuerbarer Energie und der Einführung des EEG führte zu zahlreichen Unternehmenskrisen und Insolvenzen in der Solarbranche.[45] Neben den generellen externen Krisenursachen wurden zudem Studien zur Auswirkung spezifischer Wirtschaftskrisen durchgeführt. Untersuchungen zur Dot-Com Blase in der Jahrtausendwende[46] folgten Untersuchungen zur Finanz- und Wirtschaftskrise[47] sowie der Eurokrise.[48] Eine zusammenfassende Darstellung externer Krisenursachen bieten Macharzina/ Wolf.[49]

Unternehmensinterne Krisenursachen

Die Literatur legt den Fokus überwiegend auf die Erforschung endogene Krisenursachen als Untersuchungsgegenstand. Dies liegt erstens an den zahlreichen Handlungsmöglichkeiten, die einem Unternehmen im Falle unternehmensinterner Krisenursachen obliegen, zweitens an der praktischen Relevanz. Bereits Fleege-Althoff konstatierte 1930, dass die endogenen Krisenursachen gegenüber exogenen Krisenursachen dominant seien. Er diagnostizierte insbesondere die mangelhafte Qualifikation der Unternehmensleitung als zentrale Ursache für Unternehmenskrisen in den späten 1920er Jahren.[50]

Argenti benennt sechs Fehler des Managements, die zu Krisen führen. Erstens lösen autokratische Organisationsformen Krisen aus. Die Unternehmensleitung ist demnach nicht ein(e) herausstechende(r) Wissensträger oder besondere Führungsperson, sondern dominiert die Mitarbeiter. Zweitens kontrollieren die Aufsichtsgremien den Vorstand nicht auf die ihnen anvertraute Art und Weise, sondern sind als Organ schwach und ohne die notwendige Kompetenz und Erfahrung. Drittens sind die Aufsichtsratsmitglieder nicht in wesentliche Entscheidungen eingebunden und werden nicht mit den zur Entscheidungsfindung notwendigen

---

42 Vgl. Töpfer (1999), S. 17.

43 Bei der Bewertung von Ländern sind Rechtssicherheit und politische Konditionen ein stark gewichtetes Element der Länderratings, Vgl. Behn et al. (2013), S. 4 f.

44 Vgl. Brühl (2004), S. 161.

45 Die Solarbranche soll hier stellvertretend für den gesamten Markt von erneuerbaren Energien genannt werden.

46 Vgl. stellvertretend für viele Vgl. Ofek, Richardson (2003), S. 1113-1137 und Schnabl (2009), S. 660-664.

47 Vgl. stellvertretend für viele Vgl. Fleming (2012), S. 167-177 und Covitz, Liang, Suarez (2013), S. 815-848.

48 Vgl. stellvertretend für viele Vgl. Neubäumer (2011), S. 831.

49 Vgl. Macharzina, Wolf (2012), S. 669.

50 Vgl. Fleege-Althoff (1930), S. 171.

operativen Informationen ausgestattet. Viertens liegen viel operative und strategische Entscheidungsbefugnis bei der gleichen Person. Fünftens ist der Posten der finanziellen Leitung entweder nicht besetzt oder mit wenig Kompetenz ausgestattet. Als sechste und letzte Ursache werden fehlende Managementqualitäten auf den unteren Managementebenen aufgeführt. Des Weiteren wirken mangelhafte, bzw. fehlende interne Kontrollsysteme und Liquiditätspläne krisenverschärfend. Als wesentliche Fehler, die schließlich in eine Krise führen, benennt Argenti eine zu starke Erhöhung des Leverage Effektes, ein herausforderndes Ziel des Umsatzwachstums ohne entsprechende Anpassung der Profitziele und die Einführung eines Projektes, welches noch nicht ausgereift ist und zu Problemen führt.[51] Die nachfolgende Tabelle gibt einen Überblick über die in der Literatur beschriebenen Krisenursachen.[52]

Tabelle 1: Übersicht Krisenursachen.[53]

Unternehmens-/ Problemsegment	Ausprägung

Person des Unternehmers/ Managers	- Fehlerhafte Entscheidungen/ Managementfehler / Missmanagement
	- Wechselndes Führungspersonal
	- Starres Festhalten an früher erfolgreichen Konzepten
	- Gesellschafterstreitigkeiten
	- Patriarchalischer Führungsstil
	- Unklare Nachfolge
	- Zu hohe Entnahmen
	- Fehlendes Wissen
	- Kein Verständnis des Bankgeschäftes
	- Führungsfehler
	    - Ineffizienter Prozessablauf
	    - Koordinationsmängel
	    - Fehlende Kontrolle
	    - Entscheidungsschwäche
	    - Entscheidungsfreude
	    - Hohe Fluktuation des Managements
	- Fehlende Strategie

Institution	- Organisation
	    - Unübersichtliche Organisation
	    - Fehlende organisatorische Anpassung
	    - Rechtsformnachteile
	    - Hoher Spezialisierungsgrad
	    - Niedriger Spezialisierungsgrad
	    - Unflexible Kostenstruktur
	    - Langsame Entscheidungsfindung

[51] Vgl. Argenti (1976), S. 13 f.

[52] Die aktuelle Validierungsstudie von Krisenursachen von Sonius et al. dient als Grundlage dieser Tabelle, vgl. Sonius et al. (2015).

[53] Vgl. Reske, Brandenburg, Mortsiefer (1976); Robl, Thürbach (1976); Bourgeois III (1981), S. 30 und 37; Nystrom, Starbuck (1984), S. 53-65; Hambrick, Crozier (1985), S. 39; Whetten (1987), S. 341; Penrose (1995); Hauschildt (2000); Wieselhuber (2002); Hauschildt (2005); Probst, Raisch (2005), S. 90 und 92; Hauschildt, Grape, Schindler (2006), S. 13; Krystek, Moldenhauer (2007), S. 44-45; Hambrick (2007), S. 334; Carmeli, Sheaffer (2009), S. 363 f. und Sonius et al. (2015), S. 200 f.

Unternehmens-/ Problemsegment	Ausprägung

	- Zu schnelles organisches Wachstum
	- Mangelhafte Personalplanung
	- Unkorrekte Mitarbeiter
	- Ausgeprägte Loyalität gegenüber Mitarbeitern
	- Fachkräftemangel
	- Mangelndes Planungs- und Kontrollsystem
	    - Fehlen eines konsolidierten Abschlusses
	    - Mängel in Kostenrechnung
	    - Mangelhafte Erfolgsaufschlüsselung
	    - Mangelhafte Finanzplanung
	    - Mangelhafte Projektplanung
	    - Mangelhafte IT-Struktur
	    - Schlechtes Vertragsmanagement
	    - Mangelhaftes Forderungsmanagement
	- Problembehaftetes Projektcontrolling
	- Mangelhaft agierende Aufsichtsorgane
	- Sonderbelastungen
	- Image des Unternehmens

Finanzwirtschaft	- Eigenkapital
	    - Mangel an Eigenkapital
	    - Mangelnde Fristenkongruenz im Langfristbereich
	    - Hohe Zinsbelastung
	    - "Falsche" Investoren
	- Problematisches Fremdkapital
	    - Unerwartete Kreditkündigungen
	    - Ausbleibende Anzahlungen
	    - Problembehaftetes Bankverhältnis
	- Fehler beim Umgang mit Fremdkapitalgebern
	    - Falsche Finanzierungsstruktur
	    - Mangelnde Transparenz
	    - Mangelnde Kommunikation
	    - Problembehaftetes Cash Pooling

Erfolgswirtschaft	- Mängel im Absatzbereich
	    - Qualitätsprobleme
	    - Nicht ausbalanciertes Produktportfolio
	    - Falsche Preispolitik
	    - Mängel des Vertriebsweges
	    - Abhängigkeit von Großkunden
	    - Substituierbarkeit der Marktleistung
	- Mängel in Investition und Forschung und Entwicklung (F&E)
	    - Mangelhafte Investitionsrechnung
	    - Fehleinschätzung des Investitionsvolumens
	    - Mangelhafte Investitionsrealisation
	    - Verfrühte Investition
	    - Verspätete Investition
	    - Zu geringe F&E-Tätigkeit
	    - Mangelnde Sachkontrolle
	    - Zu starke Kontrolle von Innovationen
	    - Starres Budgetdenken
	    - Mangelndes F&E-Projektmanagement
	    - Fehlendes internationales Engagement
	    - Zu viel internationales Engagement
	- Mängel im Produktionsbereich
	    - Veraltete Technologie

Unternehmens-/ Problemsegment	Ausprägung
	- Hoher Produktionsausschuss - Mangelnde Fertigungssteuerung - Unwirtschaftliche Eigenfertigung, statt Fremdbezug - Unwirtschaftlicher Fremdbezug, statt Eigenfertigung - Mängel in Beschaffung und Logistik - Probleme in der Beschaffung - Probleme mit der Logistik - Hohe Abhängigkeit von Lieferanten - Hohe Abhängigkeit von Rohstoffquellen - Politische Risiken bei Rohstoffimport - Währungsrisiken bei Rohstoffimport - Bau statt Miete von Gebäuden - Miete statt Bau von Gebäuden - Überhastete Expansion - Streben nach Umsatzerhöhung - Streben nach Marktanteilsausweitung - Aufbau von Leerkapazitäten - Unausgereifte Produkte - Überhastete Expansion durch Akquisationen - Kostensituation / Kostenstruktur - Auslastung
Externe Einflussfaktoren	- Strukturelle Überkapazität am Markt - Allgemeiner Preisverfall (Absatzseite) - Preisdruck (Beschaffungsseite) - Schwache Konjunktur - Umweltkrisen - Gesamtwirtschaftliche Lage - Intensiver Wettbewerb - Allgemeiner Nachfragerückgang - Hohe Forderungsbestände - Politische Veränderungen - Subventionsabhängigkeit - Veränderung politischer Regularien - Bindung an hoheitliche Institutionen - Zahlungsverhalten der öffentlichen Hand - Umweltfaktoren - Kulturelle Faktoren - Extern bedingte Preissteigerung bei Inputfaktoren - Wechselkurs- bzw. Währungsrisiken - Fachkräftemangel

Im Hinblick auf Relevanz und Einfluss interner und externer Krisenursachen wird ein weiterer Gedankengang in der Literatur aufgeworfen und kritisch diskutiert. Ein Durchgriff externer Krisenursachen kann im Rahmen von Unternehmenskrisen eher als Symptom endogener Probleme interpretiert werden. Dies kann anhand der Beobachtung abgeleitet werden, dass Unternehmen auch in einem guten konjunkturellen Umfeld in Krisen geraten. Andererseits meistern Unternehmen schwierige konjunkturelle Situationen und überleben starke konjunkturelle Einbrüche. Dies widerspricht der These, dass externe Einflüsse die Haupttreiber für Unternehmenskrisen sind, vielmehr dienen sie als ein verstärkender Moderator auf endogene

Krisenursachen.[54] Möglicherweise können externe Krisenursachen sogar als krisenbeschleunigend oder -verstärkend gesehen werden.[55]

Auch die Literatur sieht interne Krisenursachen zumindest gewichtiger an als externe Krisenursachen.[56] Gleichwohl treten Unternehmenskrisen in der Regel als Bündel interner und externer Krisenursachen auf.[57] So kann eine monokausale Betrachtung per se nicht zielführend sein und wird durch die Literatur kritisch hinterfragt.[58]

Um diese zahlreichen Krisenursachen auf ihrer praktischen Relevanz hin zu beurteilen, wird im Folgenden eine aktuelle empirische Untersuchung vorgestellt. Die Studie basiert auf einer Grundgesamt von 96 ausgefüllten Fragebögen. Die Befragung richtete sich exklusiv an Unternehmensberater mit dem Schwerpunkt Restrukturierung/ Sanierung sowie Bankern aus einem krisennahen Betreuungsumfeld.[59] Hierbei wurden insbesondere Kreditanalysten und Intensivbetreuer aus verschiedenen Marktfolgeeinheiten[60] unterschiedlicher Kreditinstitute befragt. Die Aufteilung der Befragten war annähernd gleich verteilt. 55% der Befragten führen aktuell eine beratende Tätigkeit aus, die restlichen 45% sind in der Finanzindustrie beschäftigt. Bei rund 55% der Teilnehmer liegt der geschäftliche Schwerpunkt in der Betreuung von Unternehmen aus dem großen Mittelstand, 25% der Befragten arbeiteten mit oder für den kleinen Mittelstand. Die übrigen 20% betreuen Kredite von Großunternehmen. Die Berufserfahrung der Teilnehmer ist sehr heterogen. Nur ca. 10% der Teilnehmer wiesen eine Berufserfahrung kleiner 3 Jahren auf und können damit als Berufseinsteiger beschrieben werden, wohingegen ca. ein Drittel der Befragten auf eine Berufserfahrung zwischen 3 und 10 Jahren verweisen konnten. Über 50% der Teilnehmer können als sehr erfahren im Umgang mit Unternehmen in krisenbehafteten Situationen beschrieben werden, denn sie sind bereits seit mehr als 10 Jahren in einer beratenden Funktion tätig.[61] Die folgende Tabelle gibt einen Überblick über die aktuell relevanten Krisenursachen bei Unternehmen im derzeitigen Marktumfeld.

---

[54] Vgl. stellvertretend Woeste (1980), S. 622 und Euler Hermes Kreditversicherung (2009), S. 21.

[55] Vgl. Hauschildt (2000), S. 10.

[56] Vgl. für Untersuchungen in Österreich Mitter, Feldbauer-Durstmüller (2008), S. 56 und Feldbauer-Durstmüller, Mayr (2009), S. 573.

[57] Vgl. Leker (1994), S. 600 f.

[58] Vgl. Argenti (1976), S. 12; Mellahi, Wilkinson (2004), S. 31-33 und Krystek, Moldenhauer (2007), S. 52.

[59] Diese Banker waren zumeist in einer Restrukturierungs- oder Abwicklungseinheit beschäftigt. Vereinzelt beantworteten Banker aus regulären Marktfolgeeinheiten die Befragung, wiesen aber Expertise durch betreute Krisenunternehmen auf.

[60] Die Marktfolgeeinheit ist für das Risiko verantwortlich. Die Vertriebsorganisation oder Markt ist nach MaRisk nicht für das Risiko zu verantworten. Zur Organisation von Banken Vgl. Hartmann-Wendels, Pfingsten, Weber (2004) und Becker, Peppmeier (2006).

[61] Vgl. Hauschildt, Grape, Schindler (2006), S. 6 f. und Sonius et al. (2015), S. 199.

Tabelle 2: Aktuelle Krisenursachen bei Unternehmenskrisen.[62]

Rang	Krisenursache
1.	Missmanagement
2.	Schwache Planungs- und Kontrollsysteme
	Fehlende Strategie
4.	Mangelnde Finanzkommunikation
	Fehlerhafte Finanzplanung
	Kostenstruktur
	Überhastete Expansion
	Defizite in der Führungspersönlichkeit
9.	Mangelnde Transparenz
	Abhängigkeit Großkunden
	Finanzstruktur

Zwar zeigt die Studie, dass Missmanagement[63] die am häufigsten genannte Ursache ist, jedoch kommt die Studie auch zu dem Ergebnis, dass insbesondere finanzwirtschaftliche Ursachen die aktuellen Krisen dominieren. Diese sind in schwachen Planungs- und Kontrollsystemen, fehlerhaften Finanzplanung, schlechten Kostenstrukturen und mangelnder Finanzkommunikation zu finden. Des Weiteren werden personenabhängige Probleme im Management, überhastete Expansionen und Abhängigkeiten besonders hervorgehoben.

Zur Würdigung vorheriger Studien wir abschließend eine Tabelle mit zahlreichen Studien zur Krisenursachenforschung dargestellt. Die erste Studie in der Darstellung wurde bereits 1958 von Hahn durchgeführt, die letzte von der Creditreform im Jahre 2011. Demnach sind in der Tabelle die Ergebnisse von über 50 Jahren Krisenursachenforschung abgebildet.

62 Vgl. Sonius et al. (2015), S. 202-205.

63 Managementfehler gelten im Allgemeinen als eine vorherrschende Krisenursache, vgl. Dubrovski (2009), S. 39-59.

Tabelle 3: Übersicht Untersuchungen zu Unternehmenskrisen.[64]

Studie	Ziel	Untersuchungsobjekt und -zeitraum	Untersuchungs-methode	Wichtigste Ergebnisse
Hahn (1958)	Erkenntnisse über die Ursachen von Unternehmensmisserfolgen	205 Unternehmenszusammenbrüche aus dem Bezirk Remscheid-Solingen-Wuppertal sowie angrenzenden Gebieten Zeitraum 1870-1926	Aktenauswertung	Schwerpunkt liegt auf endogenen Ursachen, wobei 80 % der Ursachen im Versagen der Unternehmer gefunden werden. Wichtigste Ursachen der Industrieunternehmen: 1. Unfähigkeit 17 % 2. Erweiterung der Unternehmung 14 % 3. Kapitalmangel 12 % sowie weitere 18 Zusammenbruchursachen
Rinklin (1960)	Erkenntnisse über die Krankheitsursachen und eine typologische Ordnung	50 Unternehmen mit Vergleichs- oder Konkursverfahren im Zeitraum 1948-1956	Auswertung von Gerichtsakten	Die Ursachen liegen zu 92,4 % innerhalb der Einflusssphäre der Unternehmung. 33,3 % der Ursachen werden grobem Verschulden zugerechnet, 54,8 % leichtem Verschulden. Die häufigste Ursache findet sich mit 18,3 % im Finanzierungsbereich, gefolgt von 14,6 % im Rechnungswesen und 11,9 % im Bereich der Kosten etc.
Bellinger (1962)	Darstellung von Ursachen und Wesen von Unternehmenskrisen	214 Unternehmenskrisen	Material entstammt einer Voruntersuchung. Keine weiteren Angaben	Innerhalb der Krisenursachen erster Ordnung waren existenzgefährdende Kapitalverluste häufigste Ursache, in der zweiten Ordnung unzweckmäßige Verhaltensweisen im Absatz, in dritter Ordnung Fehlleistungen der Führungskräfte sowie in vierter Ordnung mangelhafte kaufmännische Fachkenntnisse
Keiser (1966)	Untersuchung von Insolvenzursachen im mittelständischen Einzelhandel	182 Einzelhandlungen im Zeitraum 1955-1963	Aktenauswertung, „Unterhaltungen", Befragungen	Bei 92,7 % der betrachteten Fälle finden sich endogene Krisenursachen. In 91,4 % der Fälle ist der Unternehmer die Ursache. Mängel im Finanzwesen folgen erst mit 33,3 % und Mängel im Absatz mit 26,6 % etc.

64 Vgl. Weiß (2013), S. 53-61 inkl. aktueller Ergänzungen.

Studie	Ziel	Untersuchungsobjekt und -zeitraum	Untersuchungs-methode	Wichtigste Ergebnisse
Kellner (1972)	Erkenntnisse zu Überschuldungsursachen in der Landwirtschaft	94 bzw. 186 zwangsversteigerte Betriebe aus Schleswig-Holstein, Zeitraum 1954-1969 bzw. 1968-1970	Aktenauswertung und qualitative Interviews	Wichtigste Verschuldungsursachen: 1. Fehlerhafte Investitionstätigkeit 44,6 % 2. Betriebsorganisatorische Fehler 42 % 3. Fachliches Nichtskönnen 38 % sowie weitere Ursachen
Robl/Thürbach (1976)	Untersuchung der Problemsituation mittelständischer Betriebe	Befragung von 294 mittelständischen Betrieben sowie 126 Kammern und Verbänden Erhebung im Sommer 1975	Schriftliche Erhebung mittels strukturiertem Fragebogen	Die drei am häufigsten genannten betriebswirtschaftlichen Einzelprobleme seitens der Betriebe: 1. Personal 28,9 % 2. Absatzpolitik/Marketing 26,2 % 3. Personal/Sozialkosten 18,4 % Die drei wichtigsten betriebswirtschaftliche Einzelprobleme seitens der Kammern und Verbände: 1. Rechnungswesen 47,6 % 2. Absatzpolitik/Marketing 42,1 % 3. Unternehmer/Führungspersönlichkeit 31,0 %.
Reske/ Brandenburg/ Mortsiefer (1976)	Erkenntnisse zu Ursachen von Unternehmenszusammenbrüchen	264 Konkursakten von Unternehmen sowie Befragung von 74 Konkursverwaltern	Auswertung von Konkursakten und Interviews	Wichtigste Insolvenzursachen: 1. Finanzierung 80,3 % 2. Betriebsführung 75,4 % 3. Absatz 66,7 % sowie weitere Ursachen
Schimmelpfeng (1977)	Untersuchung zu Konkursursachen	Befragung von 172 Konkursverwaltern Abschluss der Untersuchung Ende 1976	Schriftliche Erhebung mittels strukturiertem Fragebogen	Wichtigste Konkursursachen nach ihrer Bedeutung: 1. zu geringe Eigenmittel 2. Personalkostensteigerung 3. Mängel im Management und 35 weitere Gründe

Studie	Ziel	Untersuchungsobjekt und -zeitraum	Untersuchungs-methode	Wichtigste Ergebnisse
Schwetlick/ Lessing (1977)	Differenzierung von Symptomen und Ursachen von Krisen	Auswertung von 28 Mismanagement-Fällen aus der Zeitschrift *Manager Magazin* Zeitraum 1974-1976	Auswertung von Zeitschriftenartikeln	Wichtigste Hauptursachen aller Wirtschaftsbereiche: 1. Managementpersonal 2. Leistungsprogramm 3. Markt Die wichtigsten monetären Auswirkungen: Umsatz- und Marktanteilsrückgänge in 92 % der Unternehmen, schrumpfende Gewinne und Verluste bei 89 % und Liquiditätsengpässe bis hin zur Zahlungsunfähigkeit bei 57 %
Thuringia (1978)	Darstellung der mittelständischen Selbständigen in Deutschland	500 Selbständige aus insgesamt zehn Branchen oder Wirtschaftsgruppen Erhebung von März bis April 1978	Schriftliche Erhebung mittels strukturiertem Fragebogen	Wichtigste aktuelle Probleme mittelständischer Selbständiger: 1. Steuerliche Belastung 50 % 2. Soziallasten/Lohnkosten 34 % 3. Konjunkturelle Lage, Wirtschaftsklima, Vertrauen 32 % sowie neun weitere
Kamp et al. (1978)	Probleme neugegründeter Unternehmen	953 Unternehmensgründer Zeitraum September 1977	Schriftliche Erhebung mittels strukturiertem Fragebogen	Hauptschwierigkeiten bei Unternehmensgründung: 1. Finanzierungsprobleme 27,9 % 2. Absatzprobleme 15,2 % sowie sieben weitere
Endress (1979)	Erkenntnis über Insolvenzfaktoren in KMU	24 insolvente Unternehmen. Befragung der Unternehmer im Jahr 1978	Anschreiben mit anschließendem Interview	Schwerpunkt bilden die innerbetrieblichen Insolvenzursachen, wobei der außerbetriebliche Bereich genauso oft genannt wurde (41,3 %). Der persönliche Bereich ist eher weniger bedeutend(17,4 %)

Studie	Ziel	Untersuchungsobjekt und -zeitraum	Untersuchungs-methode	Wichtigste Ergebnisse
Schinkel/ Steiner (1980)	Erkenntnisse zu den Problemen bei der Existenzgründung, insbesondere im Hinblick auf bestehende Existenz-gründungsprogramme	427 Betriebe, die im Zeitraum von 1975 bis 1978 neugegründet bzw. übernommen wurden und ein ERP-Existenzgründungsdarlehen erhalten hatten	Schriftliche Erhebung mittels strukturiertem Fragebogen	Häufigste Probleme: 1. Mangelndes Eigenkapital 69,3 % 2. Steuerliche Belastung 58,5 % 3. Fülle und Kompliziertheit rechtlicher und steuerlicher Vorschriften sowie 12 weitere Probleme
Geiser (1981)	Erkenntnisse zu Wachstumshemmnissen in KMU	358 mittelständische Industriebetriebe	Schriftliche Erhebung mittels strukturiertem Fragebogen	Rangfolge der Hemmnisbereiche nach Bedeutungseinschätzung (Gewichtungsfaktoren von 2 = leichte, 4 = starke, und 8 = sehr starke Behinderung): 1. Standortbereich 3,6 2. Absatzbereich 3,4 3. Finanzierung 3,3 und fünf weitere Rangfolge nach Nennungen: 1. Absatzbereich 65,5 % 2. Personalbereich 83,2 % 3. Überbetrieblicher Bereich 79,1 % und fünf weitere Bereiche
Mischon/ Mortsiefer (1981)	Feststellung der Insolvenzursachen und Analyse von Insolvenzverhütungsmöglichkeiten in KMU	114 Unternehmensberater und 310 Unternehmen	Zwei schriftliche Erhebungen mittels strukturierter Fragebögen	Die Beachtung von Insolvenzanzeichen in den untersuchten Betrieben: 1. Absatz 65,5 % 2. Finanzierung 49 % 3. Personal 48,1 % und sieben weitere Bereiche. Die Bedeutung von Insolvenzanzeichen aus Beratersicht (1 = geringe, 2 = mittlere, 3 = große): 1. Absatz (2,4 von 3) 2. Finanzierung 2,1 3. Betriebsleistung 2,1 und sieben weitere

Studie	Ziel	Untersuchungsobjekt und -zeitraum	Untersuchungs-methode	Wichtigste Ergebnisse
Becker (1982)	Analyse von Problemen bei der Existenzgründung, im Zusammenhang mit derzeitigen Förderinstrumenten	1443 selbständige Unternehmer in Baden-Württemberg, die ab 1974 und später gegründet hatten	Schriftliche Erhebung mittels strukturiertem Fragebogen	Häufigste Probleme bei Gründung: 1. Eigenkapitalausstattung 55 % 2. Beschaffung von Fremdkapital 40 % 3. Personal 28 % etc. Häufigste Probleme nach Gründung: 1. Steuern 55 % 2. Personal 37 % 3. Eigenkapitalausstattung 19 % etc.
Brehmer (1982)	Darstellung von Insolvenzursachen	53 Betriebe aus dem IHK-Bezirk Münster, die im Zeitraum von 1980 bis 1982 in Konkurs gingen	Schriftliche Erhebung mittels strukturiertem Fragebogen	Insolvenzgründe: 1. Mangelndes Eigenkapital 84,9 % 2. Hohe Bankzinsen 83,0 % 3. Rückläufige Inlandsnachfrage 52,8 % und weitere 15 Gründe
Hauschildt (1983)	Erkenntnisse über explosive Mischungen von Krisenursachen	72 Mismanagementfälle aus der Zeitschrift *Manager Magazin* Zeitraum 1971-1981	Auswertung von Zeitschriftenartikeln	Erkennbare Krisentypen: Das technologisch gefährdete Unternehmen, das Unternehmen auf brechenden Stützpfeilern, der konservative, starrsinnige, uninformierte Patriarch und das Unternehmen, das unvorbereitet expandiert
Albach/Bock/ Warnke (1984)	Erforschung von Wachstumskrisen von Unternehmen	430 Unternehmen mit 100-2.500 Beschäftigten. Daten aus den Jahren 1978-1982	Schriftliche Erhebung mittels strukturiertem Fragebogen	Erkenntnis, dass die Wachstumskrise ein größenspezifisches Phänomen ist, was über unterschiedliche Ursachenbündel zu erklären ist. Schwerpunkte finden sich im Führungs- und Organisationsbereich sowie der Innovations- und Marketingpolitik
Deutsche Ausgleichsbank (1987)	Erkenntnisse zu den Hauptursachen eines Scheiterns von Existenzgründungen	771 gescheiterte Unternehmen, die seit 1979 mittels Eigenkapitalhilfe gefördert wurden	Schriftliche Erhebung mittels strukturiertem Fragebogen	Häufigste Gründe des Scheiterns: 1. Unzureichende Finanzierungserschließung 68,6 % 2. Informationsmängel beim Gründer 61 % 3. Qualifikationsmängel beim Gründer 47,5 % sowie fünf weitere Hauptgründe

Studie	Ziel	Untersuchungsobjekt und -zeitraum	Untersuchungs-methode	Wichtigste Ergebnisse
Hauschildt (2000)	Erkenntnisse zu Krisenursachen in mittelständischen Unternehmen	142 mittelständische Kreditnehmer einer Großbank, die 1988 insolvent wurden	Analyse von Kreditakten	Häufigste Krisenursachen: 1. Mangel an Eigenkapital 68 % 2. Mangelnde Managementqualifikation 60 % 3. Falsche Markteinschätzung 42 % Zwei neue Krisentypen: das abhängige Unternehmen sowie das Unternehmen mit unkorrekten Mitarbeitern
KPMG (1999)	Erkenntnisse zu Unternehmenskrisen und zur Krisenprophylaxe	750 Niederlassungen deutscher Kreditinstitute, Rücklaufquote von 20 %	Schriftliche Erhebung mittels strukturiertem Fragebogen	Häufigste Krisenursachen: 1. Schwachstellen im Management 2. Geringe Eigenkapitalquote 3. Unzureichendes Liquiditätsmanagement
Pleschak/ Ossenkopf/ Wolf (2002)	Unter anderem Erkenntnisse zu Scheiterursachen von Technologieunternehmen mit Beteiligungskapital aus dem BTU-Programm	Aktienauswertung von 85 im Jahr 2001 gescheiterten Unternehmen, die gefördert wurden Befragung von 27 Beteiligungsgebern und 25 gescheiterten Unternehmen	Aktenstudium, persönliche Gespräche sowie Tiefengespräche	Durchschnittliche Rangfolge der wichtigsten Scheiterursachen aller drei Teiluntersuchungen: 1. Finanzierung (darunter vor allem geringere Umsätze als geplant) 2. Markt und Marketing (darunter insbe sondere abwartendes Kundenverhalten) 3. Persönliche Merkmale (darunter vor allem unzureichendes operatives Management)
DtA-Marktforschung (2002)	Erkenntnisse zu den „Runden Tischen“ und Entwicklungen der teilgenommenen Unternehmen	Befragung von 200 Unternehmern, 79 Kammerberatern, 165 Unternehmensberatern und 100 Bankberatern	Telefonische Befragung	Wichtigste Ursachen für die Unternehmenskrise aus Unternehmersicht: 1. Wirtschaftliche Lage, Konjunktur 52 % 2. Planungsfehler des Unternehmers bei der Finanzierung 26 % 3. Forderungsausfälle/Zahlungsmoral 20 %
Dr. Wieselhuber & Partner (2002)	Erkenntnisse zu Unternehmenskrisen im Mittelstand	38 Unternehmen mit Ertrags- und Liquiditätsproblemen	Analyse, keine weiteren Angaben	Wesentliche interne Krisenursachen in Führung und Führungsorganisation, unterstützt durch Schwächen im Controlling und/oder Berichtswesen; In allen Fällen war der maßgebliche Insolvenzgrund in der nicht ausreichenden Liquidität zu finden

Studie	Ziel	Untersuchungsobjekt und -zeitraum	Untersuchungs-methode	Wichtigste Ergebnisse
Dr. Wieselhuber & Partner (2003)	Erkenntnisse zu Insolvenzursachen und Erfolgsfaktoren bei einer Sanierung aus der Insolvenz	52 Insolvenzfälle	Analyse, keine weiteren Angaben	Wichtigste Insolvenzursachen: 1. und 2. Fehlentscheidungen der Gesellschafter sowie Managementfehler mit jeweils 57 % 3. Unzureichende Wettbewerbsfähigkeit des Geschäftsmodells sowie zwei weitere
F.A.Z.-Institut (Finance)/ Ernst & Young/ HypoVereinsbank (2003)	Erkenntnisse zur Restrukturierung in mittelständischen Unternehmen	Befragung von 30 Bankern, Anwälten und Beratern sowie von 34 Topmanagern mittelständischer Unternehmen, die den Turnaround geschafft haben	Befragung in Form von individuellen Tiefeninterviews	Häufigste Ursachen für die Ertragskrise (Angabe der Banker, Berater und Anwälte): 1. Absatzschwierigkeiten 70 % 2. Strategie 70 % 3. Sonstige Gründe 50 % 4. Negative Konjunktureinflüsse 43 % Rückblickende Ursachen der Ertragskrise (Managersicht): Häufigste interne Gründe: 1. Strukturelle Mängel 76 % 2. Gravierende Probleme mit relevanten Stakeholdern 47 % Häufigste externe Gründe: 1. Negative Konjunktureinflüsse 47 % 2. Stark angestiegene Wettbewerbsintensität 41 %
Bindewald (2004)	Erkenntnisse zu Unterschieden zwischen erfolgreichen und nicht erfolgreichen Unternehmen	822 ausgefallene und 1.146 nicht insolvente Unternehmen, die alle DtA-gefördert waren Zeitraum 2000/2001	Schriftliche Erhebung	Häufigste Schwächen des Unternehmens aus Sicht gescheiterter Unternehmen: 1. Unternehmenskonzept 54,4 % 2. Finanzen 34,6 % 3. Managementfähigkeiten 27,2 %

Studie	Ziel	Untersuchungsobjekt und -zeitraum	Untersuchungs-methode	Wichtigste Ergebnisse
Von Allwörden (2005)	Erkenntnisse zu Ursachen von Unternehmenskrisen und deren Indikatoren in Landwirtschaft und Gartenbau	195 landwirtschaftliche und gartenbauliche Berater. Befragungszeitraum Dezember 2000 bis Januar 2001	Schriftliche Erhebung mittels strukturiertem Fragebogen und problemzentrierte Interviews	Ursachentyp I: Unternehmen mit spezifischen Verhaltensmustern (Ausprägungen: Vogel-Strauss, erlernte Hilflosigkeit, gelernte Sorglosigkeit, Hamsterrad) Ursachentyp II: Unternehmen mit Führungsproblemen (Teilbereiche: Patriarchalischer Führungsstil, Generationenkonflikt, Hofübergabe) sowie sechs Ursachenmodule
Grape (2006)	Erkenntnisse zu krisentypabhängigen Sanierungsstrategien	19 insolvente Unternehmen der Jahre 1999-2002	Analyse von Insolvenzplänen	Sechs Krisentypen: Abhängigkeitskrise, Führungskrise, Technologiekrise, Umsatzkrise und Expansionskrise I und II sowie die zugehörigen Sanierungsstrategien
Hauschildt/ Grape/ Schindler (2006)	Erkenntnisse über explosive Mischungen von Krisenursachen	53 Mismanagementfälle aus der Zeitschrift *Manager Magazin* Zeitraum 1992-2001	Auswertung von Zeitschriftenartikeln	Häufigste Krisenursachen: 1. Führungsmängel 27,5 % 2. Absatzbereich 12,2 % 3. Strategische Probleme 9,9 % und weitere Fünf Krisentypen: Unternehmen mit Persönlichkeitsdefekten, mit Störungen der persönlichen Interaktion, mit operativen Störungen, mit institutionellen Störungen sowie Unternehmen vor unerwarteten, abrupten Absatzproblemen
Heuer et al. (2006)	Erkenntnisse zu Insolvenzursachen und zur Insolvenzprophylaxe	317 Geschäftsführer von Unternehmen, bei denen zwischen Mitte 2004 und 2005 ein Insolvenzverfahren eröffnet wurde	Schriftliche Erhebung mittels strukturiertem Fragebogen	Im Schnitt wurden 3,8 Ursachen genannt. Häufigste Ursachen: 1. Kapitalausstattung 62,1 % 2. Zahlungsrückstände oder Ausfälle von Kunden/Auftraggebern 51,1 % 3. Konjunkturelle Lage/Strukturwandel 46,1 % und 15 weitere

Studie	Ziel	Untersuchungsobjekt und -zeitraum	Untersuchungs-methode	Wichtigste Ergebnisse
Zentrum für Insolvenz und Sanierung (ZIS) / Euler Hermes Kreditversicherung (2009)	Erkenntnisse über die Auswirkungen der Wirtschafts- und Finanzkrise auf die Ursachen und Entwicklung von Unternehmensinsolvenzen	107 Insolvenzverwalter	Telefoninterviews mittels strukturiertem Fragebogen	Häufigste Insolvenzursachen: 1. Kein Mitarbeiterabbau bei rückläufigem Umsatz 67 % 2. Zu geringe Rücklagen für unerwartete Ereignisse 64 % 3. Starres Festhalten an alten Konzepten 61 % und fünf weitere
Creditreform (2011)	Erkenntnisse zu inner- und außerbetrieblichen Insolvenzursachen	Rund 4.000 KMU in ihrer Rolle als Gläubiger	Schriftliche Erhebung mittels strukturiertem Fragebogen	Wichtigste innerbetriebliche Insolvenzursachen: 1. Einseitige Abhängigkeit von Kunden 60,8 % 2. Mangelnde betriebswirtschaftliche Kenntnisse 54,1 % 3. Unzureichende unternehmerische Erfahrung 38,3 % und weitere Wichtigste außerbetriebliche Insolvenzursachen: 1. Allgemeine Wirtschaftslage 77,8 % 2. Insolvenz des Hauptauftraggebers/ Zahlungsmoral der Kunden 61,3 % 3. Wettbewerbssituation 44,4 % und weitere
Sonius et al. (2015)	Überprüfung aktueller Krisenursachen	127 Banker und Unternehmensberater mit Schwerpunkt Restrukturierung	Strukturierte Expertenbefragung mittels Onlinebefragung	Finanzwirtschaftliche Ursachen dominieren → Mangelnde Kommunikation/ Mangelnde Transparenz Erfolgswirtschaftliche Ursachen → Überhastete Expansion/ Kostenstruktur Institutionelle Ursachen → Fehlende Strategie/ Schlechte Planungs- und Kontrollsysteme Personengeprägte Ursachen → Missmanagement/ 2. Führungsdefizite

2.1.3 Krisentypologien

Eine Antwort auf die Kritik monokausaler Erklärungsansätze in der Krisenforschung bietet die Literatur aus dem Bereich der Krisentypologieforschung.[65] Unternehmenskrisen sind in der Regel nicht auf einzelne Krisenursachen zurückzuführen. Üblicherweise treten Bündel verschiedener Krisenursachen mit umfangreichen Wechselwirkungen auf.[66] Daher entwickelten zahlreiche Autoren vielfältige Ansätze, um typisierte Krisenursachenbündel zu beschreiben. Gleichwohl sind Krisentypen auch immer Ausdruck des aktuellen wirtschaftlichen Umfelds und unterliegen ausgeprägten zeitlichen Verwerfungen. Daher bedürfen sie einer stetigen Überprüfung auf Relevanz und Aktualität.

Die Krisentypologie-Forschung dient primär dem Verständnis grundlegender Wirkungszusammenhänge unterschiedlicher Krisenursachen auf Unternehmen und deren Krisen. Die Leitfrage könnte lauten: *Welche (ideal)typischen Arten von Unternehmenskrisen treten in der (aktuellen) Unternehmenslandschaft auf?* Die Antworten und Lösungsansätze auf diese Frage versetzen den Leser in die Lage Unternehmenskrisen leichter, insbesondere aber ganzheitlich zu verstehen. Monokausale Erklärungsansätze bieten diese Erkenntnis meist nicht. Gleichwohl dienen Krisentypen nicht direkt zur Ableitung von Restrukturierungs- und Sanierungsvorhaben, bieten jedoch erste Ansatzpunkte.

Die vorliegende Arbeit stellt drei verschiedene Typologien[67] gesondert und ausführlich vor. Als Begründer der Krisentypologieforschung wird die Krisentypologie von Argenti aus dem Jahre 1976 vorgestellt. Die Krisentypologie nach Lüthy, welche als zweite eine gesonderte Betrachtung verdient, führt bereits im Jahr 1988 eine umfangreiche qualitative Beschreibung von Krisentypen durch. Insbesondere beachtet er auch Krisentypen in Abhängigkeit des Unternehmenszyklus. Als dritte Krisentypologie werden die Untersuchungen von Hauschildt und Leker aufgeführt. Anhand dieser Untersuchungen wird deutlich, dass Krisentypen einem zeitlichen Wandel und Weiterentwicklung unterliegen. Die Weiterentwicklung von Leker stammt aus dem Jahr 2009 und kann somit als eher neu klassifiziert werden. Des Weiteren wurde die Krisentypologie aktuell validiert.[68] Um jedoch einen umfangreichen Überblick über die in der Literatur beschrieben Krisentypen zu erlangen, werden weitere in der Literatur diskutierten Krisentypologien mit einer kurzen Beschreibung gewürdigt.

[65] Glücklicherweise ist Altman heute nicht mehr „...the only serious academic writer in this field...", wie Argenti postulierte. Vgl. Argenti (1976), S. 12. Seit den 1970er Jahren wurden zahlreiche Publikationen in diesem Bereich veröffentlicht. Die Ansätze, die die meiste Beachtung erlangten werden im Folgenden näher beschrieben.

[66] Vgl. Grenz (1987), S. 5-15; Leker (1994), S. 600 f. und Gundel (2005), S. 106-108.

[67] Diese Ansätze sind die von Argenti (aufgrund der damaligen Neuartigkeit seiner innovativen Forschung), Lüthy (aufgrund des innovativen Ansatzes der Krisenbeschreibung) und Hauschildt/ Leker (aufgrund der stetigen Weiterentwicklung, praktischen Relevanz laut IDW und aktuellen Validierung mittels Fragebogenkatalogs 2015).

[68] Vgl. Kehrel, Sonius (2015).

2.1.3.1 Krisentypologie nach Argenti (1976)

Argenti leitet Krisentypen anhand einer Kausalkette ab – Defects, Mistakes, Symptoms – und unterscheidet drei Typen (bei Argenti „Pfade“) von Unternehmenskrisen.[69] Argenti beschreibt allerdings nur gescheiterte Krisentypen, geht also von einer Insolvenz der Unternehmung aus.[70] Im Folgenden werden die drei Krisentypen nach Argenti kurz erläutert.

2.1.3.1.1 Typ I

Der erste Typ ist nach Argenti der am häufigsten auftretende Krisentyp.[71] Zudem verändern sich die Ursachen für Unternehmenskrisen bei Gründungen über den Zeitverlauf nur gering.[72] Er schätzt, dass ca. 60% der Krisenunternehmen mit diesem Krisentyp beschrieben werden können. Dieser Krisentyp beschreibt Unternehmen, welche kurz nach der Gründung wieder scheitern, da kein Erfolg generiert wird. Unternehmen dieses Krisentyps weisen Managementfehler und Probleme in der Rechnungslegung auf. Die Fähigkeit, Bereitschaft und Flexibilität zur Veränderung konnte das Unternehmen noch nicht nachweisen, zudem weißt das Unternehmen einen hohen Fremdkapitalanteil auf. In die tatsächliche Krise gerät das Unternehmen, sobald die prognostizierten Umsätze nicht generiert werden oder die falsch kalkulierten Kostenstrukturen das Unternehmen vor unüberwindbare Probleme stellt.[73]

2.1.3.1.2 Typ II

Der zweite Krisentyp wird von einem autokratischen Unternehmensgründer geleitet. Oftmals blicken Unternehmen dieses Krisentyps auf eine sehr erfolgreiche Vergangenheit zurück und weisen keine zentralen Fehler auf. So ist die Veränderungsbereitschaft zumeist wenig ausgeprägt und interne Kontrollsysteme eher unterdurchschnittlich. Der zentrale Kern dieses Krisentyps liegt jedoch in der Person des mächtigen Unternehmensgründers und des autokratischen Führungsstils. Die Wachstumsraten des Unternehmens sind deutlich zu hoch, interne Organisationsformen werden nicht angepasst, bis eine Größe erreicht wird, die nicht mehr durch den Unternehmensgründer gesteuert werden kann.

Der Typ II weist eine deutlich geringere praktische Relevanz auf. Argenti schätzt, dass nur ein Unternehmen in Großbritannien im zeitlichen Kontext seiner Untersuchung diesem Krisentypen unterliegt. Jedoch unterliegt die Öffentlichkeit einer verzehrten Wahrnehmung, da Unternehmen des Krisentyps II zumeist eine große mediale Aufmerksamkeit genießen.[74]

---

69 Vgl. Argenti (1976), S. 15.
70 Vgl. Argenti (1976), S. 12.
71 Vgl. Argenti (1976), S. 15.
72 Vgl. Bruno, Leidecker (1988), S. 51-58.
73 Vgl. Argenti (1976), S. 15.
74 Vgl. Argenti (1976), S. 15.

2.1.3.1.3 Typ III

Die Unternehmen des dritten Typs geraten im Wesentlichen durch veränderte Umweltbedingungen in eine Krise. Auch diese Unternehmen agieren seit Jahren erfolgreich am Markt und können als gesund beschrieben werden. Den Mitarbeitern des Unternehmens ist jedoch bekannt, dass die Unternehmensleitung mit eiserner Hand herrscht und es keine finanzielle Führung gibt oder diese ohne Kompetenzen ausgestattet ist. Als Krisenauslöser nennt Argenti eine Verschiebung des Marktes mit direkter Auswirkung auf die Umsätze. Dies können beispielsweise ein gesamtwirtschaftlicher Abschwung oder ein Streik bei einem wichtigen Lieferanten sein und im Sinne eines externen Schocks verstandene werden. Das Krisenunternehmen ist nicht in der Lage auf diese Situation zu reagieren und kompensiert dies mit der Aufnahme von neuem Fremdkapital. Die Unternehmensleitung verfällt in Aktionismus, indem nicht marktreife Produkte an den Markt gebracht werden oder die Finanzierung des operativen Geschäfts durch massiv steigende Umsätze finanziert wird. Unternehmen dieses Krisentyps sind üblicherweise zwischen zwei und zehn Jahren in einer Krise.[75]

2.1.3.2 Krisentypologie nach Miller (1977)

Miller definiert vier Typen von Unternehmenskrisen. Die erste Krise beschreibt er mit *The Impulsive Syndrom: Running Blind.* Dieses Unternehmen scheitert, weil es von einem herrschaftssüchtigen Chef beherrscht wird. Zudem sind die Strategien zu ehrgeizig, unvorsichtig und ignorieren zu viele wichtige Einflussfaktoren in ihrer Umgebung.[76] *The Stagnant Bureucracy* beschreibt einen Krisentypen der ebenfalls durch eine starke Persönlichkeit gelenkt wird. Zudem ignoriert sie ihre Kunden, Wettbewerber und wichtige Entwicklungen in der Technologie.[77] *The Headless Firm* weist gegenteilig das Problem fehlender (fähiger) Führungskräfte und klar definierter Unternehmensstrategien auf. Das Unternehmen befindet sich in einer Art Autopilot und ist daher sehr unflexibel bei Marktveränderungen.[78] Der letzte Krisentyp ist der *Swimming Upstream: The Aftermath.* Die Probleme der Firma basieren auf einer Vielzahl von Fehlern aus der Vergangenheit. Die Ressourcen wurden überwiegend aufgebraucht, Marktpositionen erheblich erodiert und Investitionen in Produktionsanlagen vernachlässigt.[79]

2.1.3.3 Krisentypologie nach Grenz (1987)

Grenz entwickelte anhand einer Stichprobe von 32 Unternehmen über fünf Jahre[80] eine Typologie, welche aus drei Typen von Krisenunternehmen besteht. Anders als die Vorgänger ent-

[75] Vgl. Argenti (1976), S. 16.
[76] Vgl. Miller (1977), S. 45 f. und Miller, Friesen (1978), S. 930.
[77] Vgl. Miller (1977), S. 47 f. und Miller, Friesen (1978), S. 930 f.
[78] Vgl. Miller (1977), S. 48 f. und Miller, Friesen (1978), S. 961.
[79] Vgl. Miller (1977), S. 49 f. und Miller, Friesen (1978), S. 931.
[80] Vgl. Grenz (1987), S.101.

wickelt er jedoch die Krisentypen ausschließlich anhand des Jahresabschlusses.[81] Der erste Typ ist das Unternehmen mit einer *Kumulation von Problemen.* Dieser Typ tritt sehr häufig auf und wird wie folgt beschrieben. Üblicherweise weist dieser Typ eine Kombination von schrumpfendem Absatzbereich und Belastungen der Hauptressourcen auf. Insbesondere die Probleme aufgrund von Hauptressourcen – in dieser Untersuchung fokussiert auf Materialaufwendungen – steigen im Krisenverlauf weiter an und „es gelingt den Unternehmen [...] nicht, die Belastung unter Kontrolle zu bringen."[82] In Kombination mit fallenden Umsätzen charakterisiert Grenz diesen Krisentyp als „Öffnung einer Kostenschere" und begründet diesen Verlauf durch eine anhaltend schwierige Wettbewerbssituation, die das Unternehmen an einer Preisweitergabe hindern. Eine weitere Erklärung liegt in der fehlenden Flexibilität zur Kostenanpassung bei rückläufigen Umsätzen.[83] Der zweite Krisentyp *Über-Expansion* beschreibt einen Krisenverlauf der durch ein starkes Absatzplus, sowie hohen Zuwächsen in der Aufwandsstruktur – hier speziell den Personalaufwendungen – gekennzeichnet ist. Als primär krisenauslösend leitet der Autor traditionell hohe Lohnkosten und das leichtfertige Nachgeben bei Lohnforderungen in einem Wachstumsumfeld ab. Dies spricht für Kontrollverlust, Fehlkalkulation und Missmanagement.[84] Der dritte Krisentyp betrifft Unternehmen in einer Schrumpfungskrise. Der Typ *Schrumpfungskrise* ist durch erhebliche Umsatzeinbußen gekennzeichnet. Zudem liegen Probleme beim Personalaufwand vor. Anders als bei den ersten beiden Krisentypen sind allerdings Auffälligkeiten in den Bereichen Rendite (relativ zu anderen Krisentypen positive Entwicklung) und Betriebsmittel (hohe Ausschläge) zu finden. Ein weiteres Merkmal definiert Grenz als die Möglichkeit, Hilfe von verbundenen Unternehmen zu mobilisieren.[85]

2.1.3.4 Krisentypologie nach Lüthy (1988)

Lüthy leitet aus verschiedenen empirischen Studien Krisentypen ab. Die erste Krise in der Typologie nach Lüthy beschreibt die Startkrise und ist primär ein Ausdruck von Gründerinsolvenzen der ersten drei Jahre. So werden verschiedene Studien zitiert,[86] welche eine erhöhte Insolvenzwahrscheinlichkeit in den ersten drei Jahren nach Unternehmensgründung festgestellt haben.

2.1.3.4.1 Die Startkrise

Die *Startkrise* ist wesentlich durch die Marktunfähigkeit der entwickelten Produkte beeinflusst. Die Marktunfähigkeit wird insbesondere durch mangelnde Führungserfahrung, fehlen-

81 Vgl. Grenz (1987), S. 2.
82 Vgl. Grenz (1987), S. 158.
83 Vgl. Grenz (1987), S. 157-159.
84 Vgl. Grenz (1987), S. 159-161.
85 Vgl. Grenz (1987), S. 161-163.
86 Vgl. Bellinger (1962), S. 63 f.

de Branchenkenntnisse und unzureichende Vertriebs- und Marketingstrukturen verschärft. Da das Unternehmen noch keine ausreichende Substanz durch Erfolge in der Vergangenheit aufgebaut hat, fehlen neben Eigenkapital auch finanzielle Mittel um die Verluste auszugleichen.[87] Zwar bestehen Möglichkeiten zur Außenfinanzierung durch private Investoren wie Venture Capital, jedoch sind diese Finanzierungsalternativen oftmals sehr teuer.[88] Eine Außenfinanzierung über den handelsüblichen Kredit ist in dieser Phase in den meisten Fällen nicht vorstellbar.[89]

2.1.3.4.2 Die Expansionskrise

Die *Expansionskrise* beschreibt Unternehmen, welche in einer Phase überdurchschnittlichen Wachstums in eine unvorhergesehene Krise geraten. Der hohe Kapitalbedarf zur Expansion kann üblicherweise nicht ausschließlich selbst finanziert werden. Daher finanzieren viele Unternehmen das angestrebte Wachstum durch Fremdkapital, anstatt durch Konsolidierung und weiteres „gesundes“ Wachstum eine langsamere Entwicklung anzustreben. Neben einer wachstumsgetriebenen Machterweiterung ist die Verbesserung der Eigenkapitalrentabilität durch den Leverage Effekt eine Triebfeder wachstumsorientierten Wirtschaftens. Schnell wachsende Unternehmen haben oftmals Probleme die internen Strukturen wie Aufbau- und Ablauforganisation, Führungsmethoden und IT-Systeme an die neue Unternehmensgröße anzupassen. Dies führt zu vermehrten Fehlentscheidungen, Führungsfehlern und Ineffizienzen.

Ein weiteres Problem ist der veränderte Wettbewerb eines wachsenden Unternehmens. Konnten zunächst Nischenmärkte mit Lösungen bedient werden, reagieren die marktmächtigen Wettbewerber der Branche auf den neuen potenziellen Wettbewerber. Das Wachstumsunternehmen muss neue Märkte erschließen. Dies ist mit erheblichen Kosten verbunden und wird oftmals unterschätzt. Gelingt es dem Unternehmen nicht sich am Markt zu etablieren, dreht sich der Leverage Effekt[90] ins Negative. Die Gesamtkapitalrentabilität verringert sich, der Zinsaufwand steigt relativ gesehen an und das Unternehmen sieht sich plötzlich in einem Teufelskreis. Der Cashflow und die Selbstfinanzierungskraft werden beeinträchtigt, was zu weiterer Verschuldung führt. Die höhere Verschuldung erhöht wiederum den Zinsaufwand, der wiederum den Cashflow beeinträchtigt. Dieser Prozess führt dann in Extremfällen zur Aufgabe der Geschäftstätigkeit.[91]

---

87 Vgl. Lüthy (1988), S. 52.
88 Vgl. Chyba (2003), S. 17.
89 Vgl. Fischer (2004), S. 1.
90 Der Leverage Effekt beschreibt die Praxis, dass es für Unternehmen unter Rentabilitätsgesichtspunkten Sinn ergibt, Eigenkapital durch Fremdkapital zu substituieren. Der Leverage Effekt wurde in zahlreichen Publikationen beschrieben. Vgl. von Wysocki (1962), S. 10 f.; Robichek, Higgins, Kinsman (1973), S. 353-367 und Ang (1978), S. 567-571.
91 Vgl. Lüthy (1988), S. 53 f.

2.1.3.4.3 Die Marktkrise

Der Typus *Marktkrise* beschreibt ursprünglich erfolgreiche Unternehmen. Die Unternehmen generieren marktübliche Renditen, weisen einen durchschnittlichen oder sogar überdurchschnittlichen Marktanteil auf und sind etablierte Marktteilnehmer. Einige Unternehmen vernachlässigen aufgrund der komfortablen Situation Forschung und Entwicklung, Erweiterungs- und Erneuerungsinvestitionen und die Erschließung neuer Märkte. Solange der Markt im Gleichgewicht verharrt, kann das Unternehmen weiterhin Renditen abschöpfen. Gleichwohl unterliegen die meisten Märkte ständigen technologischen und wettbewerblichen Veränderungen. Wenn eine neue Technologie am Markt etabliert wird oder tritt ein neuer Konkurrent mit Kosten-, Organisations- und Prozessvorteilen am Markt auf, verliert das starre, unbewegliche und vergangenheitsorientierte Unternehmen Marktanteile. Andere Krisenauslöser sind bspw. Nachfragerückgänge, getrieben durch Marktsättigung oder Substitutionsprodukte, Währungsverschiebungen oder ein gesamtwirtschaftlicher Abschwung.

2.1.3.4.4 Die Krise durch ein überdimensioniertes Projekt

Unternehmen des Typen *Krise durch ein überdimensioniertes Projekt* geraten aufgrund eines großen Projektes in eine angespannte wirtschaftliche Lage. Im Rahmen dieses Krisentyps könnten eine Expansion ins Ausland, M&A-Aktivitäten, hohe Investitionen in eine Produktionshalle oder Spekulationen bei Einkaufsaktivitäten in wesentlichem Umfang Beispiele für ein überdimensioniertes Projekt sein. Obwohl das Management die Dimensionen der Aktivitäten kennt, unterschätzen viele Unternehmen den Aufwand, um ein derartiges Projekt zum Erfolg zu führen.[92] Gelangen nun auch die Eigen- und Fremdkapitalgeber zu der Einschätzung, dass dieses Projekt überdimensioniert ist, gerät das Unternehmen in ein Finanzierungsproblem – Eigenkapitalgeber verkaufen Anteile, Fremdkapitalgeber nehmen Abstand von neuen Finanzierungsrunden. Unter dem Eindruck der „Kapitalflucht" fällt es dem Unternehmen schwer neue Investoren oder Fremdkapitalgeber von dem Projekt zu überzeugen. Daher gerät das Unternehmen in einen existenzbedrohenden Zustand, der überwiegend auf eine Investitions-, bzw. Projektentscheidung zurückzuführen ist.[93]

2.1.3.4.5 Die Krise durch einseitige Abhängigkeiten

Diese Unternehmen unterliegen dem Risikotypus *Krise durch einseitige Abhängigkeiten*. Der Geschäftserfolg ist in nicht unerheblichem Maße abhängig vom Erfolg des Kunden. Gerät das Großunternehmen in wirtschaftliche Probleme, ist der Zulieferbetrieb ebenfalls betroffen. Es fällt dem einseitig abhängigen Unternehmen schwer, auf die neue Situation zu reagieren, da die Marketing- und Vertriebserfahrung sowie der Zugang zum Absatzmarkt durch geeignete

[92] Vgl. Argenti (1976), S. 131 f.
[93] Vgl. Lüthy (1988), S. 54.

Absatzkanäle fehlen. Diese Situation tritt hingegen auch gespiegelt auf. So üben große Lieferanten eine starke Marktmacht gegenüber ihren Endkunden aus. So kann der Lieferant die Verträge mit dem abhängigen Unternehmen aufkündigen und diesen vor enorme Beschaffungsprobleme stellen.[94] Auch der Gesetzgeber hat auf diesen Fall reagiert und schreibt eine Risikomessung in Kreditnehmereinheiten vor.[95]

2.1.3.4.6 Die Krise durch außerordentliche Ereignisse

Als letzten Krisentyp beschreibt Lüthy Unternehmen, die in eine *Krise durch außerordentliche Ereignisse* geraten. Außerordentliche Ereignisse können Naturkatastrophen und Unfälle sein, die unerwartet auftreten. Sind die Unternehmen nicht oder zu gering versichert, kann das Unternehmen in einen existenzbedrohenden Zustand versetzt werden. Auch wenn ausreichender Versicherungsschutz besteht, kann ein starker exogener Schock dazu führen, dass das Unternehmen gegenüber der Konkurrenz ein nicht mehr zu kompensierendes Maß an Wettbewerbsfähigkeit verliert, bspw. könnten Produktionskapazitäten oder gespeichertes Wissen zerstört worden sein.

2.1.3.5 Krisentypologie nach Pauchant und Mitroff (1992)

Pauchant und Mitroff unterscheiden fünf Krisentypen,[96] welche im Wesentlichen durch die folgenden vier Dimensionen beschrieben werden – technische, ökonomische, soziale und menschliche. In diesem Spannungsfeld identifizieren die Autoren fünf Krisentypen External Economic Attacks (bspw. Boykotte und Bestechung), External Information Attacks (bspw. Urheberrechtsverletzungen und Grüchte), Megadamage (bspw. Umweltkatastrophen), Breaks (bspw. Produktfehler oder –rückrufe) und Psycho (bspw. Trittbrettfahrer, Manipulationen).[97]

2.1.3.6 Krisentypologie nach Lerbinger (1997)

Lerbinger unterscheidet sieben Typen von Unternehmenskrisen. Der erste Krisentyp wird durch *Natürliche Umweltkrisen (Natural Crises)* beschrieben. Hierbei fokussiert der Autor überwiegend externe Krisenursachen und umweltbedingte Katastrophen.[98] Die nächste Krise ist die *Technologische Krise (Technological Crisis)*. Bei diesem Krisentyp sind insbesondere technologische Probleme krisenauslösend.[99] Die weiteren Krisen sind Konfrontationskrisen (Confrontation Crises),[100] Böswilligkeitskrisen (Crises of Malevolence),[101] Krisen aufgrund

---

94 Vgl. Lüthy (1988), S. 55.
95 Vgl. § 14 KWG in Verbindung mit § 19 KWG.
96 Entgegen der üblichen Beschreibung, bezeichnen die Autoren die Krisentypen als Unternehmenscluster.
97 Vgl. Pauchant, Mitroff (1992), S. 27-30.
98 Vgl. Lerbinger (1997), S. 57-89.
99 Vgl. Lerbinger (1997), S. 90-111.
100 Vgl. Lerbinger (1997), S. 112-143.
101 Vgl. Lerbinger (1997), S. 144-158.

verzerrter Managementwerte (Crises of Skewed Management Values),[102] Betrugskrisen (Crises of Deception)[103] und Krisen durch Managementfehler (Crises of Management Misconduct).[104]

2.1.3.7 Krisentypologie nach Hwang und Lichtenthal (2000)

Hwang und Lichtenthal unterscheiden Unternehmenskrisen anhand zweier Einflussfaktoren – Vorhersagbarkeit (Predictability) und Spezifität (Specificity).[105] Aufgrund dieser beiden Variablen leiten die Autoren die beiden Krisentypen *abrupt und kumulativ* ab. Die abrupte Krise unterteilt sich zudem in *vorrangiger Ereignisauslöser* (precedented event trigger) und *nachrangiger Ereignisauslöser* (unprecedented event trigger). Bei der kumulativen Krisen wird weiter unterschieden in *Stagnation der Organisation/ geistige Starrheit* (organisation stagnation/ mental rigidity*)* und *organisatorische Metamorphose/ struktureller Wandel* (organisational metamorphosis/ structural change).[106]

2.1.3.8 Krisentypologie nach von Allwörden (2005)

Von Allwörden leitet zwei übergeordnete Krisentypen ab – das *Unternehmen mit gelernten Verhaltensmustern* und das *Unternehmen mit Führungsproblemen.*[107] Allerdings unterteilt die Autorin den ersten Krisentypen in vier weitere Ausprägungen. Die individuelle Ausprägung beschreibt hier gemeinhin das Verhaltensmuster der Unternehmen. So wird das Unternehmen mit gelernten Verhaltensmustern in die Ausprägungen Vogel-Strauß, erlernte Hilflosigkeit, gelernte Sorglosigkeit und Hamsterrad gegliedert.[108]

2.1.3.9 Krisentypologie nach Gundel (2005)

Gundel wählt einen systematischen und strukturierten Ansatz zur Einordnung der Krisentypologie. So wählt er keine idealtypischen Krisentypen, welcher er inhaltlich und sachlich begründet. Vielmehr orientiert er sich an einer 4-Felder-Matrix, welche die beiden Variablen Predictability (Vorhersagbarkeit) und Influence (Beeinflussbarkeit) abträgt.[109] So entwickelt der Autor die Krisentypen in Abhängigkeit der beiden Variablen. Typ 1 – einfache Vorhersagbarkeit und einfach Beeinflussbarkeit – beschreibt er als *conventional crises* (konventionelle Krise). Den Typ 2 – schwere Vorhersagbarkeit und einfach Beeinflussbarkeit – beschreibt Gundel als *unexpected crises* (unerwartete Krise). Typ 3 – einfache Vorhersagbarkeit

---

[102] Vgl. Lerbinger (1997), S. 186-216.
[103] Vgl. Lerbinger (1997), S. 217-241.
[104] Vgl. Lerbinger (1997), S. 242-264.
[105] Vgl. Hwang, Lichtenthal (2000), S. 131 f.
[106] Vgl. Hwang, Lichtenthal (2000), S. 132 f.
[107] Vgl. von Allwörden (2005), S. 170-175.
[108] Vgl. von Allwörden (2005), S. 160-169.
[109] Vgl. Gundel (2005), S. 108-110.

und schwere Beeinflussbarkeit – benennt er als *intractable crises* (hartnäckige Krise) und den letzten Krisentyp 4 – schwere Vorhersagbarkeit und schwere Beeinflussbarkeit – bezeichnet Gundel als *fundamental crises* (fundamentale Krise).[110]

2.1.3.10 Krisentypologie nach Snyder et al. (2006)

Snyder et al. unterscheiden Unternehmenskrisen in einer Matrix, mit den die Dimensionen intern/ extern und normal/ abnormal.[111] Unter *intern-normal* sind Krisen beschrieben, die durch die Organisation beeinflusst sind oder in der Produktion liegen. Dieser Krisentyp ist sehr gut vorhersehbar. Der zweite Krisentyp *extern-normal* ist zwar vorhersehbar, entsteht jedoch außerhalb des Unternehmens. Als Beispiel ist eine Branchenkrise oder eine gesamtwirtschaftliche Krise aufgeführt. Die *intern-abnormale* Krise entsteht zwar im Unternehmen, ist jedoch nicht vorhersehbar. Dieser Krisentyp tritt eher selten auf und ist schlecht zu managen. Als Beispiel kann hier das plötzliche Ausscheiden von Wissensträgern, bspw. des CEOs aufgeführt werden. Als letzte Krise beschreiben Snyder et al. die *extern-abnormale* Krise. Diese Krise ist weder vorherseh- noch beherrschbar und betrifft eine Vielzahl von Unternehmen zur gleichen Zeit. Als Beispiel könnte hier politische Krisen, terroristische Handlungen oder Kriege genannt werden.[112]

2.1.3.11 Krisentypologie nach Grape (2006)

Grape unterscheidet insgesamt sechs Krisentypen. Unternehmen, die eine Technologiekrise aufweisen haben Probleme im technologischen Bereich. Entweder können Sie die nachgefragte Qualität oder technologische Güte nicht liefern. Der zweite Krisentyp beschreibt Unternehmen, die einen Einbruch des Umsatzes erleben. Die Umsatzkrise kann verschiedenste Ursachen haben. Die Führungskrise beschreibt die Krisenunternehmen, die aufgrund schwacher oder fehlender Führungspersönlichkeiten in eine Unternehmenskrise geraten. Die Unternehmensführung ist hier mangelhaft, Ausprägungen in alle Richtungen sind vorstellbar. Anders als andere Krisentypologien unterscheidet Grape bei der Expansionskrise in zwei unterschiedliche Krisentypen. Die Expansionskrise I, welche interne Probleme fokussiert beschreibt das Phänomen, dass Unternehmen in der Organisation zu schnell wachsen. Dies hat vor allem zur Folge, dass einst optimierte Prozesse, Entscheidungs- und Organisationsformen nicht mehr größengerecht im Unternehmen vorliegen. Die Expansionskrise II beschreibt ein sehr starkes externes Wachstum. Die Unternehmen können mit dem vom Markt angebotenen Wachstum nicht mehr standhalten und geraten aufgrund des massiven externen Wachstums in eine Unternehmenskrise.[113]

[110] Vgl. Gundel (2005), S. 110-112.
[111] Vgl. Snyder et al. (2006), S. 374.
[112] Vgl. Snyder et al. (2006), S. 371-383.
[113] Vgl. Grape (2006), S. 157-163.

2.1.3.12 Krisentypologie nach Hauschildt und Leker (1983/2000/2009)

Die Krisentypologie nach Hauschildt/ Leker wurde in drei Schritten – jede im Kontext ihres wirtschaftlichen Umfeldes – entwickelt. Im ersten Schritt leitete Hauschildt vier Krisentypen, im zweiten Schritt zwei weitere Krisentypen ab. Abschließend beschrieb Leker drei weitere Krisentypen. Zunächst untersuchte Hauschildt 72 Krisenunternehmen aus den Jahren 1971 bis 1982. Als Datenbasis diente das Manager-Magazin, in dem überwiegend große Unternehmen und deren Krisenbezug vorgestellt wurden. Auf Grundlage dieser Datenbasis leitete Hauschildt vier Krisentypen ab – das technologisch gefährdete Unternehmen, das Unternehmen auf brechenden Stützpfeilern, das Unternehmen, das unvorbereitet expandiert und das Unternehmen mit einem konservativen und uninformierten Patriarchen.[114]

In einer Folgestudie im Jahre 2000 wurden 142 mittelständische Unternehmen aus den Kreditakten einer deutschen Großbank untersucht. Diese Studie hatte das Ziel, die bereits identifizierten Krisentypen im Mittelstand nachzuweisen und – wenn nötig – neue Krisentypen abzuleiten. Im Rahmen der Untersuchung wurden zu den bereits bestehenden Krisentypen zwei weitere Krisentypen identifiziert – das abhängige Unternehmen und das Unternehmen mit unkorrekten Mitarbeitern.[115]

Im Zuge der Finanzmarktkrise und der demographischen Entwicklungen deutscher Unternehmenseigentümer, fortschreitender Globalisierung und einer Vielzahl innovativer Finanzprodukte konnten drei weitere Krisentypen theoretisch abgeleitet werden – das Unternehmen mit Problemen am Beschaffungsmarkt, das Unternehmen mit Finanzierungsproblemen und das Unternehmen mit fehlender Nachfolgeregelung.[116]

Zur Aktualität der Krisentypologie trägt eine aktuelle Validierungsstudie bei. In der Studie wurden 99 Krisenexperten aus den Bereichen Restrukturierungsberatung und Kreditinstitute befragt. Die Experten bestätigten die abgeleiteten Krisentypen weitestgehend.[117] Nachfolgend sollen diese Krisentypen qualitativ näher beschrieben, deren Identifikationsmöglichkeit anhand des Jahresabschlussbildes geprüft und anhand eines praktischen Beispiels kurz veranschaulicht werden.

2.1.3.12.1 Das technologisch gefährdete Unternehmen – Typ 1

Die Probleme des technologisch gefährdeten Unternehmens liegen im operativen wie auch strategischen Produktionssektor. Zudem sind erhebliche Führungsfehler und Mängel in der Konstitution zu identifizieren. Im Wesentlichen verpassen Unternehmen dieses Krisentyps

---

[114] Vgl. Hauschildt (1983), S. 149-152.
[115] Vgl. Hauschildt (2000), S. 13 f.
[116] Vgl. Leker (2008), S. 42 f. und Kehrel, Sonius (2015).
[117] Vgl. fortführend Kehrel, Sonius (2015).

jedoch die technische Entwicklung. Dies basiert meist auf fehlenden Investitionen in Forschung und Entwicklung oder fehlendem Wissen. Zudem hält das Unternehmen starr an alten Produkt- oder Verfahrenstechnologien fest. Dies unterstützt die These strategischer Fehler und fehlender strategischer Flexibilität und führt zu Wettbewerbsnachteilen. Eine Überwindung dieses Krisentyps in einem fortgeschrittenen Stadium ist nur mithilfe hoher und risikoreicher Investitionen möglich. Verantwortlich für diesen Krisentyp ist die Unternehmensleitung. Ob nun die geringen Investitionsbemühungen durch eine anhaltende Ertragsschwäche oder anderweitig (bspw. hohe Privatentnahmen) begründet werden, ursächlich für den Unternehmenszustand ist eine zeitlich vorgelagerte strategische Fehlentscheidung.[118]

Dieser Krisentyp ist schwer aus dem Jahresabschluss zu identifizieren. Ansatzpunkte sind auf niedrigem Niveau stagnierende Investitionsquoten im Mehrjahresvergleich. Des Weiteren könnten hohe Material- und Personalaufwandsquoten Hinweise für das Vorliegen eines technologisch gefährdeten Unternehmens sein. Zudem könnten Indikatoren in sehr niedrigen Abschreibungsquoten und insbesondere in niedrigen Forschungs- und Entwicklungsaufwendungen gesehen werden. Diese Kennzahlen müssten jedoch in einem Branchenvergleich untersucht werden.[119]

Als praktisches Beispiel soll das Technologieunternehmen Nokia mit dem Kernprodukt Mobiltelefon vorgestellt werden. Nokia war zu Beginn des Jahrtausends weltweiter Marktführer bei Mobiltelefonen. Jedoch revolutionierte die Smartphone-Technologie den gesamten Markt für mobile Telefonie. Nokia verpasste diese technologische Entwicklung und verlor erhebliche Marktanteile an Apple, Samsung und andere Anbieter.[120] Das Unternehmen Nokia ist ein typischer Krisentyp 1 – das technologisch gefährdete Unternehmen.

2.1.3.12.2 Das Unternehmen auf brechenden Stützpfeilern – Typ 2

Unternehmen dieses Krisentyps weisen einen abrupt fallenden Umsatz auf. Der massive Umsatzeinbruch kann auf eine Vielzahl externer und interner Ursachen zurückgeführt werden. Das Unternehmen ist allerdings nicht in der Lage flexibel auf die veränderten Markt- und Absatzbedingungen zu reagieren. Dies führt zu massiven Leerkapazitäten im Produktions- und Personalbereich. Das Management agiert aufgrund der Vielzahl von Problemen in unterschiedlichen Produktlinien und Segmenten nicht strukturiert. Dies führt zu einem Kontrollverlust. Durch die hohen resultierenden Verluste leidet das Unternehmen an mangelnder Eigenkapitalausstattung. Anders als beim ersten Krisentyp muss zur Krisenverantwortung differenziert diskutiert werden. Unternehmen dieses Krisentyps unterliegen meist zwei unter-

---

[118] Vgl. Hauschildt (1983), S. 149.; Hauschildt (1985), S. 25; Hauschildt (1988), S. 11; Hauschildt (2000), S. 12; Leker (2000), S. 143; Hauschildt (2003), S. 15; Hauschildt (2005), S. 5; Hauschildt, Grape, Schindler (2006), S. 12; Leker (2008), S. 42; Kehrel, Leker (2009), S. 202 und Weiß (2013), S. 71.

[119] Vgl. Hauschildt (2000), S. 15.

[120] Vgl. Bösenberg, Küppers (2011), S. 40 f.

schiedlichen Typen von Krisenursachen – die vorherseh- und beeinflussbaren[121] und die nicht vorherseh- und beeinflussbaren[122] Ursachen.[123]

Hier gibt der Jahresabschluss deutliche Hinweise auf den zweiten Krisentyp. Wichtig ist hierbei jedoch die Aktualität der gelieferten Jahresabschlüsse, was für mittelständische Unternehmen nicht unbedingt gewährleistet ist. Insbesondere massiv negative Umsatzentwicklungen bei steigenden Beständen, gleichbleibende Material- und Personalaufwendungen und andere Aufwandsarten geben Hinweise auf diesen Krisentypen. Hauschildt betont, dass dieser Krisentyp meist schon Auffälligkeiten bei zwei Jahresabschlüssen aufweist und daher relativ einfach zu diagnostizieren ist.[124]

Als praktisches Beispiel des zweiten Krisentyps können unter anderem Thyssen Krupp oder Karstadt aufgeführt werden. Thyssen Krupp verlor insbesondere im ersten Jahrzehnt des neuen Jahrtausends zahlreiche Umsatzträger. Der Preis für Eisen verlor an Wert und somit verringerten sich die Umsätze. Problematische Investitionen und Fehlplanungen von Großprojekten (Brasilien und im Süden der USA), hohe Schadensersatzforderungen aufgrund von Absprachen in der Aufzugssparte und problematische Inhaberstrukturen (Alfried Krupp von Bohlen und Halbach-Stiftung) verschärften die Probleme zusätzlich. Diese Probleme stellen lediglich einen Auszug der zahlreichen Probleme von Thyssen Krupp dar. Thyssen Krupp ist somit ein Beispiel für den Krisentyp 2.[125]

2.1.3.12.3 Der konservative, uninformierte Patriarch – Typ 3

Typ 3 wird durch einen mächtigen, mitunter narzisstischen Unternehmer oder ein sehr dominantes Geschäftsführungsmitglied bestimmt. Neben Eitelkeit und Selbstüberschätzung[126] – begründet auf Erfolgen aus der Vergangenheit – fehlt strategisches Geschick in der Entscheidungsfindung. Entscheidungen werden vornehmlich intuitiv, sprunghaft, persönlich motiviert und „aus dem Bauch heraus“ getroffen. Aus diesem Grund lehnt der Patriarch betriebswirtschaftliche Planungs- und Kontrollinstrumente und strukturierte Konzepte ab. Die wesentlichen Fehlentscheidungen werden jedoch im Absatzbereich getroffen. Zudem weist die Unternehmensleitung Tendenzen zu spekulativen Entscheidungen auf. Dieses Phänomen wird

---

121 Bspw. ist hier die inkrementelle Verdrängung der eigenen Produkte durch Importe aus Billiglohnländern aufzuführen.

122 Hier ist bspw. eine plötzliche staatliche Intervention zu nennen. Dies können Regulierungsmaßnahmen oder ein plötzlicher Wandeln in der Subventionspolitik sein.

123 Vgl. Hauschildt (1983), S. 149; Hauschildt (1985), S. 25; Hauschildt (1988), S. 10; Hauschildt (2000), S. 11 f.; Leker (2000), S. 144; Hauschildt (2003), S. 15; Hauschildt (2005), S. 5; Hauschildt, Grape, Schindler (2006), S. 12; Leker (2008), S. 42; Kehrel, Leker (2009), S. 202 und Weiß (2013), S. 71 f.

124 Vgl. Hauschildt (2000), S. 15; Leker, Möhlmann-Mahlau, Wieben (2002), S. 112 f. und Hauschildt (2003), S. 15.

125 Vgl. Marquart, Diehl (2012) und Dierig (2013).

126 Studien im Bereich Mergers & Acquisitions untersuchen die Auswirkungen überheblicher und zu selbstüberzeugter Entscheidungsträger. Insbesondere Dieses Phänomen kann auch als „self-attribution bias[126]“ beschrieben werden. Vgl. Doukas, Petmezas (2007), S. 532-534 und Bodolica, Spraggon (2011), S. 535-550.

gemeinhin auch als Gambling for Resurrection[127] bezeichnet. In der Regel verzichten Patriarchen auf dolose Handlungen, mitunter sind jedoch auch diese zu beobachten. Konstruktiver Meinungsaustausch und Kritik wird entweder aufgrund der starken Persönlichkeit nicht geäußert oder aber systematisch von der Unternehmensleitung untersagt. Dieses Arbeitsklima führt zu innerbetrieblichen Spannungen und einer verhältnismäßig hohen Fluktuation auf der zweiten Führungsebene.[128] Kreditinstitute werden auf die Leistung als Kapitallieferant begrenzt, ein ausgeprägtes Vertrauensverhältnis ist daher nicht immer möglich.[129]

Die Identifikationsmöglichkeiten im Jahresabschluss sind begrenzt, da die Krisenursache in der Person des Unternehmers begründet liegt. Gleichwohl können Krisenunternehmen dieses Krisentyps mitunter Veränderungen im Verhältnis von Umsatz zu Aufwandspositionen aufweisen. Wobei dieser relative Kostenanstieg auch auf vernachlässigten Investitionsaktivitäten basieren kann.[130] Mit Ausnahme vereinzelt auftretender Fälle von Bilanzbetrug ist eine Identifizierung anhand des Zahlenmaterials nicht möglich. Im Jahresabschluss größerer Unternehmen könnte jedoch eine heroisierende Darstellung des Patriarchen Hinweise geben oder die hervorgehobene Darstellung von Prestigeinvestitionen (wie bspw. der Bau eines neuen Bürogebäudes).[131]

Als praktisches Beispiel kann neben vielen anderen Anton Schlecker aufgeführt werden. Begründend für diese Einschätzung soll die Nordbayrische Zeitung herangezogen werden. „Der Dilettantismus des Alleinherrschers setzte sich in vielen anderen Bereichen fort, etwa in der Sortimentsgestaltung, dem Vertrieb oder der Verwaltung. (…) Statt strategischer Planung wurschtelte Anton Schlecker vor sich hin, als betreibe er noch immer einen kleinen Laden. Als Konzernchef hat er sträflich versagt.“[132]

2.1.3.12.4 Das Unternehmen, das unvorbereitet expandiert – Typ 4

Dieser Krisentyp fußt auf einer Expansionsstrategie und kann überwiegend in jungen Märkten beobachtet werden. Die Expansionsstrategie kann intern, also organisch oder aber extern, also anorganisch ausgerichtet sein.[133] Zahlreiche Unternehmen sind erfolgreich mit einer ausgeprägten Wachstumsstrategie, gleichwohl finden wir viele Unternehmen, deren interne Strukturen entweder nicht auf ein derartig starkes Wachstum ausgelegt oder nicht anpassbar

[127] Vgl. hierzu fortführend Downs, Rocke (1994), S. 362-380; de Figueiredo, Rui J. P. Jr., Weingast (1997); Kraus, Becker-Kolle (2004), S. 47; Pontell (2005), S. 309-324 und Boyd, Hakenes (2014), S. 43-64.

[128] Vgl. Hauschildt (1983), S. 150; Hauschildt (1985), S. 25; Hauschildt (1988), S. 13; Hauschildt (2000), S. 12.; Hauschildt (2003), S. 15; Hauschildt (2005), S. 5; Probst, Raisch (2005), S. 94; Hauschildt, Grape, Schindler (2006), S. 12; Leker (2008), S. 42 f.; Kehrel, Leker (2009), S. 202 und Weiß (2013), S. 72 f.

[129] Vgl. Arnold, Ifftner, Portisch (2011), S. 90.

[130] Vgl. Leker, Möhlmann-Mahlau, Wieben (2002), S. 114.

[131] Vgl. Hauschildt (2005), S. 15 f.

[132] Vgl. Hofmann (2012), S. 2.

[133] Exzessives Wachstum ist oftmals Auslöser von Unternehmenskrisen. Eine vergleichsweise aktuelle Studie bieten. Vgl. Probst, Raisch (2005), S. 92 f.

sind. Mit internen Strukturen sind die Organisations- und Leitungsformen, insbesondere aber auch kaufmännische Kontrollrechnungen und angemessene Controlling-Strukturen gemeint. Aufgrund der starken Expansion verändert sich die Kapitalstruktur erheblich, eine ausreichende Eigenkapitalbasis steht dem Unternehmen nicht mehr zur Verfügung. Wächst das Unternehmen anorganisch, besteht die Gefahr, dass die Investition nicht den kalkulierten Erfolgsbeitrag liefert. Verantwortlich zeichnet sich auch die Unternehmensführung, da diese – oftmals „geblendet" durch optimistisches Wachstumsstreben – das übliche Risikokalkül missachtet.[134] Empirische Beispiele belegen, dass im Rahmen von Expansionsstrategien die Rolle des Finanzvorstands nicht mit den zwingend erforderlichen Kompetenzen ausgestattet wird.[135]

Das unvorbereitet expandierende Unternehmen ist verhältnismäßig gut zu identifizieren. Starken Anstiegen im Absatzbereich stehen überproportionale Aufwandspositionen gegenüber und wirken direkt auf den Verschuldungsgrad. Die überwiegend fremdkapitalbasierte Expansion verstärkt die Verschiebungen in der Kapitalstruktur. Interne Mängel in der Organisation, fehlerhafte Unternehmensführung sowie Probleme im Rechnungswesen können hingegen nicht unmittelbar aus dem Jahresabschluss gelesen werden. Gleichwohl dürften Renditeentwicklungen im mehrperiodischen Zeitvergleich Signalcharakter aufweisen.[136]

Das Wiener Unternehmen DiTech GmbH spezialisierte sich auf den Vertrieb von Computern und wies 15 Jahre lang ein starkes Wachstum auf. Das stärkste Wachstum verzeichnetet DiTech allerdings in den Jahren 2008 bis 2012, in denen sich der Umsatz auf 120 Mio. € und die Mitarbeiter auf 300 verdoppelte. Jedoch konnte DiTech die internen Strukturen nicht anpassen und insbesondere das Lieferantenmanagement nicht optimieren. Dies führte dazu, dass zum Zeitpunkt des Kollapses eine Auftragsbestand von 1,5 Mio. € nicht bedient werden konnten.[137]

2.1.3.12.5 Das abhängige Unternehmen – Typ 5

Dieser Krisentyp beschreibt einen Unternehmenstyp, der aufgrund operativer oder strategischer Abhängigkeiten in eine Krise gerät. Insbesondere starke vertragliche Verflechtungen und Bindungen an Lieferanten sowie Kunden sind für Unternehmen dieses Krisentyps charakteristisch. Diese Unternehmen weisen mitunter ausgeprägte A-Kunden, respektive A-Lieferanten Probleme auf. Allerdings gerät das Unternehmen erst dann in eine Krise, wenn

[134] Vgl. Hauschildt (1983), S. 150; Hauschildt (1985), S. 25; Hauschildt (1988), S. 12; Hauschildt (2000), S. 12; Leker (2000), S. 144 f.; Hauschildt (2003), S. 15; Hauschildt (2005), S. 5; Hauschildt, Grape, Schindler (2006), S. 12; Leker (2008), S. 42.; Kehrel, Leker (2009), S. 202 und Weiß (2013), S. 73 f.

[135] Held hinterfragt die generelle Rolle der finanziellen Führung bei Expansionsstrategien am Beispiel Metallgesellschaft. Hier wird beispielhaft hinterfragt, ob das Primat der Zahlungsfähigkeit bei (Krisen)Unternehmen tatsächlich befolgt wird. Vgl. Heldt (2002), S. 7.

[136] Vgl. Hauschildt (2000), S. 15 und Leker, Möhlmann-Mahlau, Wieben (2002), S. 112 f.

[137] Vgl. APA (2014).

diese Kunden- oder Lieferantenbeziehung durch den Partner gestört oder beendet wird. Gründe für einen Abbruch der Beziehung liegen bspw. in Qualitätsproblemen oder Problemen auf persönlicher Ebene des Managements. War der Krisenauslöser der ersten vier Krisentypen im Unternehmen selbst zu finden, muss bei einem abhängigen Unternehmen der Auslöser extern gesucht werden. So wirkt die Entscheidung eines externen Stakeholders – zumeist Kunden oder Lieferanten, aber möglicherweise auch Mitarbeiter oder Kapitalgeber – als Krisenauslöser. Der Leser mag sich die Frage stellen, ob eine existenzbedrohende Abhängigkeit durch Diversifikation zu verhindern gewesen wäre. Zur Beantwortung dieser Frage bedarf es einer ausführlichen Betrachtung von Marktausrichtung und Wettbewerb. Auf mono- oder oligopolistischen Märkten mag eine diversifizierende strategische Ausrichtung mit erheblichen Problemen verbunden sein. Zusammenfassend gilt, dass das Unternehmen die geschäftliche Abhängigkeit durch Ersatz heilen muss. Gelingt dem Unternehmen dies nicht, verliert es seine Geschäftsgrundlage und wird nicht weiter am Markt agieren. Neben den bereits beschriebenen Problemen weisen Unternehmen dieses Krisentyps oftmals Streitigkeiten in der Unternehmensführung sowie Schwächen in der Materialwirtschaft auf.[138]

Der Jahresabschluss liefert keinen Hinweis auf diesen Krisentyp. Möglicherweise können aufgrund von Branchenkenntnissen systematische Abhängigkeiten[139] identifiziert werden; individuelle Abhängigkeiten in Wettbewerbsmärkten sind nicht diagnostizierbar.[140]

In der Praxis sind Unternehmen dieses Krisentyps insbesondere in Zuliefererbranchen (bspw. Automobil oder Discounter) und anderen subventionierten Branche zu finden. Als ein prominentes Beispiel aus der Zuliefererbranche kann das Unternehmen Bosch dienen. Im Rahmen der Weltwirtschaftskrise verringerten sich die Absatzzahlen der deutschen Autokonzerne – in dieser Betrachtung die Kunden des Automobilzulieferers Bosch – erheblich.[141] Bosch musste daraufhin ein Werk für mehrere Monate schließen, die Mitarbeiter anderer Werke wurden in Kurzarbeit geschickt. Obwohl die Auftragslage gering war, musste Bosch hohe Kapazitäten für einen potenziellen Aufschwung vorhalten und konnte diese nicht auslasten. Aufgrund der Größe von Bosch konnte eine Zuspitzung der Krise verhindert werden, ähnliches gilt für Continental oder Schaefler. Andere, insbesondere kleiner Unternehmen wie Honsel oder Angell-Demmel konnten die Verwerfungen am Automobilmarkt nicht bewältigen und mussten Insolvenz anmelden.[142]

---

[138] Vgl. Hauschildt (2000), S. 14; Leker (2000), S. 146; Hauschildt (2003), S. 15; Hauschildt (2005), S. 5; Hauschildt, Grape, Schindler (2006), S. 12; Leker (2008), S. 43; Kehrel, Leker (2009), S. 203 und Weiß (2013), S. 74 f.

[139] Hierbei wären systematische Abhängigkeiten im Straßenbau vom staatlichen Auftraggeber oder die Subventionsabhängigkeit von Unternehmen aus dem Sektor erneuerbare Energien als Beispiele zu nennen.

[140] Vgl. Hauschildt (2000), S. 15.

[141] Der Umsatz der deutschen Automobilindustrie verringert sich von 2008 auf 2009 um 20,4% (330,9 Mrd. € auf 263,1 Mrd. €). Vgl. Statista (2015).

[142] Vgl. Soester-Anzeiger (2010) und Insolvenz Ratgeber (2010).

2.1.3.12.6 Das Unternehmen mit unkorrekten Mitarbeitern – Typ 6

Der Begriff unkorrekter Mitarbeiter ist in diesem Rahmen sehr weit gefasst. So subsummiert Hauschildt Kompetenzüberschreitungen, Spekulation, Korruption und Betrug im sechsten seiner Krisentypen. Der Leser mag anführen, dass in fast jedem Unternehmen Kompetenzüberschreitungen auftreten. In diesem Fall ist jedoch wesentlich, dass Kompetenzüberschreitungen in einem Maße auftreten, die für die Unternehmung existenzbedrohend sind. Des Weiteren sind hier Unternehmen aufzuführen, die durch ausgeprägtes Fehlverhalten wie Bilanzbetrug, Bestechung oder Schmiergeldzahlungen in eine existenzielle Bedrohung geraten. Verstärkt wird dieser Krisentyp durch ein unqualifiziertes Management in Kombination mit unzureichenden Planungs-, Berichts- und Kontrollsystemen.[143]

Der sechste Krisentyp ist aus Bilanzkennzahlen nicht zu identifizieren. Insbesondere dem Problem der Identifikation von Frauds widmet sich die Forschung seit geraumer Zeit.[144] Besonders bei Unternehmen mit grenzüberschreitenden und projektgetriebenen Geschäftsmodellen tritt dieser Krisentyp vermehrt auf.[145] Jedoch können auch Fälle aus vielen anderen Branchen berichtet werden.

Als Beispiel dient das 1999 von Jenaro Garcia Martin noch unter dem Namen „Iber-X“ gegründete Unternehmen. Zu Beginn galt das Start-Up als der Star in der spanischen Start-Up Szene. Bis 2014 bot GOWEX Produkte aus dem Telekommunikationsbereich an. Eine Produktsparte beschäftigte sich dabei mit WiFi zertifizierten HotSpots für größere Städte. Die Manipulationshandlungen waren sehr umfangreich. GOWEX gab an, in New York City insgesamt 1.953 WiFi Hotspots eingerichtet zu haben und bilanzierten dies mit zwei Millionen Euro. Die New York City Economic Development Corporation wies den Vermögenswerten jedoch lediglich einen Wert in Höhe von 245,000 US-$ zu. Auch in Paris, Madrid und Buenos Aires kam es zu extremen Abweichungen zwischen bilanzierten Vermögensgegenständen und externen Gutachten.[146] Die Bekanntmachung der Bilanzmanipulationen erfolgte am 1. Juli 2014 durch Gotham City Research LLC, eine Anlagegesellschaft, die sich auf Leerverkäufe spezialisierte. Die Anlagegesellschaft gab an, dass 90% der Umsatzerlöse von GOWEX fiktiv und fingiert seien.[147] Der WiFi-Anbieter konnte dadurch seinen Gewinn höher ausweisen und in Folge dessen externes Kapital generieren. In den Medien bezeichnete man den GOWEX-Skandalfall daher auch häufig in Anlehnung an den Bilanzskandal von Comroad als den „spanischen Comroad“.

---

143 Vgl. Hauschildt (2000), S. 14; Leker (2000), S. 147; Hauschildt (2003), S. 15; Hauschildt, Grape, Schindler (2006), S. 12; Leker (2008), S. 43; Kehrel, Leker (2009), S. 203 und Weiß (2013), S. 75 f.

144 Vgl. Hauschildt (2000), S.16; Peemöller, Hofmann (2005) und Krehl, Fischer (2009), S. 281-300.

145 Vgl. Altegör (2014).

146 Vgl. Toyer, Ruano, Gonzalez (2014).

147 Vgl. Gotham City Research LLC (2014), S. 4.

2.1.3.12.7 Das Unternehmen mit Problemen am Beschaffungsmarkt – Typ 7

Unternehmen mit Problemen am Beschaffungsmarkt können enorme Preissteigerungen auf der Inputseite nicht durch die eigene Wertschöpfung oder Preisweitergaben kompensieren. Dieser Krisentyp agiert in einem preissensitiven Nachfragemarkt und unterliegt einem hohen Wettbewerbsdruck. Dies erschwert die Weitergabe der einkaufsseitigen Preissteigerungen an die Kunden zusätzlich. Hinzu kommt, dass dem Unternehmen auf den Beschaffungsmärkten entweder keine oder nur unzureichende Substitutionsprodukte zur Verfügung stehen. Weitere Merkmal können in energieintensiven Produktionsprozessen, geringen Innovationsleistung und einer leichten Substituierbarkeit der Marktleistung gefunden werden.[148]

Zur Identifikation bedarf es einer ausführlichen Wertschöpfungsanalyse. Der Jahresabschluss liefert Daten zu den Materialaufwendungen. Liegen hier massive Erhöhung in Kombination mit stagnierenden Umsatzerlösen vor, kann auf einen Krisentyp 7 geschlossen werden. Liefert der Jahresabschluss eine ausführliche Segmentberichterstattung, könnte mit zusätzlicher Marktexpertise ein Unternehmen mit Problemen am Beschaffungsmarkt zumindest vermutet werden.

Als praktisches Beispiel bei Unternehmen mit Problemen am Beschaffungsmarkt dient die Firma Bayern Batterie. Das Unternehmen litt insbesondere an der Preisentwicklung für Blei, der Grundrohstoff von Batterien. Bayern Batterie war nicht in der Lage über Termingeschäfte das Risiko der Preisentwicklung abzufangen und musste letztlich Insolvenz anmelden.[149] Als weiteres Beispiel kann die Bäckereikette Kohlmann aufgeführt werden. Neben Marktverschiebungen und einer Intensivierung des Wettbewerbs für Bäckereien durch Discounter, führten insbesondere der Anstieg der Energiepreise als auch der Preisanstieg des Rohstoffes Weizen zur Unternehmenskrise.[150]

2.1.3.12.8 Das Unternehmen mit innovativer Finanzierungstätigkeit – Typ 8

Zu Beginn des Jahrtausends nutzten Unternehmen verstärkt innovative Finanzierungsformen. Diese führten bei einer Verschlechterung der gesamtwirtschaftlichen Lage zu erheblichen Refinanzierungsproblemen bei den Unternehmen und indizierten Unternehmenskrisen. Hierbei konnten immer wieder endfällige, revolvierende Finanzierungsformen wie Mezzanine-Kapital als Ursache festgestellt werden. So stellten diese Formen zahlreiche Unternehmen im Zuge der Weltwirtschaftskrise vor zunächst unerwartete Probleme. Unternehmen dieses Krisentyps sind vor allem durch fehlende Refinanzierungsmöglichkeiten, massive Verringerungen der Kreditwürdigkeit, gemessen durch ein Bilanzrating oder eine Ausfallwahrscheinlich-

148 Vgl. Leker (2008), S. 43.
149 Vgl. Renner (2013).
150 Vgl. Schorlemmer (2013).

keit, Vertragsbrüche durch Nichteinhaltung von Financial Covenants[151] (Covenant Breaches) und hohe Eigen- sowie Fremdkapitalkosten gekennzeichnet.[152]

Durch die in der Praxis häufig angewandte Finanzierung über Mezzanine-Kapital[153] standen viele Unternehmen vor Refinanzierungsproblemen nach Ablauf des Finanzierungskonstrukts.[154] Sogar im Rahmen der Kommunalfinanzierung wurden Probleme publik, da die Anwendung von Sale-and-Lease-Back zahlreiche Kommunen vor erhebliche Probleme gestellt hat. Bei diesem Krisentyp führt zwar der exogene Schock zur Unternehmenskrise, ursächlich hierfür ist aber die unternehmensinterne Finanzierungsstruktur. Des Weiteren führt die Anwendung innovativer Finanzierungskonzepte außerhalb eines für das Unternehmen verträglichen Maßes zu Krisensituationen.

Der Jahresabschluss liefert einige Ansatzpunkte zur Identifikation des Krisentyps. Verschiebungen in der Kapitalstruktur, die Auflösung stiller Reserven durch Verkauf von Anlagevermögen in Verbindung mit steigen Leasingaufwendungen können erste Hinweise geben. Zudem können Informationen bezüglich der Finanzierungsformen weitere Anhaltspunkte für den Analysten geben. Gleichwohl ist der achte Krisentyp nicht zweifelsfrei aus den Jahresabschluss zu identifizieren.

Zu den Unternehmen mit innovativer Finanzierungstätigkeit gehört unter anderem der Automobilzulieferer Lindenmaier AG. Als Zulieferer in der Automobilbranche war Lindenmaier starken Wettbewerb ausgesetzt und optimierte die Passivseite durch mezzanines Kapital, um die Wettbewerbsfähigkeit weiter zu steigern. Als das Mezzaninkapital am Ende der Laufzeit refinanziert werden musste, konnte jedoch kein Fremdkapitalgeber gefunden werden.[155] Laut einer Studie von PWC erwartet rund die Hälfte der Unternehmen Probleme bei der Refinanzierung, die in einer Phase wirtschaftlichen Aufschwungs durch innovative Finanzierungsmethoden wie Mezzaninekapital Umfinanzierungen durchführen (50%) oder Wachstum finanzieren (40%) wollten.[156]

2.1.3.12.9 Das Unternehmen mit fehlender Nachfolgeregelung – Typ 9

Generationswechsel und Anteilsübergaben stellen Unternehmen aus dem Segment Familienunternehmen regelmäßig vor Probleme. Bei einer plötzlichen Veränderung der Rahmenbedingungen, bspw. durch Tod oder Unfall des Firmenleiters, ist ein Unternehmen ohne geeig-

151 Vgl. Mather, Peirson (2006), S. 285-307; Achleitner (2012), S. 647-684 und Christensen, Nikolaev (2012), S. 75-116.
152 Vgl. Leker (2008), S. 43.
153 Zu Mezzaninen Finanzierungsstrukturen vgl. fortführend Bean (2008); Damnitz, Kleutgens (2011); Fleischhauer (2012), S. 12-16 und Amon, Dorfleitner (2013).
154 Vgl. Mackebrandt (2008), S. 193.
155 Vgl. Schnitzler (2011) und Dentz (2013).
156 Vgl. Papenstein, Rams, Lüke (2011), S. 71 und 73.

nete Nachfolgeregelung möglicherweise handlungsunfähig.[157] Ein weiterer Fall dieses Krisentyps beschreibt fehlende Qualität der Nachfolge auf Leitungsebene, in Verbindung mit existenzbedrohenden (familiären) Anfeindungen oder Kompetenzanmaßungen, die in keinem Fall durch einen familienexterne Kompetenzträger gelöst werden kann/ soll.[158] Eine weitere Krisenursache liegt allerdings auch in der fehlenden Qualität der potenziellen Nachfolger. Halten die Fremdkapitalgeber die Unternehmensnachfolge nicht für kompetent, kann es zu Problemen bei der Prolongation bei benötigen Fremdkapitalmitteln kommen.[159] Moog et al. unterstreichen zudem die aktuelle demographische Entwicklung deutscher Unternehmenseigentümer. In den nächsten Jahren wird mit einem massiven Anstieg von Transaktionen im deutschen Mittelstand gerechnet.[160] Dieser Krisentyp ist nicht anhand von Jahresabschlussdaten zu bestimmen.

Das Modehaus Wöhrl aus Nürnberg bietet Mode vorwiegend im Süden und Osten von Deutschland an. Um den kompletten deutschen Markt zu bedienen wurde das Modehaus Sinn Leffers in das Unternehmen integriert. Der Gründer Rudolf Wöhrl übertrug das Unternehmen seinen beiden Söhnen (jeweils 49%), eine klare Nachfolgeregelung wurde aber nicht getroffen. Vielmehr entschied Rudolf Wöhrl weiterhin wichtige Entscheidungen, da er die übrigen 2% der Anteile in seinem Besitz hielt. Das Fehlen einer eindeutigen Nachfolgestrategie wurde durch Kompetenzanmaßungen und familieninternen Streitereien begleitete. Schlussendlich führte dies in eine manifeste Krise.[161]

Die folgende Graphik gibt einen Überblick über die Entstehung der Krisentypologie und der aktuellen Validierung.

---

157 Die Praxis der Fremdkapitalgeber reagiert auf diesen Krisentyp und bietet Hilfestellungen bei der Organisation eines geeigneten Nachfolgekonzeptes an.

158 Vgl. Leker (2008), S. 43.

159 Vgl. Niggemann, Simmert (2013), S. 106-112.

160 Ca. 33 % der Unternehmen werden in den nächsten 5 Jahren übertragen, 60 % der Unternehmen innerhalb der folgenden 10 Jahre. Auch wenn ca. 42 % der Unternehmer familieninterne Lösungen anstreben, ist doch mit zahlreichen Transaktionen zu rechnen. Vgl. Moog et al. (2012), S. 4 f.

161 Vgl. Manager Magazin (2013), S. 60-66.

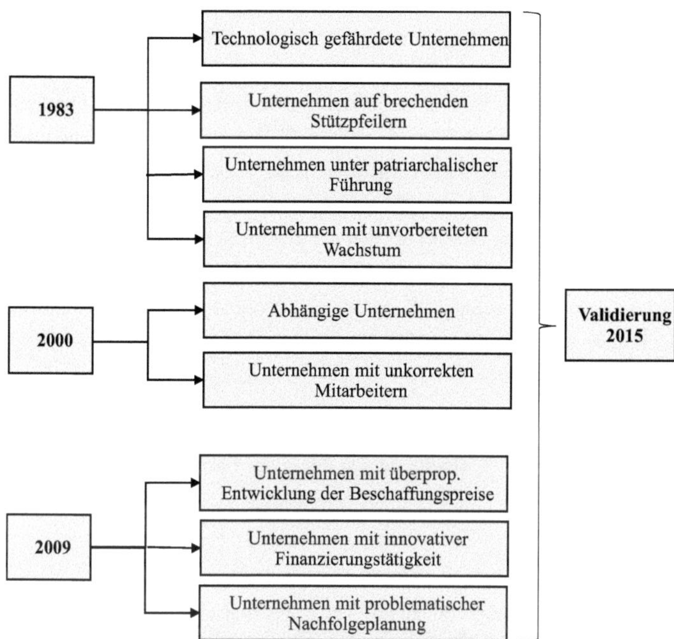

Abbildung 2: Entwicklung Krisentypologie von Hauschildt und Leker.

2.1.3.13 Krisentypologie nach Weiß (2013)

Die erste Krisentypologie, die einen einzelnen Berufsstand betrachtete, entwickelte Weiß im Jahre 2013. Mithilfe von Experteninterviews und einem Fragebogen in Kooperation mit der DATEV eG wurde der deutsche Steuerberatermarkt hinsichtlich Krisentypen untersucht. Der Autor entwickelte aufbauend auf der Krisentypologie von Hauschildt/ Leker[162] eine Krisentypologie für den steuerberatenden Berufstand. Die Krisentypen nach Hauschildt/ Leker werden um drei weitere Krisentypen ergänzt. Den Krisentyp 8 – das Unternehmen mit Finanzierungsproblemen – findet Weiß hingegen nicht in der Stichprobe. Daher leitet er elf verschiedene Krisentypen für den steuerberatenden Berufsstand ab.[163]

Als steuerberatend-spezifische Krisentypen können demnach *der Betrüger*, der *Steuerberater mit privaten Problemen* und der *Steuerberater mit über Wert erworbener Kanzlei* betrachtet werden. Der Betrüger ist durch Untreue und dolose Handlungen gekennzeichnet. Die gesetzeswidrigen Handlungen werden durch zwei Erklärungsansätze begründet. Erstens beschreibt Weiß den Versuch, das eigene Lebenswerk zu retten. Zweitens führt er eine zu enge Bindung und Abhängigkeit an langjährigen Mandaten auf. Dies kann unter Umständen auch dazu füh-

[162] Vgl. hierzu Kapitel 2.1.3.12.
[163] Vgl. Weiß (2013), S. 79-90.

ren, dass auftretende Probleme beim Mandanten durch illegale Aktivitäten „verschleiert“ werden sollen.[164] Ein weiterer Krisentyp, basierend auf der privaten Dimension ist der Steuerberater mit privaten Problemen. Hier sind insbesondere private Spekulationen mit Immobilien, Scheidung und andere private Schieflagen zu nennen.[165] Der dritte neue Krisentyp ist der Steuerberater, welcher die Kanzlei über Wert erworben hat. Dieser Typ ist ähnlich dem Krisentyp Startkrise nach Lüthy[166] und beschreibt ausschließlich Existenzgründungen. Eine Expansion bereits existierender Kanzleien wird explizit aus diesem Krisentyp ausgeschlossen und in das unvorbereitet expandierende Unternehmen eingeordnet. Übernehmen Steuerberater eine andere Kanzlei werden regelmäßig Teile des Kundenstammes die Kanzlei verlassen. Wurde der Kauf der Kanzlei mit einem hohen Fremdkapitalanteil finanziert, können Probleme beim Kapitaldienst auftreten.[167]

Neben den Krisenursachen und den Krisentypen sind auch die Krisenphasen Gegenstand von Forschungsvorhaben. In einem nächsten Schritt werden die in der Literatur diskutierten Krisenphasenmodelle beschrieben.

2.1.4 Krisenphasenmodelle

Krisenphasenmodelle beschreiben Krisen nicht aus einer typologischen Perspektive, also quantitativ oder qualitativ basierend auf Krisenursachen (oder vielmehr Ursachenbündeln), sondern als einen Prozess. In der Regel wird dieser Prozess als ein mehrjähriger, dynamischer Verlauf beschrieben.[168] Die theoretische und empirische Krisenforschung hat in den vergangenen Jahrzehnten eine Vielzahl von Krisenphasenmodellen entwickelt. Insbesondere in den späten 1970er Jahren und zwischen 1995 und 2000 wurden zahlreiche Phasenmodelle in empirischen Untersuchungen beobachtet und konzeptionell ausgearbeitet. Grundsätzlich können alle bisher entwickelten Ansätze in drei Perspektiven unterschieden werden; die Restrukturierungsperspektive, die erfolgs- und finanzwirtschaftliche Perspektive und die Wahrnehmungsperspektive.

2.1.4.1 Restrukturierungsperspektive

Krisenphasenmodelle aus der Restrukturierungsperspektive wurden in den späten 1990er Jahren und Anfang des Jahrtausends entwickelt. 1999 unterteilt Töpfer die Phase des präventiven Krisenmanagements in die Bereiche Prävention und Früherkennung oder –warnung. Die folgende Phase „reaktionäres Krisenmanagement“ wird durch die Eindämmung des

[164] Vgl. Weiß (2013), S. 81 f.
[165] Vgl. Weiß (2013), S. 82 f.
[166] Vgl. Lüthy (1988), S. 52. und Kapitel 2.1.3.4.1.
[167] Vgl. Weiß (2013), S. 87 f.
[168] Vgl. Hambrick, D'Aveni (1988), S. 13 und Baetge, Schmidt, Hater (2012), S. 19.

Schadens sowie die Erholungsphase beschrieben.[169] Im Krisenphasenmodell aus dem Jahr 2002 unterscheidet Töpfer die beiden Krisenphasen Krisenvorsorge oder präventives Krisenmanagement und Krisenbewältigung oder reaktionäres Krisenmanagement.[170] Die Phase der Krisenprävention wird nach Töpfer[171] von vorbeugenden und vorbereitenden Maßnahmen beherrscht. In der Früherkennungsphase werden Frühaufklärung, Früherkennung und Frühwarnung zusammengefasst. Nach dem Ausbruch der Unternehmenskrise agiert die Unternehmensleitung mit kriseneindämmenden Maßnahmen. Die Leitfrage des Managements beschreibt er mit der Suche nach der Eingrenzung des Schadens der eingetretenen Krise. Als letzte Krisenphase wird die Erholungsphase aufgeführt, in der die negativen Folgen einer Krisen beseitigt und damit die Krise beendet wird.[172] Die Überwindung der Krise mündet in der zwingenden strategischen Neuausrichtung der gesamten Unternehmung.[173] Post Crisis beschreibt er eine Phase mit „Lernen aus der Krise".[174] Töpfer vernachlässigt in seinem Phasenmodell die Niederlegung der Geschäftstätigkeit, bzw. Insolvenz und darf somit positiv als ein Restrukturierungsansatz beschrieben werden.

2.1.4.2 Erfolgs- und Finanzwirtschaftliche Perspektive

Der zweite Bereich der Modelltheorien betrachtet die Krise aus einer finanz- und erfolgswirtschaftlichen Perspektive. Üblicherweise durchlaufen Krisenunternehmen zunächst eine strategische Krise, die dem Unternehmen in ihrer Ausprägung zahlreiche Handlungsalternativen bietet. Die zweite Phase betrifft Produkte und den Absatzbereich und wird folglich die Produkt- und Absatzkrise genannt. In der dritten Phase kann das Unternehmen die Erfolgsziele nicht erreichen und befindet sich in der Erfolgskrise. Verschärft sich die Erfolgskrise derart, dass das Unternehmen unter mangelnder Liquidität leidet, wird im Allgemeinen von der Liquiditätskrise gesprochen. Der Liquiditätskrise folgt eine Phase der akuten Gefährdung, die bereits als sehr insolvenznah zu beschreiben ist.[175]

Die nachfolgende Graphik visualisiert die unterschiedlichen Krisenphasen aus der Erfolgs- und Finanzwirtschaftlichen Perspektive nach Grunwald und Grunwald. Anschließend werden die einzelnen Krisenphasen beschrieben und in einen wirtschaftlichen Kontext gesetzt. Die Autoren diskutieren zudem den Zeitpunkt, bei dem die Kreditprüfung auf Probleme stößt.

---

[169] Vgl. Töpfer (1999), S. 34.
[170] Vgl. Töpfer (2002). Weitere Ansätze sind bei Töpfer (1999) und Neubauer (1999) zu finden.
[171] Stellvertretend für diese Form der Krisenphasenmodelle soll im Folgenden das Krisenmodell nach Töpfer aus dem Jahr 1999 beschrieben werden.
[172] Vgl. Töpfer (1999), S. 35 f.
[173] Vgl. Hauschildt (2004), S. 714.
[174] Vgl. Töpfer (1999), S. 35 f.
[175] Vgl. Grunwald, Grunwald (2001), S. 61 f.

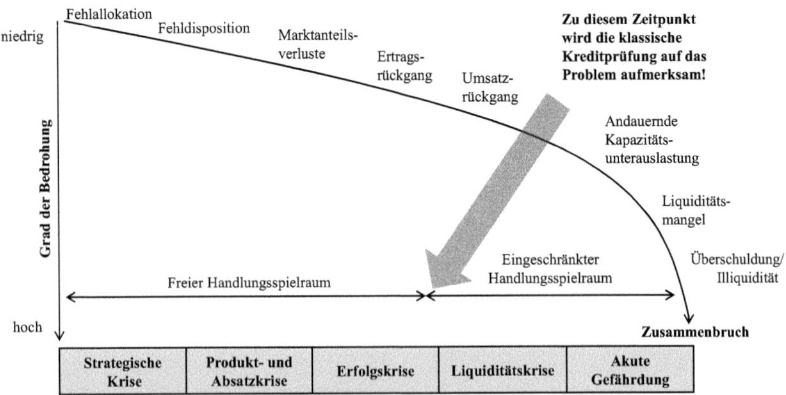

Abbildung 3: Krisenphasenmodell nach Grunwald und Grunwald.[176]

In der Strategiekrise sind die langfristigen Erfolgsfaktoren und -potenziale des Unternehmens und somit das Geschäftsmodell als Ganzes gefährdet.[177] Charakteristische Merkmale für Erfolgspotenziale sind die schwierige Imitation des Produktes oder der Dienstleistung durch Dritte und ein schwer substituierbarer Kundennutzen. Zudem wird ein wesentlicher Beitrag zum Unternehmensziel geleistet. Des Weiteren sind diese Produkte und Dienstleistungen wichtig für die Beschreibung und Bildung der Identität des Unternehmens.[178] Die wesentlichen Merkmale einer Strategiekrise sind im Verlust von Marktanteilen sowie der Wettbewerbsfähigkeit zu beobachten. Das Institut der Wirtschaftsprüfer (IDW) beschreibt Ursachen von Strategiekrisen als eine mangelhafte strategische Ausrichtung unter Berücksichtigung des Wettbewerbs (Vorteile und Position), sowie falsche Einschätzungen von Marktentwicklung und Wettbewerbssituation.[179] Krehl definiert vier wesentliche Punkte zur Identifikation von Strategiekrisen. Zunächst bedarf es einer kritischen Beleuchtung des Kundennutzens der eigenen Produktpalette. In einem zweiten Schritt müssen die vermeintlichen prozessualen Wettbewerbsvorteilen hinterfragt und diskutiert werden. Wurden diese internen Treiber diskutiert, müssen Veränderungen auf den relevanten Nachfragemärkten beobachtet und interpretiert werden. Abschließend bedarf es einer ausgiebigen Betrachtung der wesentlichen Wettbewerber und Verschiebungen von Marktmächten.[180] Eine Identifikation anhand von Kennzahlen, die aus dem Rechnungswesen generiert werden, wird von der Literatur kritisch gesehen. Insbesondere bei der Fähigkeit zur Messung schwacher Signale gibt es einen großen

[176] In Anlehnung an Grunwald, Grunwald (2001), S. 59.
[177] Vgl. Krehl (2013), S. 253.
[178] Vgl. Grunwald, Grunwald (2001), S. 63. Die Autoren bieten zudem vier Beispiele strategischer Krisen, vgl. Grunwald, Grunwald (2001), S. 63 f.
[179] Vgl. IDW (2009), Tz. 70.
[180] Vgl. Krehl (2013), S. 256-258.

Interpretationsspielraum.[181] Zusammenfassend führt eine strategische Krise zu einer Fehlallokation finanzieller Ressourcen, indem Investitionen nicht in nachhaltige Geschäftsaktivitäten investiert werden.

Die Produkt- und Absatzkrise ist der Strategiekrise nachgelagert. Symptomatisch für die Produkt- und Absatzkrise ist ein ausgeprägter Umsatzrückgang. Üblicherweise muss das Unternehmen zudem einen merklichen Rückgang der Auftragseingänge verzeichnen. Des Weiteren werden sich die Lagerbestände von Fertigerzeugnissen bei dem Unternehmen erhöhen, welches eine massive Ausweitung der Kapitalbindung zur Folge hat.[182] Als drittes Merkmal wird in der Literatur eine starke Verringerung der Kapazitätsauslastung genannt.[183] Als Gründe für diese Form der Krise werden bspw. ein ungenügendes Marketing- und Vertriebskonzept, Qualitätsprobleme in der Herstellung, fehlende Kundenbindung durch verfehlte Liefertreue sowie falsche Anreizsysteme im Vertrieb genannt.[184] Des Weiteren werden technologische Entwicklungen und Innovationen verpasst sowie F&E-Investitionen unterlassen. Die Preispolitik ist nicht ausgereift und der Druck der Konkurrenten nimmt zu.[185] Die Symptome der Produkt- und Absatzkrise sind durch intelligente Kennzahlensysteme gut kontrollierbar und gewährleisten eine relative hohe Identifikationssicherheit.[186] Gleichwohl muss die Risikoneigung des Managements oder der Stakeholder diskutiert werden. So mag ein Mitglied der Unternehmensführung toleranter gegenüber auftretenden Umsatzrückgängen sein als bspw. ein eher risikoscheuer Fremdkapitalgeber. Die Identifikation einer Produkt- und Absatzkrise muss somit immer im Spannungsfeld von Unternehmensstrategie und Risikoneigung des Entscheiders betrachtet werden. Somit lässt sich zusammenfassen, dass Unternehmen in der Produkt- und Absatzkrise zunehmend Probleme bei der Behauptung der aktuellen Marktposition aufweisen.

Nachdem die Probleme der Produkt- und Absatzkrise im Unternehmen angekommen sind, setzt üblicherweise die Erfolgskrise ein. Die Erfolgskrise zeichnet sich durch die Gefährdung, bzw. den Verlust vorher definierter Erfolgsziele aus, insbesondere die anhand vom Eigenkapital gemessenen Ziele werden nicht mehr erreicht. Diese Planabweichungen können bspw. für die Unternehmensleitung aus dem internen Rechnungswesen oder für den Stakeholder aus dem extern verfügbaren Jahresabschluss extrahiert werden.[187] Die ersten Rating- und Insolvenzprognosesysteme können nun eine erhöhte Krisenanfälligkeit feststellen, allerdings sind

[181] Vgl. Ansoff (1976), S. 129-152.
[182] Vgl. IDW (2009), Tz. 73.
[183] Vgl. Groß (2014), S. 149.
[184] Vgl. IDW (2009), Tz. 73.
[185] Vgl. Grunwald, Grunwald (2001), S. 66.
[186] Vgl. Groß (2014), S. 149-152.
[187] Weitere Ausführungen zum internen Rechnungswesen, bzw. Controlling bieten zahlreiche Lehrbücher. Stellvertretend für viele sollen hier Deimel, Heupel, Wiltinger (2013); Fischer, Möller, Schultze (2015) und Troßmann, Baumeister (2015) genannt werden.

die Signale zunächst sehr schwach ausgeprägt. Im Verlauf der Erfolgskrise werden die Krisensignale jedoch stärker und die Kreditwürdigkeit des Unternehmens nimmt ab. Es ist zu beobachten, dass sich das gesamte Kosten-Gewinn Verhältnis des Unternehmens verändert, indem Kosten im Gegensatz zu den Umsätzen nur unterproportional oder überhaupt nicht fallen. Im Rahmen der Erfolgskrise ist das Unternehmen weiter in der Lage, die Liquidität durch kurzfristige Maßnahmen zu gewährleisten; die Mittel für eine notwendige und nachhaltige Sanierung sind jedoch nicht verfügbar.[188] Ursächlich für die Erfolgskrise sind üblicherweise eine Vernachlässigung des Vertriebs, die Abgrenzung von Konkurrenzprodukte gelingt nur noch über einen Preiskampf, Produkte werden in der Presse negativ beschrieben, Probleme auf der Inputseite können nicht an den Kunden weitergegeben werden oder die Personal und Anlagenkapazitäten sind zu hoch und weisen eine geringe Auslastung auf.[189] Zusammenfassend drückt die Erfolgskrise den (drohenden) Verlust der erfolgreichen Geschäftstätigkeit aus.

Die Liquiditätskrise drückt einen Zustand ernsthafter Gefährdung für das Fortbestehen des Unternehmens, ausgedrückt durch Illiquidität aus. Spätestens zu diesem Zeitpunkt wird auch die klassische Kreditprüfung auf die Unternehmenskrise aufmerksam. Üblicherweise können in der Übergangsphase zur Liquiditätskrise erste starke Krisensignale identifiziert werden.[190] Tatsächlich beschreibt die Liquiditätskrise eher das Endstadium eines Krisenverlaufs. Rechnungen können nicht mehr gezahlt werden, Lieferanten beginnen nur auf Vorkasse zu liefern. Weitere Symptome sind das vollständige Ausschöpfen der zur Verfügung gestellten Kreditrahmen, der Verzicht auf Tilgungen langfristiger Kredite und der Verzicht auf Skontoerträge.[191] Zusammengefasst kann man sagen, dass sich der Handlungsspielraum immer weiter eingeschränkt. Das Krisenunternehmen muss in der Liquiditätskrise jedoch verschiedene Möglichkeiten ausschöpfen, um Liquidität zu generieren. Hierzu zählen bspw. der Verkauf von nicht betriebsnotwendigem Vermögen oder Sale-and-Lease-Back Transaktionen. Das IDW führt Gründe für eine Liquiditätskrise auf, die überwiegend in der Finanzierungsstruktur gesehen werden. Diese sind:

- „fehlende Übereinstimmung zwischen Geschäftsmodell und Eigenkapitalsituation,
- komplexe Finanzierungsstruktur aufgrund einer Vielzahl bilateraler Beziehungen zur Fremdkapitalgebern mit heterogener Interessenslage
- unausgewogene Zusammensetzung der Finanzierung mit Eigenkapital, Fremdkapital und hybriden Finanzierungsformen,

[188] Vgl. IDW (2009), Tz. 69.
[189] Vgl. Grunwald, Grunwald (2001), S. 66.
[190] Vgl. Bennewitz, Kasterich (2004), S. 4.
[191] Vgl. Grunwald, Grunwald (2001), S. 67.

- mangelnde Fristenkongruenz zwischen Kapitalbindung und Kapitalbereitstellung,
- Klumpenrisiko in der Fälligkeitsstruktur von Finanzierungen und
- unzureichendes Working Capital Management"[192]

In der Phase akuter Gefährdung ist das Unternehmen von Zahlungsunfähigkeit oder Überschuldung bedroht. Ein Krisenunternehmen kann als zahlungsunfähig oder illiquide eingestuft werden, wenn die vorhandenen flüssigen Mittel nicht ausreichen, um wesentliche Teile der fälligen Zahlungsverpflichtungen zu leisten – das Unternehmen befindet sich in einem finanziellen Ungleichgewicht. Als wesentlichen Teil definiert die Insolvenzordnung, dass zwischen 5% und 10% der Forderungen nicht beglichen werden können.[193] Überschuldung liegt vor, wenn ein bilanzielles negatives Eigenkapital ausgewiesen wird. Ein negatives Eigenkapital ist festzustellen, wenn „...das Vermögen des Schuldners die bestehenden Verbindlichkeiten nicht mehr deckt..."[194]. Die InsO bietet jedoch die Heilung der Überschuldung, wenn dem Unternehmen eine positive Fortbestehensprognose ausgestellt wird.[195] Die akute Gefährdung kann zusammenfassend als Phase einer hohen Insolvenzwahrscheinlichkeit und schließlich der Aufgabe der Geschäftstätigkeit beschrieben werden.

Zusammenfassend kann festgehalten werden, dass der Grad der Krisenintensität[196] den Handlungsspielraum beeinflusst. Die nachfolgende Graphik verdeutlicht das Krisenphasenmodell nach Grunwald und Grunwald.

2.1.4.3 Wahrnehmungsperspektive

Die Phasenmodelle aus der Wahrnehmungsperspektive beschreiben Unternehmenskrisen aus der externen Sicht. So bieten diese Modelle keine Erfolgswirtschaftlichen Einschätzungen oder Restrukturierungsansätze, sondern gründen auf der externen Wahrnehmung der Krise.

Unternehmen durchlaufen in ihrem Lebenszyklus verschiedene kritische Phasen. Hier können die Unternehmensgründung, eine strategische Neuausrichtung, der Zeitraum um eine bedeutende Investition oder deren Unterlassung oder die Suche nach einem Nachfolger aufgeführt werden. Die Auflistung hat keinen Anspruch auf Vollständigkeit, zeigt aber, dass im Lebenszyklus eines Unternehmens zahlreiche kritische Phasen durchlaufen werden. In jedem der aufgeführten Beispiele ist ein Zusammenbruch oder die Niederlegung der Geschäftstätigkeit

---

[192] Vgl. IDW (2009), Tz. 72.

[193] Die Insolvenzordnung unterscheidet zudem zwischen drohender Zahlungsunfähigkeit und Zahlungsunfähigkeit. Bei einer drohenden Zahlungsunfähigkeit wird das Unternehmen voraussichtlich nicht in der Lage sein, seinen Zahlungsverpflichtungen fristgerecht nachzukommen. Vgl. § 18 InsO und Groß (2015), S. 6.

[194] Vgl. § 19 InsO.

[195] Vgl. § 19 InsO.

[196] Vgl. Butzer-Strothmann (1999), S. 103-107 und die dort aufgeführte Literatur.

wahrscheinlicher als in einem „eingeschwungenen“[197] Zustand.[198] In der Literatur werden zahlreiche Phasenmodelle zu Unternehmenskrisen aus der Wahrnehmungsperspektive beschrieben. Die zwei bedeutendsten Untersuchungen und Modellentwicklungen wurden von Krystek und von Hauschildt verfasst. Nachfolgend sollen beide Modelle gewürdigt werden.

2.1.4.3.1 Krisenphasenmodell nach Hauschildt

Das Krisenphasenmodell nach Hauschildt definiert – ähnlich wie Krystek – vier Aggregatszustände, in dem sich eine Krise befinden kann. Diese Zustände sind vorgelagerte Krisenursachen, latente Krise, manifest Krise und Insolvenz.

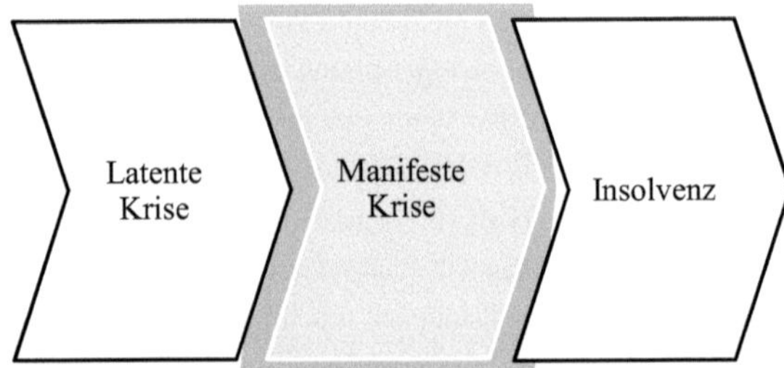

Abbildung 4: Vereinfachtes Krisenphasenmodell nach Hauschildt.[199]

Phase 1 und Phase 2 bieten erheblichen Raum für Maßnahmen zur Verbesserung der wirtschaftlichen Situation. Reagiert die Unternehmung jedoch nicht oder unzureichend auf die schwachen Signale, so ist mit einer Verschlimmerung zu rechnen und ein Übergang in Phase 3, oder direkt in Phase 4 vorstellbar.[200]

Vorgelagerte Krisenursachen sind unbewusst mit dem Unternehmen verbundene Krisenursachen. Diese Krisenursachen sind derart mannigfaltig, dass eine Betrachtung den Rahmen überschreitet. Beispielhaft könnten Veränderung auf unbekannten Märkten oder derzeit irrelevante technische Neuerungen ohne direkten Durchgriff auf das Unternehmen genannt werden.[201]

---

[197] Der „eingeschwungene“ Zustand ist ein Begriff aus dem Bereich Unternehmensbewertung. Dieser Zustand beschreibt ein Unternehmen, welches keine strategischen Neuausrichtungen eingeht und eine jährliche marktübliche Wachstumsrate realisiert. Im Rahmen der Unternehmensbewertung wird zu diesem Zeitpunkt der Ansatz einer ewigen Rente für sachgerecht erachtet. Der Zeitpunkt zum Ansatz einer ewigen Rente ist individuell durch den Bewertenden zu bestimmen. Dazu muss der Bewertende den Zeitpunkt schätzen, in dem sich das Unternehmen in einem eingeschwungenen Zustand befindet, vgl. stellvertretend für viele Tinz (2010), S. 32 f. und Knoll (2014).

[198] Vgl. Baetge, Schmidt, Hater (2012), S. 23.

[199] Vgl. Hauschildt (2000), S. 3.

[200] Vgl. Krystek (1987), S. 29.

[201] Vgl. Hauschildt (2000), S. 3.

Betreffen die vorgelagerten Krisenursachen das Unternehmen, tritt dies in die latente Krisenphase ein. Diese Phase beschreibt einen Krisenzustand, der Stakeholdern und anderen externen Interessensgruppen (noch) unbekannt ist. Ob bereits intern Krisensymptome diagnostiziert wurden oder eine Krise festgestellt wurde, hängt stark mit der Reflexionsfähigkeit der Unternehmensführung zusammen.[202] Es ist zu beobachten, dass „...die Beteiligten (vielfach) eigenwillige psychische Mechanismen entwickeln, um eine Krise nicht wahrzunehmen."[203] Gleichwohl ist die Unternehmensleitung implizit in der Lage mithilfe praktikabler Kontrollmaßnahmen die Krise zu identifizieren und durch geeignete Präventivmaßnahmen den weiteren Krisenprozess zu verlangsamen, zu unterbrechen oder umzukehren. Der Handlungsspielraum beinhaltet noch zahlreiche Möglichkeiten und beschränkt die Unternehmensleitung in ihrem operativen und strategischen Handeln zunächst kaum.[204]

Das Unternehmen tritt in die manifeste Krisenphase ein, sobald ein maßgeblicher Teil externer Interessensgruppen Kenntnis von der Unternehmenskrise erhält.[205] Hauschildt nennt hier ausdrücklich die Banken als maßgebliche Stakeholder.[206] Im Laufe der manifesten Krisenentwicklung muss das krisenbehaftete Unternehmen verstärkt Ressourcen zur Krisenbewältigung bereitstellen und die Bündelung von Ressourcen kann sogar eine negative Signalwirkung haben. Die führt zu einer weiteren Beschleunigung des Krisenprozesses.[207] Zusammenfassend sind im manifesten Krisenstadium erhebliche Handlungseinschränkungen festzustellen, die auf einer verstärkten Intensität der Unternehmenskrise basieren.

Die manifeste Krise endet, wenn nicht durch erfolgreiche Restrukturierung gelöst, in der Insolvenz. Die Aufgabe der Geschäftstätigkeit stellt die Ultima Ratio und somit auch den vorzeitigen Endpunkt der Unternehmung dar.[208]

2.1.4.3.2 Krisenphasenmodell nach Krystek

Das Modell von Krystek interpretiert die Unternehmenskrise als einen Prozess. Dies wird durch die beiden Dimensionen „Aggregatszustand" und „Beeinflussbarkeit" beschrieben und ist somit den Krisenphasenmodellen aus der Wahrnehmungsperspektive zuzuordnen. Das Modell wird in die vier Phasen potentielle Unternehmenskrise, latente Unternehmenskrise, akut/beherrschbare Unternehmenskrise und akut/ nicht beherrschbare Unternehmenskrise unterteilt.

---

[202] Vgl. Hauschildt (2004), S. 707.
[203] Vgl. Hauschildt (2000), S. 3.
[204] Vgl. Krystek (1987), S. 30 f.
[205] Vgl. Hauschildt (2000), S. 3.
[206] Vgl. Hauschildt (2004), S. 707.
[207] Vgl. Albach (1979), S. 17.
[208] Zu Sanierungsansätzen aus der Insolvenz heraus, vgl. fortführend Zirener (2005), S. 201-272; Icks, Kranzusch (2010) und Hohberger, Damlachi (2014), S. 327-454.

Abbildung 5: Krisenphasenmodell nach Krystek.[209]

Die potentielle Krise beschreibt den Zustand, in dem sich „gesunde“ Unternehmen befinden und ist ein rein gedankliches Konstrukt zur Entstehung von Unternehmenskrisen. Generell existieren Krisenursachen, jedoch sind diese (noch) nicht schlagend. Die Aufgabe des Unternehmens liegt in diesem Falle in der Ausarbeitung und Ableitung eines geeigneten Maßnahmenkatalogs zur Bewältigung der Krise.[210] Die Ausarbeitung eines Maßnahmenkatalogs gewährleistet im Falle einer Verschärfung der Krise, dass auf sachlicher, insbesondere aber zeitlicher Ebene eine schnelle Reaktion möglich ist.[211] Jedoch ist eine Identifikation der individuellen Krisenursachen herausfordernd, denn Signale können nur wahrgenommen werden, wenn vorher definierte und vom Unternehmen festzulegende Grenzwerte überschritten werden.[212]

Die zweite Phase beschreibt den Zustand als latente Krise. In der Phase der latenten Krise ist die Unternehmenskrise bereits existent, allerdings noch nicht bekannt. Weder die Unternehmung, deren Leitung, noch das Umfeld besitzt Kenntnisse über oder die Fähigkeit zur Wahrnehmung einer Unternehmenskrise.[213] Der Eintritt in eine akute Unternehmenskrise ist jedoch wahrscheinlich.[214]

Die akut/ beherrschbare Unternehmenskrise (Phase 3) wird durch die Kenntnis der Unternehmenskrise ausgelöst. Kenntnis beschreibt hier die aktive Wahrnehmung von Krisensymptomen im Krisenbezug und verringert die Handlungsoptionen auf ein Maß, das zur Beherrschung der Krise noch ausreicht. Jedoch zeichnet bereits Phase 3 ein erhöhter Zeitdruck und einen impliziten Handlungszwang aus. Die Intensität der Unternehmenskrise steigt stetig im Zeitablauf der akut/ beherrschbaren Phase und erschwert zunehmend die Ansätze zur Problemlösung.[215] Zwar ist das Krisenunternehmen in einer bedrohlichen Situation, die Krise jedoch unter enormen Anstrengungen beherrschbar, da das Krisenbewältigungspotential noch ausreichend zur Bewältigung der Krise ist.[216]

---

209 Vereinfachte Darstellung in Anlehnung an Krystek (1980), S. 65.

210 Zahlreiche Autoren bieten Literatur zur Überwindung von Unternehmenskrisen. Vgl. hierzu fortführend Dippel (2004), S. 176-191 und Krystek, Moldenhauer (2007).

211 Vgl. Krystek (1987), S. 29.

212 Überlegungen hinsichtlich typisierter Krisenursachenbündel oder Krisentypen mag hier als Ansatzpunkt zielführend sein.

213 Vgl. Rödl (1979), S. 46.

214 Vgl. Krystek (1987), S. 30 f.

215 Vgl. Röthig (1976), S. 13 f.

216 Vgl. Krystek (1987), S. 31.

In der vierten und letzten– akut/ nicht beherrschbaren – Phase gelingt es der Unternehmung nicht mehr, die Krise zu bewältigen. Diese Phase beschreibt die Aufgabe des Geschäftsmodells, da die Krisenbewältigungsanforderungen größer den Krisenbewältigungspotentialen geworden sind. Der Wegfall zahlreicher Handlungsmöglichkeiten in Verbindung mit einem erheblichen Zeitdruck, durchschlagender negativer finanz- und erfolgswirtschaftlicher sowie liquiditätsbeeinflussender Wirkungen beschneidet die Unternehmensleitung in ihren Handlungsoptionen. In der Endphase dieser Krisenphase verringern sich die Handlungsoptionen derart, dass keine Krisensteuerung im Sinne von Beherrschung mehr möglich ist.[217] Die folgende Graphik zeigt eine vereinfachte Darstellung des Krisenphasenmodells nach Krystek.

2.1.4.4 Zusammenführung verschiedener Perspektiven

In einem weiteren Forschungsansatz führt Hauschildt die Krisenmodelle von Krystek und Hauschildt in einem Krisenprozess zusammen. Ausgehend von vorgelagerten Krisenursachen werden grundsätzlich subjektive und objektive Sichtweisen unterschieden. In der objektiven Krisenfeststellung führt Hauschildt die Finanz- und Erfolgsperspektive nach Müller aus dem Jahre 1986 an.[218] In die subjektive Sicht überführt Hauschildt sein Modell aus der Wahrnehmungsperspektive mit den Phasen latente und manifeste Krise. Die beiden Sichtweisen finden in der Beurteilung der letzten Phase der Krise, der Insolvenz, wieder zusammen.[219] Dieses Konstrukt verdeutlicht, dass eine Betrachtung des Krisenprozesses vor allem durch die Betrachtungsperspektive determiniert wird. Abbildung 6 visualisiert diesen Ansatz und verdeutlicht die verschiedenen Erklärungsperspektiven.

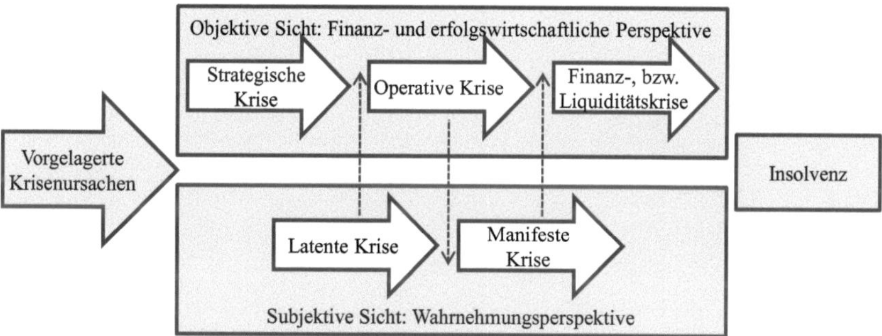

Abbildung 6: Krisenprozess aus unterschiedlichen Perspektiven.[220]

Zwar unterscheiden sich die unterschiedlichen Phasenmodelle in Perspektive, Ausprägung und Beschreibung, jedoch ist fast allen Phasenmodellen die Unterscheidung in Krisenun-

---

217 Vgl. Krystek (1987), S. 31.
218 Vgl. Müller (1986), S. 27 und Grunwald, Grunwald (2001), S. 61-67.
219 Vgl. Hauschildt (2008), S. 5 f.
220 In Anlehnung an Hauschildt (2008), S. 6.

kenntnis und Krisenkenntnis gemein. Hauschildt bezeichnet den Sachverhalt als latent und manifest, Rödl als latent/subakut und akut. Clasen gibt eine weitere Unterscheidung in der latenten (subakuten) Phase, indem er zwischen einer internen und externen Wahrnehmungsphase unterscheidet. So beschreibt er die intern erkannte Krise als eine vom Management bereits identifizierte Krise.

Im Anschluss daran folgt die extern erkannte Krise, die auch den Stakeholder ersichtlich ist.[221] Dies erscheint im Rahmen der Betrachtung großer Organisationen sachgerecht, ist aber vor allem bei kleinen und mittelständischen Unternehmen zu hinterfragen.[222] Oftmals sind Mittelständer – ob fehlende Ressourcen oder fehlendes Wissen hierfür verantwortlich sind sei nicht weiter diskutiert – nicht in der Lage ein strukturiertes Controlling aufzubauen, wesentliche Kapitalströme im Unternehmen zu überwachen und fundamental begründete strategische Entscheidungen zu treffen. Das Unternehmen befindet sich in diesen Fällen in einer Art „Blindflug".[223]

Eine abschließende Graphik soll alle Krisenphasenmodelle würdigen, die in der Literatur entwickelt wurden. Die Graphik dient als Überblick und stellt die verschiedenen Ansätze dar. Die Restrukturierungsmodelle sind dunkel unterlegt, die Modelle der Erfolgs- und Finanzwirtschaftlichen Perspektive hellgrau, und die Modelle, die Unternehmenskrisen aus einer Wahrnehmungsperspektive beschreiben, sind weiß unterlegt.

221 Vgl. Clasen (1992), S. 102 f.

222 Immerhin sind für das Jahr 2009 im deutschen Wirtschaftsraum 99,3% der Unternehmen als KMU eingeordnet worden. Vgl. Söllner (2011), S. 1086. Zu einer Diskussion über qualitative und quantitative Merkmale von KMUs vgl. auch Leker, Sonius (2015), S. 728-731.

223 Bspw. bewerten die Finanzintermediäre des deutschen Mittelstandes, Sparkassen und Volks- und Raiffeisenbank, das reine Vorliegen einer Unternehmensplanung bereits positiv. Positiven Einfluss haben eine regelmäßige Durchführung auf hoher Qualität und die Anpassung der Planungsintensität und -komplexität an die Unternehmensgröße. Vgl. Krehl, Strobel, Sonius (2015), S. 243.

Tabelle 4: Untersuchungen zu Krisenphasen.[224]

Phasen/ Autoren	Krisenphase: Entstehung	Vorsorge	Vermeiden	Akuter Ausbruch	Bewältigung	Ende
Bennewitz / Kasterich (2004)	Strategische Krise	Produkt- u. Absatzkrise	Erfolgskrise	Liquiditätskrise	Akute Gefährdung	Zusammenbruch
Töpfer (2002)	Krisenvorsorge (präventives) Krisenmanagement			Krisenbewältigung (reaktives) Krisenmanagement		
Hauschildt (2000)	Vorgelagerte Krisenursache		Latente Krise	Manifeste Krise		Insolvenz
Krystek (2000)	Potenzielle Krise		Latente Krise	Akut beherrschbare Krise		Akut nicht beherrschbare Krise
	Lernen aus der Krise					
Neubauer (1999)	Krisenentstehung		Krisen(früh)-erkennung	Krisendarstellung		Krisenlösungsstrategien
Töpfer (1999)	Krisenprävention		Früherkennung, Frühwarnung, Frühaufklärung	Eindämmung des Schadens und Schadensbegrenzung	Recovery	
Schülter (1995)	Potenzielle Krise		Latente Krise	Aktuelle Krise		
Zelewski (1995)	Potenzielle Krise		Latente Krise	Aktuelle Krise		
Clasen (1992)	Unbewusste Initialisierung d. Krise	Nicht erkannte Krise	Intern erkannte Krise	Extern erkannte Krise	Ende der Krise	
Müller (1986)	Strategische Krise		Erfolgskrise		Liquiditätskrise	Insolvenz
von Löhneysen (1982)	Potenzielle Krise		Latente Krise	Akute Krise		
Albach (1979)				1. Vertrauensschwächung 2. Geheimgespräche mit Hauptgläubigern 3. Krise wird in der Öffentlichkeit bekannt 4. Konkurs wird beantragt, danach Zerschlagung 5. (Zwangs-) Vergleich und Fortführung 6. Erfolge des Sanierungsprogramms werden sichtbar		
Rödl (1979)	Latente Phase		Subakute Phase	Akute Phase		
Röthig (1976)	Latente Krise			Akute Krise		
Britt (1973)	Phase der Fehlentwicklung			Krisenphase		Bewältigungsphase

[224] In Anlehnung an Krystek, Moldenhauer (2007), S. 35. Die Phasen „(Noch) nicht Krise“ und „Nicht (mehr) Krise“ wurden aus dem Modell herausgenommen. Einige Autoren füllten diese mit Risikomanagement (Töpfer (2002)) oder Normalsituation (Löhneysen (1982); Neubauer (1999)). Töpfer (2002) beschreibt die Post-Krisenphase als „Lernen aus der Krise“.

2.2 Verhalten von Stakeholdern in der Krise

In der betriebswirtschaftlichen Literatur und Praxis wird meist der Begriff Stakeholder für alle Interessensgruppen eines Unternehmens genutzt. Freeman definiert Stakeholder als „any group or individual who can affect or are affected by the achievement of the firm's objectives"[225] oder "the corporation is constituted by the network of relationships which it is involved in with employees, customers, suppliers, communities, businesses, and other groups who interact with and give meaning and definition to the corporation"[226]. Aus dieser Definition können unterschiedliche Anspruchsgruppen abgeleitet werden. Demzufolge werden neben den Stakeholdern im engeren Sinne, d.h. Shareholder, Mitarbeiter, Kunden, Lieferanten, Gläubiger und die Gesellschaft, auch die Stakeholder im weiteren Sinne eingeschlossen.[227] Stakeholder im weiteren Sinne sind bspw. Konkurrenten, Medien, Gewerkschaften, Behörden, kritische Interessengruppen, Kommunen und Politik.[228] Abbildung 7 visualisiert unterschiedliche Stakeholder und deren Einflüsse auf Unternehmen.

In der Praxis variiert die Intensität des Einflusses von Stakeholdern auf Unternehmen. Nach Porter operieren Unternehmen in einem Marktumfeld mit unterschiedlichen Marktmächten. Diese Marktmächte werden durch verschiedene Stakeholder beschrieben und als wesentlich für den Erfolg einer Unternehmung definiert.[229] Macht und Einfluss sind demnach auch innerhalb der verschiedenen Stakeholder-Gruppen unterschiedlich.[230] So mag die Verhandlungsmacht eines großen deutschen Automobilherstellers (in diesem Fall Kunde) gegenüber Zulieferern ähnlich stark sein wie die Marktmacht großer deutscher Einzelhandles-Discounter (auch Kunde).[231] Entgegen einem Markt in dem eine starke Kundenmacht festzustellen ist, können aber auch Märkte beobachtet werden, in dem die Lieferanten eine hohe Marktmacht besitzen. Unternehmen im Bereich Spezialchemie oder Energiewirtschaft können mitunter eine sehr ausgeprägte Marktmacht realisieren, indem sie Preise oder Produktkapazitäten kontrollieren.[232]

---

[225] Vgl. Freeman (1984), S. 25.

[226] Vgl. Wicks et al. (1994), S. 483.

[227] Vgl. Porter (1997), S. 13-15.

[228] Auf die Darstellung der Stakeholder im weiteren Sinne wird in den folgenden Ausführungen verzichtet, da die Kriseneinflüsse weitestgehend vernachlässigbar sind. Auch die Eigentümer, in ihrem Sinne Shareholder, werden nicht näher betrachtet. Im deutschen Mittelstand sind oftmals Eigentümer und Unternehmensführung durch die gleiche natürliche Person repräsentiert. Aktuelle Beiträge der Literatur sehen zudem die Umwelt als Stakeholder. Vgl. Höller, Künzle (2009), S. 297-332. Diese Stakeholder werden jedoch nicht näher beschrieben.

[229] Vgl. Porter (1997), S. 13-15.

[230] Daher müssen Stakeholder auch unterschiedlich im Stakeholder-Management (insbesondere im krisennahen Umfeld) behandelt werden. Vgl. Feldbauer-Durstmüller, Mayr (2009), S. 572.

[231] Vgl. stellvertretend für viele Anders, Weber (2005), S. 303; Draganska, Klapper (2006), S. 15; Kuhr (2014) und Reuters (2014).

[232] In diesem Falle spricht man auch von einem Angebots-Monopol oder Angebots-Oligopol.

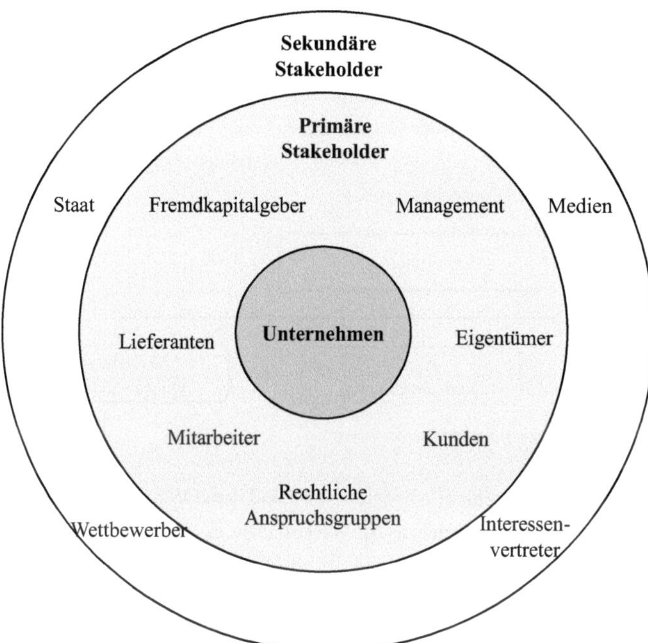

Abbildung 7: Stakeholder Map - primäre und sekundäre Stakeholder.[233]

„A firm can only exist through the interaction, transactions, and exchanges carried on with its stakeholders."[234] Diesem von Onkila postulierten Satz folgend, operiert ein Unternehmen stets im Spannungsfeld verschiedener Interessensgruppen. Diese abweichenden Machtverhältnisse sowie unterschiedliche finanzielle Ansprüche[235] sorgen für eine hohe Varianz im Verhalten von Stakeholdern während einer Unternehmenskrise. Die Wahl der Mittel zur Zielerreichung ist stark von den potenziellen Verlusten des Stakeholders, insbesondere aber von dessen Fähigkeiten und Kompetenzen abhängig.[236] Gleichwohl besitzen alle Stakeholder, mit Ausnahme der rechtlichen Anspruchsgruppen, drei grundsätzliche Handlungsalternativen. Die erste Strategie ist die des Aussitzens, Wartens, Stillhaltens – der passiven Krisenbegleitung. Diese Strategie beschreibt den Verzicht einer Reaktion auf die Krise, obwohl dem Stakeholder die Krise bekannt ist. Intensität und Umfang der Krise kann nach Kenntnisstand, Marktmacht und Stakeholder verschieden sein. Die zweite Strategie ist die Unterstützung

[233] Vgl. Hauschildt (1999), S. 71.

[234] Vgl. Onkila (2009), S. 286.

[235] Im Jahre 1993 untersuchten Jog, Kotlyar und Tate die unterschiedlichen finanziellen Einbußen und Verluste verschiedener Stakeholder bei Unternehmensinsolvenzen. Sie stellten anhand von Case Studies fest, dass vor allem Lieferanten und ungesicherte Fremdkapitalgeber erheblichen Zugeständnissen zustimmen mussten. Allerdings konnten die Autoren auch eine sehr heterogene Verteilung der Verlustübernahmen über die Case Studies beobachten. Vgl. Jog, Kotlyar, Tate (1993), S. 185-201.

[236] Vgl. Mayr (2010), S. 141-143.

oder Förderung des Krisenunternehmens – die aktive Krisenbegleitung. In diesem Fall stellt der Stakeholder dem Krisenunternehmen finanzielle oder nicht-finanzielle Mittel zur Verfügung.[237] Als letzte Alternative bietet sich den Stakeholdern das Beschreiten eines Konfrontationskurses bzw. die sofortige Beendigung der Geschäftsbeziehung – der Verzicht auf Krisenbegleitung.[238] Die folgende Graphik zeigt verschiedene, Stakeholder-übergreifende Reaktionsstrategien auf den Eintritt einer Unternehmenskrise.

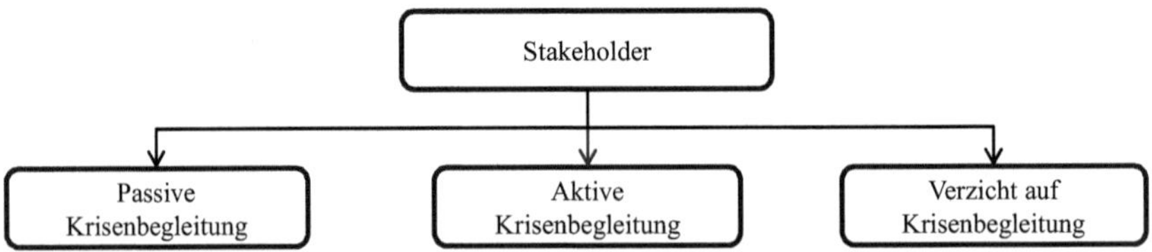

Abbildung 8: Strategien zur Krisenbegleitung von Stakeholdern.[239]

Nachfolgend werden daher die Stakeholder im engeren Sinne und deren Verhalten in Krisensituationen von Unternehmen näher beschrieben. Im Wesentlichen richtet sich die Vorstellung immer nach der folgenden Logik. Zunächst wird der grundsätzliche Einfluss des Stakeholders auf das Unternehmen und die wechselseitigen Leistungsverflechtungen dargestellt. In einem zweiten Schritt wird das Verhalten von Stakeholdern in der Krise beschrieben.[240] Hier werden zunächst die Auswirkungen auf die innerbetrieblichen Abläufe und anschließend die Auswirkungen auf das externe Umfeld beschrieben. Abschließend werden die Möglichkeiten zur Krisenidentifikation der Stakeholder und die Reaktionsmöglichkeiten betrachtet. Somit werden die folgenden Abschnitte im Wesentlichen folgender Systematik folgen:

- Wie sind die *Leistungsverflechtungen* üblicherweise ausgestaltet?
- Welche *Auswirkungen* hat die Krise *auf den Stakeholder*?
- Welche *Auswirkungen* hat die Krise auf *das externe Umfeld* des Stakeholders?
- Welche *Möglichkeiten* besitzt der Stakeholder zur *Krisenidentifikation*?
- Welche *Reaktionsmöglichkeiten* bieten sich dem Stakeholder und welchen Folgen hat dies für das krisenbehaftete Unternehmen?

[237] In der Literatur werden die hier als aktiv und passiv beschriebenen Strategien meist als eine Unterstützungsstrategie beschrieben. Eine weitere Aufteilung wie in dieser Arbeit wird jedoch nicht vorgenommen. Vgl. Buschmann (2006), S. 86 f.

[238] Eine umfassende Beschreibung destruktiver und konfrontativer Maßnahmen der Stakeholder bietet Buschmann (2006), S. 87.

[239] In Anlehnung an Lüthy (1988); Achilles (2000), S. 134 und Dinibütünoglu (2008), S. 50.

[240] Auf eine Aufführung der in der Literatur beschriebenen Erklärungsansätze für das Verhalten der Stakeholder wird bewusst verzichtet. Einen kurzen Überblick bietet Vgl. Buschmann (2006), S. 89-104.

2.2.1 Mitarbeiter

Leistungsverflechtungen

Mitarbeiter und Unternehmen gehen vertragliche Vereinbarungen ein, welche Mitarbeiter zur Bereitstellung von Arbeitskraft verpflichten. Die Ansprüche[241], die Mitarbeiter gegenüber dem Unternehmen ableiten sind das Einkommen als monetäre Vergütung der Arbeitskraft, die soziale Integration, ausgedrückt durch Loyalität und Verbundenheit sowie die Sicherung der Zukunftsperspektive und Entwicklungsperspektiven.[242]

Auswirkungen auf den Stakeholder

Der Mitarbeiter wird zunächst keine Auswirkungen in seiner zu erbringenden Arbeitsleistung spüren. Mit zunehmender Krisenintensität wird sich bei einem Großteil der Mitarbeiter das Arbeitspensum verringern. Die Top Mitarbeiter werden hingegen einen starken Anstieg der Arbeitsintensität verzeichnen. Neben monetären Einbußen werden bei Mitarbeiter zudem psychische Belastungsgrenzen überschritten, welche seelische und körperliche Probleme zur Folge haben können.[243]

Auswirkungen auf das externe Umfeld des Stakeholders

Das Einkommen bildet die Basis der wirtschaftlichen Existenz von Arbeitnehmern und möglicherweise deren Familien. Gerät ein Unternehmen in die Krise sind diese Ansprüche aus Lohn und Gehalt mittel- bis langfristig gefährdet.[244] Dies hat zur Folge, dass das gesellschaftliche Ansehen gefährdet wird und privat veranlasste Ausgaben eingeschränkt werden müssen.

Möglichkeiten zur Krisenidentifikation

Die Möglichkeiten der Krisenidentifikation sind sehr heterogen. Ein Mitarbeiter in der Controlling-Abteilung hat einen anderen Informationszugang als bspw. ein Mitarbeiter der Produktion. Somit kann von sehr starken Informationsasymmetrien bei Mitarbeitern ausgegangen werden. Des Weiteren bedarf es einer Ausbildung, welche dem Mitarbeiter die Identifikation einer Unternehmenskrise ermöglicht.

---

[241] Eine detaillierte Diskussion über das Motivationspotenzial unterschiedlicher Vergütungssysteme in Kombination mit den persönlichen Überzeugungen von Mitarbeitern vgl. bspw. Wolfe, Putler (2002), S. 68-70.

[242] Vgl. Krystek, Moldenhauer (2007), S. 55 f.; Mayr (2010), S. 144-146; Syllwasschy (2013), S. 77 und Lintemeier (2014), S. 54.

[243] Vgl. Syllwasschy (2013), S. 78.

[244] Vgl. Mayr (2010), S. 144 und Syllwasschy (2013), S. 78.

Reaktionsmöglichkeiten und Folgen

Marktattraktive Mitarbeiter verlassen das Unternehmen, um die eigene wirtschaftliche Existenz und der angeschlossenen Familienmitglieder zu sichern. Somit verfolgen die marktattraktiven Arbeitnehmer eher eine Strategie des Typ III – Verzicht auf Krisenbegleitung. Das abwandernde Knowhow kann von Wettbewerbern abgegriffen und zur Erlangung von Wettbewerbsvorteilen genutzt werden.[245] Eine derartige Entwicklung birgt für das Krisenunternehmen ein erhebliches Problem, da das Mitwirken von Wissensträgern am Krisenbewältigungsprozess zwingend erforderlich ist. Wenn der Arbeitsmarkt allerdings keine weiteren Arbeitskräfte mit den wesentlichen Kompetenzen zur Verfügung stellt, ist das Unternehmen auf die vorhandenen Mitarbeiter angewiesen und kann Abgänge der Wissensträger nur schwer kompensieren.[246] Gleichwohl ist der überwiegende Anteil der Mitarbeiter des Unternehmens nicht in der Lage, kurzfristig einen anderen Arbeitsplatz zu finden und steht dem Unternehmen auch während der Krise zur Verfügung.[247] Des Weiteren steht das Unternehmen vor dem Problem, die Motivation der Arbeitnehmer zu erhalten. Die Unternehmensleitung muss unbedingt die Führungskräfte mobilisieren und motivieren.[248] Einher geht die Motivation mit einer gelungenen Krisenkommunikation der Unternehmensleitung.[249] Empirische Studien belegen, dass Mitarbeiter in Krisenunternehmen insbesondere aufgrund mangelnder Kommunikation seitens der Unternehmensleitung einen deutlichen Motivationsverlust erleiden.[250] Fehlt den Mitarbeitern die Motivation, verringert sich die individuelle Arbeitsleistung und somit die Effizienz der Unternehmung. Daher stellt die Motivation der Mitarbeiter einen zentralen Bestandteil jeglicher Restrukturierungsmaßnahmen dar.[251] Ein weiterer Einfluss, den Mitarbeiter auf die Produktivität der Unternehmung ausüben, liegt im unternehmensinternen Beschäftigungsklima. Da Krisenunternehmen zur Krisenbewältigung regelmäßig die Mitarbeiterzahl verringern müssen, fürchten Arbeitnehmer um ihren Arbeitsplatz. Diese Furcht fördert ein internes Konkurrenzdenken, welches Effizienz und Produktivität zunehmend behindert und verringert.[252] Zudem verzichten Mitarbeiter teilweise auf monetäre Anteile ihrer Vergütung, leisten Mehrarbeit ohne äquivalenten Lohnausgleich und akzeptieren eingeschränkte betriebliche Sonderleistungen und stellen somit Kapital für eine Krisenbewältigung zur Verfügung.[253]

---

[245] Vgl. Kraus, Becker-Kolle (2004), S. 119; Pinkwart, Kolb, Heinemann (2005), S. 65 und Syllwasschy (2013), S. 78 f.

[246] Vgl. Helbling (2015), S. 1003 f.

[247] Vgl. Kraus, Becker-Kolle (2004), S. 119 und Mayr (2010), S. 144.

[248] Vgl. Fröhlich et al. (2009), S. 707.

[249] Vgl. Lintemeier (2014), S. 57.

[250] Vgl. Federowski (2009), S. 59-61.

[251] Vgl. Feldbauer-Durstmüller (2003), S. 129.

[252] Vgl. Mayr (2010), S. 146.

[253] Vgl. Buschmann (2006), S. 124 und Steinhaus (2011), S. 217-225.

Zudem sind Mitarbeiter meist auch emotional betroffen. Viele Mitarbeiter arbeiten über einen längeren Zeitraum (teilweise auch ihr ganzes Leben) in dem Unternehmen, welches in eine Krise kommt. Je nach Dauer der Arbeitgeber-Arbeitnehmerbeziehung entwickeln Mitarbeiter eine ausgeprägte Verbundenheit, Loyalität und Verantwortungsbewusstsein gegenüber dem Unternehmen.[254] Insbesondere bei Familienunternehmen ist eine ausgeprägte beidseitige Loyalität zu beobachten. So kann in der Praxis vermehrt beobachtet werden, dass Unternehmen ein ausgeprägtes Verantwortungsbewusstsein für ihre Mitarbeiter aufweisen. Dies drückt sich neben mitarbeiterfreundlichen Angeboten in ökonomisch guten Zeiten, aber auch durch das Verharren und Festhalten an alten Mitarbeiterstrukturen in Krisenzeiten aus. Dies führt bei krisenbehafteten Unternehmen jedoch oftmals zu ökonomisch nicht nachvollziehbaren Personalentscheidungen. Somit folgen alle motivierten Mitarbeiter (und in diesem Fall auch Gestalter), die dem Unternehmen erhalten bleiben, der zweiten Strategie – der aktiven Krisenbegleitung. Die Mitarbeiter, welche demotiviert sind, folgen eher der ersten Strategie – der passiven Krisenbegleitung und die „Wechsler“ folgen der dritten Strategie und beenden die Geschäftsbeziehung.

Arbeitnehmer sind als Stakeholder zu sehen, üben im Krisenfall allerdings kaum Einfluss auf das Unternehmen aus. Zwar kann beobachtet werden, dass die besten Mitarbeiter (also marktattraktive Leister), die Möglichkeit eines Arbeitsplatzwechsels offensteht;[255] die Großzahl der Arbeitnehmer diese Möglichkeit jedoch nicht besitzt. Des Weiteren können Mitarbeiter auch unterstützend auf das Unternehmen wirken, indem die Bereitschaft zu Einschränkungen signalisiert wird. Dies führt dennoch dazu, dass Arbeitnehmer das Unternehmen nicht in einen Zustand der manifesten Krise im engeren Sinne überführen (können). Festzustellen ist somit, dass die Mitarbeiter vorwiegend eine passive Krisenbegleitung wählen und das Unternehmen ausschließlich in der manifesten Krise im weiten Sinne sehen.

2.2.2 Kunden

Das Risikoprofil von Kunden lässt sich in zwei Abschnitte der Geschäftsbeziehung unterteilen – vor Auslieferung der Ware oder Dienstleistung und nach Auslieferung der Ware oder Dienstleistung.

Leistungsverflechtungen

Kunden sind die primäre Ertragsquelle von Unternehmen, denn der Kunde vergütet die gelieferten Waren oder Dienstleistungen. Die monetären Verflechtungen können unterschiedlich ausgestaltet sein. Entweder zahlt der Kunde vor Erbringung der Leistung, zum Zeitpunkt von

[254] Vgl. Allen, Meyer (1993), S. 51 und Plassmeier (2011), S. 30.
[255] Vgl. Kraus, Becker-Kolle (2004), S. 119.

Waren- und Gefahrenübergang oder nach Leistungserbringung. Dies hängt im Wesentlichen von der eigenen oder von der Marktmacht des Kunden ab.

Auswirkungen auf den Stakeholder

Eine verzögerte Lieferung von Rohstoffen oder zu verarbeitenden Waren wirkt sich negativ auf die Produktionsprozesse von Kunden aus. Insbesondere bei optimierten Produktionsprozessen (bspw. eine Just-in-Time Produktion) führen verzögerte Warenlieferungen zu erheblichen Verschiebungen in den nachgelagerten Produktionsprozessen. Dies beeinflusst den Wertschöpfungsprozess negativ und kann – bei einem wichtigen Lieferanten – zu Preis- und Qualitätsnachteilen sowie Veränderungen am Beschaffungsmarkt und schlussendlich zum Verlust der Wettbewerbsposition kommen.[256] Ein weiteres Risiko der Kunden liegt in dem Verlust von Garantien und Regressionsansprüchen, wenn das liefernde krisenbehaftete Unternehmen ein Insolvenzverfahren anstrebt.[257] Des Weiteren kann eine zunehmende Verschlechterung von Zahlungskonditionen festgestellt werden.[258] Bei sehr engen Kundenbindungen, welche Ausdruck in gemeinsamen Investitionen oder Entwicklungsanstrengungen finden können, ist zudem investiertes Kapital bedroht.[259] Insbesondere im deutschen Mittelstand basieren viele Geschäftsbeziehungen auf Vertrauen, geprägt durch langjährige gemeinsame Geschäftstätigkeit.[260] Dennoch werden Kunden, als Konsequenz aus der Unternehmenskrise versuchen, die Abhängigkeit von dem Krisenunternehmen abzubauen.[261]

Auswirkungen auf das externe Umfeld des Stakeholders

Ein weiteres Problem tritt auf, wenn der Kunde sich nicht am Ende der Wertschöpfungskette befindet. In diesem Fall ist nicht unbedingt nur der Konsum eingeschränkt, vielmehr werden bestehende Verträge des Kunden mit dessen Kunden beeinflusst. Somit wirkt die Krise auf die Reputation des Kunden am Markt. Denn möglicherweise können von dem nächsten Partner der Wertschöpfungskette keine Aufträge entgegengenommen werden.[262] Aus diesem Grunde verlangen Kunden eine offene Kommunikation.[263]

Möglichkeiten zur Krisenidentifikation

Die Informationsquellen für Kunden sind vielfältig. Grundsätzlich stehen Kunden alle öffentlich zugänglichen Informationen zur Verfügung. Diese Informationen können Jahresab-

---

[256] Vgl. Krystek (1987), S. 77 f.; Buschmann (2006), S. 84; Mayr (2010), S. 150 und Syllwasschy (2013), S. 81.
[257] Vgl. Mayr (2010), S. 150.
[258] Vgl. Mayr (2010), S. 150; Syllwasschy (2013), S. 81; Hillmer (2015), S. 126 f. und Jung (2015), S. 97.
[259] Vgl. Buschmann (2006), S. 84.
[260] Vgl. Mayr (2010), S. 150.
[261] Vgl. Mayr (2010), S. 150.
[262] Vgl. Kraus, Becker-Kolle (2004), S. 121.
[263] Vgl. Slatter, Lovett (1999), S. 181; Mayr (2010), S. 150 und Mausbach (2015), S. 130-132.

schlussdaten, Marktstudien oder Ad hoc Meldungen sein. Zudem bieten Auskunfteien[264] – allerdings gegen monetäre Vergütung – zusätzliche Informationen zu Unternehmen an. Um diese Information zu auswertbaren Informationspaketen zu aggregieren, nutzen Unternehmen vermehrt Risikomanagement-, bzw. Lieferantenratingsysteme. Die Professionalisierung eines Risikomanagementsystems ist jedoch erst ab einer gewissen Größenklasse zu erwarten und ökonomisch sinnvoll. Daher bietet sich dem Großteil der Unternehmen nicht die Möglichkeit zur Nutzung eines professionellen Risikomanagements.[265] Üblicherweise bedienen sich Unternehmen somit einfachen Systemen, um ihre Lieferanten einzuschätzen. Hierzu zählen bspw. Qualitätskontrollen, Unregelmäßigkeiten im Vertrieb, ausgeprägtes Marktwissen, Veränderungen der Zahlungsmodalitäten, Verschlechterung der Kundenbetreuung und Auffälligkeiten bei Lieferungen (Lieferprobleme). Diese Auflistung besitzt keinen Anspruch auf Vollständigkeit, zeigt jedoch umfangreiche Krisenidentifikationsmerkmale für einen Kunden.

Reaktionsmöglichkeiten und Folgen

Auch den Kunden stehen die drei grundsätzlich aufgezeigten Handlungsoptionen in der Krise zur Verfügung. Begleitet der Kunde das Unternehmen passiv, wird er die bereits bestellten Waren beziehen und langfristige Lieferbeziehungen erfüllen. Er wird jedoch keine neuen Aufträge an das krisenbehaftete Unternehmen vergeben, sondern eher nach anderen Lieferanten Ausschau halten. Die Fortsetzung der Geschäftsbeziehung stellt jedoch eine, wenngleich passive Form der Krisenbegleitung dar.[266] Diese Strategie erhält dem Krisenunternehmen Umsätze auch im Krisenstadium und fördert die Planbarkeit einer Restrukturierung. Neugeschäft ist mit dem Kunden jedoch voraussichtlich nicht zu generieren und verhindert Wachstum.

Entscheidet der Kunde, mit dem Unternehmen in Form einer Strategie aktiver Krisenbegleitung durch die Krise zu gehen, stehen zahlreiche Reaktions- und Handlungsmöglichkeiten zur Verfügung. Der Kunde kann Vorauszahlungen leisten, Warenbestellungen ausweiten, umfangreiche Kundenkredite gewähren, das Zahlungsziel verkürzen, Rahmenverträge verlängern oder mit (strategischen) Beteiligungen unterstützen.[267] Kunden, die eine aktive Krisenbegleitung wählen, helfen dem Unternehmen die Krise zu meistern. Das krisenbehaftete Unternehmen kann mit diesem Stakeholder in der Restrukturierung planen und zusätzlich benötigtes Kapital generieren. Hierzu bedarf es jedoch zumeist eines systematisch und professionell aufbereiteten Restrukturierungsplans. In der Krisenphase und einer erfolgreichen Been-

---

[264] Als Beispiele seien hier stellvertretend der Verband der Vereine Creditreform e.V. und Hoppenstedt Holding genannt.

[265] Vgl. hierzu fortführend Kajüter, Franz (2011).

[266] Vgl. Mayr (2010), S. 150.

[267] Vgl. Buschmann (2006), S. 127.

digung der Restrukturierung weist diese Geschäftsbeziehung ein besonders ausgeprägtes Vertrauensverhältnis auf.

Die dritte Möglichkeit beschreibt die sofortige Beendigung der Geschäftsbeziehung. Der Kunde erhöht dadurch bewusst das Risiko von Einbußen, da bereits gezahlte Rechnungen möglicherweise nicht zurückgeführt werden (können) oder angestoßene Produktionsprozesse nicht weitergeführt werden. Zudem muss der Kunde die Wechselkosten in der Situationsanalyse berücksichtigen.[268] Die Wahl dieser Strategie setzt eine überdurchschnittlich negative Einschätzung der Krise voraus. Diese Strategie verschlimmert die Unternehmenskrise, hängt jedoch auch von der Art des Kunden (A-, B-, C-Kunde) ab.

Zusammenfassend kann festgestellt werden, dass dem Kunden zahlreiche Möglichkeiten zur Krisenidentifikation vorliegen, die jedoch vor allem operativ getrieben sind. Zudem weist der Kunde eine ausgewogene Risikoeinschätzung – Downside- wie auch Upside-Risiko – auf. Demnach kann der Kunde als abwägend beschrieben werden und wird eher zeitverzögert auf die Krise reagieren. Umfangreiche Beiträge von Kundenseite sind in einer Krisensituation im Allgemeinen nicht zu erwarten.[269]

2.2.3 Lieferanten

Leistungsverflechtungen

Die Lieferantenbeziehung bezeichnet die ökonomische Verbindung zweier Marktteilnehmer aus Sicht eines Kunden. Üblicherweise kann auf eine langjährige Lieferantenbeziehung mit zahlreichen Geschäften zurückgeblickt werden. Diese langjährige Beziehung ist Grundlage für ein ausgeprägtes Vertrauensverhältnis.[270] Gleichwohl sind Formen und Ausprägungen von Lieferantenbeziehungen derart vielfältig, dass eine idealtypische Leistungsverflechtung nicht beschrieben werden kann.[271] Zu unterschiedlich sind die Ausgestaltungen der vertraglichen Verbindungen. Eines ist ihnen jedoch gemein – der Lieferant stellt Rohstoffe oder Materialien gegen eine (meist monetäre) Vergütung zur Verfügung, das belieferte Unternehmen nutzt die gelieferten Rohstoffe und Materialien zur Wertschöpfung. Der Lieferant ist ein sehr wichtiger Stakeholder, denn von ihm hängt der Wertschöpfungsprozess stark ab. Die Relevanz von Lieferanten darf nicht unterschätzt werden. Insbesondere bei jungen Unternehmen wirken Lieferanten oftmals positiv auf das Wachstum und die Qualität.[272] Zudem sind Lieferanten neben der Sachmittelbeschaffung auch als kreditgebende Einheit tätig. Diese Kredite

[268] Vgl. Butzer-Strothmann (1999), S. 112 f. und 116-121 und 155.
[269] Vgl. Buschmann (2006), S. 127.
[270] Vgl. Gullett et al. (2009), S. 329.
[271] Zahlreiche Studien untersuchen Relevanz, Ausprägungen und Ausgestaltungen von Lieferantenbeziehungen und Lieferantenmanagement. Chen et al. haben einen positiven Einfluss von langjährigen Lieferantenbeziehungen auf langfristige Ziele gefunden. Vgl. Chen, Chen, Xin (2004), S. 200-209 und Wilson (2012).
[272] Vgl. Chang (2011), S. 550 f.

sind in den Zahlungszielen, die von Lieferanten eingeräumt werden, zu sehen.[273] Auch wenn in soliden wirtschaftlichen Zeiten die gelieferten Sachmittel durch andere Lieferanten substituiert werden könnten, gilt dies im Krisenfall nicht uneingeschränkt. Zwar besteht ursprünglich eine relativ geringe Abhängigkeit, im Rahmen der Unternehmenskrise kann sich diese Abhängigkeit jedoch ausweiten.[274]

Auswirkungen auf den Stakeholder

Unternehmenskrisen wirken meist direkt auf den Lieferanten. Zunächst drückt sich die Unternehmenskrise durch Zahlungsverzüge, erhöhte Reklamationen oder Verringerungen der Abnahmemenge aus. Dies führt bei dem Lieferanten natürlich zu einer geringeren Planungssicherheit hinsichtlich der Geschäftsbeziehung. Existenzbedrohend für den Lieferanten kann eine Situation werden, wenn eine ausgeprägte Abhängigkeit gegenüber dem krisenbehafteten Unternehmen vorliegt.[275] So hat insbesondere ein Zahlungsausfall eines krisenbehafteten Unternehmens einen direkten erfolgswirtschaftlichen Einfluss auf den Lieferanten.

Auswirkungen auf das externe Umfeld des Stakeholders

Die Intensität der Beeinflussung des externen Umfelds hängt stark mit dem Grad der Abhängigkeit des Lieferanten zusammen. Wenn der Lieferant ein Teil der Wertschöpfungskette ist und nicht Rohstofflieferant, dann wirkt die Unternehmenskrise auf die gesamt Wertschöpfungskette. Der Lieferant verringert sein Bestellverhalten zu seinem Lieferanten. Die Fremdkapitalgeber werden die Bonität des Lieferanten abstufen und andere Kunden verhandeln möglicherweise neue Verträge, da ihnen die Situation bekannt geworden ist. Liefert der Lieferant Rohstoffe, so kann dieser die Förderung drosseln, das Fixkostenkonstrukt aber nicht kurzfristig abbauen. Dies führt zu erfolgswirtschaftlichen Problemen und demzufolge auch zu einer Verschlechterung der Bonität.

Möglichkeiten zur Krisenidentifikation

Eine Möglichkeit ist der Rückgriff auf Auskunfteien, welche Bonitätseinschätzungen über den Kunden liefern.[276] Ebenfalls wie die Kunden nutzen auch Lieferanten Rating-, bzw. Risikomanagementsysteme, um eine Bonitätseinschätzung des Kunden – und damit die eigene Abnahmesicherheit – einschätzen zu können. Die Praxis zeigt, dass Lieferanten zunehmend quantitative Insolvenzprognoseverfahren (Ratingverfahren) zur Einschätzung der wirtschaftlichen Lage ihrer Kunden einsetzen.[277] Dies impliziert die gestiegene Sensitivität, aber auch

---

[273] Vgl. Syllwasschy (2013), S. 82 und Riggert (2015), S. 133.
[274] Vgl. Porter (1997), S. 140.
[275] Vgl. Krystek (1987), S. 78 f. und Syllwasschy (2013), S. 81.
[276] Vgl. Kapitel 2.2.2.
[277] Vgl. Kapitel 2.2.2.

Professionalität der Lieferanten hinsichtlich der Geschäftsbeziehung und Bonität ihres Kunden.

Reaktionsmöglichkeiten und Folgen

Diese Gruppe von Stakeholdern zeichnet ein Downside-, als auch ein Upside-Risiko aus und die Risikoausrichtung kann als abwägend beschrieben werden.[278] Die Ziele des Lieferanten sind hingegen januskôpfig. Einerseits verfolgt der Lieferant das Ziel, dass jegliche Forderungen gegenüber dem krisenbehafteten Unternehmen beglichen werden. Auf der anderen Seite verfolgt er jedoch das Ziel nach einem positiven Verlauf der Restrukturierung, Sanierung oder Krisenbewältigung ebenfalls als Lieferant zu dienen.[279] Daher bewegt sich der Lieferant in einem Spannungsfeld von einer Politik der harten Hand und der Pflege der Kundenbeziehung, gleichwohl wird der Lieferant überprüfen, wie wichtig das krisenbehaftete Unternehmen für die eigene Geschäftstätigkeit ist.[280]

Ist der Lieferant über die Unternehmenskrise im Bilde, kann der die Lieferung nur gegen Vorkasse ausführen und hat ab diesem Zeitpunkt keine Finanzierungsfunktion mehr inne.[281] In vielen Fällen haben Lieferanten eine Absicherung von ausstehenden Leistungen bei Versicherungen abgeschlossen. Sie scheuen jedoch den Auslöseprozess, denn in diesem Fall zwingt sie der Versicherer, die Geschäftsbeziehung sofort zu beenden und unterbindet somit zukünftige Lieferverträge.[282] Diese Tatsachen unterstreichen das zunächst abwartende Handeln der Lieferanten im Krisenfall. In vielen Fällen liegt somit eine Abhängigkeit der Unternehmen, insbesondere im Krisenfall von den Lieferanten vor.[283]

Lieferanten sind zwar auch in der Lage das Unternehmen aktiv zu begleiten, die Praxis zeigt jedoch eine starke Aufschiebung dieser Strategie. Bevor eine aktive Beteiligung bei der Krisenbegleitung vorgenommen wird, ist die Krise bereits fortgeschritten und die Intensität erheblich gestiegen. Dies führt zu einer – zeitlich gesehen – verzögerten Einordnung in die aktive Begleitung oder zur Beendigung der Geschäftsbeziehung. Zudem hat Fairness bei Vertragsverhandlungen im Vorfeld einer Krise einen erheblichen Einfluss auf die Bereitschaft zur Unterstützung.[284] Im weiteren Verlauf wird die Risikoreaktion des Lieferanten ähnlich der Reaktion von Kunden angenommen.

[278] Vgl. Hartmann-Wendels, Pfingsten, Weber (2004), S. 328 f.
[279] Vgl. Syllwasschy (2013), S. 81.
[280] Vgl. Niggemann, Simmert (2010), S. 123.
[281] Vgl. Kraus, Becker-Kolle (2004), S. 121 und Mayr (2010), S. 148.
[282] Vgl. Buschmann (2006), S. 130.
[283] Vgl. Mayr (2010), S. 148 und Portisch (2015), S. 18.
[284] Vgl. Husted (1998), S. 647.

2.2.4 Rechtliche Anspruchsgruppen

Leistungsverflechtungen

Die rechtlichen Anspruchsgruppen einer Unternehmung sind zahlreich. Neben Finanzamt, Sozialversicherung und Krankenversicherung stellt auch der Staat als Vertreter der Gesellschaft eine rechtliche Anspruchsgruppe mit dem Ziel der Verringerung von Arbeitslosigkeit dar. Die Leistungsverflechtungen zwischen Unternehmen und rechtlichen Anspruchsgruppen sind meist nur einseitig. Erwirtschaftet das Unternehmen Umsätze und/ oder Gewinne, hat es Umsatzsteuern oder Steuern aus Gewinnen an das Finanzamt abzuführen. Die Sozialversicherungsträger haben zudem einen Anspruch auf anteilige Übernahme der Sozialversicherungskosten der beschäftigten Arbeitnehmer. Auf der anderen Seite stehen Unternehmen unterschiedliche Förderungen durch direkte Subventionen und/ oder Finanzierungen durch staatliche Institutionen zur Verfügung. Dies führt zu einer Umverteilung zu Gunsten der Unternehmen. Gleichwohl hat nicht jedes Unternehmen Zugriff auf Subventionen und andere staatliche Förderungen.[285] Ziele der rechtlichen Anspruchsgruppen als Vertretung des Staates liegen in der Sicherung von Arbeitsplätzen, der Erhaltung des Standortes sowie der Machtsicherung durch positive Wählerstimmung.[286]

Auswirkungen auf den Stakeholder

Eine Unternehmenskrise hat zunächst keine Auswirkung auf die rechtlichen Anspruchsgruppen. Zwar vermindern sich im Falle einer Insolvenz die Sozialversicherungsbeiträge oder bei rückläufigen Gewinnen die Steuern, dennoch sind diese Stakeholder nur Leistungsempfänger und haben keinen privatwirtschaftlichen Gewinnanreiz kodifiziert.[287] Selbstverständlich führt eine Insolvenz nicht nur zu einer Verminderung der Beiträge, sondern parallel auch zu einer Erhöhung der Ausgaben, da die Arbeitslosenversicherung nun die Personen aus dem Unternehmen mittels Transferleistungen unterstützt.[288] Gleichwohl sind die Auswirkungen einer einzelnen Insolvenz eher gering und werden erst bei gesamtwirtschaftlich-strukturellen Veränderungen zu einem Problem.

Auswirkungen auf das externe Umfeld des Stakeholders

Bei Unternehmenskrisen ist vom externen Umfeld der rechtlichen Anspruchsgruppen nur in einem sehr geringen Anteil der Fälle eine Reaktion zu erwarten. Das Umfeld der rechtlichen

---

285 Erst im Falle einer Insolvenz haben alle Unternehmen die Möglichkeit Leistungen der rechtlichen Institutionen zu erhalten. Hierbei ist insbesondere auf das Insolvenzgeld und Auffanggesellschaften zu verweisen, dies bedarf selbstverständlich zunächst einer Prüfung. Vgl. Niggemann, Simmert (2010), S. 124 und Fachverband Sanierungs- und Insolvenzberatung des BDU e. V. (2015), S. 176.

286 Vgl. Buschmann (2006), S. 130 f.

287 Die rechtlichen Anspruchsgruppen werden als staatliche Einrichtungen begriffen. Staatliche Einrichtungen haben nicht den Zweck Überschüsse zu erwirtschaften.

288 Vgl. Shrivastava et al. (1988), S. 291 f.

Anspruchsgruppen sind überwiegend im politischen Sektor zu finden und werden nur aktiv, wenn die Unternehmen einen strukturellen Einfluss auf das wirtschaftliche Umfeld aufweisen oder wenn demokratische Wahlen zur Machterhaltung der politischen Personen kurz bevorstehen.[289]

Möglichkeiten zur Krisenidentifikation

Die rechtlichen Anspruchsgruppen erlangen erst Kenntnis von einer Unternehmenskrise, wenn die geplanten Zahlungen im Falle einer Insolvenz ausbleiben. Da das Zurückhalten von Beiträgen zur Sozialversicherung strafrechtlich geregelt ist, halten Unternehmen nur in Ausnahmefällen die Beiträge zurück. Sobald jedoch die Insolvenz beim zuständigen Insolvenzgericht angezeigt worden ist, werden die rechtlichen Anspruchsgruppen über die vorliegende Krise informiert. Eine aktive Bonitätseinschätzung nehmen die rechtlichen Anspruchsgruppen jedoch nicht vor.

Reaktionsmöglichkeiten und Folgen

Die Steuer- und Sozialversicherungsansprüche sind zumeist sehr hoch. Daher stellt die Gruppe der rechtlichen Anspruchsgruppen einen monetär wesentlichen Gläubiger und Stakeholder des Unternehmens dar.[290] Jedoch ist festzustellen, dass den rechtlichen Anspruchsgruppen als Stakeholder die geringsten Informationen über die wirtschaftliche Lage des Unternehmens zur Verfügung stehen.[291] Eine bewusste Schädigung der Interessen und Ansprüche dieses Stakeholders wird per Gesetz unterbunden, bzw. bei Verstößen bestraft. So muss die Staatsanwaltschaft bei jeder Insolvenz den Tatbestand der Insolvenzverschleppung[292] überprüfen. Neben der Insolvenzordnung wird das Strafgesetzbuch bemüht. Hervorzuheben sind hier insbesondere die Tatbestände § 263 StGB „Betrug“, § 266a StGB „Vorenthaltung von Sozialversicherungsbeiträgen“ und § 246 StGB „Unterschlagung“.[293]

Diese Gruppe von Stakeholdern zeichnet meist keine direkte Geschäftsverbindung zu dem Krisenunternehmen aus, sondern das gültige Rechtssystem. Dies bedeutet, dass die rechtlichen Anspruchsgruppen erst eine Reaktion auf die Unternehmenskrise zeigen, wenn ein rechtlicher Auslösungsprozess angestoßen wird. Dieser Auslösungsprozess steht in einem direkten Zusammenhang mit der Entwicklung der anderen Stakeholder. Jedoch ist zu betonen, dass diese rechtlichen Anspruchsgruppen die Möglichkeit besitzen, die Geschäftsfähigkeit der krisenbehafteten Unternehmung zu beenden. Dies führt am negativen Ende einer

289 Als Beispiel können hier die Fälle Opel oder Holzmann Konzern gesehen werden. Vgl. Hering et al. (2009), S. 3-5 und Schäfer (2014), S. 65-84.

290 Vgl. Syllwasschy (2013), S. 82 f.

291 Vgl. Mayr (2010), S. 149.

292 Vgl. § 15a InsO. Fortführend zur Insolvenzverschleppung bieten Knierim, Smok (2012), S. 191-242 tiefergehende Analysen.

293 Fortführend vgl. Knierim, Smok (2012), S. 191-372.

Krise zu einer Aufgabe der Geschäftstätigkeit, bzw. Insolvenz. Die Reaktionsfähigkeit ist jedoch sehr gering und sehr spät zu erwarten. Daher kann – ähnlich den Mitarbeitern – eine Einordnung in die passive Krisenbegleitung vorgenommen werden. In Strategien zur Reaktion auf manifeste Krisen gedacht, wird das Unternehmen somit passiv begleitet.[294]

2.2.5 Fremdkapitalgeber

Leistungsverflechtungen

Fremdkapitalgeber[295] nehmen eine dominante Stellung in der Gestaltung der Passivseite und der Finanzierung von Unternehmen ein. Im Jahr 2013 lagen die Fremdkapitalquoten[296] in Deutschland durchschnittlich bei 72%,[297] allerdings weisen die Fremdkapitalquoten erhebliche Unterschiede in Abhängigkeit der Branchenzugehörigkeit auf.[298] Gleichwohl bildet die Position Fremdkapital neben den Verbindlichkeiten gegenüber Kreditinstituten auch die Verbindlichkeiten gegenüber Lieferanten sowie Rückstellungen ab. Jedoch sind Kreditinstitute in der Regel die Hauptfinanzierer der deutschen Unternehmen.[299]

Auswirkungen auf den Stakeholder

Der originäre Geschäftszweck von Kreditinstituten im volkwirtschaftlichen Sinne liegt in der Ausgabe von Krediten und der Versorgung der Wirtschaft mit Liquidität.[300] Unternehmenspolitisch hingegen liegt das Hauptziel in der Erwirtschaftung von Zinsen – die Grundlage des Gewinnstrebens.[301] Gerät der Kreditnehmer jedoch in eine Krise oder einen krisenähnlichen Zustand, bedeutet dies zunächst eine Erhöhung des Risikos für eine nicht planmäßige Rückzahlung des ausgegebenen Kredites. Im Krisenfall verschiebt sich das Ziel des Kreditinstituts von der Erwirtschaftung von Zinserträgen zu einer Vermeidung des Kreditausfalls, bzw. Mi-

---

[294] Es soll in diesem Rahmen auf eine weitere Erläuterung rechtlicher Anspruchsgruppen verzichtet werden, da diese Arbeit das Ziel verfolgt, die Interaktionen zwischen Stakeholder und Unternehmen im Krisenfall zu beschreiben. Spezifischere Erläuterungen der zahlreichen rechtlichen Anspruchsgruppen betrachtet der Autor daher nicht als zielführend.

[295] Fremdkapitalgeber sollen im Folgenden als Synonym für Kreditinstitute verwendet werden. Zwar müssen Fremdkapitalgeber nicht immer als Kreditinstitut auftreten und können auch Versicherungen oder andere institutionelle Anleger sein. Gleichwohl sind doch im deutschen Mittelstand die Kreditinstitute regelmäßig der Hauptfremdkapitalgeber. Vgl. Söllner (2011), S. 628; Bösl, Hasler (2012), S. 11-22; Brinkmann, Schiffer (2012) und Strobel (2012), S. 3 f.

[296] Die Fremdkapitalquote wurde annähernd durch die Berechnung von 1-Eigenkapitalquote geschätzt, da in den vorliegenden Berichten ausschließlich Eigenkapitalquoten genannt wurden. Die Passivseite setzt sich jedoch aus Eigenkapital und Fremdkapital zusammen, daher kann annähernd von dieser Berechnung ausgegangen werden. Vgl. Baetge, Kirsch, Thiele (2005), S. 3.

[297] Vgl. Jostarndt, Wagner (2006), S. 98-100; Krehl, Schneider, Fischer (2006), S. 52; Stöckl (2010), S. 7-9 und Creditreform Rating Agentur (2015), S. 31.

[298] So konnten bei börsennotierten Kapitalgesellschaften beispielsweise im Dienstleistungssektor eine Fremdkapitalquote von 55% und im Baugewerbe von 68% beobachtet werden. Vgl. Jostarndt, Wagner (2006), S. 101 und Krehl, Schneider, Fischer (2006).

[299] Vgl. Söllner (2011), S. 628 und Strobel (2012), S. 3 f.

[300] Vgl. § 1 KWG.

[301] Vgl. Büschgen (1998), S. 509-512 und Hartmann-Wendels, Pfingsten, Weber (2004), S. 27-29.

nimierung des Kreditausfallrisikos.[302] Eine Erhöhung des Kreditausfallrisikos wirkt unmittelbar auf die Erträge einer kreditgetriebenen Geschäftsbeziehung.[303]

Literatur und Praxis liefern zahlreiche Beiträge zur Risikokonzentration[304] in Kreditportfolios. Diese können in ihrer Größe, Branche oder geografischen Lage liegen und können die Solvenz eines Kreditinstituts gefährden. Zwar wird das Eingehen von Konzentrationsrisiken durch die Mindestanforderungen für das Risikomanagement (MaRisk) nicht verboten, jedoch fordern diese eine geeignete Identifikation und Steuerung.[305] Liegen diese Konzentrationsrisiken aufgrund eines sehr hohen Kredites jedoch vor, verlieren Banken möglicherweise aufgrund ihres Verlustpotenzials die Objektivität im Umgang mit dem Krisenunternehmen.[306]

Auswirkungen auf das externe Umfeld des Stakeholders

Das externe Umfeld des Fremdkapitalgebers wird nur indirekt beeinflusst. Da die Konditionen bei Kreditinstituten, die den IRBA nutzen, auch über die Ausfallwahrscheinlichkeit abgeleitet werden, wirken Unternehmenskrisen auf die Kreditkonditionen der anderen Kunden. Das bankinterne Portfolio wird in dem Ratingsystem über die a-priori Wahrscheinlichkeit abgebildet. Selbstverständlich ist der Einfluss eines singulären Ereignisses, also die Krise eines Unternehmens, nicht ausschlaggebend für eine Erhöhung der a-priori Wahrscheinlichkeit. Dennoch führt eine Häufung von Unternehmenskrisen in den Kreditportfolios zu einer Anpassung der a-priori Wahrscheinlichkeit und somit auch bei der Vereinbarung neuer Zinskonditionen.

Betrachtet man die rechtlichen Anspruchsgruppen als externen Stakeholder des Kreditinstituts und nicht als die des Unternehmens, dann werden Politik und Gesellschaft das Geschäftsgebaren des Kreditinstituts mehr in den Fokus rücken. Hierbei agiert dann das Kreditinstitut im Spannungsfeld verschiedener Reaktionsmöglichkeiten auf Unternehmenskrisen.

Möglichkeiten zur Krisenidentifikation

Zur Früherkennung von Unternehmenskrisen sind Banken insbesondere auf die Expertise ihrer Risikoabteilung angewiesen. Die MaRisk schreiben eine Trennung von Markt und Marktfolge oder Vertrieb und Risiko vor, um keine Abhängigkeiten oder problematische In-

---

302 Vgl. Flosbach (1987), S. 90 f.

303 Erhöhte Kreditausfallrisiken wirken auf die Vorschriften nach Basel zum hinterlegenden Eigenkapital. Dies führt wiederum zu einer Erhöhung der Kreditkosten. Vgl. Haves (2015), S. 45-48.

304 In der aktuellen Medienlandschaft wird auch immer wieder der Begriff „Too Big to Fail" genutzt, der sich genau genommen jedoch auf die Systemrelevanz von Finanzintermediären bezieht. Zwar mag ein Unternehmen systemrelevant für eine Bank sein, jedoch spricht man hier vom Klumpenrisiko oder im englischen vom Concentration Risk. Fortführend zum „Too Big to Fail-Ansatz", vgl. Mishkin, Stern, Feldman (2006).

305 Vgl. Kurfels (2015), S. 65.

306 Vgl. Feldbauer-Durstmüller, Mayr (2009), S. 583.

teressenskonflikte zu erlauben. Die Abteilungen müssen bis auf die Ebene der Geschäftsleitung organisatorisch voneinander getrennt sein.[307]

Zur quantitativen Einschätzung – der Messung von Bonität – werden üblicherweise Ratingsysteme genutzt. Ratings drücken das Risiko aus, dass ein Gläubiger den Kapitaldienst auf Jahresfrist nicht leisten kann. Die Baseler Papiere (Basel I, Basel II und Basel III) schreiben die Anwendung der Ratings vor und haben damit einen wesentlichen Einfluss auf die Rolle von Ratings und Ratingagenturen ausgeübt.[308]

Die internen Ratingmodelle verfolgen das Ziel das Kreditrisiko eines einzelnen Kreditnehmers zu quantifizieren.[309] Hierzu nutzen Banken üblicherweise mathematisch-statistische Modelle. Aktuell scheinen die Methoden logistische Regression und Support Vector Machines anderen statistischen Modellen im Bilanzrating überlegen zu sein.[310] Eine weitere Möglichkeit der Kreditinstitute liegt in der Expertise der eigenen Risikomanager. Durch die Nähe zum Kunden können die Firmenkundenbetreuer Unternehmenskrisen frühzeitig erkennen.[311]

Der Vorteil der Fremdkapitalgeber gegenüber externen Ratingagenturen liegt in der Verfügbarkeit von weitergehenden Informationen über das zu beurteilende Unternehmen. Damit fußen interne Ratings entgegen dem externen Rating auf einer größeren Informationsdichte, denn externe Ratings basieren zumeist auf einem Bilanzratingmodell und externen verfügbaren Informationen.[312] Gleichwohl gilt dies nur für Fremdkapitalgeber, die auch als Hausbank firmieren.

Bei einer Hausbankbeziehung können interne Ratingmodellen neben Bilanzen auch auf weitere Informationen zurückgreifen. Neben dem Verlauf der Kontoführung nutzen Fremdkapitalgeber auch Informationen der Creditreform. Sind externe Ratings verfügbar, fließen auch diese in das Gesamturteil ein. Neben dem Bilanzrating hat auch die Kontoführung einen Einfluss auf das Gesamturteil. Dabei werden jedoch nur negative Ausschläge berücksichtigt. Zudem hat die qualitative Beurteilung des Unternehmensbetreuers einen Einfluss auf die Ausfallwahrscheinlichkeit, denn es ergänzt das Bilanzrating, um dessen vorrangige Schwäche der Retrospektive auszugleichen.[313] Das interne Rating berücksichtigt auch weiche Faktoren

---

307 Vgl. MaRisk (2012), BTO 1.1, Tz. 8. Eine Übersicht, welche Abteilungen in welche Einheit eingegliedert werden müssen, liefert Kurfels (2015), S. 70.

308 Vgl. Alp (2013), S. 2435-2470 und Haves (2015), S. 30-42.

309 Zur Abgrenzung von externem zu internem Rating vgl. bspw. Trustorff, Botterweck (2012), S. 156.

310 Vgl. Leker, Schewe (1998), S. 886-888; Konrad (2012), S. 64 und Eckrich, Trustorff (2015), S. 129.

311 Vgl. Arnold, Ifftner, Portisch (2011), S. 90.

312 Eine Ausnahme bilden die beauftragten großen externen Ratings kapitalmarktorientierter Unternehmen, bei denen die Ratingagenturen umfangreiche Analysen mithilfe unternehmensinterner Informationen durchführen. KMUs geben solche Ratings jedoch üblicherweise nicht in Auftrag, sodass der Großteil der externen Ratings auf Bilanzratings beruht.

313 Neben der Vergangenheitsorientierung wird insbesondere die Methodik kritisiert. Vgl. Gemünden (2000), S. 144-167 und Krehl, Knief (2002), S. 301.

wie Marktanteil, interne Organisation, Wachstum, Unternehmensführung, Zuverlässigkeit, Informationspolitik und Prognosequalität[314] in dem Gesamturteil. Weitere Möglichkeiten zur Krisenidentifikation können zudem wiederholte Brüche von intern verhandelten Covenants sein.[315] Zudem sind Informationen über den Interbankenmarkt verfügbar – die Risikobetreuer verschiedener Kreditinstitute kommunizieren untereinander.

Reaktionsmöglichkeiten und Folgen

Fremdkapitalgeber befinden sich während der Krisenphasen im ständigen Spannungsfeld von Investition und Desinvestition. Holzach drückt dieses Dilemma aus, indem er schreibt: „Der Bankier lebt somit zwischen den extremen Vorwürfen der unverdienten Stützung nicht lebensfähiger Unternehmen und der ungerechtfertigten Abkehr von lediglich momentan bedrohten Kreditkunden.“[316] Begründet liegt dieses Dilemma darin, dass Banken durch den Abzug, bzw. die Bereitstellung von Kapital im Krisenfall an dessen Ausgang maßgeblich beteiligt sind.[317] Zudem reagiert die Öffentlichkeit sensibel auf Kündigungen von Kreditengagements, denn es entspricht der volkswirtschaftlichen Aufgabe eines Kreditinstituts, Unternehmen zu finanzieren.[318]

Kurzfristig bieten sich dem Fremdkapitalgeber zwei Möglichkeiten. Erstens kann er die ausgereichten Kredite durch Nachbesicherung werthaltiger machen und damit den Risikowert verringern. Zweitens wirkt er direkt[319] oder indirekt auf die Unternehmensleitung ein, um die eigenen Interessen durchzusetzen.[320] Langfristig hingegen bieten sich dem Fremdkapitalgeber drei Handlungsmöglichkeiten, wenn er Kenntnis von einer Krise erlangt – Abwarten oder Stillhalten, Unterstützen oder Teilnahme an der Krisenbekämpfung und Konfrontation oder Beendigung des Kreditverhältnisses.[321] Die Strategien der Unterstützung und der Beendigung des Kreditverhältnisses werden nach MaRisk als Behandlung von Problemkrediten bezeichnet.[322] Zudem ist festzustellen, dass Krisenmanager von Banken üblicherweise nach einem durch Gremien beschlossenen Regelwerk handeln.[323]

---

[314] Sparkassen und Volksbanken berücksichtigen Unternehmensplanungen als qualitativen Faktor. Vgl. Krehl, Strobel, Sonius (2015), S. 243.

[315] Der Bruch vereinbarter Covenants hat einen negativen Einfluss auf das Rating, vgl. Chava, Roberts (2008), S. 2098.

[316] Vgl. Holzach (1982), S. 9.

[317] Vgl. von Wysocki (1962), S. 14; Lüthy (1988), S. 243 und Dinibütünoglu (2008), S. 49.

[318] Vgl. Dinibütünoglu (2008), S. 49.

[319] Hierbei steht der Fremdkapitalgeber allerdings auch immer im Spannungsfeld zwischen der Rolle als Fremdkapitalgeber und dem Tatbestand der faktischen Geschäftsführung. Fremdkapitalgeber müssen beachten, dass ihre Auflagen, bspw. über die Implementierung von Covenants, die Handlungsalternativen der Unternehmen und die unternehmerischen Handlungsmöglichkeiten der Unternehmensführung nicht zu stark einschränken. Vgl. fortführend Maurenbrecher (1998), S. 1335-1343 und Mausbach (2009), S. 257.

[320] Vgl. Manzel, Manzel (2003), S. 83 und Mayr (2010), S. 146.

[321] Vgl. Lüthy (1988), S. 243-246; Dinibütünoglu (2008), S. 50 und Mayr (2010), S. 139-143.

[322] Vgl. MaRisk (2012).

[323] Vgl. Mayr (2010), S. 139.

Bevor eine Strategie ausgewählt wird, muss der Fremdkapitalgeber in einem internen Prozess prüfen, ob und wie hoch das Verlustpotenzial bei dem Krisenunternehmen ist. Im Rahmen der Verlustpotenzialanalyse muss die Höhe des im Risiko stehenden Kredits, allerdings auch die Wahrscheinlichkeit für den Eintritt des Verlustszenarios untersucht werden.[324] Wird eine geringe Eskalationswahrscheinlichkeit der Krise festgestellt, nutzen Finanzinstitute überwiegend eine passive Strategie, was auch mit Abwarten oder Aussitzen beschrieben werden kann.

Diese Strategie gibt dem Unternehmen Freiheiten, die Probleme eigenständig zu lösen und die unternehmensindividuelle wirtschaftliche Lage zu verbessern.[325] Gelingt es dem Krisenunternehmen jedoch nicht, eine wesentliche Verbesserung der wirtschaftlichen Lage herbeizuführen oder ist die negative Entwicklung der wirtschaftlichen Lage bereits weit fortgeschritten, muss entweder die passive Strategie überdacht werden oder die Geschäftsbeziehung neu ausgerichtet werden.

Die strategische Neuausrichtung der Kundenpflege kann in der Überführung in eine spezialisierte Intensivbetreuungseinheit liegen. Die Vorteile solcher Spezialeinheiten liegen in der Bündelung von Spezialwissen sowie einheitlicher Kommunikations- und Behandlungsweise von krisenbehafteten Unternehmen.[326] Eine Unterstützung des krisenbehafteten Unternehmens im Rahmen von Intensivbetreuungseinheiten liegt etwa in konzeptioneller Hilfe, bspw. Prozessoptimierung oder Effizienzberatung.[327] Unterstützung meint allerdings auch „alle finanziellen und nicht-finanziellen Entgegenkommen der Bank, [...] die sie wegen der damit verbundenen Kosten und Risiken einem Kreditnehmer nur in Würdigung seiner Notlage und in Anbetracht ihres gefährdeten Engagements zugesteht."[328] Die Unterstützung des Kreditinstituts kann in unterschiedlichen Formen erfolgen. Neben der finanziellen Unterstützung wird Unternehmen oftmals auch nicht-finanzielle Unterstützungen angeboten. Als finanzielle Unterstützung können Fremdkapitalgeber neues Kapital bereitstellen, Kreditzahlungen stunden, Umschuldungen zustimmen, Sicherheiten freigeben und auf Zinsen verzichten.[329] Die nicht finanziellen Unterstützungen können die Bereitstellung von Wissen, von gesamtwirtschaftlichen oder Branchenanalysen und die Zusage zur Begleitung durch Restrukturierungen[330] sein. Eine weitere nicht-finanzielle Unterstützung der Bank liegt im Zugang zum bankinter-

---

[324] Üblicherweise wird hier auch vom Value at Risk gesprochen. Vgl. hierzu fortführend Ong (2000), S. 49-60 und Berkowitz, O'Brien (2002), S. 1093-1111.

[325] Vgl. Lüthy (1988), S. 243 und Portisch (2015), S. 13-17.

[326] Vgl. Portisch (2015), S. 67.

[327] Vgl. Mayr (2010), S. 147.

[328] Vgl. Lüthy (1988), S. 244.

[329] Eine Auflistung und umfangreiche Beschreibung dieser und weiterer zahlreicher finanzieller Unterstützungsmöglichkeiten bietet Dinibütünoglu (2008), S. 55-66.

[330] Die Notwendigkeit von S6 Gutachten des Institut der Wirtschaftsprüfer, sowie andere gesetzliche Verpflichtungen sollen in dieser Arbeit nicht näher thematisiert werden. Weiterführende Literatur bieten u.a. IDW (2009) und Mayr (2010), S. 147.

nen Netzwerk, das zahlreiche neue Optionen erst möglich macht.[331] Das Kreditinstitut verfolgt damit primär das Ziel, die eigenen Verluste zu verringern. Weitere Ziele einer aktiven Begleitung liegen in der Erhaltung potenzieller Erträge und der Chance zur politischen Profilierung durch die Begleitung eines krisenbehafteten Unternehmens.[332] Bei einem erfolgreichen Abschluss der Restrukturierungs- und Sanierungsaktivitäten ist zudem die Kundenbeziehung sehr gefestigt und das Kreditinstitut kann von einer langfristigen (und möglicherweise ertragreichen) Kundenbeziehung ausgehen.[333] Ist eine Restrukturierung oder Sanierung hingegen nicht umsetzbar, da das Geschäftsmodell aus Bankensicht keine Zukunftsfähigkeit besitzt, unterstützt das Kreditinstitut das Krisenunternehmen auch im Liquidationsfall. In diesem Fall versucht das Kreditinstitut die Insolvenz- bzw. Liquidationsquote zu erhöhen, indem Abwicklungsprozesse optimiert und Käufer gefunden werden.[334]

Die beiden ersten Alternativen unterstellen eine auf Vertrauen[335] basierende Geschäftsbeziehung und stetige Kommunikation[336] zwischen Unternehmensleitung und Kreditinstitut.[337] Vertrauen ist die Grundlage jedweder Kreditbeziehung. Bereits die Etymologie des Wortes Kredit begründet diesen Umstand, denn das Wort Kredit leitet sich von dem lateinischen Wort creditum ab und bedeutet „das auf Treu und Glauben Anvertraute".[338] Ist dieses Vertrauen erschüttert[339] oder in der Krisensituation nicht vorhanden, bleibt der Bank die Konfrontation. Gründe für einen Konfrontationskurs liegen in Meinungsverschiedenheiten zwischen Unternehmen und Fremdkapitalgeber, Risikobeschränkungen, Vertrauensverluste oder der Anbahnung von Rechtsstreitigkeiten.[340] Konfrontationskurs bedeutet auch, dass keine weiteren Zugeständnisse gemacht werden und dem Unternehmen keine Kulanz entgegengebracht wird. Das Kreditinstitut verfolgt hierbei das primäre Ziel die Geschäftsbeziehung zu beenden, um das Kreditengagement nicht weiter in der eigenen Bilanz aufführen zu müssen. Zudem besteht die Möglichkeit Kredite an Investoren zu verkaufen und somit das Risiko an die Investoren zu transferieren. In der Praxis zahlen Investoren den Buchwert der Forderung abzüglich eines gewissen Abschlags – je nach Risiko. Dies führt auf Bankseite zu einer geringen (je nach Abschlag) Einzelwertberichtigung, reduziert jedoch das Risiko in der Bankbi-

331 Dies kann in der Moderation und Koordination von Gläubigerinteressen, Anwerbung neuer Investoren/ Eigenkapitalgeber oder aber geeigneter Berater sein. Vgl. David (2001), S. 106 und Dinibütünoglu (2008), S. 53 f.

332 Vgl. Dinibütünoglu (2008), S. 52.

333 Vgl. Arnold, Ifftner, Portisch (2011), S. 88 f.

334 Vgl. Schalast et al. (2006) und Portisch (2011), S. 34.

335 Im allgemeinen Sprachgebrauch subsummiert dies den Glauben an Zuverlässigkeit, Integrität, Ehrlichkeit und Gerechtigkeit. Vgl. Krystek, Moldenhauer (2007), S. 73.

336 Eine Case Analysis zeigt, dass Unternehmen teilweise bereits 48h nach Kenntnisstand eines Problems die notwendigen Stakeholder über das Problem informiert hatten. Vgl. Bauman (2011), S. 291.

337 Eine Ausarbeitung zu Vertrauensbildenden Maßnahmen bietet Buschmann (2006), S. 144-146.

338 Vgl. Duden Online Herkunftswörterbuch.

339 Gründe für ein erschüttertes Vertrauensverhältnis können bspw. in schlechter Kommunikation gesehen werden. Vgl. Slatter, Lovett (1999), S. 181 und Kraus, Becker-Kolle (2004), S. 24-26.

340 Vgl. Lüthy (1988), S. 252 und Dinibütünoglu (2008), S. 52.

lanz erheblich. Das frei gewordene Kapital kann nun von dem Kreditinstitut wieder investiert werden.[341] Findet das Unternehmen keinen Fremdkapitalgeber oder die Bank keinen Investor der zum Kauf der Kredite bereit ist, kann die Bank den Kredit kündigen. Die folgende Graphik beschreibt zusammenfassend die Strategien, die einer Bank beim Auftreten einer Unternehmenskrise im Kundenstamm zur Verfügung stehen.

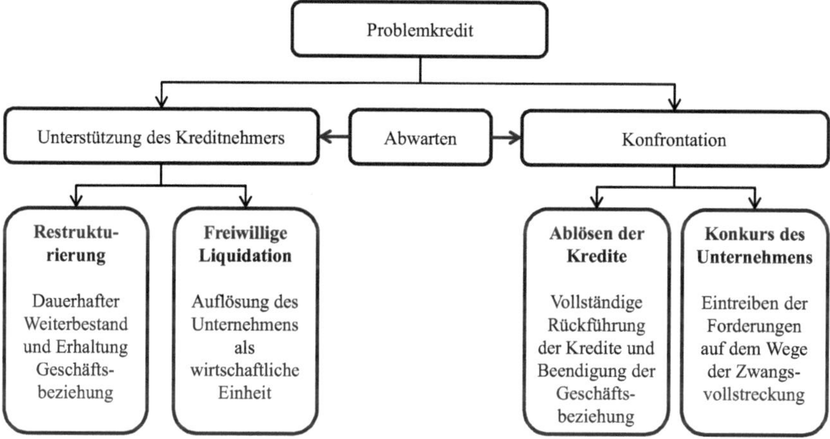

Abbildung 9: Bankstrategien bei Problemkrediten.[342]

Dem Fremdkapitalgeber stehen im Vergleich zu den anderen Stakeholdern die meisten Instrumente zur Einflussnahme zur Verfügung. Somit kann die Bank einen wesentlichen Beitrag für oder gegen die Krisenbewältigung leisten – lebt allerdings hier in dem bereits oben beschriebenen Dilemma nach Holzach. Somit weist die Entscheidung des Fremdkapitalgebers spieltheoretisch den Charakter einer „Self-Fulfilling Prophecy" auf.[343] Ein weiterer Interessenskonflikt zwischen Bank und Unternehmen basiert auf verschiedenen Einschätzungen der Krisenbewältigungsfähigkeit. Ist der Unternehmer als Person doch eher optimistisch, dass die Krise bewältigt werden kann, weist der Fremdkapitalgeber eine eher konservative und zurückhaltende Haltung auf. Zur Sicherung der Liquidität ist das Krisenunternehmen jedoch abhängig vom Fremdkapitalgeber.[344] Planungsrechnungen werden oftmals bemängelt und Erfolgs-, bzw. Turn-Around-Prognosen kritisch hinterfragt. Die Situation wird zum Konflikt, wenn die Einschätzungen der Parteien derart divergieren, dass der Fremdkapitalgeber eine Konfrontationsstrategie als Möglichkeit wählt und die Kredite kündigt.[345]

[341] Vgl. Dinibütünoglu (2008), S. 67-69.
[342] In Anlehnung an Lüthy (1988), S. 243-245.
[343] Vgl. Merton (1948), S. 193-210.
[344] Vgl. Mayr (2010), S. 147.
[345] Vgl. Mayr (2010), S. 148.

In einer Unternehmenskrise verändert sich die Wahrnehmung unternehmensinterner Abteilung durch den Fremdkapitalgeber. So gewinnt die Wahrnehmung von Finanz- und Controlling-Abteilungen der Krisenunternehmen an Gewicht. Die Abteilungen Produktion, sowie Beschaffung und Logistik verlieren im Verlauf der Krise hingegen an Wichtigkeit in der Beurteilung des Fremdkapitalgebers. Zudem sollte Unternehmen vor allem eine straffere und direktere Organisation im Krisenfall implementieren.[346]

Abschließend beschreibt die folgende Tabelle die Strategie der Stakeholder in der Krise eines Unternehmens. Zudem werden die Handlungsmöglichkeiten beschrieben, die die jeweilige Strategie beschreiben.

Tabelle 5: Strategien und Handlungsmöglichkeiten von Stakeholdern in einer Unternehmenskrise.

Stakeholder/ Strategie	Passive Krisenbegleitung	Aktive Krisenbegleitung	Verzicht auf Krisenbegleitung
Mitarbeiter	Motivationsprobleme	Aktive Mitarbeitermotivation	Abwanderung zum Konkurrenten
Kunden	Keine Veränderung des Bestellverhaltens, bzw. Verringerung des Bestellvolumens	Aufnahme in Bestelllisten und Erweiterung des Bestellvolumens	Bestellung bei Konkurrenten
Lieferanten	Keine Veränderung im Lieferverhalten	Bewusste Gewährung Lieferantenkredite	Beendigung Geschäftsbeziehung, außer Lieferung auf Vorkasse
Rechtliche Anspruchsgruppen	---	Stundung von Zahlungen	Beendigung der Geschäftstätigkeit
Fremdkapitalgeber	Beibehaltung in Normalbetreuung	Intensivbetreuung, Bereitstellung Expertenwissen und -betreuung	Verkauf der Forderungen, Refinanzierung durch andere Banken

2.3 Verhalten von Unternehmen in der Krise

Das Unternehmen wird durch die Unternehmensführung vertreten. Sie ist das rechtliche Vertretungsorgan einer Unternehmung und bestimmt die strategische sowie operative Ausrichtung und ist verantwortlich für die wirtschaftliche Lage.[347] Daher ist das Verhalten von Unternehmen in Krisensituationen in zwei Bereiche zu unterteilen – dem internen und dem externen Verhalten. Im Folgenden soll ein kurzer Überblick über das Verhalten von Unternehmen im Innen- und im Außenverhältnis gegeben werden.

[346] Vgl. Exler, Situm, Hueber (2014), S. 203-207.

[347] Zwar ist die Unternehmensführung auch als Stakeholder definiert, wird im Rahmen dieser Arbeit allerdings primär als Vertretungsorgan des Unternehmens betrachtet. Stakeholder sollen, analog zum Kapitel 2.2, alle externen Stakeholder und Mitarbeiter sein. Die rechtliche Vertretung von Unternehmen durch die Unternehmensführung ist für GmbHs in § 6 Abs. 1 GmbHG definiert. Bei anderen Rechtsformen sind andere Gesetzbücher zu bemühen. Vgl. zudem Sandig (1953), S. 14-16.

2.3.1 Unternehmen im Innenverhältnis

Vorab sei bemerkt, dass die finanzielle Führung wesentlich für die Krisenvermeidung und -identifikation ist. Zudem wird die zur Krisenbewältigung notwendige Konflikt- und Dialogfähigkeit durch eine kompetente und wechselseitig interagierende finanzielle Führung unterstützt.[348] Gleichwohl verliert die finanzielle Führung in Krisenzeiten entweder an Kompetenz oder hat nie über die notwendige Kompetenz verfügt.[349] Dies kann aus dem Umstand abgeleitet werden, dass die meisten Unternehmen zwar umfangreiches finanzielles Wissen im Unternehmen aufweisen, die Kompetenzträger jedoch hierarchisch auf zweiter oder dritter Führungsebene gebunden werden.[350]

Der Leser mag vermuten, dass Unternehmen auf unterschiedliche Weise auf Unternehmenskrisen reagieren. Insbesondere Unternehmen, bei denen Unternehmensführung und -eigentum getrennt ist, weisen im Gegensatz zu Unternehmen mit einer Verbindung von Unternehmensführung und -eigentum unterschiedliche Reaktionen auf. Bei eigentümergeführten Unternehmen weist die Verpflichtung gegenüber dem Unternehmen eine andere Ausprägung auf als etwa bei einem angestellten Manager.[351] Eine aktuelle Studie untersucht dieses Phänomen anhand des Proxys Golfhandicap. Die Verbesserung, bzw. die Konservierung eines niedrigen Golfhandicaps korreliert stark mit der investierten aktiven Zeit auf dem Golfplatz. Es konnte beobachtet werden, dass Unternehmensleitung und Kontrollorgane von Unternehmen in Krisensituationen keine Verbesserung des Handicaps erreichen. Es wurde zudem festgestellt, dass Aufsichtsräte keine Veränderung im Handicap zu verzeichnen hatten. Das Handicap angestellter Manager hingegen erhöhte sich leicht. Signifikant abweichend erhöhte sich das Handicap der Unternehmensleitung, wenn diese zeitgleich Unternehmenseigentümer waren.[352] Diese Untersuchung zeigt, dass die Verbundenheit der Unternehmensführung, bzw. den Kontrollorganen mit dem Unternehmen stärker ist, wenn Unternehmensleitung und -eigentum kombiniert sind. Den angestellten Unternehmensleitungen ist es augenscheinlich möglich mehr Zeit auf dem Golfplatz zu verbringen, als den Eigentümer.

Des Weiteren können in Krisenunternehmen oftmals erhebliche Mängel im Planungs- und Kontrollsystem beobachtet werden.[353] Krisenunternehmen konnten entweder nie ausreichende Planungs- und Kontrollsysteme entwickeln und einsetzen oder vernachlässigen diese zunehmend in der Unternehmenskrise. Die Ressourcen werden – nach Ansicht der Unternehmensleitung – auf die wesentlichen Geschäftsbereiche gelenkt. So kann eine zunehmende

---

348 Vgl. Heldt (2002), S. 37 f.
349 Vgl. Heldt (2002), S. 36.
350 Vgl. Heldt (2002), S. 52.
351 Die Erforschung der Prinzipal-Agenten-Theorie hat hier die Interessenskonflikte bereits ausführlich beleuchtet. Vgl. fortführend Ross (1973), S. 134-139 und Jensen, Meckling (1976), S. 305-360.
352 Vgl. Leker (2000), S. 148-152 und Schön, Ehrmann, Rost (2015), S. 255-274.
353 Vgl. Sonius et al. (2015), S. 203.

Verselbständigung auf Leitungsebene beobachtet werden.[354] Unterstützend auf die Unternehmenskrise wirkt die stiefmütterliche Behandlung der finanziellen Führung in der Unternehmensorganisation, die zudem ein „konfliktscheues finanzielles Gewissen“[355] aufweist. Die finanzielle Führung wird nicht in die innerbetriebliche Kommunikation eingebzogen und bei wesentlichen Entscheidungen weder angehört noch entscheidungswirksam befragt.[356] Trotzdem vereinfacht sich die Unternehmensplanung drastisch, denn der Unternehmensleitung bleibt ausschließlich die Planung von Worst-Case-Szenarien. Jedwede optimistische Planung und Szenario Analyse würden bei einem negativen Krisenausgang den Vorwurf der Fahrlässigkeit begründen.[357]

Zudem agieren Unternehmensführungen während einer Unternehmenskrise immer im Spannungsfeld zwischen Kostenminimierung und Liquiditätssicherung. Die Kostenminimierung wird insbesondere deswegen gewählt, weil sie diese schneller und direkter beeinflussen kann als die Ertragsseite und somit kurzfristig und positiv auf die Liquidität wirkt.[358] Die Kostenminimierung kann neben organisatorischer Verschlankung auch durch die Entlassung von Mitarbeitern bewirkt werden, wobei dies einen negativen Einfluss auf die Reputation ausübt.[359] In Krisenzeiten versuchen Unternehmen zudem externe Hilfe zu nutzen. So versuchen Unternehmen die internen Organisationsstrukturen und Prozessabläufe mithilfe externer Berater zu optimieren. Ist die Einbindung externen Wissens mitunter sinnvoll, kann diese aber auch bei schlechter Kommunikation negativ auf die Motivation von Mitarbeitern wirken.[360]

2.3.2 Unternehmen im Außenverhältnis

Der systematische Ansatz zur Organisation verschiedener Stakeholder wird in der Literatur als Stakeholder Management beschrieben.[361] Im Rahmen von Unternehmenskrisen kommt dem Stakeholder Management eine besondere Bedeutung zu. Wie bereits in Kapitel 2.2 beschrieben, wirken die Stakeholder massiv auf Unternehmen, insbesondere im Krisenfall. Daher ist ein ausgewogenes Stakeholder Management überlebenswichtig für Krisenunternehmen.

Insbesondere muss die Unternehmensführung Wert darauf legen, dass den Stakeholdern bewusst ist, dass sie die ertragswirtschaftlichen Probleme ernst nimmt. Denn hieraus können

354 Vgl. Heldt (2002), S. 52.
355 Vgl. Heldt (2002), S. 52.
356 Vgl. Heldt (2002), S. 36 f. und 53.
357 Vgl. Hauschildt (2004), S. 714.
358 Vgl. Hauschildt (2004), S. 714.
359 In der Studie von Flanagan und O'Shaughnessy wird ein Unterschied zwischen den Konsequenzen hinsichtlich der Reputation von großen und von kleinen Unternehmen herausgearbeitet. Vgl. Flanagan, O'Shaughnessy (2005), S. 445-463.
360 Vgl. hierzu Kapitel 2.2.1.
361 Vgl. Roloff (2008), S. 246.

Stakeholder ableiten, dass die daraus resultierenden Probleme von Stakeholdern berücksichtigt werden. Zudem sollte die Unternehmensleitung Probleme schnellstmöglich und transparent kommunizieren.[362] Das Verstecken hinter Anwälten oder Verweise auf rechtliche Haftungseinschränkungen zerstört einen Großteil der Reputation. Demgegenüber schafft eine offene Kommunikation und Transparenz ein Wachstum an Integrität und Vertrauen bei den Stakeholdern.[363] Doch warum gestaltet sich eine krisengerechte, vollumfängliche Kommunikation zwischen Unternehmen und Stakeholdern so schwierig? Ist doch die professionelle Krisenkommunikation der erste Baustein einer erfolgreichen Sanierung.[364]

Als erster Erklärungsansatz für eine sehr späte Kommunikation dient die Verdrängungsstrategie. Unternehmensführungen verdrängen demnach einen Krisenzustand zunächst, anstatt ihm zu begegnen.[365] Die Verdrängungsstrategie kann verschiedene Ursachen haben. Oft ist ein ausgeprägtes Selbstbewusstsein hierfür verantwortlich. Dies geht nicht selten mit Arroganz einher.[366] Teilweise werden allerdings auch Probleme verdrängt, da die Konfrontation gescheut wird und die Unternehmensführung keine unangenehmen Entscheidungen treffen möchte.[367]

Zudem ist festzustellen, dass sich viele Manager regelmäßig selbst überschätzen.[368] Insbesondere der „better than average effect" bietet einen Erklärungsansatz für die immer wieder zu beobachtende späte Kommunikation. Dieses Phänomen beschreibt, dass Personen und in diesem Fall die Unternehmensführung, zur Selbstüberschätzung neigen und sich selbst überdurchschnittliche Fähigkeiten zuschreiben.[369]

Als dritter Erklärungsansatz fehlender Kommunikation muss auf den potenziellen Gesichtsverlust der Unternehmensleitung verwiesen werden. Die Unternehmensleitung kommuniziert Probleme und Unternehmenskrisen erst sehr spät, da die Kommunikation dem Eingeständnis von persönlichem Versagen gleichkommt. Der Stolz der Protagonisten ist beschädigt, rationale Entscheidungen können nicht mehr basierend auf ökonomischen Theorien getroffen werden.[370]

Als letztlich entscheidende Erklärung dienen jedoch die Befürchtungen hinsichtlich der hierdurch ausgelösten Handlungen aller Stakeholder. Im Grunde befürchten Unternehmensfüh-

---

[362] Vgl. Fröhlich et al. (2009), S. 708.
[363] Vgl. Bauman (2011), S. 291.
[364] Vgl. Hauschildt (2004), S. 714 und Mausbach (2015), S. 130.
[365] Vgl. Kraus, Becker-Kolle (2004), S. 43 f. und 47.
[366] Vgl. Wilkinson, Mellahi (2005), S. 233 f.
[367] Vgl. Kraus, Becker-Kolle (2004), S. 51.
[368] Tversky beschreibt das Phänomen Selbstüberschätzung und postuliert, dass auch Manager nicht immun gegen diese Form von Managementfehler seien. Vgl. Tversky (1995), S. 4f. und Kraus, Becker-Kolle (2004), S. 44 f.
[369] Vgl. Svenson (1981), S. 143-148 und Taylor, Brown (1988), S. 193-210.
[370] Vgl. Moulton, Thomas (1993), S. 131.

rungen übertriebene und kriseneskalierende Handlungen und Strategien der Stakeholder. Bei den Mitarbeitern fürchtet die Unternehmensleitung um den Abgang der besten und performanten Mitarbeiter und die Demotivation der restlichen Belegschaft; Studien belegen eine hohe Fluktuation auf der zweiten und dritten Führungsebene.[371]

In der Beurteilung der Kundenbeziehung haben die Unternehmen üblicherweise Angst, dass die Kunden Aufträge zurückziehen und potenzielle Neuaufträge bei direkten Konkurrenten oder Wettbewerbern platziert werden. Ähnlich ist die Furcht bei der Information von negativen Unternehmensentwicklungen an die Lieferanten. Unternehmen gehen davon aus, dass die Lieferanten die Geschäftsbeziehung beenden oder Waren nur noch gegen Vorkasse liefern.[372] Im Rahmen der Kreditbeziehung ist folgende Aussage durchaus üblich. „Wenn ich meinem oder meinen Banker(n) sage, wie schlimm es um das Unternehmen steht, werden meine Kreditlinien eingefroren oder gekündigt. Gerade jetzt wäre eine Kreditlinienerweiterung sinnvoll.“[373] Dieses Zitat beschreibt sehr gut die Angst von Unternehmensführungen zur offenen Kommunikation mit den Fremdkapitalgebern.

Diese Befürchtungen hindern Unternehmen an einer sachgerechten und vollständigen Kommunikation interner Probleme. Um diese Probleme zu verschleiern, werden insbesondere bilanzielle Möglichkeiten (in der Literatur auch als Window Dressing[374] bezeichnet) genutzt. Die Unternehmen versuchen ihren Stakeholdern die Identifikation einer Krise durch kreatives Bilanzieren zu erschweren. Daher nutzen sie Creative Accounting in Krisensituationen, um die Krise zu verschleiern. Dies erklärt auch die vielfach zu beobachtenden Investitionen und Finanzierungszusagen kurz vor dem Eintritt in eine manifeste Krisenphase.[375] Auch kommt es immer wieder zu erheblichen Überschreitungen der gesetzlichen Vorschriften. Neben den dokumentierten Fraud-Fällen, vermutet die Literatur, dass die Dunkelziffer deutlich höher ist. Gleichwohl nimmt die Literatur aber auch an, dass viele Rechtsübertritte nur aufgrund von Unwissenheit auftreten.[376]

Bei Unternehmen, deren Eigentümer nicht in der operativen Unternehmensführung aktiv sind, wird teilweise mit einem Austausch der Unternehmensleitung reagiert. Die Eigentümer versuchen hierdurch aktiv die Unternehmenspolitik zu verändern und somit einen positiven Einfluss auf die Unternehmenskrise zu nehmen. Dies kann jedoch als Ultima Ratio verstanden werden.[377]

---

[371] Vgl. Probst, Raisch (2005), S. 94.
[372] Vgl. Kraus, Becker-Kolle (2004), S. 119-121.
[373] Vgl. Kraus, Becker-Kolle (2004), S. 120.
[374] Schmalenbach spricht von der Frisur der Bilanz. „...Bilanzen...(werden) vorgelegt...sie erhalten Besuch, und es ist natürlich dass sie sich nicht unfrisiert zeigen sollen.“, vgl. Schmalenbach (1953), S. 204.
[375] Vgl. Argenti (1976), S. 13 und Peemöller, Hofmann (2005), S. 29-36.
[376] Vgl. Leker (2000), S. 139 f.
[377] Vgl. Leker, Salomo (1998), S. 156-177.

Betrachtet man die Verhaltensmuster von Unternehmensführungen, kann insbesondere neben mangelnder Kommunikation auch ein wilder Aktionismus beobachtet werden. So werden vor allem nur aktive Handlungen als wichtige Tätigkeit interpretiert, intern durchgeführte Programme ohne große Kommunikation werden nicht wahrgenommen.[378]

Festzuhalten bleibt, dass eine umfangreiche und lückenlose Kommunikation zur Bewältigung von Krisensituationen zwingend erforderlich ist. Eine professionelle Krisenkommunikation dient der Verhinderung der Bildung von Gerüchten, dabei ist das Postulat einer „...realistischen und selbstkritischen Information aller Beteiligten, der Betroffenen und der Öffentlichkeit...“[379] unbedingt einzuhalten.[380]

2.3.3 Messinstrumente interner und externer Verhaltensmuster

Das Handeln der Unternehmensführung drückt sich immer auch im Zahlenwerk des Unternehmens aus. Die Planungsrechnung als in die Zukunft gerichtete Information und der Jahresabschluss als retrospektive Betrachtung, stellen die Transformation des Geschäftsmodells in ökonomische Größen dar.[381] Daher soll nach den bereits deskriptiv erläuterten Handlungsalternativen und dem Verhalten der Unternehmensleitung in Krisensituationen ein kurzer Überblick über die Analyse der ökonomischen Darstellung des Geschäftsmodells, also von Bilanz und GuV, gegeben werden.[382]

Die Analyse von Jahresabschlüssen kann in zwei große Bereiche unterschieden werden. Der erste Bereich wird als Analyse des Erfolges, gemeinhin auch als erfolgswirtschaftliche Analyse[383] bezeichnet. Der zweite Bereich beschreibt die vermögens- und kapitalorientierte Analyse – die finanzwirtschaftliche Analyse.[384] Die erfolgswirtschaftliche Analyse wird in Erfolgsquellenanalyse[385], Ertrags- und Aufwandsanalyse[386], Rentabilitätsanalyse[387] und kapitalmarktorientierte Analyse[388] untergliedert. Die finanzwirtschaftliche Analyse kann in Vermögensstrukturanalyse[389], Kapitalstrukturanalyse[390] und horizontale Bilanzstrukturanalyse[391]

---

378 Vgl. Kraus, Becker-Kolle (2004), S. 57-59.

379 Vgl. Hauschildt (2004), S. 714.

380 Vgl. Hofmann, Röhrich (2006), S. 169 und Mausbach (2012), S. 177-179.

381 Vgl. Albach (1962), S. 67-83 und Krehl, Strobel, Sonius (2015), S. 246.

382 Stakeholder analysieren Bilanzen, „...um, falls die Entwicklung nach unten geht, sein Guthaben zu kündigen oder sich Sicherheiten geben zu lassen“, vgl. Schmalenbach (1953), S. 38.

383 Vgl. unter anderem Coenenberg (1989), S. 20-25; Hauschildt (1996), S. 29-41 und Baetge, Kirsch, Thiele (2004), S. 335-493.

384 Vgl. unter anderem Coenenberg (1989), S. 26-31 und Baetge, Kirsch, Thiele (2004), S. 191-334.

385 Vgl. unter anderem Küting (1981), S. 529-535; Hauschildt (1989), S. 189-208; Ziolkowski (1989), S. 153-188; Hauschildt (1996), S. 135-141; Baetge, Kirsch, Thiele (2004), S. 335-246 und Küting, Weber (2012), S. 234-280.

386 Vgl. Baetge, Kirsch, Thiele (2004), S. 347-381 und Küting, Weber (2012), S. 303-321.

387 Vgl. Baetge, Kirsch, Thiele (2004), S. 347-381 und Küting, Weber (2012), S. 303-321.

388 Vgl. Baetge, Kirsch, Thiele (2004), S. 453-460.

389 Vgl. Küting, Weber (2012), S. 125-136.

unterschieden werden. Die folgende Graphik visualisiert die verschiedenen Dimensionen einer Jahresabschlussanalyse und deren jeweiligen Ansatzpunkte – Bilanz sowie Gewinn- und Verlustrechnung (GuV).

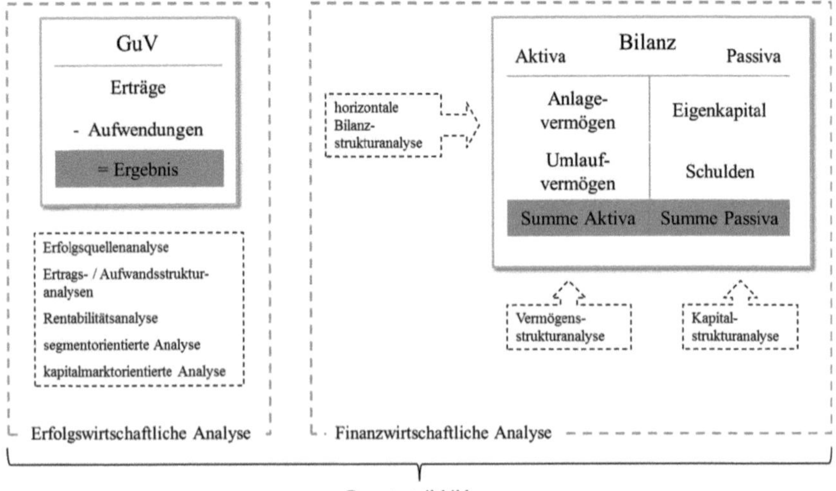

Abbildung 10: Informationsbereiche des Jahresabschlusses.[392]

Die erfolgswirtschaftliche Analyse beschreibt die Herkunft und Güte des Erfolges. Insbesondere die Erfolgsquellenspaltung dient dem Analysten zur Ursachensuche etwaiger Krisensymptome.[393] Die Rentabilitätsanalyse dient in der Praxis zur Bestimmung von Kapital- und Umsatzeffizienz, die finanzwirtschaftliche Analyse untersucht Vermögens- und Kapitalstruktur, sowie die Fristenkongruenz in der Bilanz.[394] Nachfolgend werden ausgewählte Kennzahlen beschrieben, die aufgrund ihrer praktischen Relevanz in der Analyse berücksichtigt werden. Zudem bilden die in der Analyse berücksichtigten Kennzahlen das Spektrum der zuvor beschriebenen Analysen ab.

Die Eigenkapitalquote setzt das Eigenkapital mit der Bilanzsumme ins Verhältnis. Das Eigenkapital erfüllt fünf Funktionen bei einer Unternehmung. Neben der Arbeits- und Kontinuitätsfunktion, der Haftungsfunktion, der Verlustausgleichsfunktion, der Gewinnbeteiligungs-

390 Mit den Unterteilungen Eigenkapitalstruktur- und Fremdkapitalstrukturanalyse, vgl. fortführend Coenenberg (1989), S. 21-24; Baetge, Kirsch, Thiele (2004), S. 228-253 und Küting, Weber (2012), S. 137-148.

391 Vgl. Baetge, Kirsch, Thiele (2004), S. 254-270 und Küting, Weber (2012), S. 149-155.

392 Vgl. Leker (1993), S. 237.

393 Vgl. Hauschildt (1989), S. 194.

394 Zahlreiche Arbeiten und Lehrbücher zur Jahresabschlussanalyse beschreiben verschiedene Möglichkeiten und Kennzahlen zu den Ansatzpunkten. Vgl. hierzu fortführend Vgl. Coenenberg (1989); Baetge, Kirsch, Thiele (2004) und Küting, Weber (2015).

funktion auch die Geschäftsführungsfunktion.[395] Besonders hervorzuheben sind jedoch die Haftungsaufgabe und die Fristigkeit des Kapitals für das Unternehmen.[396] Die Kapitalstruktur eines Unternehmens unterliegt im Zeitverlauf einem stetigen Wandel. Für große Investitionen nutzen Unternehmen gemeinhin einen, relativ zur Kapitalstruktur gesehen, hohen Fremdkapitalanteil. Insbesondere seit der Jahrtausendwende „leveragen" Unternehmen ihre Geschäftsaktivitäten, um die Eigenkapitalrentabilität zu steigern. Dies ist Ausdruck einer zunehmend investorenfreundlichen Finanzierungspolitik. Gleichwohl vermag der Wandel der Kapitalstruktur im Kontext einer Unternehmenskrise auch auf die verlustbedingte Verringerung von Eigenkapital zurückzuführen sein. Verringern sich die Gewinne im Zeitverlauf, die Ausschüttungspolitik soll jedoch auf einem konstanten Niveau verbleiben, bleibt ein geringeres Eigenkapital im Unternehmen. Daher ist eine Darstellung der Kapitalstruktur der Unternehmen zwingend erforderlich. Um die Kapitalstruktur der Krisenunternehmen darzustellen, können die drei Kennzahlen Verschuldungsgrad, Fremdkapital- und Eigenkapitalquote genutzt werden. Diese Kennzahlen sind als äquivalent einzuordnen. Die Praxis der Bilanzanalytiker in Deutschland nutzt hingegen überwiegend die Eigenkapitalquote als Instrument zur Analyse von Kapitalstrukturen. Aus diesem Grund wird die Kapitalstruktur – im Zeitverlauf Ausdruck von Reinvestition und Erfolg – durch die Eigenkapitalquote dargestellt. Die Eigenkapitalquote beschreibt den Anteil des Eigenkapitals am Gesamtkapital und ist Teil der Finanzwirtschaftlichen Analyse. Die EKQ ist eine wichtige Kennzahl im Rahmen der Jahresabschlussanalyse und zur Feststellung der Bestandsfestigkeit – und somit Krisenresistenz. Gleichwohl ist eine starke Verzerrung aufgrund bilanzieller Wahlrechte möglich und wahrscheinlich gegeben. Zur besseren Vergleichbarkeit der verschiedenen Krisenunternehmen wurde die Eigenkapitalquote an die bilanziellen Verzerrungen angepasst. So wurden Ingangsetzungs- und Erweiterungsaufwendungen (IEA), derivative Geschäfts- und Firmenwerte (GoF), Disagio (D) und aktive latente Steuern (ALS) im Zähler und im Nenner subtrahiert. Diese Vorgehensweise gewährleistet eine Verbesserung der Vergleichbarkeit.[397]

Horizontale Bilanzanalysen oder Finanzierungspostulate[398] vergleichen Positionen der Aktiv- und der Passivseite miteinander. Durch diese Vergleiche werden Informationen über die Fristigkeiten in der Bilanz, die finanzielle Stabilität sowie die Flexibilität der Unternehmen gewonnen. Zielführend ist die Analyse von Fristigkeiten einer Bilanz, da Ausgaben und Einnahmen des Wertschöpfungsprozesses zeitlich divergieren. Wird diese Idee auf das Verhältnis von Mittelherkunft und Mittelverwendung übertragen, führt eine Überdeckung der Mit-

395 Zu weiteren Ausführungen zu Funktionen des Eigenkapitals vgl. fortführend Baetge, Kirsch, Thiele (2005), S. 470-472.

396 Vgl. Leffson (1984), S. 73. Eine lange Frist bedeutet in diesem Kontext immer auch Planungssicherheit.

397 Vgl. Baetge, Kirsch, Thiele (2004), S. 168.

398 Der Begriff horizontale Finanzierungspostulate, bzw. Postulat der Fristenkongruenz geht zurück auf von Wysocki und beschreibt die Spielregeln, denen Unternehmen unterliegen, Vgl. von Wysocki (1962), S. 5f. und Leffson (1984), S. 79-82.

telverwendung zu überschüssiger Liquidität, eine Unterdeckung im Zeitverlauf hingegen zur Zahlungsunfähigkeit.[399] Ähnlich der Kapitalstrukturanalyse stehen auch hier diverse Kennzahlen zur Analyse zur Verfügung. Neben verschiedenen Liquiditätsgraden[400] können auch Kennzahlen wie die Anlagenintensität angewendet werden Die Anlagenintensität beschreibt den Anteil des langfristig gebundenen Vermögens der Unternehmung am Gesamtvermögen und ist Ausdruck der finanziellen Stabilität und der unternehmerischen Flexibilität. Jedoch ist diese Kennzahl sehr stark branchenabhängig und bedarf zur branchenübergreifenden Darstellung ebenfalls einer Bereinigung – wie bereits bei der Eigenkapitalquote aufgeführt.[401]

Zur Einschätzung und Bewertung eines Unternehmens muss auch eine Rentabilitätsanalyse durchgeführt werden. Hierzu stehen zahlreiche Kennzahlen zur Verfügung. Im folgenden Absatz werden die Umsatzrentabilität und die Gesamtkapitalrentabilität als Vertreter der Rentabilitätskennzahlen vorgestellt. Die Umsatzrentabilität berechnet sich durch das Verhältnis von Umsatz und Gewinn. Die Analyse des Erfolgs bedarf einer besonderen Betrachtung. Die Umsatzrentabilität wird gemeinhin als Verdienstspanne eines Unternehmens interpretiert und ist Ausdruck des Erfolgs von Unternehmen am Markt. Gerät das Unternehmen in eine Krise, so kann dies mannigfaltige Gründe und Ursachen haben – ein Einfluss auf den Umsatz ist jedoch voraussichtlich zu erwarten. Der Umsatz stellt zudem einen kaum manipulierbaren Wert[402] dar, da der Umsatz ausschließlich den Absatz in der betrachteten Periode darstellt. Daher soll die Umsatzrentabilität als Ausdruck der Marktattraktivität gemessen in Erfolg in den Ordnungsrahmen aufgenommen werden. Die Gesamtkapitalrentabilität drückt die Verzinsung des gesamten eingesetzten Kapitals aus und ist neben der Umsatzrendite eine weitere Erfolgskennziffer. Ein wesentliches Merkmal von Unternehmenskrisen ist der massive Einbruch von Erfolg bzw. deutlichem Misserfolg. In der manifesten Krise wird voraussichtlich ein negativer Erfolg vorliegen, daher erscheint die Kennzahl im Rahmen der Analyse latenter Krisen als geeignet. Die Erfolge werden im Zeitverlauf geringer ausfallen, das Eigenkapital möglicherweise verzögert nachziehen. Daher erweist sich der Ansatz einer Eigenkapitalrendite als nicht zielführend. Die Gesamtkapitalrendite hingegen gibt Auskunft über die Rendite im Verhältnis zum gesamten eingesetzten Kapital und ist hier vorzuziehen.

Die folgenden Kennzahlen werden auch als operative Kennzahlen bezeichnet. Der Analyst versucht anhand dieser Kennzahlen eine Einschätzung über das tägliche Geschäftsgebaren und mögliche Effizienzprobleme zu erlangen. Stellvertretend für eine Reihe an Kennzahlen

---

[399] Vgl. von Wysocki (1962), S. 6.

[400] Hier unterscheidet die einschlägige Literatur in drei Grade; 1., 2. und 3. Grad, vgl. fortführend Baetge, Kirsch, Thiele (2004), S. 262-271 und Küting, Weber (2012), S. 154 f.

[401] Diese und weitere Vorschläge zur Modifikation bieten Baetge, Kirsch, Thiele (2004), S. 260-262. Diese weiteren Modifikationen werden aber im Rahmen dieser Arbeit nicht vorgenommen, da lediglich die Jahresabschlüsse aus der Datenbank des Kreditinstitutes vorlagen und dadurch nur begrenzte Informationen hinsichtlich weiterer Modifikationen vorliegen.

[402] Vgl. Peemöller, Hofmann (2005), S. 111-113, 29-36 und 56 f.

werden die Kennzahlen Kreditorenziel, Debitorenziel und Vorratsintensität[403] beschrieben. Das Kreditorenziel – auch Umschlagshäufigkeit der Verbindlichkeiten – gibt Auskunft über das Zahlungsverhalten des Unternehmens an. Das Kreditorenziel drückt das Zahlungsziel des Unternehmens an seine Lieferanten in Tagen aus. Die Interpretation des Zahlungsziels ist janusköpfig. Denn eine Erhöhung kann ein Hinweis auf potenzielle Probleme im Zahlungsverhalten des Unternehmens sein.[404] Andererseits kann die Erhöhung des Kreditorenziels auch Ausdruck steigender Marktmacht, guter Neuverhandlungen oder eines umfangreichen Effizienzsteigerungsprogrammes sein.[405] Das Debitorenziel beschreibt das Zahlungsziel der Kunden an das Unternehmen. Eine Erhöhung des Debitorenziels kann verschiedene Gründe haben, z.B. eine Verschlechterung der generellen Zahlungskonditionen, die das Unternehmen den Kunden gewährt, ein Verlust an Marktmacht oder generell schlechtere Bonitäten im Kundenportfolio. Daher wird versucht das Debitorenziel zu verringern, um freie liquide Mittel zu generieren. Eine Verringerung des Debitorenziels zeigt spiegelbildlich einer Erhöhung eine steigende Marktmacht, verbesserte Neuverträge oder besser Kundenbonitäten.[406] Die Vorratsintensität gibt Hinweise auf die Effizienz des Lagermanagements. Hohe Vorratsintensitäten verbriefen immer auch das Risiko eines Preisverfalls, bzw. einer technologischen Weiterentwicklung und einer damit verbundenen Alterung der Produkte. Auch hier ist der Fokus auf die Veränderungen von Vorratsintensitäten zu legen, da steigende Vorratsintensitäten auf Probleme beim Absatz hinweisen.[407]

Das große Problem von Bilanzanalysen mithilfe einzelner Kennzahlen liegt jedoch in der Findung eines Gesamturteils. So kann der Analyst jede Kennzahl – im Vergleich zur Peer Group[408] – als relativ gut oder relativ schlecht beschreiben. Es bleibt jedoch das Problem der Gesamturteilsbildung. Daher wird für jedes Krisenunternehmen eine Ausfallwahrscheinlichkeit als eine weitere Kennzahl angegeben. Die Ausfallwahrscheinlichkeit hat den Anspruch, ein objektives Gesamturteil hinsichtlich einer einjährigen Kreditwürdigkeit zu ermitteln.[409] Jedoch sind die Ausfallwahrscheinlichkeiten auf Ratings basierend Prognosen zur Insolvenzwahrscheinlichkeit. Damit liefern die Ausfallwahrscheinlichkeiten nur eine Aussage über den Extremfall Insolvenzeintritt.[410]

403 Die Vorratsintensität ist normalerweise in der Vermögensstrukturanalyse zu finden. Der Autor gliedert dies jedoch in die operativen Kennzahlen um, da er vornehmlich den Effizienzgedanken hervorheben möchte.
404 Vgl. Baetge, Kirsch, Thiele (2004), S. 245 f. und Küting, Weber (2012), S. 143-145.
405 Vgl. Baetge, Kirsch, Thiele (2004), S. 246.
406 Vgl. Baetge, Kirsch, Thiele (2004), S. 220 und Küting, Weber (2012), S. 131 f.
407 Vgl. Baetge, Kirsch, Thiele (2004), S. 216-218.
408 Zur Erstellung von Peer Groups dienen zahlreiche Beiträge aus der praktischen Literatur. Vgl. stellvertretend für viele Dörschell, Franke, Schulte (2009), S. 221 und Meitner, Streitferdt (2015), S. 565f. Andere Beiträge fordern die Berücksichtigung von Branchenbenchmarks, vgl. bspw. Krehl, Schneider, Fischer (2006).
409 Vgl. DVFA (2006), S. 6.
410 Vgl. Leker, Scheffczyk (2006), S. 147.

3. Konzeptioneller Rahmen und Modellentwicklung

Im dritten Kapitel werden Lösungsansätze für die eingangs aufgeworfenen Forschungsfragen konzeptionell erarbeitet. Zuerst wird ein Modell zur Beschreibung der Dynamik von Unternehmenskrisen entwickelt. Anschließend wird ein Konzept erstellt, mithilfe dessen die Reaktionen von Stakeholdern auf den Eintritt von Unternehmen ins manifeste Krisenstadium beschrieben werden.

Zwar bietet die Literatur bereits zahlreiche Ansätze, um Unternehmenskrisen quantitativ zu messen,[411] doch bilden Bilanz und GuV nur einen Aspekt der Unternehmensentwicklung ab. Um eine mehrdimensionale Darstellung von Unternehmenskrisen zu zeigen, bedarf es allerdings auch einer Berücksichtigung qualitativer Aspekte.[412] Daher kombiniert das Dynamikmodell quantitative und qualitative Einflussfaktoren. Demnach misst das Modell in der latenten Krisenphase zwei Dimensionen – das Verhalten von Unternehmen, ausgedrückt durch Daten aus Jahresabschlüssen und die Einschätzungen von Stakeholdern, ausgedrückt durch qualitative Aspekte des Unternehmens und der Geschäftsbeziehung.

Die zahlreichen in der Literatur beschriebenen Krisentypologien zeigen, dass sich Unternehmenskrisen in ihrem Wesen, ihrer Intensität und ihrer Ausprägung grundlegend unterscheiden.[413] Aus diesem Grunde werden die Unternehmen anders als in anderen Untersuchungen nicht nach Branchen, sondern nach Krisentypen unterteilt. Diesem Ansatz folgend, werden die Krisenunternehmen zunächst anhand der Krisentypologie von Hauschildt klassifiziert und in Krisentypengruppen gegliedert.[414]

Im zweiten Teil dieses Kapitels wird das Konzept der Krise aus der Wahrnehmungsperspektive weiterentwickelt. Hierzu wird aus einer handlungsorientierten Perspektive argumentiert. Dieses Phasenmodell dient als Grundlage zur Beurteilung des Entscheidungsverhaltens von Stakeholdern im manifesten Krisenstadium.

3.1 Entwicklung eines dynamischen Krisenmodells

Die Entwicklung des Modells zur Beschreibung von Krisendynamik erfolgt in vier Schritten. Zunächst wird eine Diskussion zum zeitlichen Verlauf von Krisen geführt. Anschließend er-

---

[411] Vgl. Kapitel 2.3.3.

[412] Vgl. Blochwitz, Eigermann (2000), S. 59.

[413] Vgl. Argenti (1976); Miller (1977); Hauschildt (1983); Grenz (1987); Lüthy (1988); Pauchant, Mitroff (1992); Lerbinger (1997); Hauschildt (2000); Hwang, Lichtenthal (2000); Gundel (2005); von Allwörden (2005); Snyder et al. (2006); Grape (2006); Leker (2008); und Weiß (2013). Vgl. zudem die Ausführungen in Kapitel 2.1.3. und im Kapitel 2.1.

[414] Das Modell von Hauschildt und Leker stellt den umfassendsten Ansatz zur Krisentypologie dar und wurde aktuell validiert, vgl. Kehrel, Sonius (2015). Daher werden im Folgenden die Krisentypen nach Hauschildt und Leker verwendet.

arbeitet der Verfasser einen konzeptionellen Rahmen, bei dem das Verhalten von Unternehmen im latenten Krisenstadium abgebildet wird. In einem dritten Schritt wird eine qualitative Dimension in das Modell eingeführt. Abschließend werden die unterschiedlichen Perspektiven zusammengeführt und das Gesamtmodell vorgestellt. Die folgende Graphik visualisiert die Prozessschritte zur Entwicklung des dynamischen Krisenmodells.

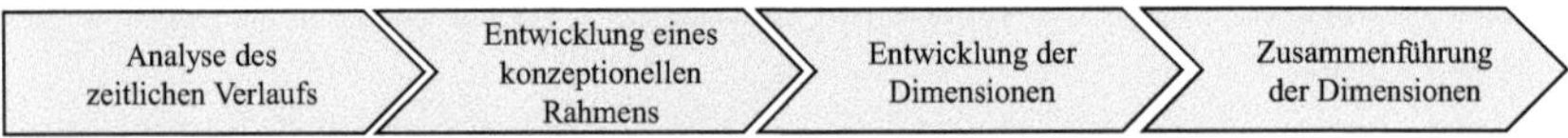

Abbildung 11: Prozessschritte zur Entwicklung eines dynamischen Krisenmodells.

3.1.1 Zur zeitlichen Dimension von Unternehmenskrisen

„Companies do not fail suddenly.“[415] Unternehmen brechen in der Regel nicht ohne eine vorgelagerte Krisenphase zusammen. Der Ablauf von Unternehmenskrisen wird daher üblicherweise durch inhaltlich definierte Phasen beschrieben. Vor dem Eintritt in eine manifeste Krise durchlaufen Unternehmen immer eine (mehrjährige) latente Krisenphase.[416] Andere Phasenmodelle beschreiben Krisen nicht aus einer Wahrnehmungsperspektive, sondern aus einer finanzwirtschaftlichen Perspektive.[417] Beiden Ansätzen ist jedoch gemein, dass die Literatur keine zeitliche Einschätzung angibt. Um die Dynamik von Unternehmenskrisen konsistent zu beschreiben, muss jedoch die zeitliche Perspektive in das Modell hinzugefügt werden.

Einen ersten Ansatzpunkt bietet die Literatur in der Unterscheidung zwischen Krisen und wirtschaftlichen Abschwüngen. So wird der Abschwung allgemein als eine Zeitreihe von mindestens zwei aufeinander folgenden Jahren mit negativen Entwicklungen definiert. Damit sind Abschwünge eher als ein kurzfristiges Phänomen zu betrachten.[418] Eine Unternehmenskrise hingegen kann zwar auch kurzfristig sein, in der Regel weisen Unternehmen jedoch mehrjährige latente Krisen auf. Darum wird für eine Bilanzanalyse zur Krisenidentifikation üblicherweise ein zeitlicher Horizont zwischen drei und fünf Jahren für die Analyse von Unternehmen empfohlen.[419] Gleichwohl ist anzunehmen, dass die latente Krise zeitlich auch weiter vorgelagert sein kann. Denn nach Hauschildt sind vorgelagerte Krisenursachen ursächlich für die Entwicklung und Zuspitzung einer latenten Krise. Dies suggeriert, dass die auslösenden Ursachen eine lange Zeitspanne vor dem Eintritt in das manifeste Krisenstadium begründet liegen. Bei dem Krisentypen konservativer, uninformierter und starrsinniger Patriarch mag doch die Ursache in der Existenz des Unternehmers oder der Gründung des Unternehmens selbst liegen. Werden dolose Handlungen (beim Krisentyp Mitarbeiter) aufgedeckt,

415 Vgl. Argenti (1976), S. 13.
416 Vgl. Kapitel 2.1.4.3.
417 Vgl. Kapitel 2.1.4.2.
418 Vgl. McKinley, Latham, Braun (2014), S. 90.
419 Vgl. Hauschildt, Grenz, Gemünden (1988), S. 47; Hauschildt (1996), S. 22 f. und Barton, Simko (2002), S. 2 f.

kann der Eintritt in die manifeste Unternehmenskrise auch sehr abrupt geschehen. Diese Sachverhalte lassen sich weder in den Bilanzen ablesen, noch in einem Modell zusammenfassen. Da das Modell den Anspruch aufweist den Verlauf der latenten Krise möglichst umfassend darzustellen, setzt das Modell am oberen Ende des empfohlenen Zeithorizonts an. Somit wird das Modell eine zeitliche Betrachtung der Krisenunternehmen von insgesamt fünf Jahren der latenten Krise abbilden. Die manifeste Krise wird in dem Modell nicht abgebildet.

Die nachfolgende Graphik beschreibt die zeitlichen Dimensionen des Dynamik-Modells.

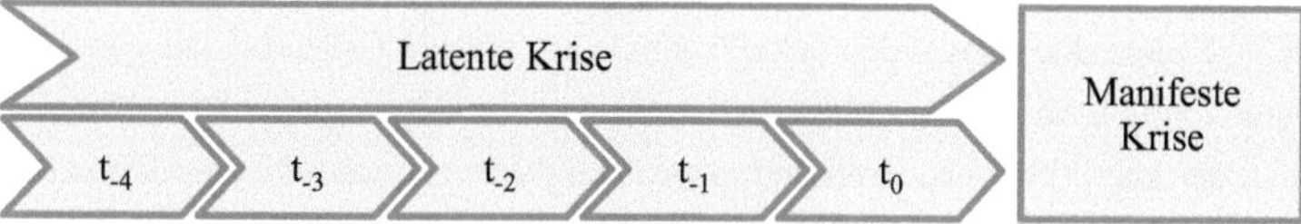

Abbildung 12: Zeitliche Dimensionen des Dynamik-Modells.

3.1.2 Zum Verhalten von Unternehmen im latenten Krisenstadium

Die Perspektiven zur Betrachtung von Unternehmen und dessen Verhalten sind vielfältig. Üblicherweise werden Jahresabschlüsse und insbesondere das externe Rechnungswesen als zentrales Messinstrument für das Verhalten und die Geschäftspolitik von Unternehmen genutzt, denn „...the most important of these (failure symptoms) are, or might be expected to be, the financial ones....“[420]

Somit soll auch im Rahmen dieses Modells der Jahresabschluss als Informationsgrundlage dienen. Zur besseren Lesbarkeit werden die Jahresabschlussinformationen noch in drei Unterkategorien unterteilt.

Die erste Kategorie betrachtet die Vermögensverhältnisse und die Finanzierungsstruktur des Unternehmens. Hierzu werden Informationen aus der Bilanz genutzt. Zwar gilt die Bilanz als statisches Kennzahlenwerk, jedoch bekommt es über die mehrjährige Betrachtung einen dynamischen Charakter. Die Aktivseite stellt alle Vermögensgegenstände des Unternehmens[421] dar, das Modell legt allerdings den Fokus auf die kurzfristigeren Vermögensgegenstände des Umlaufvermögens. Insbesondere Vorräte, Forderungen und Forderungen aus Lieferung und Leistungen sind hier von besonderem Interesse. Die Passivseite stellt die Finanzierungsstruktur dar – unterteilt in Eigen- und Fremdkapital. Im Fremdkapital wird der Fokus auf die Rückstellungen und die Verbindlichkeiten gelegt. Die Verbindlichkeiten werden zudem in die beiden Bilanzposten Verbindlichkeiten gegenüber Kreditinstituten und Verbindlichkeiten

[420] Vgl. Argenti (1976), S. 14.
[421] Stille Reserven seien hier vernachlässigt.

aus Lieferung und Leistung unterteilt. Abschließend wird die Bilanzsumme des Unternehmens als ein Kriterium der Unternehmensgröße[422] angegeben.

Als zweite Kategorie wird die Entwicklung der GuV abgebildet. Die Positionen geben Auskunft über Erträge und Aufwendungen und informieren zudem über die Erfolgssituation des Unternehmens. Neben dem Umsatz werden insbesondere die Aufwandspositionen Material, Personal und Abschreibungen dargestellt. Zudem werden die Entwicklungen der Ergebnisse betrachtet. Das Interesse liegt hierbei insbesondere auf dem ordentlichen Betriebsergebnis, welches über den Zustand des operativen Geschäfts informiert und operative Erfolgspotenziale identifiziert.[423] Zudem dient das ordentliche Ergebnis als zentrale Größe bei der Untersuchung des operativen Leistungsbereichs.[424] Hierdurch kann beurteilt werden, ob das aktuelle Geschäftsmodell am Markt bestehen kann und marktattraktiv ist oder ob sich das Geschäftsmodell verbessert oder verschlechtert hat. Daneben werden die außerordentlichen Ergebnisse betrachtet, um Informationen über die außerordentlicher Aktivitäten des Unternehmens zu erhalten. Diese könnten zum Beispiel der Verkauf von nicht betriebsnotwendigem Vermögen sein und können nicht als nachhaltig für das Unternehmen betrachtet werden.[425] Abschließend werden das EBIT und der Gewinn der Abrechnungsperiode in dem Modell abgebildet. Das EBIT liefert Informationen über die Erfolge ohne Berücksichtigung von Zinsen und Steuern und erweitert das ordentliche Betriebsergebnis. Abschließend, und auch für die Eigenkapitalgeber maßgeblich ist der Gewinn der Abrechnungsperiode, welches die Grundlage für die Ausschüttungen an die Eigenkapitalgeber bildet. Er ist auch Ausdruck des gesamten Periodenerfolges des Unternehmens.

Eine weitere Möglichkeit zur Messung der wirtschaftlichen Lage liegt in der Analyse betriebswirtschaftlicher Kennzahlen. Die Kennzahlen werden üblicherweise entweder aus Bilanz, Gewinn- und Verlust- oder Cashflow-Rechnungen generiert. Daher bilden betriebswirtschaftliche Kennzahlen und die Bonität die dritte Dimension des Modells. Neben der Vermögens- und Finanzstruktur sind auch operative Informationen aus dem Jahresabschluss ersichtlich. Daher werden neben Bilanz- und Erfolgskennzahlen auch die Kennzahlen Debitoren- und Kreditorenziel[426] in das Modell eingefügt. Daneben werden zur Messung des Erfolgs die Kennzahlen Umsatzrendite und Gesamtkapitalrendite aufgenommen.[427] Die Umsatzrendite ist weniger von bilanziellen Wahlrechten beeinflusst und beschreibt die Gewinnspanne der Unternehmen. Die Gesamtkapitalrendite hingegen spiegelt die Verzinsung des gesamten Kapi-

[422] Vgl. § 267 Abs. 2, 3 HGB i. V. m. § 264 lit. d HGB und Europäische Kommission (2003), S. 14. Einen Überblick bieten Leker, Sonius (2015), S. 728.
[423] Vgl. Leffson (1984), S. 81-83.
[424] Vgl. Leker, Mahlstedt (2004), S. 103.
[425] Vgl. Baetge, Kirsch, Thiele (2004), S. 123 f.
[426] Zur Berechnung und Diskussion Vgl. Schnettler (1933), S. 54 f.
[427] Die Gesamtkapitalrendite wird auch als eine der wichtigsten Kennzahlen zur Krisenidentifikation herangezogen. Vgl. Leker, Mahlstedt (2004), S. 101.

tals wider. Der Anlagendeckungsgrad[428], als Ausdruck unternehmerischer Flexibilität, wird als Bilanzstrukturkennzahl in das Modell aufgenommen. Die Vorratsintensität beschreibt die Lagereffizienz, indem Teile des kurzfristigen Vermögens analysiert werden. Dabei fokussiert die Vorratsintensität das Working Capital. Als letzte Kennzahl wird die Eigenkapitalquote zur Beschreibung der Finanzierungsstruktur in das Modell aufgenommen. Die Eigenkapitalquote gibt erstens Auskünfte über die Kapitalstruktur an sich, zweitens über die Bestandsfestigkeit des Unternehmens und drittens über die Kapitalstruktur.[429]

Mit dieser Auswahl deckt das Modell alle in Kapitel 2.3.3 aufgeführten Ebenen der Bilanzanalyse ab. Abschließend wird zur Messung der Bonität und einer Gesamteinschätzung der wirtschaftlichen Lage des Unternehmens die Ausfallwahrscheinlichkeit in das Modell aufgenommen. Die Ausfallwahrscheinlichkeit bietet sich als Beschreibung der allgemeinen wirtschaftlichen Lage des Krisenunternehmens an, wobei sie definitionsgemäß nur die Wahrscheinlichkeit beschreibt, ob ein Unternehmen seine Schulden im kommenden Jahr nicht zurückzahlt.

Ausgehend von der einleitend formulierten Fragestellung nach der Dynamik von Unternehmenskrisen auf quantitativer und auf qualitativer Ebene, können die folgenden spezifischeren Forschungsfragen auf der quantitativen Dimension abgeleitet werden.

> 1.a) Welche Veränderungen können in der Bilanz im Verlauf einer latenten Krise beobachtet werden?
>
> 1.b) Welche Veränderungen können in der Gewinn- und Verlustrechnung während einer latenten Krise festgestellt werden?
>
> 1.c) Welche Veränderungen weisen Jahresabschlusskennzahlen im latenten Krisenstadium auf?
>
> 1.d) Wie entwickelt sich die Bonität im latenten Krisenstadium?

Einige Krisentypen weisen Auffälligkeiten in ihren Jahresabschlüssen auf und können somit mithilfe einer spezifischen Jahresabschlussanalyse bestimmt werden.[430] So ist bei ausgewählten Krisentypen ein Rückgang des ordentlichen Betriebsergebnisses und eine Veränderung von Bilanzrelationen (steigende Verschuldung und steigendes Umlaufvermögen) zu erwarten. Andere Krisentypen sind hingegen nicht aus der Bilanz abzulesen.[431]

---

428 Zur Berechnung des Anlagevermögens vgl. fortführend Hiebler (1964), S. 32.
429 Vgl. Baetge, Kirsch, Thiele (2004), S. 164 und Leker, Mahlstedt (2004), S. 104.
430 Vgl. Hauschildt (2000), S. 16.
431 Vgl. Hauschildt (1983), S. 3.

Um das Verhalten von Unternehmen zu beschreiben, verfolgt der Verfasser das Ziel, die Entwicklung des Unternehmens auf quantitativer Ebene vor dem Übertritt in das manifeste Krisenstadium möglichst umfangreich zu beschreiben. Insbesondere wird der Fokus auf die Messung von Auffälligkeiten und Veränderungen im Working Capital gelegt und die relevanten[432] Dimensionen der Jahresabschlussanalyse analysiert.

Abschließend gibt Abbildung 13 eine Einschätzung des Modells auf quantitativer Unternehmensseite. Die Graphik visualisiert das Dynamikmodell als ein fünfjähriges Modell, welches den Verlauf der Unternehmenskrise vor dem Eintritt ins manifeste Krisenstadium beschreibt.

Die verschiedenen Kennzahlen innerhalb der quantitativen Analyse umfassen alle relevanten Dimensionen der Jahresabschlussanalyse und sorgen somit für eine umfassende Darstellung des Krisenverlaufs. Neben der Abbildung bilanzieller Veränderungen, wird auch die Rentabilität der Unternehmen dargestellt. Die Bonität findet in der Ausfallwahrscheinlichkeit Ausdruck.

			t_{-4}	t_{-3}	t_{-2}	t_{-1}	t_0	
quantitativ	Bilanz	Aktiva						Manifeste Krise
		Passiva						
	GuV	Umsätze						
		Aufwendungen						
		Ergebnisse						
	Kennzahlen	Operativ						
		Rendite						
		Bonität						

Abbildung 13: Latente Unternehmenskrisen – quantitative Dimension.

3.1.3 Zum Verhalten von Stakeholdern im latenten Krisenstadium

Wie bereits diskutiert sind die Verhaltensmuster und Strategien von Stakeholdern im Rahmen von Krisen vielfältig.[433] Um die Strategien in der Bewertung zu berücksichtigen bedarf es bei

[432] Da nur zwei Unternehmen im Datensample kapitalmarktorientiert operieren, ist eine kapitalmarktorientierte Analyse nicht zweckmäßig und wird nicht weiter verfolgt. Des Weiteren ist die Erfolgsquellenanalyse nicht zielführend für die Beschreibung von Unternehmen, sondern für die Ursachenforschung von Krisensymptomen. Die segmentorientierte Analyse kann auch ausgeschlossen werden, da der überwiegende Anteil der Unternehmen keine differenzierte Berichterstattung zu verschiedenen Segmenten aufweist. Die Aufwandsstrukturanalyse ist sehr abhängig von dem Geschäftsmodell. So ist ein materialintensives Unternehmen nicht mit einem personalintensiven Unternehmen vergleichbar und soll daher nicht angewandt werden.

[433] Vgl. hierzu Kapitel 2.3 und die dort aufgeführte Literatur.

einer multidimensionalen Darstellung von Unternehmenskrise insbesondere auch einer Berücksichtigung von qualitativen Faktoren.[434]

Hierzu können Einschätzungen von Stakeholdern über das betroffene Krisenunternehmen genutzt werden. Im Rahmen der vorliegenden Arbeit werden dazu die Einschätzungen des Stakeholders ausgewählt, der erstens entscheidend für das Geschäftsmodell des Unternehmens ist[435] und zweitens erwartungsgemäß kurze Reaktionszeiten auf Krisen aufweist.[436]

Kreditinstitute werden in der Krisenliteratur gemeinhin als der maßgebliche Stakeholder genannt,[437] und sind daher zur Messung von dynamischen Krisenverläufen aus Sicht der Stakeholder unverzichtbar. Des Weiteren wird im weiteren Verlauf des konzeptionellen Teils der Fremdkapitalgeber als der Stakeholder abgeleitet, der die geringsten Reaktionszeiten auf Unternehmenskrisen aufweist (Abbildung 18). Aus diesen Gründen wird das folgende Modell anhand des Verhaltens von Fremdkapitalgebern ausgerichtet. Zur Messung der Krisendynamik ist daher die Perspektive des Stakeholders Fremdkapitalgeber unverzichtbar.

Das Verhalten von Stakeholdern im latenten Krisenstadium wird anhand deren qualitativer Einschätzungen untersucht. Mit Verhalten ist an dieser Stelle jedoch nicht die eigentliche Handlung von Fremdkapitalgebern vor Eintritt in ein manifestes Krisenstadium gemeint, sondern die Einschätzung der Stakeholder des Unternehmens auf qualitativer Ebene.[438] Jedoch sind qualitative Faktoren – auch von Stakeholdern – zu einem hohen Grad subjektiv und demzufolge ist die Reliabilität von qualitativen Beurteilungen zwangsläufig zu hinterfragen. Um ein Mindestmaß an Reliabilität zu gewährleisten, ist daher ein standardisiertes Verfahren zwingend erforderlich.[439] Aus diesem Grund wurde ein möglichst standardisierter Prozess qualitativer Einschätzungen ausgewählt. Der standardisierte Ratingfragebogen eines Finanzdienstleisters bietet diese Rahmenbedingungen. Der verfügbare Ratingfragebogen wird im Rahmen eines bankinternen Ratingmodells eingesetzt.

Das Gesamtratingsystem ist im Rahmen der Qualitätsrichtlinien nach den Mindestanforderungen an das Risikomanagement (MaRisk) von der Bundesanstalt für Finanzdienstleistungsaufsicht (BaFin) zertifiziert worden.[440]

---

[434] Vgl. Krehl (2001), S. 249.

[435] Maßgeblich für das Geschäftsmodell sind neben den Mitarbeitern auch die Lieferanten und Kunden. Zudem steuern Fremdkapitalgeber einen maßgeblichen Anteil zur operativen Umsetzung des Geschäftsmodells bei.

[436] Der Fremdkapitalgeber ist bereits als risikosensitivster Stakeholder abgeleitet und klassifiziert worden. Zudem bieten Fremdkapitalgeber die kürzesten Reaktionszeiten, da diese die höchste Informationsdichte über das Krisenunternehmen haben. Vgl. Kapitel 2.2.5.

[437] Vgl. Hauschildt (2004), S. 707 und Kapitel 2.1.4.3.1.

[438] Zur Beschreibung der qualitativen Faktoren diente der Ratingbericht (qualitativer Teil) des internen Ratingsystems einer deutschen Großbank.

[439] Vgl. Gläser, Laudel (2010).

[440] Vgl. BaFin (2012).

Um den Krisenverlauf des Unternehmens zu untersuchen, wird die qualitative Dimension in zwei Unterkategorien unterteilt – die „eher harten“ und die „eher weichen“ qualitativen Faktoren.

Als „eher hart“ werden die Faktoren beschrieben, die vom Unternehmen determiniert werden und zunehmend messbar sind.

Die „eher weichen“ Faktoren sind die Bereiche, in denen die Stakeholder eher eine Meinung abgeben oder ein Gefühl für das Unternehmen entwickeln. Als wichtigste Eigenschaft der eher weichen Faktoren ist allerdings der Einfluss auf die Bildung von Vertrauen zu nennen. Demnach sind die eher weichen qualitativen Faktoren vertrauensbildend oder bei negativer Ausprägung -vernichtend.

Als harte Faktoren konnten Einschätzungen über die Entwicklung des Marktanteils, die Angemessenheit der Vertriebsstruktur, die Flexibilität der Personalstruktur und das Wachstum des Unternehmens genutzt werden. Den eher weichen qualitativen lassen sich Gesamteindruck der Unternehmensführung, Zuverlässigkeit der Informationen, Einschätzung der Informationspolitik und Einschätzung der Prognosequalität zuordnen.[441] Diese acht Faktoren der qualitativen Dimension von Einschätzungen der Stakeholder beschreiben insbesondere die Informationsbestandteile, die nicht aus Jahresabschlüssen abgeleitet werden können, jedoch im Rahmen von Unternehmenskrisen eine besondere Bedeutung innehaben.[442]

Der **Marktanteil** ist Ausdruck der Wettbewerbsfähigkeit eines Unternehmens und dessen Geschäftsmodell, zukünftiger Erfolgspotenziale und Profitabilität.[443] Veränderungen von Marktanteilen können entweder positiv oder negativ sein. Im Krisenfall gibt eine negative Entwicklung von Marktanteilen Hinweise auf Probleme in der Marktbearbeitung. Im Krisenfall kann in der Regel mit Verlusten von Marktanteilen gerechnet werden.[444] Der Verlust von Marktanteilen kann durch verschiedene Faktoren determiniert werden. Bleibt der Markt konstant, führt eine Verringerung der Unternehmensleistung zu einem Verlust von Marktanteilen. Operiert das Unternehmen in einem stark wachsenden Markt, führt auch ein geringes Wachstum zu Verwässerungen der Marktanteile.

Die **Angemessenheit der Vertriebsstruktur** gibt Auskunft über die Marktbearbeitung. Diese ist letztlich wesentlich zur Einschätzung der Zukunftsfähigkeit der Unternehmen. Im Krisenfall eröffnet eine hohe Flexibilität in der Personalstruktur und im Vertrieb die Möglichkei-

[441] Sparkassen nutzen die vier Bereiche Unternehmensführung, Planung/ Steuerung, Markt/ Produkt und Wertschöpfungskette als qualitative Faktoren. Vgl. Krehl, Strobel, Sonius (2015), S. 244.
[442] Ein weiteres Kriterium für die Auswahl der qualitativen Faktoren lag in der Vollständigkeit des Datensatzes begründet.
[443] Vgl. Lehmann (2003), S. 6.
[444] Vgl. Exler, Situm (2013), S. 164 und Krehl (2013), S. 255.

ten, welche Liquiditäts- und Erfolgsprobleme kurz- möglicherweise sogar mittelfristig abmildern können.[445] Die Angemessenheit der Vertriebsstruktur wird in das Modell integriert, um die Organisationsstruktur des Unternehmens in der Außendarstellung zu bewerten. Je nach Ausprägung der Vertriebsstruktur ist ein Unternehmen in einer Unternehmenskrise handlungsfähig oder handlungsunfähig, denn starke Umsatzrückgänge sind in der Regel ein Symptom von Unternehmenskrisen. Ein Grund hierfür könnte in der falschen Marktansprache liegen. Daher sind die Berücksichtigung der Vertriebsstruktur und deren Qualität in der qualitativen Analyse eines Unternehmens erforderlich.[446]

Die Art des **Wachstums** beschreibt die Expansionsstrategie des Unternehmens und ist ebenfalls ein Risikoindikator.[447] Zwar kann anhand von Jahresabschlussanalysen eine objektive Analyse des Wachstums durchgeführt werden, doch können hieraus keine problematischen Wachstumsbestrebungen abgeleitet werden. Dem Bilanzanalytiker fehlt auch die Möglichkeit zur Einschätzung, ob das Wachstum nachhaltig und organisationsstrukturell begleitet wird. Daher sind die Fragestellungen, ob das Unternehmenswachstum problematisch ist, ob es dem Unternehmen möglicherweise an Wachstumssubstanz fehlt, um die Krise zu bewältigen oder ob das Unternehmen bereits anfängt zu schrumpfen nur qualitativ zu beurteilen. Zudem bewerten die Stakeholder hier wesentliche Eigenschaften zur Krisenbewältigung des Unternehmens. Gleichwohl kann auch ein problematisches Wachstum Grund für die Krise sein.[448] In jedem Fall ist das Wachstum eng mit der Krise verknüpft und muss daher in einem qualitativ ausgerichteten Modell berücksichtigt werden.

Der Faktor **Eindruck der Unternehmensführung** beschreibt die persönliche Einschätzung des Stakeholders hinsichtlich Qualität und Vertrauenswürdigkeit der Unternehmensleitung. Dieser Faktor gibt den Eindruck der Stakeholder über die Qualität des Managements wieder, welche wesentlich durch die Ausbildung, Krisenerfahrung und Industrieexpertise determiniert wird. Diese Faktoren sind wesentlich für eine positive Lösung der Krisensituation.[449] Zudem fließen auch weiche Faktoren wie Sozialkompetenz und Führungsverhalten[450] in die Bewertung mit ein.[451] Die Qualität des Managements gibt auch einen Hinweis auf die Professionalität und Größe des Unternehmen sowie das entgegengebrachte Vertrauen des Stakehol-

[445] Vgl. Breitkopf, Gerber, Jacobs (2009), S. 119f. und Groß (2014), S. 218.
[446] Vgl. Hauschildt (2000), S. 9; Groß (2014), S. 220 und Sonius et al. (2015), S. 200 und 203.
[447] Zahlreiche Krisentypologien führen stark wachsende Unternehmen ohne ausreichende organisatorische Vorbereitungen als Krisentyp auf. Vgl. Kapitel 2.1.3. Krehl fordert eine stetige Weiterentwicklung interner Kontrollsysteme in Abhängigkeit von Wachstumsentwicklung und -struktur. Vgl. Krehl (2013), S. 258.
[448] Vgl. Sonius et al. (2015), S. 203 f.
[449] Vgl. Kraus, Becker-Kolle (2004), S. 41-43.
[450] Zur Beschreibung und Messung von Führungsverhalten vgl. fortführend Service, Loudon (2012), S. 1096-1112.
[451] Vgl. Lehmann (2003), S. 6.

ders in das Unternehmen – ob Krisenzustand oder Tagesgeschäft.[452] Zudem trifft die Unternehmensführung strategische und operative Entscheidungen und steuert das Unternehmen. Daher sollte ein qualitatives Modell auch diesen Faktor beschreiben.

Die **Zuverlässigkeit der Informationen** beschreibt die Validität der übermittelten Informationen. Sind die Daten zuverlässig und valide? Dieser Faktor gibt Hinweise auf die Qualität des internen Rechnungswesens[453] und dient als Proxy für die Beurteilung der internen Rechnungslegungsstrukturen des Unternehmens – denn hiermit ist auch die Datenqualität zur aktuellen Finanzlage gemeint. Sind die Informationen zunehmend unzuverlässig, leidet das Vertrauen des Kreditinstituts.

Demgegenüber steht die **Informationspolitik**, welche Aussagen über die vom Unternehmen gelebte Transparenz beschreibt. Welche Daten werden ausgegeben? Werden relevante Daten pünktlich und selbständig geliefert, oder kommt es immer wieder zu Verzögerungen? Insbesondere in kritischen und wirtschaftlich schlechten Situationen ist das Management daher versucht, den Fremdkapitalgeber durch die Übermittlung falscher Informationen hinsichtlich der misslichen Lage zu täuschen und die eigene Lage in den Augen des Fremdkapitalgebers zu verbessern.[454] Eine negative Ausprägung des Merkmals Informationspolitik kann auch als Zensur Externer interpretiert werden, denn notwendige Informationen werden nicht mehr (zeitgerecht) zur Verfügung gestellt. Jedoch ist Vertrauen der Kern jeglicher Kreditbeziehungen und basiert unter anderem auf der vollständigen Lieferung aller benötigten Informationen.[455]

Abschließend gibt der Faktor **Prognosequalität** Auskunft über das Management im Hinblick auf die Qualität der internen Planung zur Einschätzung strategischer Ziele und zur Beurteilung der wirtschaftlichen Entwicklung.[456] Neben der zukünftigen Markteinschätzung gibt die Prognosequalität auch einen Hinweis auf die Einbindung strategischer Ziele in interne Planungsrechnungen. Der Fokus dieser Fragestellung liegt insbesondere auf der Zuverlässigkeit hinsichtlich wirtschaftlicher Prognosen und strategischer Ausrichtungen. Die Fähigkeit der Unternehmensführung richtige Prognosen über die wirtschaftliche Entwicklung zu erstellen ist eng verknüpft mit einer plausiblen und validen Planungsrechnung.[457] Die Fremdkapitalge-

[452] Eine Studie über den Zusammenhang von Managementqualität und Unternehmensgröße belegt, dass bei größeren Unternehmen höhere Managementqualitäten zu beobachten sind. Vgl. Schwalbach, Brenner (2001), S. 19.
[453] Vgl. Krehl, Strobel, Sonius (2015), S. 226.
[454] Vgl. Lüthy (1988), S. 252.
[455] Vgl. Kapitel 2.2.5.
[456] Die Erstellung interner Planungsrechnungen ist notwendig, um eine stetige Diskussion und Beschäftigung mit der aktuellen wirtschaftlichen Lage und der Zukunft zu gewährleisten. Vgl. Krehl, Strobel, Sonius (2015), S. 228.
[457] Fortführend zur Plausibilisierung von Planungsrechnungen Krehl, Strobel, Sonius (2015), S. 244-249.

ber bewerten mithilfe dieser Kennzahl somit die Fähigkeit der Unternehmensführung, einen unternehmerischen „Blindflug“ zu verhindern.

Basierend auf der ersten Forschungsfrage, werden die vier Unterfragen auf quantitativer Dimension um die folgenden beiden Unterfragen erweitert.

1.e) Welche Veränderungen können bei den eher harten qualitativen Faktoren festgestellt werden?

1.f) Welche Veränderungen können bei den eher weichen qualitativen Faktoren festgestellt werden?

Abbildung 14 zeigt schematisch das Modell auf qualitativer Ebene.

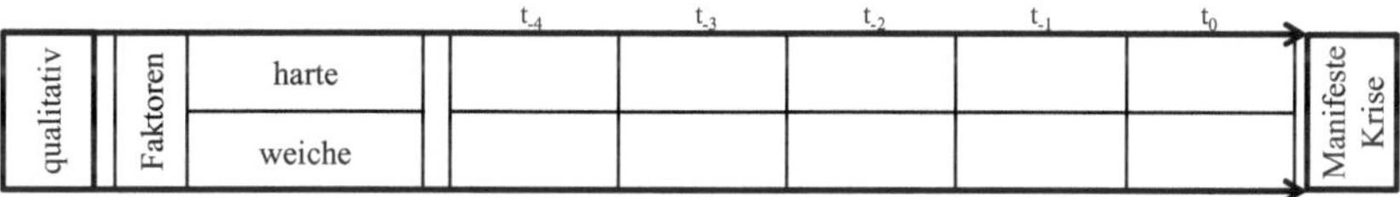

Abbildung 14: Latente Unternehmenskrisen – qualitative Dimension.

3.1.4 Zusammenführung der Perspektiven – das Dynamikmodell

Das Gesamtmodell beschreibt das Verhalten der Unternehmen durch die Ableitung quantitativer Kennzahlen. Bereits im vorherigen Kapitel wurde beschrieben, dass ausgewählte Bilanzkennzahlen einen möglichst umfangreichen und vollständigen Blick auf die Entwicklung des Unternehmens bieten.

Das Verhalten und die Einschätzung der Stakeholder werden zudem durch qualitative Entwicklungen beschrieben.

Das Modell bildet die Entwicklungen der Unternehmen bis fünf Jahre vor Eintritt in das manifeste Krisenstadium ab. Der Endpunkt (hier t_0) der Graphik beschreibt das letzte Jahr im latenten Krisenzustand.

Die Vorstellung des Unternehmens beim Gremium Intensivbetreuung wird als Übergang von latenter zu manifester Krise definiert.

Die nachfolgende Graphik visualisiert die Systematik des ontogenetischen und dynamischen Modells zur Darstellung von Unternehmenskrisen.

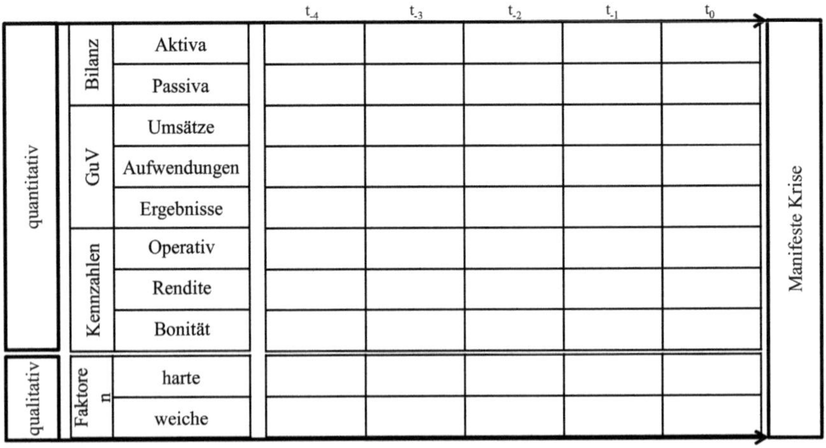

			t_{-4}	t_{-3}	t_{-2}	t_{-1}	t_0	
quantitativ	Bilanz	Aktiva						Manifeste Krise
		Passiva						
	GuV	Umsätze						
		Aufwendungen						
		Ergebnisse						
	Kennzahlen	Operativ						
		Rendite						
		Bonität						
qualitativ	Faktoren	harte						
		weiche						

Abbildung 15: Dynamikmodell latenter Unternehmenskrisen.

Ziel des Modells ist die Darstellung der Dynamik von Unternehmenskrisen. Es wurde bereits aus der Literatur abgeleitet, dass Unternehmenskrisen nicht monokausal beschrieben werden können.[458] Gleichwohl liefert die Literatur einen Lösungsansatz zum tieferen Verständnis von Unternehmenskrisen durch Krisentypologien. Die Forschung der Unternehmenstypologie vereinfacht multikausale Ursachenzusammenhänge, indem Ursachen gebündelt und anhand von Krisentypen inhaltlich beschrieben werden.[459] Aufgrund sehr unterschiedlicher Krisenursachen und –typen sind daher sehr heterogene Krisenverläufe zu erwarten. Um diesem Problem entgegen zu treten, werden die Krisenunternehmen in dem Modell in möglichst homogene Gruppen klassifiziert.

Zur Bildung unterschiedlicher Klassen werden in der Literatur zahlreiche Unternehmensmerkmale, wie Größe, Branche, Geschäftsmodell oder Rechtsform vorgeschlagen.[460] Gleichwohl verfolgt das Modell das Ziel typisierte Krisenverläufe abzuleiten.

Somit erscheint es zweckmäßig, die Klassifizierung anhand von Krisentypen vorzunehmen. Der Autor strebt dadurch eine Homogenisierung der Krisenverläufe in den Gruppen an. Zunächst werden die Unternehmen anhand einer Krisentypologie klassifiziert. In einem zweiten Schritt werden die Krisenverläufe und die Dynamik der Unternehmenskrise in Abhängigkeit der Krisentypen untersucht und allgemein dargestellt.

[458] Vgl. Argenti (1976), S. 12; Leker (1994), S. 600 f und Krystek, Moldenhauer (2007), S. 52.

[459] Vgl. Kapitel 2.1.3.

[460] Vgl. hier auch die Literatur zu Peer Groups, bspw. Dörschell, Franke, Schulte (2009), S. 221 oder Meitner, Streitferdt (2015), S. 565 f.

Da die Literatur diverse Krisentypologien bietet, soll aus praktischen Gründen und vor dem Hintergrund der aktuellen Relevanz eine möglichst neue Krisentypologie in das Modell einfließen. Daher erscheint es konsistent, die Krisentypologie von Hauschildt und Leker anzuwenden. Die Typologie ist bisweilen nicht nur die umfangreichste Untersuchung, sondern wurde auch in einer aktuellen Studie validiert. Die Validierung belegt die hohe praktische Relevanz der Krisentypologie nach Hauschildt/ Leker.[461] Ferner bietet keine andere Krisentypologie eine Weiterentwicklung im Rahmen der Finanzmarkt- und Weltwirtschaftskrise.[462] Vor diesem Hintergrund erscheint die Anwendung der Krisentypologie nach Hauschildt/ Leker als sachgerecht und zweckmäßig. Das Modell wird hierbei auf die Grundgesamtheit sowie jeden Krisentyp einzeln angewendet. Die folgende Graphik zeigt schematisch die Konzeption des Gesamtmodells unter Berücksichtigung der Krisentypologie.

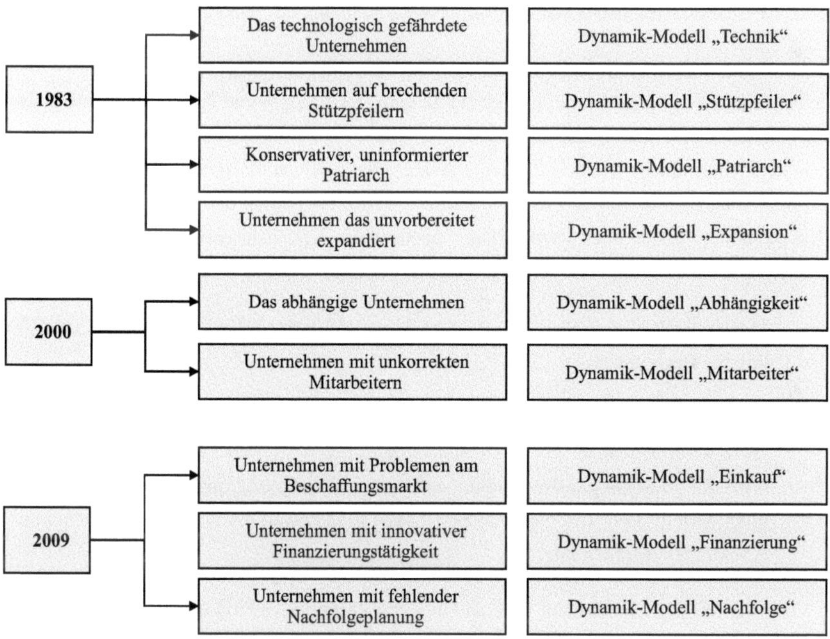

Abbildung 16: Gesamtmodelle unter Berücksichtigung von Krisentypen.

3.2 Zur Reaktion von Stakeholdern im manifesten Krisenstadium

Das Verhalten von Stakeholdern im manifesten Krisenstadium ist sehr heterogen.[463] Aus diesem Grund wird zunächst das Krisenphasenmodell aus der Wahrnehmungsperspektive von

[461] Vgl. Kehrel, Sonius (2015).
[462] Vgl. Leker (2008), S. 42 f.
[463] Vgl. hierzu Kapitel 2.2.

Hauschildt aus einer handlungsorientierten Perspektive erweitert. In einem nächsten Schritt werden die Verhaltensmuster von Stakeholdern im manifesten Krisenstadium anhand des handlungsorientierten Krisenphasenmodells erläutert. Anschließend wird ein Konzept entwickelt, um die Faktoren zu bestimmen, die entscheidend für die Einordnung in die verschiedenen Krisenzustände sind.

3.2.1 Ein handlungsorientiertes Krisenphasenmodell

Die Literatur betrachtet Krisenphasen aus verschiedenen Perspektiven. Da die Untersuchung das Ziel verfolgt das Verhalten von Stakeholdern zu analysieren, wird im Folgenden ein verhaltens- und handlungsorientierter Ansatz von Stakeholdern in der Krise beschrieben. Dazu wird auf dem Wahrnehmungsmodell von Hauschildt aufgesetzt. Die Entscheidungsgrundlage für das Verhalten wird also durch die externe Wahrnehmung des Stakeholders beeinflusst.

In dem Modell erscheint jedoch eine weitere Untergliederung, wie sie in der Diskussion über die Stakeholder erläutert wurde, notwendig zu sein. Verhaltens- und handlungsorientiert gesehen, ist eine Unterteilung der manifesten Krise durch die drei Handlungsstrategien des Stakeholders determiniert. Die drei Zustände können durch die *manifeste Krise mit einer passiven Begleitung, der manifesten Krise mit einer aktiven Begleitung* und *der manifesten Krise ohne Begleitung* beschrieben werden. Die verschiedenen Krisenzustände der manifesten Krise sollen dementsprechend wie folgt beschrieben werden:

1. Manifester Krisenzustand im weiteren Sinne (Manifester Krisenzustand I (mKZ I)/ Passive Begleitung)

   Stakeholder wissen um die Krise, prüfen diese und sind der Meinung, dass für sie selbst keine Handlungsnotwendigkeit besteht. Dieser Krisenzustand beschreibt demnach die Strategie passiver Krisenbegleitung, in der kein Expertenwissen zur Verfügung gestellt wird. Die Unternehmen stehen in der passiven Begleitung jedoch unter gesonderter Beobachtung.

2. Manifester Krisenzustand im engeren Sinne (Manifester Krisenzustand II (mKZ II)/ Aktive Begleitung)

   Stakeholder wissen um die Krise, prüfen diese und überführen das Unternehmen in einen Status, bei dem die Geschäftsbeziehung unter besonderer Beobachtung in einer Spezialeinheit steht. Hier wird insbesondere Expertenwissen bereitgestellt. Dieser Krisenzustand beschreibt somit die Strategie aktiver Krisenbegleitung und einer Überleitung in eine Intensivbetreuungseinheit.

3. Manifester Krisenzustand im engsten Sinne (Manifester Krisenzustand III (mKZ III)/ keine Krisenbegleitung)

   Stakeholder wissen um die Krise, prüfen diese und beenden die Geschäftsbeziehung. Dieser Krisenzustand beschreibt den Verzicht auf eine Krisenbegleitung des Unternehmens.

Abbildung 17 visualisiert die Krisenphasen und die Erweiterung des Krisenphasenmodells unter Berücksichtigung der Handlungsalternativen von Stakeholdern.

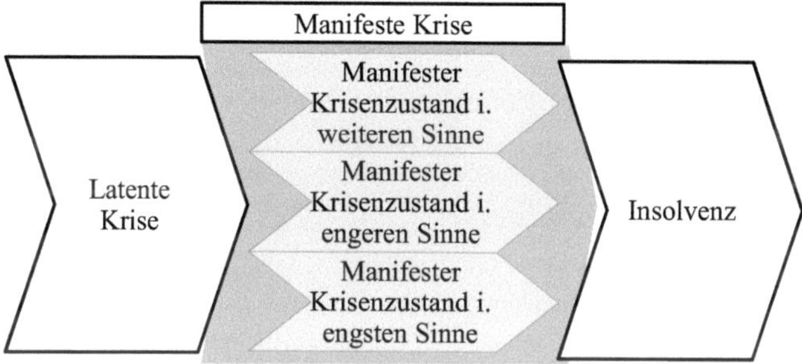

Abbildung 17: Unternehmenskrisen mit drei manifesten Krisenzuständen.

Ein besonderer Unterfall der manifesten Kriseneinschätzung ist der sofortige Abbruch jeglicher Leistungsbeziehungen zum Unternehmen. Auch hier haben Finanzintermediäre formalisierte Regeln. Bei Kunden und Lieferanten werden derartige Reaktionen meist erst durch ausbleibende Zahlungen trotz intensiver Mahnungen ausgelöst. Die rechtlichen Anspruchsgruppen[464] werden in der Regel durch Kunden, Lieferanten oder Finanzintermediäre dazu aufgefordert, zu reagieren.

Die vorliegende Literatur liefert umfassende Ausführungen des Verhaltens von Stakeholdern während einer Unternehmenskrise.[465] Im Rahmen dieser Arbeit ist jedoch eine Betrachtung der Stakeholder aus der Risikoperspektive notwendig. Da sich Unternehmenskrisen auch durch die Perspektiven der Wahrnehmung unterscheiden, sind Unterschiede in der Einordnung des Unternehmens von verschiedenen Stakeholdern in die unterschiedlichen manifesten Krisenzustände zu erwarten. So wird die Unternehmensleitung des risikobehafteten Unternehmens erwartungsgemäß eine andere Einordnung vornehmen als der risikoverantwortliche Bankvertreter.[466]

---

[464] In diesem Falle öffentliche Leistungserbringer und Gerichte.
[465] Vgl. hierzu Kapitel 2.2 und die dort angegebene Literatur.
[466] Vgl. Baetge, Schmidt, Hater (2012), S. 23.

Die Arbeitnehmer begleiten das Unternehmen vorwiegend passiv.[467] Daher kann davon ausgegangen werden, dass die Einordnung überwiegend im manifesten Krisenzustand im weiteren Sinne liegt und die Krise passiv begleitet wird.

Die rechtlichen Anspruchsgruppen sind zwar nicht abhängig, jedoch ist der Informationsstand sehr gering.[468] Daher werden staatliche Institutionen ebenfalls überwiegend eine Einordnung in den manifesten Krisenzustand im weiteren Sinne vornehmen.

Die Lieferanten beteiligen sich erst aktiv an der Krisenbegleitung, wenn die Krise bereits fortgeschritten ist.[469] Die Intensität der Krise minimiert die Handlungsoptionen und führt somit zu einer verzögerten Einordnung in den manifesten Krisenzustand im engeren Sinne.[470]

Kunden weisen eine ähnliche Risikoeinschätzung und -strukturen wie Lieferanten auf.[471] Demnach müssen auch Kunden als eher abwägend beschrieben werden, eine Reaktion wird leicht verzögert erfolgen.

Finanzmittel sind wesentlich zur Aufrechterhaltung der unternehmerischen Tätigkeit. Neben der lang- und mittelfristigen Finanzierung stellen Finanzintermediäre auch kurzfristig Liquidität zur Verfügung. Anders als Lieferant und Kunde ist der Finanzintermediär keinem (oder nur sehr geringem) Upside-, sondern hauptsächlich einem Downside-Risiko ausgesetzt. Daher ist der Finanzintermediär als äußerst risikoavers zu beschreiben.[472] Neben der Risikoaversion besitzt dieser Stakeholder standardisierte Prozesse zur Überführung von Krisenunternehmen in verschiedene manifeste Krisenzustände.[473] Aus diesen Gründen kann der Finanzintermediär als äußerst reaktionssensibel beschrieben werden.

Der Fremdkapitalgeber wird somit als erster Stakeholder das Unternehmens in einen manifesten Krisenzustand im engeren Sinne überführen. Dies liegt erstens an der beschriebenen Risikoaversion, aber vor allem auch an den optimierten und geprüften Prozessen zur Reaktion auf Unternehmenskrisen.

Die folgende Graphik beschreibt die Reaktionszeit der Stakeholder auf die Überführung des Krisenunternehmens in einen manifesten Krisenzustand.

---

467 Vgl. Kapitel 2.2.1.
468 Vgl. Kapitel 2.2.4.
469 Vgl. Kapitel 2.2.3.
470 Im Rahmen von Kreditversicherungen besteht hier auch die Möglichkeit einer direkten Überführung in die manifeste im engsten Sinne.
471 Vgl. Kapitel 2.2.2.
472 Vgl. Kapitel 2.2.5. Zu weiteren Gründen der ausgeprägten Risikoaversion bei Kreditinstituten, vgl. Hartmann-Wendels, Pfingsten, Weber (2004), S. 328 f.
473 Vgl. Kapitel 2.2.5; Mayr (2010), S. 147 und Portisch (2015), S. 67.

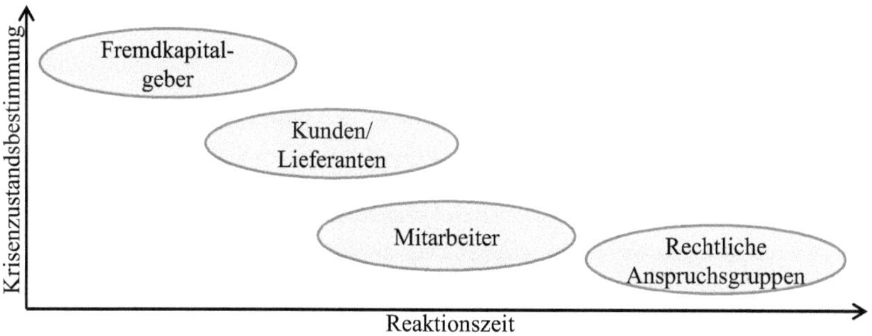

Abbildung 18: Reaktionszeiten von Stakeholdern auf Unternehmenskrisen.

Wie die Graphik zeigt können erhebliche Unterschiede in den zur Verfügung stehenden Reaktionszeiten von Stakeholdern auf Unternehmenskrisen festgestellt werden. Neben den generellen Möglichkeiten zur Einordnung in manifeste Krisenzustände, ist insbesondere die Reaktionsgeschwindigkeit zu unterscheiden. Die Unterschiede können durch abweichenden Risikoprofile und Informationsasymmetrien erklärt werden. Eine weitere Erklärung wird in unterschiedlichen Interpretationen der Einflüsse von Unternehmensrisiken auf die tatsächliche Insolvenzwahrscheinlichkeit gesehen. Hauptsächlich ist jedoch von starken Unterschieden in den Risikoverständnissen, deren Identifikationsfähigkeit und ausgeprägten Informationsasymmetrien auszugehen.

3.2.2 Zum Verhalten von Stakeholdern im manifesten Krisenstadium

Das Verhalten von Stakeholdern im manifesten Krisenzustand kann durch drei Strategien in einem handlungsorientierten Krisenphasenmodell beschrieben werden. Als Grundlage für die Untersuchung zum Verhalten von Stakeholdern im manifesten Krisenzustand dient nun das in Kapitel 3.1 entwickelte Modell zur Messung von Krisendynamiken im latenten Krisenstadium. Da das Modell zahlreiche extern verfügbare Informationen in der Krisenverlaufsbeschreibung berücksichtigt, können die Dimensionen des Dynamikmodells als Grundlage zur Untersuchung von Entscheidungsparametern hinsichtlich der Einordnung in den manifesten Krisenzustand dienen.[474] Aufbauend auf der Herleitung des handlungsorientierten Krisenphasenmodells und dem Modell zur Messung von Krisendynamiken wird im Folgenden die zweite Forschungsfrage nach den beeinflussenden Faktoren zur Entscheidung zur Zuordnung in die unterschiedlichen manifesten Krisenzustände um die folgenden Unterfragen erweitert.

[474] Zur Einordnung von Krisenunternehmen in verschiedene manifeste Krisenphasen nutzen Finanzinstitute standardisierte Prozesse, welche auf Verwaltungsanweisungen basieren, vgl. MaRisk BTO 1.2.4. Prozess und Ergebnis der Einordnung in manifeste Krisenphasen werden daher im Rahmen dieser Untersuchung als sachlich und risikotheoretisch ordnungsgemäß definiert.

2.a) Welche quantitativen Variablen berücksichtigen die Stakeholder in ihrer Entscheidung zur aktiven Krisenbegleitung und wie wirken diese?

2.b) Welche eher harten qualitativen Faktoren beeinflussen die Stakeholder in ihrer Entscheidung zur aktiven Krisenbegleitung und wie wirken diese?

2.c) Welche eher weichen qualitativen Faktoren beeinflussen die Stakeholder in ihrer Entscheidung zur aktiven Krisenbegleitung und wie wirken diese?

Anders als bei der Dynamik im latenten Krisenstadium bedarf es zudem einer Berücksichtigung weiterer Unternehmensmerkmale. Die Einflussfaktoren in dem handlungsorientierten Modell werden daher um weitere Unternehmensdaten, teils bezogen auf die Kreditbeziehung zwischen Unternehmen und Kreditinstitut, teils bezogen auf das Unternehmen selbst, erweitert. Aus diesem Grund werden drei zusätzliche Faktoren auf deren singulären Einfluss getestet – das Unternehmensalter, die Dauer der Geschäftsbeziehung und der jeweilige Krisentyp. Daher wird die zweite Forschungsfrage um die folgenden Unterfragen nochmals erweitert.

2.d) Weist das Unternehmensalter einen Einfluss auf die Einschätzung des Krisenzustands auf?

2.e) Weist die Dauer der Geschäftsbeziehung einen Einfluss auf die Einschätzung des Krisenzustands auf?

2.f) Weisen Krisentypen einen Einfluss auf die Einschätzung des Krisenzustands auf?

Ziel der Untersuchung ist somit die Identifikation der Unternehmensmerkmale, die die Entscheidung, ob ein Unternehmen eher aktiv oder eher passiv von den Stakeholdern begleitet wird, maßgeblich beeinflussen. Die folgende Graphik zeigt schematische die potenziellen Einflüsse auf die Zustandsbestimmung von Unternehmen in der manifesten Krise.

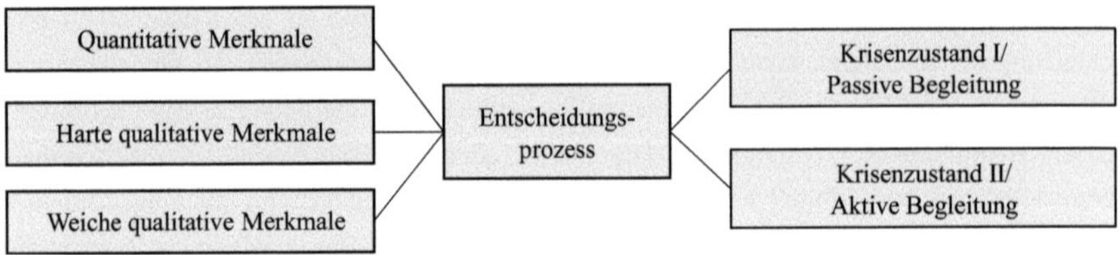

Abbildung 19: Entscheidungsmodell zur Einordnung in den manifesten Krisenzustand.

4. Empirische Untersuchung

Die vorliegende empirische Analyse verfolgt im Wesentlichen zwei Ziele. Zunächst soll das zuvor entwickelte theoretische Modell zur Krisendynamik mit Daten aufgebaut und überprüft werden. In einem zweiten Schritt werden die Einflussfaktoren auf das Verhalten von Stakeholdern ermittelt.

Die empirische Untersuchung dieser Arbeit beruht auf einer Triangulation der Ergebnisse, um möglichst valide Ergebnisse zu erhalten. Die Daten des Finanzdienstleisters wurden in einem Forschungsprojekt und in Zusammenarbeit mit einem großen deutschen Kreditinstitut erhoben. Die erste Phase – Erhebung der Datenbasis – wurde zwischen März und Juni 2014 in den Räumen des Kreditinstituts durchgeführt, um keine Datenschutzrichtlinien zu übergehen. Als zweite Datenquelle wurde ein Telefoninterview geführt, bei dem die Experten der Marktfolgeeinheit befragt wurden. Das Interview diente zur Einordnung der Unternehmen in die verschiedenen Krisentypen. Zudem wurden die krisenauslösenden Ursachen erfragt. Als dritte Datenquelle dient das externe Rechnungswesen der untersuchten Krisenunternehmen.

4.1 Erhebungskonzept und Methodik

4.1.1 Erhebungskonzept

4.1.1.1 Untersuchungsobjekt

Basierend auf den Daten eines Finanzdienstleisters sind ausschließlich die Unternehmen untersucht worden, die sich in einer manifesten Krise befinden. Wie bereits vorher erwähnt, definiert die Literatur eine manifeste Krise als einen krisenbehafteten Zustand, der dem Umfeld und der Unternehmung bekannt geworden ist.[475] Dieser Logik folgend wurde im Rahmen dieser Arbeit eine Unternehmenskrise als manifest definiert, wenn das Kreditinstitut eine dokumentierte Kenntnis von der Krise erlangt hat. Dazu wurde das Hilfskonstrukt genutzt, dass das Unternehmen einem Gremium zur weiteren Präzisierung der manifesten Krisenzustände (im weiteren Sinne, im engeren Sinne und im engsten Sinne) zugeführt wurde. Dieses Gremium, im Folgenden Gremium Intensivbetreuung[476], entscheidet, ob das krisenbehaftete Unternehmen passiv, aktiv oder überhaupt nicht durch die Krise begleitet wird. In der Nomenklatur dieser Untersuchung beschrieben, entscheidet das Gremium Intensivbetreuung, ob das Unternehmen in einen manifesten Krisenzustand im engsten Sinne, in einen manifesten Krisenzustand im engeren Sinne oder in einen manifesten Krisenzustand im weiteren Sinne ein-

[475] Vgl. hierzu Kapitel 2.1.
[476] Vgl. MaRisk BTO 1.2.4 und BTO 1.2.5.

geordnet wird. Demnach definiert das Gremium Intensivbetreuung die Intensität und das Stadium der Unternehmenskrise aus Sicht des Fremdkapitalgebers.

Um den zweiten Teil der Analyse durchführen zu können, muss eine grundlegende Annahme getroffen werden. Im Folgenden wird daher angenommen, dass das Urteil des Gremiums Intensivbetreuung als gegeben interpretiert wird – die praktische Handhabung unterstützt diese Annahme. Dies bezweckt zudem auch, dass die Entscheidung des manifesten Krisenzustands sowie der Prozess hinter dieser Entscheidung nicht gesondert untersucht und hinterfragt werden muss. Dem Verfasser ist bewusst, dass diese Annahme mithilfe dieses Datensatzes weder empirisch überprüfbar noch widerlegbar ist. Dennoch mag in Entscheidungsprozessen immer eine gewisse Unsicherheit verhaftet sein, die in diesem Fall vor allem durch die Selffullfilling Prophecy nicht ausreichend getestet werden kann. Allerdings hält der Verfasser diese Annahme für vertretbar.[477] Gründe hierfür liegen in der umfangreichen praktischen Validierung, der Prozessbewilligung durch deutsche Bankenaufsichtsorgane[478] und der MaRisk-konformen Umsetzung. Das Gremium Intensivbetreuung stellt zudem den rechtlichen Vertreter des Stakeholders Fremdkapitalgeber dar, welcher bereits in Abbildung 18 als Stakeholder mit der kürzesten Reaktionsdauer, der höchsten Informationsdichte und einer ausgeprägten Risikoaversion abgeleitet wurde. Daher bietet sich der Zeitpunkt der Entscheidung des Gremiums Intensivbetreuung auch als der Zeitpunkt an, bei dem das Unternehmen das latente Krisenstadium verlässt und in einen manifesten Krisenzustand eintritt.

Im Jahr 2013, sowie in den ersten vier Monaten des Jahres 2014 wurden dem Gremium Intensivbetreuung insgesamt ca. 500 Unternehmen vorgestellt, von den 108 auswertbar waren. Auswertbar meint, dass alle relevanten Entscheidungsprozesse und Daten über einen Zeitraum von 5 Jahren vor der manifesten Krise dokumentiert vorlagen. Gleichwohl musste die Grundgesamtheit von 108 bei zahlreichen Fragestellungen bereinigt werden. Gründe für Bereinigungen können in den grenzüberschreitenden Tätigkeiten des Kreditinstituts, und damit Abschlüssen die nicht nach deutschem Recht aufgestellt wurden, liegen.[479] Aus diesem Grund wurde der Datensatz in einem ersten Schritt um neun Unternehmen bereinigt. Die Phase vor der manifesten Krise wird in der Untersuchung als ein Zeitraum von bis zu fünf Jahre vor der Vorstellung beim Gremium Intensivbetreuung definiert.

---

[477] Obwohl die Annahme begründet werden kann, wird dieses Problem in der Diskussion nochmals aufgegriffen.

[478] Das Risikomanagement und die Organisation des Kreditinstituts wurden von der BaFin und Bundesbank abgenommen und als richtlinienkonform ausgewiesen, Vgl. Deutsche Bundesbank Eurosystem (2015).

[479] Bspw. wurden einige Unternehmen aus dem Schweizer und Luxemburgischen Raum aus der Analyse ausgeschlossen. Zudem wurden nur Unternehmen in die Analyse aufgenommen, die über den gesamten Zeitraum einen handelsrechtlichen Abschluss vorweisen konnten. Unternehmen, die entweder zu einer internationalen Rechnungslegung verpflichtet sind oder dies freiwillig durchführen, wurden ebenfalls ausgeschlossen.

4.1.1.2 Untersuchungsdesign und Datenerhebung

Die Erhebung basiert auf einer Sekundäranalyse des vorliegenden Datenmaterials. Dabei wurden sowohl quantitative Informationen zur wirtschaftlichen Lage und Unternehmenscharakteristika als auch qualitative Informationen über Unternehmenseigenschaften in die Untersuchung einbezogen. Insgesamt wurden in dem Erhebungskonzept zwei Dimensionen entwickelt – eine quantitative und eine qualitative Dimension.

Die quantitative Dimension umfasst Informationen zur wirtschaftlichen Lage. Hierbei sind insbesondere die Jahresabschlussdaten und die Ratingdaten hervorzuheben. Die zweite Dimension beschreibt die qualitative Dimension. Diese füllt sich durch qualitative Unternehmenseigenschaften, wie der Erfahrung und Qualität des Managements oder der Wachstumsphase des Unternehmens.

Im Rahmen dieser Untersuchung wurde eine umfangreiche Datenbasis vorgefunden und generiert. Nach einer Einarbeitung in die Systeme des Kreditinstituts, konnte auf die folgend beschriebenen Datensätze des Kreditinstituts ohne weitere Einschränkungen zugegriffen werden. Die Einarbeitung in die kreditinstitutsspezifische IT-Umgebung erfolgte mittels eines vier Monate umfassenden Aufenthalts in den Räumlichkeiten des Finanzinstituts. Neben umfangreichen Hilfen der Mitarbeiter der Marktfolgeeinheit bei der Einarbeitung konnte zudem auf zahlreiche Lernprogramme zurückgegriffen werden. Des Weiteren wurde der Verfasser von den Mitarbeitern der Marktfolgeeinheiten auf weitere Datenpools aufmerksam gemacht, aus denen weitere wertvolle Informationen extrahiert werden konnten. Nach einer ersten Einarbeitung in die bankinternen Systeme und oberflächlichen Betrachtung des vorhandenen Datenmaterials wurde die vor Projektbeginn erstellte Erhebungsdatei überarbeitet und teilweise erweitert.

Die Bilanz und GuV wurde mittels einer physischen Datenerhebung aus den elektronischen Kundenakten des kooperierenden Kreditinstituts erhoben. Hierzu wurde im Vorfeld der Erhebung ein Konzept ausgearbeitet, das eine Erhebung der elektronisch vorliegenden und testierten Jahresabschlüsse unterstützte. Um Fehler bei der manuellen Erhebung der Bilanzen zu vermeiden, wurden diverse Plausibilisierungsroutinen integriert.[480]

Neben den handelsrechtlichen Jahresabschlussdaten, die teilweise nicht im Bundesanzeiger veröffentlicht waren, gewährte das Kreditinstitut im Rahmen des Projektes umfangreichen Zugriff auf die kreditinstitutsspezifischen Ratingdaten.[481] Das Ratingsystem des kooperieren-

[480] Unterstützend wurde das EDV-System MyOfficeValue (MOV) eingesetzt. Dieses System beinhaltet Routineprüfungen, um eine fehlerfreie Erhebung der Jahresabschlussdaten zu gewährleisten.

[481] Jedes Kreditinstitut generiert kreditinstitutsspezifische Ratings, da die A-Priori-Wahrscheinlichkeit einen nicht unerheblichen Einfluss auf die Auswallwahrscheinlichkeit ausübt. Zudem schätzen Kreditinstitute die Ratingformeln auf den eigenen Kundendaten, die kann zu weiteren Abweichungen in den Ratings führen. Vgl. fortführend zu internen Ratingmodellen Vgl. Trustorff, Botterweck (2012), S. 151-166.

den Kreditinstituts ist ein fortgeschrittener Internal Rating-based Approach (IRBA)[482] und von der Bundesanstalt für Finanzdienstleistungsaufsicht (BaFin) zertifiziert.[483] Aus dem Ratingbericht konnten Ratingnoten, Ausfallwahrscheinlichkeiten und die Beantwortung qualitativer Ratingfragen extrahiert werden. Auch diese Unterlagen wurden aus der elektronischen Kundenakte des Kreditinstituts generiert. Im Rahmen der Erhebung wurden die Ausfallwahrscheinlichkeiten im Zeitverlauf erhoben. Demnach konnten auch die Bonitätsveränderungen über den Betrachtungszeitraum erhoben werden. Dem fortgeschrittenen IRB Ansatz und den MaRisk folgend unterscheidet das Kreditinstitut nach quantitativen und qualitativen Daten.[484]

Das quantitative Rating wird mittels einer Bilanzratingmethode[485] generiert. Das Bilanzrating des Kreditinstituts basiert auf einer Logistischen Regression und unterliegt dem revolvierenden Prüfungsprozess der BaFin und der Deutschen Bundesbank.[486] Weitere Informationen über das Ratingmodell wurden nicht zur Verfügung gestellt.

Der qualitative Ratingfragebogen bietet umfangreiche Informationen und umfasst 45 Fragen.[487] Die Kreditspezialisten müssen bei der Beantwortung des qualitativen Fragebogens alle relevanten Fragen über das Unternehmen diskutieren und beantworten. Die Ergebnisse werden in einem elektronischen System hinterlegt und fließen in das Gesamtrating ein. Zur Erhebung der Daten wurde ebenfalls eine MS-Excel Datei erstellt. Diese Erhebungsdatei wurde mit den unternehmensindividuellen Antworten befüllt. Um Fehler bei der Datenerhebung zu vermeiden, unterlag die Erhebung einem zweistufigen Prozess. Zunächst wurden die Daten vom Verfasser manuell erhoben. Nach Abschluss der Erhebung des gesamten Krisen-

---

[482] Der fortgeschrittene IRB Ansatz ist ein komplexes und individuelles Ratingsystem, welches Finanzinstituten nach Basel II zur Verfügung steht. Weiterführende inhaltliche Literatur bieten u.a. Trustorff, Botterweck (2012), S. 151-166 und Eckrich, Trustorff (2015), S. 123-146. Das hier vorliegende Rating basiert auf einem fortgeschrittenen IRB Ansatz, Vgl. Deutsche Bundesbank Eurosystem (2015).

[483] Kreditinstitute nutzen Ratingsysteme zur Risikosteuerung. In Deutschland müssen diese Ratingsysteme von der deutschen Institution Bundesanstalt für Finanzdienstleistungsaufsicht (BaFin) und der Bundesbank geprüft und abgenommen werden. Zur Beschreibung dieses Prozesses. Vgl. Deutsche Bundesbank Eurosystem (2015).

[484] Vgl. MaRisk BTO 1.3.

[485] Die Literatur beschreibt seit Jahren verschiedene Methoden zur Ermittlung valider Bilanzratingmodelle. Vgl. Altman (1984), S. 171-198. Die Methodik, welche in der Praxis am meisten verbreitet ist, ist die logistische Regression.Vgl. Konrad (2012), S. 64. Fortführend zur logistischen Regression, vgl. Leker, Schewe (1998), S. 877-891 und Hosmer/ Lemeshow (2000). Expertensysteme finden Berücksichtigung bei Leker (1994), S. 599-602. Modelle basierend auf Diskriminanzfunktionen werden näher von Fisher (1936), S. 179-188 und Altman (1968), S. 589-609 erläutert. Support Vector Machines wurden von Vapnik und Team entwickelt und zuerst 1992 publiziert, vgl. Boser, Guyon, Vapnik (1992) und Cristianini, Shawe-Taylor (2006), S. 50. Zu künstlichen neuronale Netzen bieten folgende Autoren eine Einführung. Vgl. Baetge, Hüls, Uthoff (1996), S. 151-168 und Baetge, Dossmann, Kruse (2000), S. 179-220. Eine eher neue Methode zur Ratingermittlung – Ant colony optimization – diskutieren und Team, vgl. fortführend Vgl. Martens et al. (2010), S. 561-573. Zudem diskutiert die Literatur aktuell Ratingmodelle, die auf cashflowbasierten Simulationsmodellen basieren, vgl. hierzu einführend Strobel (2012) und Krehl, Strobel, Sonius (2015), S. 225-256. Eine vergleichende Betrachtung unterschiedlicher Ratingsysteme bietet Leker (1994), S. 599-602. Als Gremium der Berufsvertretung bietet die DVFA-Kommission Rating Standards die DVFA (2006), S. 2-15.

[486] Zur Beschreibung dieses Prozesses vgl. fortführend Deutsche Bundesbank, BaFin (2007).

[487] Einer Darstellung des Fragebogens wurde von dem Kreditinstitut nicht zugestimmt und kann daher nicht im Anhang dargestellt werden.

falles wurden die Daten überprüft und kontrolliert. Dieser zweistufige Prozess gewährleistet eine Minimierung der Fehlerquote.

Des Weiteren wurden Unternehmenseigenschaften erhoben, die einen eher quantitativen Charakter aufweisen. Hier konnte auf das Alter der Unternehmung, die Dauer der Geschäftsbeziehung mit dem aktuellen und dem Vorgängerinstitut und der Branchenzugehörigkeit zugegriffen werden. Analog der Qualitätssicherung bei den Fragen des qualitativen Ratingbogens wurden die Daten vom Verfasser zunächst erfasst und in einem zweiten Schritt vollständig überprüft und kontrolliert.

Neben den quantitativen Daten und den qualitativen Daten aus dem qualitativen Ratingfragebogen, waren die Krisentypen[488] von Interesse. Zur Generierung dieses Datensatzes konnte der überwiegende Teil der kreditverantwortlichen Kundenbetreuer aus der Marktfolgeeinheit für einen Fragebogen gewonnen werden. Somit wurde zur Erhebung der Krisentypen das Schlüsselinformantenprinzip (Key Informant Approach) genutzt. Diese Methode ist zu wählen, wenn sehr komplexe situative Probleme innerhalb von Organisationen auftreten oder diesen gegenüber stehen.[489]

Zunächst wurden Krisentypen aus der Literatur zusammengetragen.[490] Diese Informationen wurden kurz und prägnant beschrieben.[491]

In einem zweiten Schritt wurden die kreditverantwortlichen Mitarbeiter der Marktfolgeeinheit kontaktiert, über die aktuelle Untersuchung informiert, die Bereitschaft für eine Teilnahme erfragt und gegebenenfalls ein Termin vereinbart. Der Rücklaufquote der Kreditbetreuer lag bei 97%. Beim Erstkontakt wurde bereits der Name des zu besprechenden Unternehmens genannt, damit der Kreditexperte den zu beschreibenden Falles vorbereiten konnte. Die Experten arbeiten in zwei unterschiedlichen Marktfolgeeinheiten des Kreditinstituts. 41% der befragten Experten betreuten das Unternehmen in einem auf Branchen spezialisierten Team. Die Normalbetreuung ist in dem unterstützenden Kreditinstitut nach Branchen gegliedert. Die übrigen 59% der Experten waren in einer Intensivbetreuungseinheit organisiert, welche auf die Betreuung krisenbehafteter Unternehmen spezialisiert ist. Dabei unterscheidet das Institut in eine Intensivbetreuung für große Risiken und einer Intensivbetreuung für kleine Risiken, welche wiederum anhand von Branchen spezialisiert sind. Die Zuordnung zur Intensivbetreuung großer Risiken und kleiner Risiken wird anhand des ausstehenden Obligos

---

488 Auch die Krisenursachen wurden erhoben, werden allerdings nur zur deskriptiven Charakterisierung des Datensatzes genutzt.

489 Vgl. Rungtusanatham et al. (2008), S. 116.

490 Vgl. Kapitel 2.1. Die Erhebung nutzt die Krisentypen nach Hauschildt und Leker. Grund dafür war die erneute Überarbeitung nach der Finanzmarktkrise von Leker und die zweifelsfrei hohe Popularität der verschiedenen Krisentypen.

491 Im Wesentlichen waren die Ausführungen aus dem Kapitel 2.1.3.12 Bestandteil des Fragebogens.

durchgeführt. Bei den Kenntnissen über das zu besprechende Unternehmen wurde jedoch kein Unterschied in Abhängigkeit der Organisationseinheit festgestellt. Vielmehr ist hervorzuheben, dass die Mitarbeiter beider Marktfolgeeinheiten die Unternehmensprobleme sehr detailliert, strukturiert und zutreffend wiedergeben konnten.

In einem dritten Schritt wurde der Fragebogen mittels Telefoninterview mit dem Unternehmensexperten ausgefüllt. Zunächst wurden die Krisenursachen, insbesondere aber die Krisentypen, vom Verfasser vorgestellt und mit den Mitarbeitern der Marktfolgeeinheit diskutiert. Für die Krisentypen wurden den Experten prominente Beispiele zur Verfügung gestellt.[492] Danach wurde über das zu beschreibende Unternehmen im Speziellen gesprochen und dieses in die anfangs diskutierte Systematik eingegliedert. Bei der Einordnung der Krisenunternehmen in die Krisentypologie nach Hauschildt und Leker wurden keine zusätzlichen Krisentypen benötigt oder von den Experten gefordert. Allerdings waren Mehrfachnennungen möglich, sodass verschiedenen Krisentypen einem Unternehmen zugeordnet werden konnten. Während des Interviews wurden die Erkenntnisse und Informationen des Interviews vom Verfasser protokolliert und im Nachgang ausgewertet.

Zudem wurde der Vorstellungsgrund vor beim Gremium Intensivbetreuung erhoben. Der Vorstellungsgrund bezeichnet die auslösende Ursache, Handlung oder Information, welche den Experten entweder zu einer Vorstellung beim Gremium Intensivbetreuung veranlasste oder die Vorstellung des Unternehmens aufgrund eines internen Prozesses erzwang.

Zusammenfassend wurden neben quantitativen Unternehmensdaten wie Bilanz, GuV, Ausfallwahrscheinlichkeit und Unternehmenscharakteristika auch qualitative Daten erhoben. Qualitative Daten sind Informationen zum qualitativen Ratingbogen, Krisenursachen und der Zugehörigkeit zu Krisentypen. Eine weitere qualitative Information ist der Vorstellungsgrund des Unternehmens vor dem Gremium Intensivbetreuung, welcher ebenfalls in die Datenerhebung aufgenommen wurde.

Tabelle 6 gibt einen Überblick über die erhobenen Dimensionen der Daten, deren Datenbezeichnung, die Form der Datengenerierung und der Herkunft der Daten.

---

[492] Der Krisentyp 1 „Technologie" konnte anhand des Handyherstellers Nokia veranschaulicht werden. Der Krisentyp 2 „Stützpfeiler" konnte mithilfe Thyssen Krupp erklärt werden. Der Krisentyp 3 „Patriarch" wurde anhand des Beispiel Schlecker und Underberg erklärt. Der Krisentyp 4 „Expansion" diente die DiTech GmbH als Beispiel. Der Krisentyp 5 „Abhängigkeit" wurde mit den abhängigen Automobilzulieferern in der Wirtschaftskrise (bspw. Ribe Gruppe) erklärt. Der Krisentyp 6 „Mitarbeiter" wurde anhand prominenter FRAUD Fälle erklärt, bspw. Comroad oder Enron. Jedoch wurde stets darauf verwiesen, dass auch viele Probleme aus länderübergreifenden Projektgeschäften ursächlich sein können. Der Typ 7 „Einkauf" wurde mittels eines Fahrradherstellers (MIFA) erklärt, welcher keine Möglichkeit zur Weitergabe des steigenden Aluminiumpreises hatte. Typ 8 „Finanzierung" konnten mittels Unternehmen erklärt werden, die im Rahmen der Finanzkrise Probleme in der Refinanzierung bekamen, wenn bspw. Mezzanine Finanzierungsformen prolongiert werden mussten. Als Unternehmen wurde hier APCOA genannt. Der Krisentyp 9 „Nachfolgeprobleme" wurde mit den Kreditexperten anhand von Problemen in mittelständischen Unternehmen bei der Unternehmensübergabe kritisch diskutiert. Weitere Beispiele siehe auch Kapitel 2.1.3.12.

Tabelle 6: Datenklassifikation.

Dimension	Datenbezeichnung	Form der Datengenerierung	Datenherkunft
Quantitativ	Bilanz	Physische Datenerhebung	Elektronische Kundenakte
	Gewinn- und Verlustrechnung	Physische Datenerhebung	Elektronische Kundenakte
	Unternehmenscharakteristika	Physische Datenerhebung	Elektronische Kundenakte
Qualitativ	Qualitativer Ratingbogen	Physische Datenerhebung	Elektronische Kundenakte
	Krisentypen	Experteninterview	Experten

Die aus dem Ratingfragebogen extrahierten qualitativen Informationen betreffen die verschiedenen Bereiche Markanteil, interne Organisation, Wachstum, Management, Zuverlässigkeit, Informationspolitik und Prognosequalität. Die angegebenen Fragestellungen wurden aus dem Ratingfragebogen des Kreditinstituts übernommen und beschreiben unterschiedliche qualitative Bereiche des Unternehmens.

- *Marktanteil des Unternehmens*

  Die Informationen über den Marktanteil des Unternehmens sind Ausdruck über die Marktfähigkeit und Marktmacht des Unternehmens. Zudem ist die Höhe des Marktanteils eine objektive Angabe über die Attraktivität der betriebenen Wertschöpfung des Unternehmens und des Geschäftsmodells. Diese Information kann nicht aus Jahresabschlussdaten extrahiert werden und wird üblicherweise nicht kommuniziert.[493]

  Die Leitfrage zum Marktanteil lautet: Wie ist der Marktanteil des Unternehmens gestaltet? Ist das Unternehmen Marktführer, hat es einen großen und über Jahre stabilen Marktanteil, ist er kontinuierlich wachsend, eher durchschnittlich aber stabil oder eher schwach und abnehmend?

Die Beurteilung der internen Organisation wurde durch zwei Fragen operationalisiert – die Flexibilität der Personalstruktur und die Vertriebsstruktur des Unternehmens.

- *Flexibilität der Personalstruktur*

  Hier werden die bewertenden Personen nach den Auswirkungen potenzieller Veränderungen der Kostenstruktur befragt. Flexible Personalstrukturen sind für Unterneh-

[493] Die Ausnahme bilden die Marktführer. Die restlichen Unternehmen geben diese Information zumeist nicht, ob aufgrund fehlender Kenntnis ihrer Marktstellung oder fehlendem Kommunikationswillen gegenüber den Stakeholdern, weiter. Zur Analyse eines Unternehmens, bzw. zur Feststellung einer Insolvenzwahrscheinlichkeit sollte jedoch eine Einschätzung der Marktstrukturen und -anteile erfolgen.

men wichtig, um auf kurzfristige Kapazitätsänderungen und Verschiebungen in den Kostenstrukturen reagieren zu können. Insbesondere bei Geschäftsmodellen, die auf einer sehr personalintensiven Wertschöpfung basieren, bilden die Personalaufwendungen einen großen Aufwandsposten.[494]

Die Leitfrage im Ratingfragebogen zur Flexibilität der Personalstruktur ist wie folgt formuliert: Wie kritisch ist die Personalstruktur des Unternehmens zu sehen? Sind kostensteigernde Ereignisse auf das Unternehmen als unkritisch und ohne Auswirkungen, unkritisch mit der Notwendigkeit zur Anpassung oder kritisch aufgrund fehlender Ertragspuffer zu sehen?

- *Vertriebsstruktur des Unternehmens*

Eine marktgerechte Vertriebsstruktur ist zwingend erforderlich, um erfolgreich am Markt zu agieren. Der Beurteiler ist hier angehalten, eine Einschätzung über die Eignung des aktuell vom Unternehmen implementierten Vertriebssystems vorzunehmen. Neben der Flexibilität ist die Vertriebsstruktur auch ein Ausdruck der Professionalität der internen Organisation des Unternehmens. Je besser dieser Faktor bewertet wird, desto bessere und marktgerechtere Vertriebsstrukturen sind in dem Unternehmen zu erwarten.

Zur Beurteilung der Vertriebsstruktur eines Unternehmens, ist zu beantworten, ob die Vertriebsorganisation und das Vertriebskonzept des Unternehmens sehr gut geeignet, auch unter Zukunftsaspekten gut geeignet, der aktuellen Marktsituation angemessen, verbesserungswürdig oder ungeeignet ist.

- *Wachstum des Unternehmens*

Die Angaben zum Wachstum bieten Informationen hinsichtlich der Güte des Wachstums. Wird das Wachstum vom Beurteiler positiv eingeschätzt, bedeutet dies, dass das Unternehmen in geordneten Verhältnissen wächst. Wird das Wachstum hingegen problematisch bewertet, ist dies ein Indiz für akute oder bevorstehende Probleme am Markt.

Im Ratingfragebogen ist die folgende Frage nach dem Wachstum zu beantworten. Ist das Wachstum des Unternehmens gesund oder liegt ein Schrumpfungsprozess vor? Wächst das Unternehmen stetig durch organisches Wachstum oder wartet es ab und ist passiv?

---

[494] Vgl. Henselek (2005), S. 81 f.

- *Eindruck von der Unternehmensführung*

Die Bewertung des Managements ist ein zentraler Bestandteil des qualitativen Ratingfragebogens. Wird das Management positiv bewertet, ist das Unternehmen voraussichtlich in der Lage, Probleme zu überwinden oder gar zu vermeiden. Wird die Unternehmensführung hingegen negativ beurteilt, können potenzielle Krisen aus Sicht der Stakeholder eher schwer eigenständig aus dem Unternehmen heraus bewältigt werden. Zudem wird in dieser Frage auch das Vertrauen zum Management beschrieben. Wie in Kapitel 2 bereits diskutiert, bildet Vertrauen die Grundlage für Kreditbeziehungen und ist daher besonders wichtig zu beurteilen. Des Weiteren mag dies ein Ausdruck der tatsächlichen Schwere der Unternehmenskrise sein. Denn sobald sich die wirtschaftliche Lage des Unternehmens weiter verschlechtert, muss die Unternehmensführung ihre unternehmerische Qualität unter Beweis stellen. Versagt die Unternehmensführung bei der Bekämpfung der Unternehmenskrise wird eine deutliche Abwertung dieses Kriteriums vermutet.

Ist das Management eher vertrauenswürdig und strategisch agierend, vertrauenswürdig und situativ agierend, unerfahren in Stresssituationen oder nicht vertrauenswürdig?

- *Zuverlässigkeit der Unternehmensführung*

Die Zuverlässigkeit der Unternehmensführung beschreibt die zuverlässige Bereitstellung von Daten zur Finanzlage. Der Stakeholder nutzt diesen Faktor, um die bereitgestellte Datenqualität zu beurteilen und bewertet somit implizit auch das Vertrauen in die Unternehmensführung. Zudem werden hierbei die internen Prozesse und die Dokumentation des internen Rechnungswesens beurteilt.

Wie zuverlässig ist die Unternehmensleitung bei der Bereitstellung wesentlicher Informationen zur aktuellen Finanzlage? Wird die Zuverlässigkeit als hoch, mittel oder schwach eingeschätzt?

- *Informationspolitik*

Die Informationspolitik beschreibt, ob die Stakeholder von der Unternehmensleitung ausreichend informiert werden. Hierbei wird insbesondere die zuverlässige Bereitstellung von Informationen bewertet. Der Beurteiler bewertet anhand dieses Kriteriums die Grundlage für die Bildung von Vertrauen. Die Unternehmen müssen die bewertungsrelevanten Informationen zur Verfügung stellen, damit Stakeholder notwendige Analysen durchführen können. Ist eine zuverlässige Bereitstellung von Informationen nicht gegeben, werden Stakeholder dies negativ bewerten und in ihrer Einschätzung berücksichtigen. Eine schwache Informationspolitik kann zudem als eine Zensierung von externen Stakeholdern interpretiert werden.

Wie erhält der Stakeholder die wesentlichen und vertraglich geregelten Informationen vom Kunden? Werden die Informationen rechtzeitig und vollständig, passiv oder verspätet und/oder unvollständig bereitgestellt?

- *Prognosequalität*

  Die Prognosequalität beschreibt die Qualität von internen Planungssystemen. Eine Unternehmung, die gute und integrierte Planungssysteme implementiert hat, kann ein höheres Vertrauensniveau bei ihren Stakeholdern erreichen, denn der Unternehmensführung wird eine formale Qualität unterstellt. Eine gute Planungsqualität verringert Fehlallokationen und vorhersehbare Erfolgs- und Liquiditätslücken. Dies führt wiederum zu einem besseren Verständnis der aktuellen wirtschaftlichen Lage. Zusammenfassend bewerten die Stakeholder somit auch die organisatorische Qualität der Unternehmensführung.

  Wie wird die Zuverlässigkeit der Prognosen des Unternehmens hinsichtlich strategischer Ziele und wirtschaftlicher Entwicklung beurteilt? Sind die Prognosen sehr zuverlässig, durchschnittlich, schwach oder kritisch?

4.1.2 Methodik der Datenanalyse

Die vorliegende Analyse nutzt deskriptive, univariate und multivariate Analyseverfahren. Zunächst werden die deskriptiven Analysemethoden, Korrelationen und Mittelwertvergleiche, beschrieben. Anschließend erfolgt eine Erläuterung der genutzten Methoden zur univariaten Analyse, der Wilcoxon Rangsummentest. Abschließend wird kurz ein Überblick über die multivariaten Methoden, multivariate Diskriminanzanalyse und multivariate logistische Regression, gegeben.[495]

4.1.2.1 Deskriptive Analyse

Der deskriptive Teil dieser Arbeit beschreibt die Grundgesamtheit nach der ersten Bereinigung. Es wird ein Vergleich der Mediane[496] von Unternehmen und Unternehmensgruppen

[495] Alle Auswertungen wurden mit der Statistiksoftware SPSS, Version 21 durchgeführt.

[496] In der Analyse der quantitativen Daten wird anstatt dem arithmetischen Mittel der Median genutzt, um der Ausreißerproblematik zu begegnen. Da die Stichprobe in den Größenklassen sehr homogen ist, wurde zwar zusätzlich eine Normalisierung durchgeführt, jedoch können so strukturelle Ausreißer aufgefangen werden. Bei den qualitativen Daten aus dem Ratingfragebogen wurde hingegen das arithmetische Mittel genutzt, um die geringe Varianz der Datenpunkte aufzufangen. Eine Ausreißerproblematik tritt aufgrund des Punktekonzepts (1-4, 1-5) nicht auf.

durchgeführt, um Veränderungen im Zeitverlauf zu ermitteln. Zudem werden die Unternehmensgruppen nach Krisentypen mittels Median- und Mittelwertvergleichen unterschieden.

4.1.2.2 Univariate Analyse

Univariate Analysen haben die Aufgabe monokausale Zusammenhänge abzubilden. Wie bereits weiter oben erwähnt, können Unternehmenskrisen nur schwer monokausal erklärt werden. Jedoch zielen die univariaten Analysen der vorliegenden Arbeit nicht auf die monokausale Erklärung einer Unternehmenskrise ab, sondern auf die Erklärung einzelner signifikanter Auffälligkeiten im Verlauf der latenten Krisenphase.

Um das vorliegende Datenmaterial auf signifikante Veränderungen zu überprüfen, bietet sich ein nichtparametrischer Test an. Aufgrund zwei verbundener Stichproben kann der Wilcoxon Rangsummen Test (auch Wilcoxon Vorzeichen Rang Test) genutzt werden. Der Wilcoxon Test dient zur Überprüfung, ob den vorliegenden Stichproben die gleiche Grundgesamtheit unterliegt. Der Signifikanztest gibt eine Information, ob die Nullhypothese – beide Stichproben entstammen derselben Grundgesamtheit – zurückgewiesen werden kann.[497]

Der Wilcoxon Test gibt einen Alpha Wert aus. Dieser ist wesentlich für die Bestimmung der vorliegenden Signifikanzniveaus. Die Signifikanzniveaus werden in drei Kategorien eingeordnet – leicht signifikant, signifikant und hoch-signifikant. Grundsätzlich gilt, dass hochsignifikante Ergebnisse bei einem Signifikanzniveau von 0,99 oder $p < 0{,}01$ (***) vorliegen. Signifikante Ergebnisse liegen noch bei einem Signifikanzniveau von 0,95 oder $p < 0{,}05$ (**) vor und leicht-signifikante Ergebnisse liegen bei einem Signifikanzniveau von 0,90 oder $p < 0{,}1$ (*) vor.[498]

4.1.2.3 Multivariate Analyse

Die multivariate Diskriminanzanalyse ist in der Theorie und in der einschlägigen Insolvenzprognoseforschung hinreichend beschrieben worden.[499] Daher soll hier lediglich eine kurze Einführung in die Methode der Diskriminanzfunktion gegeben werden.

---

497 Vgl. Brosius (2013), S. 888 f.

498 In dieser Analyse wurde vom üblichen Format *** = 0,001, **=0,01 und * = 0,05 abgewichen, da die Analyse in der weit vor der manifesten Krise gelagerten latenten Krise stattfindet. Um auch in den Vorjahren möglichst interpretierbare Ergebnisse zu erhalten, wurde das Signifikanzniveau ausgeweitet. Die Literatur akzeptiert diese Vorgehensweise. Zur Anwendung in der Forschung vergleiche auch Miller, Friesen (1983), S. 221-235; Virany, Tushman, Romanelli (1992), S. 72-91; Barnett, Freeman (2001), S. 550-552; Alp (2013), S. 2446; Weiß (2013); Kortmann et al. (2014), S. 475-490; Bel, Joseph (2015), S. 531-539 und Elbannan, Elbannan (2015), S. 181-217.

499 Vgl. zur statistischen Theorie Vgl. Backhaus et al. (2008), S. 181-241 und Brosius (2013), S. 649-692. Zur Insolvenzprognoseforschung bieten Deakin (1972), S. 167-179; Abrahamse, van Frederikslust (1976), S. 328-373; Leker (1993), S. 236-290; Goss, Ramchandani (1995), S. 1-18; und Leker, Schewe (1998), S. 887-891 Beiträge zur Güte und Zweckmäßigkeit von Diskriminanzanalysen in der Insolvenzprognose.

Das Ziel der multivariaten Diskriminanzanalyse liegt in der Ermittlung von Teilgesamtheiten, die aus einer Grundgesamtheit heraus generiert werden. Mithilfe unabhängiger Variablen versucht die Methode die abhängigen Variablen zu diskriminieren.[500] Im Rahmen dieser Untersuchung wird unter Anwendung der Diskriminanzanalyse versucht, die beiden abhängigen Variablen „passive Krisenbegleitung" und „aktive Krisenbegleitung" durch die unabhängigen Variablenblöcke „quantitative Dimensionen"[501] und „qualitative Dimensionen"[502] mittels einer Linearkombination statistisch zu trennen.

Die optimale Trennung erreicht die Diskriminanzanalyse durch die Maximierung des Quotienten von der Streuung zwischen den Gruppen und der Streuung innerhalb der Gruppen. Um eine optimale Trennung durch die Diskriminanzanalyse zu erreichen, müssen drei Kriterien erfüllt sein. Erstens müssen die unabhängigen Variablen normalverteilt sein. Zweitens sollten die Varianzen homogen sein. Als Drittes darf keine Multikollinearität vorliegen, d.h. es dürfen keine statistischen Abhängigkeiten zwischen den unabhängigen Variablen vorliegen.[503]

Leker/ Schewe diskutieren aus betriebswirtschaftlicher Sichtweise kontrovers, ob die Nichteinhaltung einer normalverteilten Grundgesamtheit eine generelle Anwendung der Diskriminanzanalyse verbietet oder aber die Ergebnisse eher etwas vorsichtiger interpretiert werden müssen und kommen zum Schluss, dass eine Anwendung auch bei nicht normalverteilten Daten durchaus zweckmäßig ist.[504]

Die Signifikanz der Diskriminanzfunktion wird mittels Wilks Lampda bestimmt. Wilks Lampda wird genutzt, um die Hypothese zu testen, ob die Mittelwerte der Vektoren gleich sind. Wilks Lampda kann anschließend in einen F-Wert transformiert werden.[505] Der F-Wert hingegen gibt Auskunft über die Wahrscheinlichkeit, ob die abhängigen Variablen „aktive Krisenbegleitung" und „passive Krisenbegleitung" signifikant getrennt werden können.

Um der Problematik einer nicht normalverteilten Grundgesamtheit zu begegnen, werden die Ergebnisse mittels einer logistischen Regression validiert. Um eine logistische Regression anzuwenden, muss die abhängige Variable binär sein. Das heißt, dass die abhängige Variable den Wert 0 oder 1 annehmen kann. In der vorliegenden Analyse wird die Variable „aktive

[500] Vgl. Deakin (1972), S. 172.
[501] Hierzu zählen alle in Kapitel 3 definierten quantitativen Einflussfaktoren, wie Werte aus Bilanz, GuV und die betriebswirtschaftlichen Kennzahlen.
[502] Die qualitativen Dimensionen eher hart und eher weich sind operationalisiert durch die sieben Variablen Marktanteil, Vertriebsorganisation, Wachstum, Unternehmensführung, Zuverlässigkeit, Informationspolitik und Prognosequalität.
[503] Vgl. Leker, Schewe (1998), S. 879.
[504] Leker/ Schewe verweisen bspw. auf Niehaus (1987), S. 92 und 156, der ermittelt, dass Diskriminanzanalysen trotz Verletzungen von Verteilungsannahmen bessere Klassifikationsleistungen bieten als verteilungsfreie Analysemethoden. Gemünden (1988), S. 146 und Burger (1994), S. 1167 widersprechen diesen Erkenntnissen. Vgl. hierzu zusammenfassend Leker, Schewe (1998), S. 879 f.
[505] Vgl. hierzu fortführend Backhaus et al. (2008), S. 203-205.

Begleitung“ als abhängige Variable mit den Ausprägungen 0 (keine aktive Begleitung oder passive Begleitung) und 1 (aktive Begleitung) definiert. Vor diesem Hintergrund verfolgt die logistische Regression das Ziel, eine Wahrscheinlichkeit zu ermitteln, ob ein Unternehmen den Wert 0 oder den Wert 1 annimmt, also ob es passiv oder aktiv begleitet wird.

Der Vorteil der logistischen Regression gegenüber der Diskriminanzanalyse ist, dass die Grundgesamtheit nicht normalverteilt sein muss, um robuste Ergebnisse zu liefern. Diesem Vorteil steht allerdings ein gravierender Nachteil gegenüber, weshalb die logistische Regression nur zur Validierung genutzt wird. Denn die ermittelten Regressionskoeffizienten einer logistischen Funktion lassen sich nur in Abhängigkeit der übrigen in der Funktion enthaltenen Regressionskoeffizienten interpretieren.[506] Da die logistische Regression jedoch nur zur Validierung der Ergebnisse der Diskriminanzanalyse genutzt werden soll, wird im Folgenden auf die Literatur verwiesen.[507]

4.2 Charakterisierung des Datensatzes

Das Datensample umfasst insgesamt 108 Unternehmen. Nach einer ersten Bereinigung verbleiben noch 99 Unternehmen in dem Datensatz. Allen Unternehmen ist gemein, dass sie dem Gremium Intensivbetreuung zur Beurteilung vorgestellt wurden. Das heißt, dass alle Unternehmen aus dem Datensample auf irgendeine Art und Weise auffällig im Rahmen einer standardisierten Krisenidentifikation geworden sind. Anzumerken ist hierbei, dass bei den Vorstellungsgründen Mehrfachnennungen zulässig sind. Daher sind insgesamt 123 Vorstellungsgründe aufgeführt worden.

Insgesamt sind 48 (39,0%) der Unternehmen aufgrund eines Ratingdrifts und 20 (16,3%) aufgrund eines Ratings > 4,0 dem Gremium zur Vorlage gebracht worden. Das heißt auch, dass in ca. 55% der Fälle das Rating oder dessen Entwicklung maßgeblich für die Vorstellung beim Gremium Intensivbetreuung war.[508]

Die weiteren Gründe für eine Vorstellung beim Gremium Intensivbetreuung sind die Überführung des Unternehmens in die Intensivbetreuung eines anderen Kreditinstituts oder die Geschäftspolitik anderer Gläubiger (6/ 4,1%), eine Verschlechterung der wirtschaftlichen Lage (15/ 12,2%) und in der Restrukturierung oder Sanierung befindliche Unternehmen (7/ 5,7%). Die weiteren Vorstellungsgründe sind Kapitaldienstfähigkeit/ Liquidität/ Rückführung Betriebsmittellinie (6/ 4,9%), Betrug/ kriminelles Verhalten (4/ 3,3%), nicht klassifizierbar (5/ 4,1%), der Bruch eines Covenants (5/ 4,1%) und sonstige (8/ 6,5%).

---

506 Vgl. Backhaus et al. (2006), S. 439 f.

507 Vgl. fortführend zur logistischen Regression Hosmer, Lemeshow (2000) und Konrad (2012).

508 Es lag keine Kombination von Ratingdrift und Rating > 4,0 vor.

Das nachfolgende Diagramm gibt eine Übersicht über die Vorstellungsgründe in dem vorliegenden Datensatz.

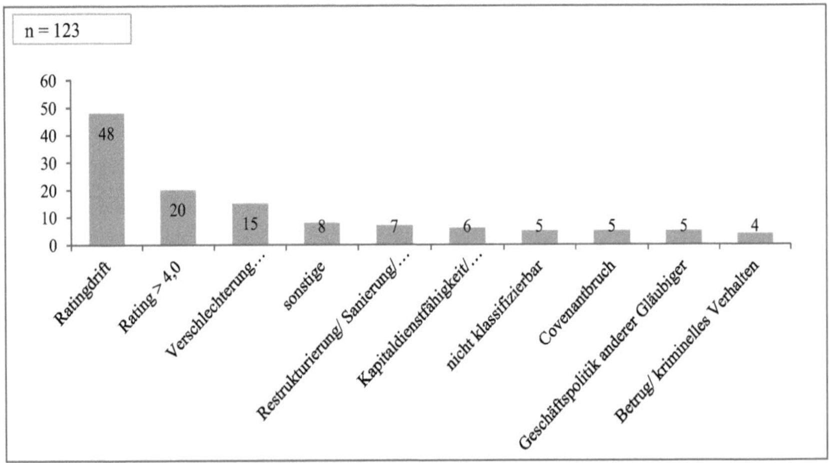

Abbildung 20: Vorstellungsgründe beim Gremium Intensivbetreuung.

Die Vorstellung beim Gremium Intensivbetreuung definiert in dieser Untersuchung den Übertritt in die manifeste Krise. Daher ist es von besonderem Interesse, in welchen manifesten Krisenzustand die Unternehmen des Datensatzes überführt wurden. 41% der Unternehmen wurden der manifesten Krise im weiteren Sinne, also einer passiven Begleitung und 59% der manifesten Krise im engeren Sinne, also eine aktiven Begleitung zugeordnet. Eine Einordnung in den manifesten Krisenzustand im engsten Sinne konnte nicht identifiziert und erhoben werden.

Ein weiteres Auswahlkriterium liegt in einer aktuellen und aktiven Kreditbeziehung zu dem Kreditinstitut, d.h. es sind keine Unternehmen in dem Datensatz vorhanden, die lediglich die betriebliche Zahlungsabwicklung über das Kreditinstitut ausführen. Die Form der Kreditbeziehung kann zwar unterschiedlich ausgestaltet sein, gleichwohl wurden nur Unternehmen erhoben, bei denen der Fremdkapitalgeber einen wesentlichen Anteil[509] an dem gesamten Finanzierungsvolumen bereitstellte. Daher hat das Kreditinstitut eine entscheidende Position im Finanzierungskonsortium.

Anders formuliert kann der Kreditgeber bei allen untersuchten Unternehmen als ein Stakeholder mit wesentlichem Einfluss auf die Finanzierungstätigkeit beschrieben werden.

509 Bei den untersuchten Unternehmen tritt das Kreditinstitut immer als eines der drei größten Fremdkapitalgeber auf. In den meisten Fällen (82%) hat das Kreditinstitut entweder das größte ausstehende Obligo aller beteiligten Fremdkapitalgeber oder ist alleiniger Fremdkapitalgeber.

4.2.1.1 Rechtsform

In dem untersuchten Sample liegen unterschiedliche Rechtsformen vor.

Der Großteil der analysierten Unternehmen firmiert als Kapitalgesellschaft oder als eine Mischform. Vornehmlich sind AGs, GmbHs und GmbH & Co. KGs in dem Datensatz zu finden. Der vierte Block „andere" fasst Rechtsformen wie OHGs, eingetragene Vereine oder ausländische Rechtsformen zusammen. Die nachfolgende Graphik visualisiert die Verteilung im Datensatz hinsichtlich der Rechtsform.

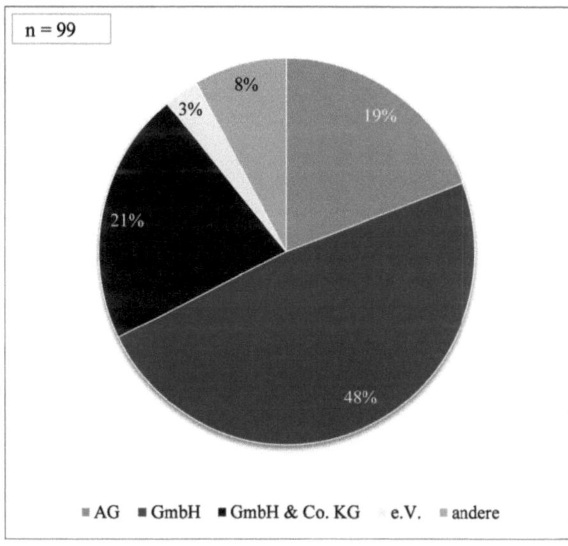

Abbildung 21: Rechtsformen der Krisenunternehmen.

Abbildung 21 zeigt, dass 48% der Unternehmen als GmbH firmieren. Die zweithäufigste Rechtsform im Datensatz ist die Kapitalgesellschaft (AG) mit 19%. Somit firmieren 67% des gesamten Datensatzes als Kapitalgesellschaften. Die Mischform GmbH & Co.KG ist mit 21% vertreten. Die übrigen Rechtsformen (e.V., Personengesellschaften und ausländische Rechtsformen) sind mit 11% im Datensatz repräsentiert.

Auffällig ist, dass der Krisentyp Mitarbeiter bei 75% der Unternehmen in Form einer GmbH auftritt (Abbildung 22). Zudem fällt auf, dass der Krisentyp Einkauf überwiegend in Form einer GmbH & Co. KG in Erscheinung tritt. Weitere Auffälligkeiten bei den Rechtsformen können nicht festgestellt werden.

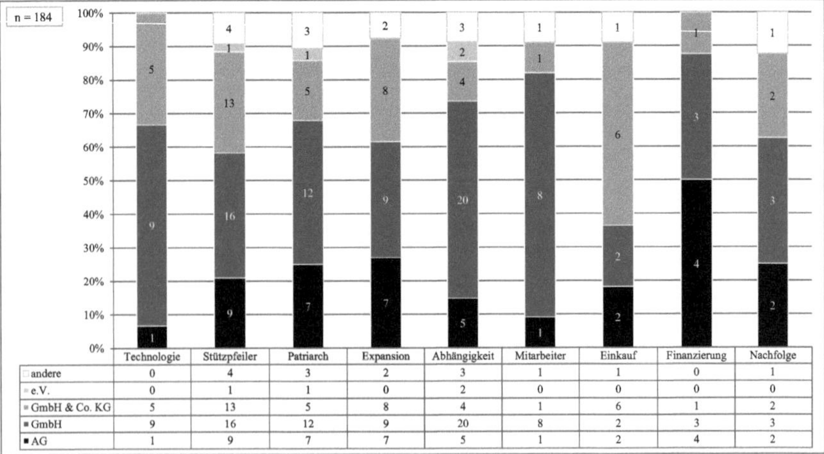

	Technologie	Stützpfeiler	Patriarch	Expansion	Abhängigkeit	Mitarbeiter	Einkauf	Finanzierung	Nachfolge
andere	0	4	3	2	3	1	1	0	1
e.V.	0	1	1	0	2	0	0	0	0
GmbH & Co. KG	5	13	5	8	4	1	6	1	2
GmbH	9	16	12	9	20	8	2	3	3
AG	1	9	7	7	5	1	2	4	2

Abbildung 22: Krisentypen nach Rechtsform.

4.2.1.2 Branchen

Der Datensatz umfasst eine Vielzahl unterschiedlicher Branchen. Jedoch sind die zugeordneten Branchen des Datensatzes sehr tief gegliedert, aus diesem Grund wurden die Branchen aggregiert.[510] So ist eine relative Gleichverteilung im Datensatz zu erkennen, da unterschiedliche Branchen mit einer ähnlich großen Stückzahl vertreten sind.

Wie Abbildung 23 darstellt sind folgende Branchen im Datensample gefunden worden. Die Branche Industrie & verarbeitendes Gewerbe[511] ist mit 46% im Datensatz vertreten. Damit steuert diese Branche fast die Hälfte der krisenbehafteten Unternehmen bei. Als Zweite ist die Branche Dienstleistung zu nennen. Diese Branche ist im Datensatz mit einer Häufigkeit von 28% identifiziert worden. Zudem ist der Handel und das Gastgewerbe mit 20%[512] und die Energie-Branche[513] mit 5% in dem Datensatz zu finden.

[510] Der Datensatz wurde in Anlehnung an destatis.de in die Wirtschaftsbereiche Land- & Forstwirtschaft, Industrie & verarbeitendes Gewerbe, Energie, Dienstleistungen sowie Handel und Gastgewerbe unterteilt. Die Branchen Transport & Verkehr, sowie Bauen wurden nicht berücksichtigt, vgl. DeStatis (2015).

[511] Die Branche Druck wurde dem der Branche Industrie/ verarbeitendes Gewerbe zugeordnet.

[512] Es wurden keine Krisenunternehmen aus dem Gastgewerbe identifiziert. Alle abgebildeten Unternehmen sind in dem Bereich Handel zu finden.

[513] Die Unternehmen aus den erneuerbaren Energien wurden dem Segment Energie zugeordnet. Dabei ist anzumerken, dass alle fünf Unternehmen aus dem Bereich der erneuerbaren Energien kommen, oder aber aufgrund des Unternehmenssegments in die Krise geraten sind.

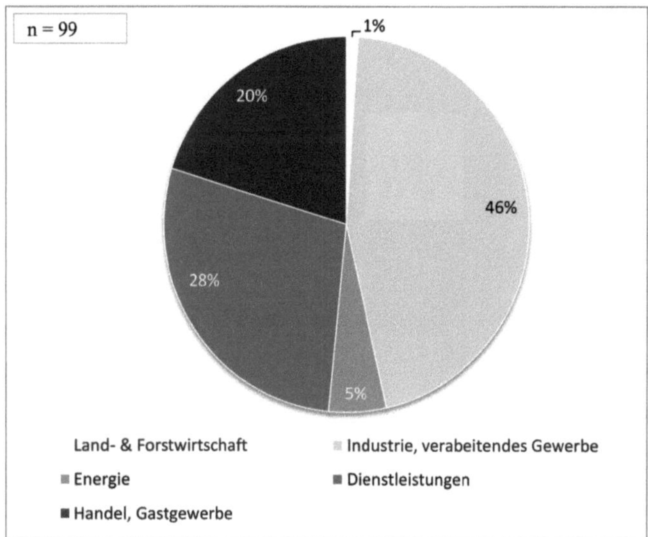

Abbildung 23: Branchen der Krisentypen.

Natürlich können in dem Datensatz auch die aktuellen „Problembranchen" erkannt werden.[514] Durch die gesetzlichen Veränderungen in der Subventionierung von Projekten zur erneuerbaren Energie steht die Branche aufgrund des globalen Preiswettbewerbes vor einer schwierigen Situation.[515] Zudem leidet aktuell die Druckbranche an der zunehmenden Digitalisierung, insbesondere bei Verlagen und Zeitungen.[516] Daher sind die Branchen erneuerbare Energien und Druck in dem Datensample leicht überrepräsentiert, spiegeln aber auch die aktuellen Probleme von Fremdkapitalgebern in der Praxis wider.

4.2.1.3 Region

Die Unternehmen haben ihren Geschäftssitz im gesamten Gebiet der Bundesrepublik Deutschland. Angesichts der einfachen Möglichkeit der Clusterbildung anhand der Postleitzahlen, wird der Datensatz anhand der Postleitzahlen in Regionen gegliedert. Die nachfolgende Graphik visualisiert die Aufteilung der Krisenunternehmen nach Regionen.

[514] Unter anderem die Branchen Druck und erneuerbare Energien.

[515] Die Reform des Erneuerbaren Energien Gesetzes (EEG) veränderte die Marktgegebenheiten grundlegend. Vgl. hierzu fortführend Hohmeyer, Wiegenbach (2014).

[516] Vgl. Reuters (2011) und Selling (2013).

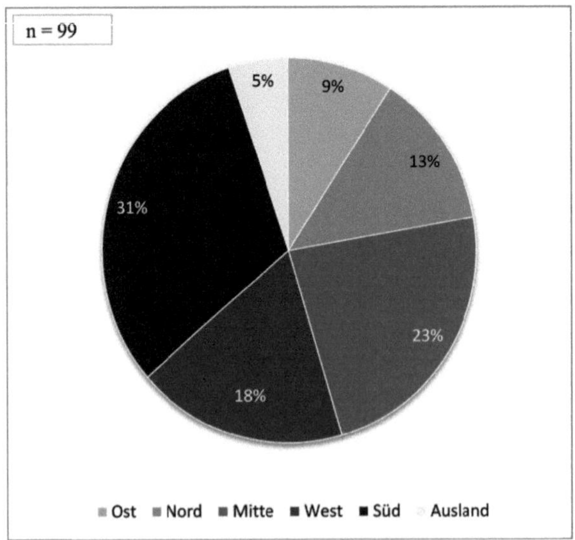

Abbildung 24: Geschäftssitz des Krisenunternehmens in Deutschland.

Der Schwerpunkt des Datensatzes liegt im Süden Deutschlands (Postleitzahlen 7, 8 und 9), aus dem 31% der Krisenunternehmen stammen. Dem Westen Deutschlands (Postleitzahlen 4 und 5) wurden 18% der krisenbehafteten Unternehmen zugeordnet. Der Osten (Postleitzahlen 0 und 1) war mit 9% deutlich unterrepräsentiert. Dies mag aber insbesondere an der eher geringen Anzahl von Unternehmen aus dem östlichen Bereich der Bundesrepublik liegen. Aus dem Norden (Postleitzahl 2) der Republik konnten 13% der Krisenunternehmen identifiziert werden. Da keine eindeutige Zuordnung bei den Postleitzahlenbereichen 3 und 6 vorgenommen werden kann, werden sie der Klasse Mitteldeutschland zugewiesen. Dieser Bereich ist mit 23% sehr stark repräsentiert. Zudem wurden fünf Unternehmen aus dem direkt angrenzenden europäischen Ausland erhoben. In einem zweiten Schritt erfolgt die Untergliederung anhand von Bundesländern.

4.2.1.4 Umsatzgrößen

Der Datensatz enthält unterschiedliche Segmente von Umsatzgrößen. Die Umsätze reichen von 100.000 Euro bis 4,6 Mrd. Euro. 12,2% der Unternehmen erzielen einen Umsatz kleiner 5 Mio. Euro, ungefähr 19,5% einen Umsatz zwischen 5 Mio. Euro und 20 Mio. Euro und 14,6% einen Umsatz zwischen 20 und 50 Mio. Euro (Abbildung 25). Damit generieren ca. die Hälfte der Unternehmen einen Umsatz kleiner 50 Mio. Euro. Bei 15,9% der Unternehmen kann im Jahr vor der Krise ein Umsatz zwischen 50 Mio. Euro und 100 Mio. Euro festgestellt werden. 23,2% der Unternehmen setzen im letzten Jahr des Untersuchungszeitraums zwischen 100 und 200 Mio. Euro um. Die restlichen 14,6% der Unternehmen in der Stichprobe generieren einen Umsatz größer 200 Mio. Euro.

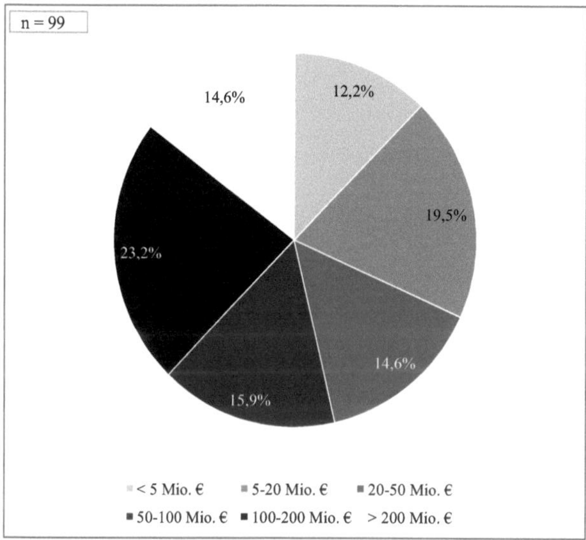

Abbildung 25: Umsatzgrößen in der Stichprobe.

4.2.1.5 Unternehmensalter

Da die Unternehmen mitunter bereits sehr lange existierten, wurde der Datensatz zur besseren Darstellung in 10-Jahres Intervalle unterteilt. Aufgrund der geringen Anteile von sehr alten Unternehmen, wurden die ältesten sechs Intervalle zu drei 20-Jahres Intervallen zusammengefasst.

13% der Unternehmen wurden vor dem Jahre 1949 gegründet und stellen somit ein sehr altes Unternehmen dar (Abbildung 26). Aus dem zweiten Intervall zwischen 1950 und 1969 stammen 10% der Unternehmen, bis 1989 wurden weitere 17% gegründet. Damit sind 41% der Unternehmen des Datensatzes vor 1990 gegründet worden. Den 1990er Jahren konnte ca. ein Viertel (26%) der Krisenunternehmen zugeordnet werden. Bei 27% der Unternehmen hat die Gründung im ersten Jahrzehnt des neuen Jahrtausends gelegen. Nach 2010 wurden 6% der Unternehmen gegründet. Demnach kann festgestellt werden, dass ein Drittel der Krisenunternehmen 14 Jahre oder jünger ist.[517]

[517] Dies entspricht auch der Krisentypologieforschung und allgemeinen Krisenforschung, die immer wieder feststellt, dass junge Unternehmen verstärkt in Unternehmenskrisen geraten. Vgl. Creditreform, ZEW, ZIV (2010), S. 1 f. und Tchouvakhina (2012). Die Literatur diskutiert auch oft über die Liability of Newness, vgl.

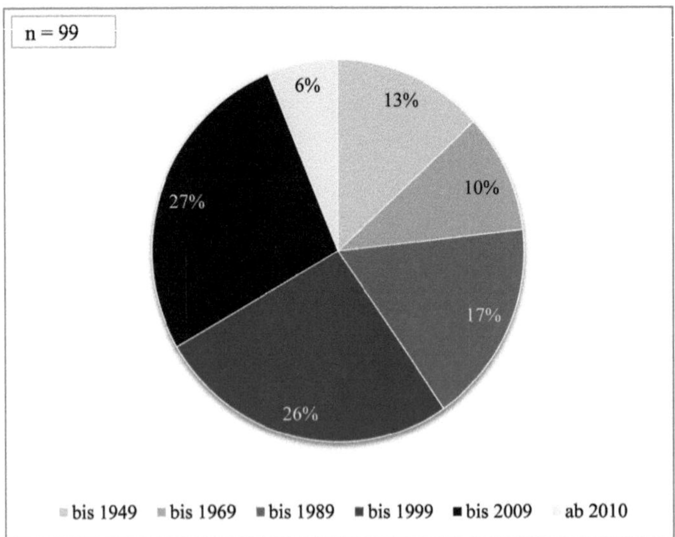

Abbildung 26: Alter des Unternehmens.

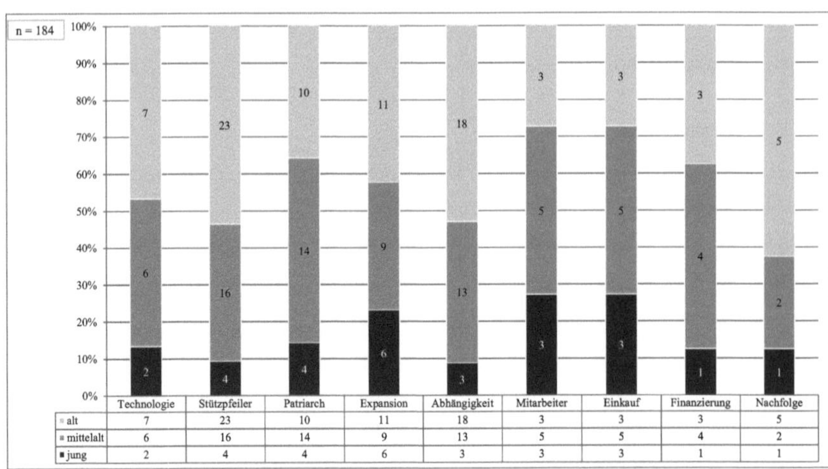

	Technologie	Stützpfeiler	Patriarch	Expansion	Abhängigkeit	Mitarbeiter	Einkauf	Finanzierung	Nachfolge
alt	7	23	10	11	18	3	3	3	5
mittelalt	6	16	14	9	13	5	5	4	2
jung	2	4	4	6	3	3	3	1	1

Abbildung 27: Krisentypen nach Unternehmensalter.

hierzu fortführend Stinchcombe (1965); Zald (1969); Singh, Tucker, House (1986) und Kor, Misangyi (2008).

Das Krisenalter wurde in jung (bis 7,5 Jahre), mittelalt (zwischen 7,5 Jahren und 20 Jahren) und alt (älter als 20 Jahre) unterschieden.[518] Hierbei ist in Abbildung 27 zu erkennen, dass über alle Krisentypen hinweg kaum junge Unternehmen in eine Krise geraten sind. Bei den Krisentypen Mitarbeiter und Einkauf konnten mit knapp 30% noch die höchsten Werte beobachtet werden. Bis auf die Krisentypen Nachfolge und Stützpfeiler, welche vornehmlich aus alten Unternehmen bestehen, sind die Unternehmensalter mehrheitlich in der mittelalten Kohorte angesiedelt.[519]

4.2.1.6 Dauer der Geschäftsbeziehung

Neben dem Alter der Unternehmen mag zudem die Dauer der Geschäftsbeziehung im Datensample von Interesse sein. Dabei scheint die Aufteilung der Intervalle auf 10-Jahres Abschnitte sinnvoll. Aufgrund geringer Besetzungszahlen wurde jedoch das erste Intervall als „vor 1979“ definiert.

Somit begannen 13% der Unternehmen ihre Geschäftsbeziehung mit dem Kreditinstitut vor 1979 (Abbildung 28). In dem nächsten Jahrzehnt wurden 10% der Geschäftsbeziehungen begonnen, bis 1999 weitere 15%. Auffällig ist, dass mehr als die Hälfte der Geschäftsbeziehungen erst nach dem Jahr 2000 geschlossen wurden. So wurden 46% zwischen den Jahren 2000 und 2009 geschlossen, ab dem Jahr 2010 weitere 15%.

Abschließend werden auch die Krisentypen anhand der Dauer der Geschäftsbeziehung unterschieden.

Hierbei wird die Geschäftsbeziehung in einen kurzfristigen (bis 5 Jahre), mittelfristigen (5 bis 10 Jahre) und langfristigen Bereich (länger als 10 Jahre) unterteilt.

Auffällig ist hier insbesondere, dass die Krisentypen Abhängigkeit und Nachfolge überwiegend bei kurzfristigen Geschäftsbeziehungen auftreten (Abbildung 29). Der Krisentyp Patriarch weist auch zur Hälfte eine kurzfristige Geschäftsbeziehung auf. Mit dem Krisentyp Technologie liegt hingegen eine eher lang- und mittelfristige Geschäftsbeziehung zugrunde. Der Krisentyp Stützpfeiler ist fast gleichverteilt in den Altersstrukturen der Geschäftsbeziehung. Krisentyp Expansion ist auch eher kurzfristig mit dem Kreditinstitut geschäftlich verbunden. Die restlichen Krisentypen weisen ebenfalls keine Auffälligkeiten auf.

---

[518] Die Unterteilung wurde anhand des KFW Economic research abgeleitet. Die KFW unterteilt vier Bereiche (bis 5, 5 bis 10, 10 bis 20 und älter 20). Hieraus wurden die drei Cluster abgeleitet. Vgl. Schwartz (2013), S. 24.

[519] Dies ist auch merkmalskonform zu Hauschildts Krisentypen, da er die ersten vier Typen aus großen und bekannten Unternehmenskohorten abgeleitet hat. Krisentyp Abhängigkeit und Krisentyp Mitarbeiter wurden hingegen erst ab der Erweiterung der Forschung auf KMUs hinzugefügt. Vgl. Hauschildt (2000), S. 13-16.

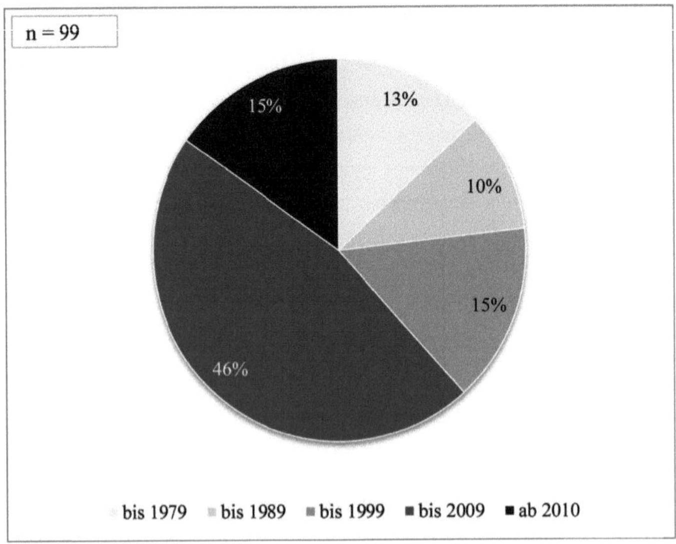

Abbildung 28: Beginn Geschäftsbeziehung zwischen dem Krisenunternehmen und dem Finanzinstitut.

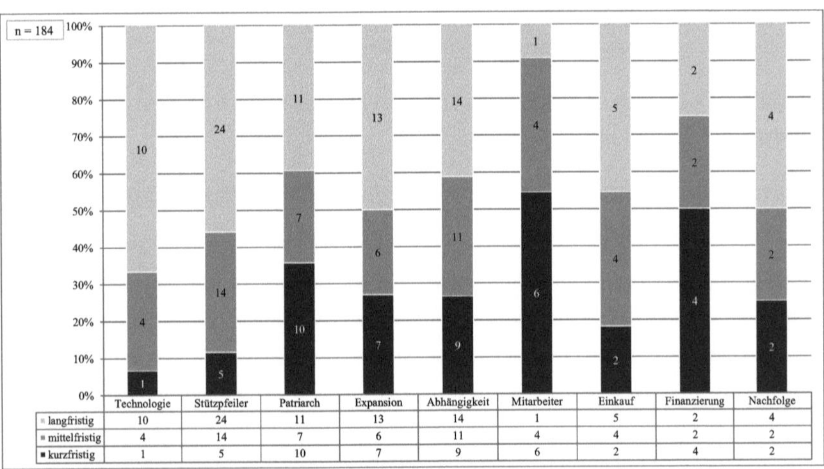

	Technologie	Stützpfeiler	Patriarch	Expansion	Abhängigkeit	Mitarbeiter	Einkauf	Finanzierung	Nachfolge
langfristig	10	24	11	13	14	1	5	2	4
mittelfristig	4	14	7	6	11	4	4	2	2
kurzfristig	1	5	10	7	9	6	2	4	2

Abbildung 29: Krisentypen nach Dauer der Geschäftsbeziehung.

4.2.1.7 Krisenorientierte Unternehmensmerkmale

Alle Unternehmen wurden dem Gremium Intensivbetreuung vorgestellt und sind daher als krisenbehaftet definiert. Da Unternehmenskrisen stets sehr individuellen Ausprägungen unterliegen, werden die Krisenunternehmen im Folgenden aus einer Krisenbetrachtung beschrieben.

4.2.1.7.1 Krisenursachen

Es bedarf einer näheren Betrachtung der Krisenursachen, um zu einer besseren Einschätzung der krisenbehafteten Unternehmen zu gelangen. Im Rahmen der Erhebung wurden Krisenursachen zwischen drei Bereichen unterschieden – betriebliche Ursachen, strukturelle Ursachen und verschärfende Ursachen.

Unter betrieblichen Ursachen sind eine unausgewogene operative Ausgangsbasis, Konjunktureinflüsse, Marktveränderungen, Abhängigkeiten gegenüber Kunden und/oder Lieferanten, falsche Produktpolitik und mangelhafte Materialwirtschaft zu verstehen. Unter strukturellen Ursachen wurden mangelnde Managementqualifikation, überhastete Expansion, falsche Markteinschätzung, mangelnde Kapazitätsauslastung, Gewinnverwendung außerhalb des Unternehmens, Fehlverhalten im Management, Unkorrektheit gegenüber Dritten, unbedingtes Autonomiestreben, Krankheit im Management und unzureichende Nachfolgeregelung genannt. Als verschärfende Ursachen konnten Mängel in der Eigenkapitalausstattung, mangelnde Planungs- und Kontrollsysteme, Kalkulationsmängel und ein unzureichendes Rechnungswesen identifiziert werden.

Betriebliche Ursachen konnten in 85,2% der Fälle identifiziert werden. Die häufigsten Krisenursachen hierbei waren Abhängigkeiten in der Wertschöpfungskette, also von Lieferanten oder von Kunden (30,0%). Externe Krisenursachen lagen in Marktveränderungen mit 48,9% und Konjunktureinflüsse (36,4%) häufig vor.

Die Kreditverantwortlichen nannten zudem strukturelle Ursachen in 9 von 10 Fällen (89,8%), welche damit auch eine dominante Rolle beschreiben. Hierbei ist insbesondere die mangelnde Qualifikation des Managements (48,9%) hervorzuheben. Des Weiteren wurden den Unternehmen in mehr als einem Drittel der Fälle eine falsche Markteinschätzung (38,6%) zugeschrieben. Neben mangelnder Kapazitätsauslastung (31,8%) wurden zudem überhastete Expansionen (30,7%) als gravierende Krisenursachen genannt. Etwas seltener wurde ein Fehlverhalten im Management (20,5%), sowie Unkorrektheit gegenüber Dritten (14,8%) identifiziert.

Die Verschärfenden Ursachen bilden mit 81,8% die dritte wichtige Säule von Krisenursachen. Hierbei ist zu beachten, dass diese Krisenursachen ausschließlich in Verbindung mit betrieblichen oder strukturellen Krisenursachen in der Stichprobe genannt wurden. Die kreditverantwortlichen Mitarbeiter der Bank nannten in 58% der Fälle mangelnde Planungs- und Kontrollsysteme als zentrale verschärfende Ursache. Des Weiteren weisen 39,8% der Krisenunternehmen ein unzureichendes Rechnungswesen auf. Neben unzureichenden Eigenkapitalressourcen (38,6%) nannten die Befragten erhebliche Mängel in den Auftragskalkulationen (28,4%) als ursächlich für die Unternehmenskrise.

Festzuhalten ist, dass die Experten alle Krisenursachen als wichtig empfanden. Insbesondere wurden jedoch die verschärfenden Ursachen bei den Krisenunternehmen genannt.

4.2.1.7.2 Krisentypen

Neben der Betrachtung von Krisenursachen wird im Rahmen dieser Untersuchung der Fokus auf die Unternehmenskrisentypologie gelegt. In der Stichprobe konnten alle Krisentypen gefunden werden, wobei die Krisentypen sehr unterschiedlich verteilt sind (Abbildung 30).

So konnte das Unternehmen, welches aufgrund technologischer Probleme in eine Krise geraten ist in 15,2% der Fälle gefunden werden. Das Unternehmen auf brechenden Stützpfeilern wurde bei 45,5% der Unternehmen als Krisentyp identifiziert. Das Unternehmen, welches eine patriarchalische Unternehmensführung aufwies, wurde von den Unternehmensexperten in 31,3% der Krisenunternehmen genannt. Die aufgrund unvorbereiteter Expansion in die Krise geratenen Unternehmen wurden in 28,3% der Fälle dem Krisentyp zugeordnet. Bei 36,4% der krisenbehafteten Unternehmen wurden Abhängigkeiten gegenüber Kunden, Lieferanten oder Subventionen identifiziert. Unternehmen, die durch unkorrekte Mitarbeiter in eine Krisensituation gerieten, sind in 12,1% der Fälle im Datensatz zu finden.

Die 2009 entwickelten Krisentypen sind in der Stichprobe eher gering vertreten. Das Unternehmen mit Problemen im Einkauf (11,1%), Unternehmen mit innovativer Finanzierungstätigkeit (10,1%) und Nachfolgeprobleme (8,1%) spielen eine eher untergeordnete Rolle.[520]

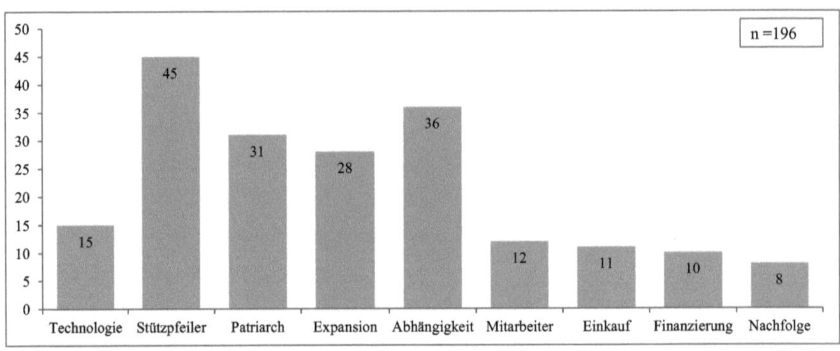

Abbildung 30: Krisentypen im Datensample.[521]

[520] Die Befunde bestätigen eine aktuelle Untersuchung von Kehrel/ Sonius (2015). Die Studie konnte zwar eine praktische Relevanz bei den 2009 von Leker entwickelten Krisentypen feststellen. Diese waren aber von einer eher untergeordneten Rolle, vgl. Kehrel, Sonius (2015).

[521] Mehrfachnennungen beim Krisentyp möglich. Daher bezieht sich die %-Angabe im folgenden Absatz auf die Grundgesamtheit von 99 Unternehmen und nicht auf das n = 196 aller Krisentypen.

Anzumerken ist zudem, dass eine Mehrfachnennung von Krisentypen zulässig ist. Daher ist auch interessant, welche Krisentypen in Kombination miteinander auftreten.

Insbesondere Kombinationen vom Krisentyp Stützpfeiler mit dem Krisentypen Technologie (9 Mal), Patriarch (13 Mal), Krisentyp Expansion (13 Mal) und dem Krisentyp Abhängigkeit (19 Mal) wurde oft identifiziert (Tabelle 7). Aber auch Krisentyp Patriarch und Krisentyp Expansion traten 12 Mal gemeinsam auf. Zudem tritt der Krisentyp Patriarch in Kombination mit dem Krisentypen Finanzierung insgesamt 8 Mal auf.

Dies ist außergewöhnlich, da damit 80% der Unternehmen mit innovativer Finanzierungstätigkeit patriarchalisch geführt werden. Eine weitere Häufung liegt beim Krisentypen Einkauf vor. In 63% der Fälle sind Unternehmen mit Problemen in der Materialbeschaffung auch Unternehmen des Krisentyps Stützpfeiler.

Die (Kreuz-)Tabelle 7 zeigt die unterschiedlichen Kombinationen der Krisentypen.

Tabelle 7: Kreuztabelle Krisentypen.[522]

	KT 1	KT 2	KT 3	KT 4	KT 5	KT 6	KT 7	KT 8	KT 9
Technologie	15								
Stützpfeiler	9	45							
Patriarch	3	13	31						
Expansion	3	13	12	28					
Abhängigkeit	5	19	6	7	36				
Mitarbeiter	3	3	2	3	5	12			
Einkauf	4	7	4	5	2	0	11		
Finanzierung	2	2	8	3	1	3	2	10	
Nachfolge	1	4	2	2	3	0	0	0	8

Auffällig ist neben den bereits aufgeführten hohen Kombinationen auch, dass die Krisentypen Mitarbeiter und Einkauf nicht miteinander kombiniert vorlagen. Dies ist erstaunlich, erwartet man doch unkorrekte Mitarbeiter vorwiegend im Vertrieb und im Einkauf. Jedoch sind die Unternehmen im Krisentyp Mitarbeiter vorwiegend auf Management-Ebene oder Projektleiter-Ebene zu finden.

Zudem sind Unternehmen mit unzureichender Nachfolgeregelung nicht in Kombination mit innovativer Finanzierungstätigkeit, Problemen auf Beschaffungsseite und unkorrekten Mitarbeitern zu finden.

522 Die Spalten wurden aus Platzgründen mit Krisentyp 1 bis Krisentyp 9 beschriftet. In der Zeilenbeschriftung ist jedoch der jeweilige Krisentyp ablesbar.

Die Durchführung innovativer Finanzierungstätigkeiten mag eine Form von Professionalisierung nach sich ziehen, welches Nachfolgeprobleme ausschließen würde.

Fehlende Kombinationen mit den Krisentypen Mitarbeiter und Einkauf mag in der geringen Anzahl von Unternehmen des Krisentyps Nachfolge in der Stichprobe begründet liegen.

Nachdem die Kombinationen der unterschiedlichen Krisentypen beschrieben wurden, werden folgend die Korrelationen innerhalb der Krisentypen berechnet. Liegt eine hohe Korrelation vor, kann ein enger statistischer Zusammenhang zwischen den Krisentypen beschrieben werden.

Tabelle 8 zeigt die ermittelten Korrelationen.

Tabelle 8: Kreuztabelle Korrelationen Krisentypen.[523]

	KT 1	KT 2	KT 3	KT 4	KT 5	KT 6	KT 7	KT 8	KT 9
Technologie	1								
Stützpfeiler	0,085	1							
Patriarch	-0,140	-0,126	1						
Expansion	-0,111	-0,056	0,114	1					
Abhängigkeit	-0,065	0,037	-0,314	-0,213	1				
Mitarbeiter	0,086	-0,202	-0,151	-0,055	0,010	1			
Einkauf	0,196	0,098	0,012	0,113	-0,170	-0,148	1		
Finanzierung	0,030	-0,217	0,337	-0,011	-0,221	0,172	0,083	1	
Nachfolge	-0,037	-0,004	-0,065	-0,044	-0,019	-0,124	-0,118	0,013	1

Die Tabelle zeigt, dass keine hohen Korrelationen zwischen Krisentypen vorliegen. Lediglich der Krisentyp Expansion und der Krisentyp Finanzierung weisen eine leichte statistische Korrelation mit 0,337 auf. Dies kann auch inhaltlich begründet werden, da zur Expansion in der Regel ein erhöhtes Finanzierungvolumen benötigt wird. Dies wird scheinbar teilweise auch durch innovative Finanzierungsmethoden erreicht. Eine weitere interessantere negative Korrelation bieten Krisentyp Expansion und Krisentyp Abhängigkeit. Demnach sind abhängige Unternehmen eher nicht auf Expansionskurs und werden nicht dem Krisentyp Expansion zugeordnet. Die Analyse der Korrelationen bietet keine weiteren Auffälligkeiten.

4.2.1.7.3 Manifeste Krisenzustände

Alle vorliegenden Unternehmen befanden sich zum Zeitpunkt der Datenerhebung in einem manifesten Krisenstadium. Wie bereits in Kapitel 3.1.4 beschrieben wird in dieser Arbeit die

[523] Die Spalten wurden aus Platzgründen mit Krisentyp 1 bis Krisentyp 9 beschriftet. In der Zeilenbeschriftung ist jedoch der jeweilige Krisentyp ablesbar.

manifeste Krisenphase handlungsorientiert in die drei Bereiche manifester Krisenzustand im weiteren Sinne, manifester Krisenzustand im engeren Sinne und manifester Krisenzustand im engsten Sinne unterteilt. Der manifeste Krisenzustand im engsten Sinne ist im Rahmen der Betrachtung von Fremdkapitalgebern als eher untergeordnet und wenig praxisrelevant zu interpretieren. Dies spiegelt auch der vorliegende Datensatz wider, da bei keinem Unternehmen aus dem Datensample die Einordnung in einen manifesten Krisenzustand im engsten Sinne vorgenommen wurde.[524]

So wurden im vorliegenden Datensatz 41 Unternehmen (41,1%) dem manifesten Krisenzustand I, also der passiven Krisenbegleitung und 59 Unternehmen (59,6%) dem manifesten Krisenzustand II und einer aktiven Begleitung zugeordnet. Abbildung 31 visualisiert die Aufteilung der manifesten Krisenzustände, in denen sich die Unternehmen befinden.

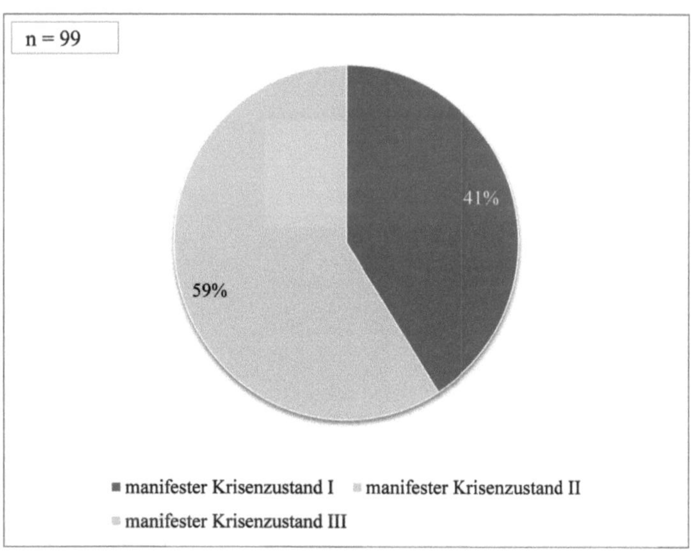

Abbildung 31: Aufteilung der manifesten Krisenzustände im Datensample.

4.3 Befunde zu Unternehmen im latenten Krisenstadium

Zur tiefergehenden Analyse mussten weitere Bereinigungen aufgrund verschiedener Rechnungslegungen sowie unvollständiger Werte über den gesamten Krisenverlauf vorgenommen werden. Es mussten weitere 17 Krisenunternehmen aus der Datenbasis eliminiert werden,

[524] Allerdings liegt dies auch darin begründet, dass Unternehmen die Insolvenz anmelden direkt in die Abwicklungseinheiten überführt werden, ohne dass das Gremium Intensivbetreuung diese Unternehmen speziell sichtet. Aus diesem Grunde sind diese Unternehmen überhaupt nicht auf der zur Verfügung gestellten Liste enthalten.

sodass zur vollständigen Analyse noch 82 Unternehmen vorlagen und genutzt werden konnten.

4.3.1 Befunde zur gesamten Stichprobe

Zunächst wird der Befundbericht der gesamten Stichprobe – ohne Klassifizierung nach Krisentypen – vorgestellt. Hierbei konnten die in Tabelle 9 dargestellten signifikanten Ergebnisse[525] festgestellt werden.

Tabelle 9: Signifikante quantitative Ergebnisse gesamte Stichprobe.

Gesamte Stichprobe				n = 82
	t_{-4} auf t_{-3}	t_{-3} auf t_{-2}	t_{-2} auf t_{-1}	t_{-1} auf t_0
Bilanz	Anlagevermögen** Forderungen** (Vorräte)** Eigenkapital** Verbindlichkeiten aus Lieferung und Leistung*	Umlaufvermögen*** Eigenkapital*** Forderungen*** Vorräte*** Forderungen aus Lieferung und Leistung** Fremdkapital*** Verbindlichkeiten***	Vorräte*** Anlagevermögen*** Umlaufvermögen** Eigenkapital** Fremdkapital*** Rückstellungen*** Verbindlichkeiten*** Verbindlichkeiten aus Lieferung und Leistung*** Verbindlichkeiten ggüb. Kreditinstituten** Bilanzsumme***	Anlagevermögen** Vorräte*** Fremdkapital*** Verbindlichkeiten*** Verbindlichkeiten ggüb. Kreditinstituten*** Bilanzsumme**
GuV	Abschreibungen*** (Gewinn der Abrechnungsperiode)*	Umsatz*** Materialaufwand*** Personalaufwand*** Abschreibungen* (ordentliches Betriebsergebnis)*** (Außerordentliches Ergebnis)**	Umsatz*** Materialaufwand*** Personalaufwand*** Abschreibungen*** (EBIT)* (ordentliches Betriebsergebnis)*	Personalaufwand*** Abschreibungen**
Kennzahlen	Kreditorenziel** Debitorenziel* Ausfallwahrscheinlichkeit**[526]	Kreditorenziel* Anlagendeckungsgrad** (Vorratsintensität)**	(Umsatzrendite)*** (Gesamtkapitalrendite)** Ausfallwahrscheinlichkeit***	(Gesamtkapitalrendite)** (Umsatzrendite)* (Eigenkapitalquote)** Vorratsintensität* Ausfallwahrscheinlichkeit***

*** p<0,01; ** p<0,05; * p<0,1   () = negative Veränderung

[525] Im Folgenden werden Veränderungen auf einem 90%-igen Signifikanzniveau (p<0,1) mit leicht signifikant beschrieben. Liegen Veränderungen bei einem Signifikanzniveau von 95% (p<0,05) vor wird in der vorliegenden Arbeit von signifikanten Veränderungen gesprochen. Abschließend seien die hochsignifikanten Ergebnisse mit einem Signifikanzniveau von 99% (p<0,01) definiert.

[526] Hier und im Folgenden beschreibt eine negative Veränderung die Verringerung der Ausfallwahrscheinlichkeit. In diesem Fall ist allerdings das Merkmal (Ausfallwahrscheinlichkeit), falls steigend als negativ zu interpretieren. Daher kann „negative Veränderung" nicht per se als inhaltlich negativ interpretiert werden, sondern lediglich als numerisch.

4.3.1.1 Kernbefunde zu wirtschaftlichen Kennzahlen

Die vorangestellte Tabelle 9 zeigt, dass wir nahezu über den gesamten Zeitraum eine signifikant steigende Ausfallwahrscheinlichkeit feststellen können. Dieser signifikante Anstieg nimmt in den letzten Jahren stark zu. Nur von t_{-3} auf t_{-2} verharrte die Ausfallwahrscheinlichkeit auf niedrigem Niveau.

In den letzten beiden Jahren zeigt sich dann ein deutliches Nachlassen der Erfolgslage, dargestellt durch die Renditekennzahlen. Im letzten Jahr sinkt dann auch die Eigenkapitalquote.

Betrachtet man die Kennzahlen der GuV zeigt sich bei dem ordentlichen Betriebsergebnis, ab t_{-3} auf t_{-2} ein stark signifikanter Rückgang. Im letzten Jahr kann diese negative Entwicklung nicht mehr korrigiert werden.

Die übrigen Kennzahlen im Bereich des Working Capitals (Kreditoren, Debitoren und Vorräte) zeigen keine so eindeutigen Entwicklungen.

4.3.1.2 Befunde zu einzelnen Kennzahlen- und Postenveränderungen

Von dem Jahr **t_{-4} auf Jahr t_{-3}**[527] verändern sich operative Kennzahlen und zahlreiche Bilanzpositionen des Unternehmens. Das Kreditorenziel steigt[528] um 5,4%[529], das Debitorenziel leicht um 2,2%. Die Vorratsintensität fällt um 3,3%. Bilanziell konnten fallende Vorräte (2,5%), steigende Forderungen (3,1%), Anlagevermögen und Eigenkapital (2,9%) beobachtet werden.

In der GuV wurden ebenfalls erste signifikante Veränderungen gemessen. Abschreibungen steigen und Gewinne in der Abrechnungsperiode fallen um 8,4%. Die Ausfallwahrscheinlichkeit unterliegt einer 5%-igen Steigung.

3 Jahre **(t_{-3} bis t_{-2})**[530] vor Eintritt der manifesten Krise konnten zahlreiche hoch signifikante Ergebnisse gemessen werden. Das Kreditorenziel steigt um 5,2% und die Vorratsintensität fällt. Bilanziell wurden ebenfalls signifikante Veränderungen gemessen. Umlaufvermögen

---

[527] Im Folgenden werden die Begriffe t_{-4} auf t_{-3} synonym mit „in der ersten Beobachtungsperiode" genutzt. In den Graphiken werden jedoch immer t_{-4} auf t_{-3}, bzw. das jeweilige Jahr angegeben.

[528] Im Folgenden wird das Wachstum des Median beschrieben. Die Verläufe der Mediane sind im Einzelnen in den Anhängen I, II und III ausgewiesen. Dabei können in Anhang I die Mediane der Bilanzpositionen, in Anhang II die Positionen der GuV und in Anhang III die Mediane der Analysekennzahlen betrachtet werden. Die Signifikanzniveaus für die gesamte Stichprobe sind in Tabelle 9 aufgeführt. Die Signifikanzen in den jeweiligen Krisentypengruppen werden dann zusätzlich in einer Tabelle aufgeführt. In den folgenden Ausführungen werden ausschließlich signifikante Ergebnisse aufgeführt, daher wird auf einen expliziten Hinweis, dass eine Signifikanz vorliegt, verzichtet. Das Signifikanzniveau kann aus der Tabelle abgelesen werden.

[529] Es werden im Folgenden lediglich Wachstumsraten größer 2% explizit angegeben. Alle anderen signifikant steigenden Werte werden zwar erwähnt, auf die Größe des Wachstums wird hingegen nicht eingegangen.

[530] Im Folgenden werden die Begriffe t_{-3} auf t_{-2} synonym mit „in der zweiten Beobachtungsperiode" genutzt.

(8,5%), Forderungen (4,9%), Eigenkapital (4,7%), Fremdkapital (2,6%), Verbindlichkeiten (9,1%) und Forderungen aus Lieferung und Leistung steigen.

Auch Posten aus der GuV verändern sich signifikant zwischen den Jahren t_{-3} und t_{-2}. Umsatz (4,1%), Materialaufwand (7,1%) und Personalaufwand (4,3%) erhöhen sich. Das ordentliche Betriebsergebnis steigt um 8,7%. Das außerordentliche Ergebnis fällt um 100% (im Median wird kein außerordentliches Ergebnis ausgewiesen), die Abschreibungen erhöhen sich um 4,4%.

Vom Krisenjahr **t_{-2} zu t_{-1}**[531] verändern sich die Jahresabschlussdaten der krisenbehafteten Unternehmen signifikant wie folgt: Es wurden keine operativen signifikanten Ergebnisse gemessen. Finanzwirtschaftlich steigen Bilanzsumme (6,5%), Anlagevermögen (8,1%), Vorräte (13,6%), Fremdkapital (8,3%), Rückstellungen (8,5%), Verbindlichkeiten (2,2%) und Verbindlichkeiten aus Lieferung und Leistung (19,3%). Umlaufvermögen (5,8%), Eigenkapital und Verbindlichkeiten gegenüber Kreditinstituten (7,6%) steigen ebenfalls.

In der GuV können weitere signifikante Veränderungen beobachtet werden, u.a. steigende Umsätze (7,6%), steigende Materialaufwendungen (15,0%) und steigende Abschreibungen (11,4%) auf. Des Weiteren wurden fallende Umsatzrenditen (35,8%), fallende Gesamtkapitalrenditen (29,5%) und ein fallendes EBIT (24,3%) sowie ordentliche Betriebsergebnisse identifiziert. Zudem konnten auf Bonitätsebene hoch signifikant steigende Ausfallwahrscheinlichkeiten (26,9%) gefunden werden.

Das letzte Jahr vor Übertritt **(t_{-1} auf t_0)**[532] in das manifeste Krisenstadium ist von hauptsächlich auf der Passivseite beobachteten signifikanten Veränderungen gekennzeichnet. Bilanziell werden signifikante Steigungen bei Fremdkapital (4,9%), Verbindlichkeiten (9,7%) und insbesondere Verbindlichkeiten gegenüber Kreditinstituten (28,0%) beobachtet. Ebenso steigen die Vorräte um 5,5%. Zudem erhöhen sich Bilanzsumme und Anlagevermögen (8,0%).

In der GuV werden um 2,4% steigende Personalaufwand und um 3,5/% steigende Abschreibungen beobachtet. Die Gesamtkapitalrendite fällt um 44% und die Umsatzrendite ebenfalls stark um 37,8%. Des Weiteren können steigenden Vorratsintensitäten und um 4,0% fallende Eigenkapitalquoten beobachtet werden. Die Ausfallwahrscheinlichkeit steigt um 148,6%.

---

[531] Im Folgenden werden die Begriffe t_{-2} auf t_{-1} synonym mit „in der dritten Beobachtungsperiode" genutzt.

[532] Im Folgenden werden die Begriffe t_{-1} auf t_0 synonym mit „in der vierten Beobachtungsperiode" oder „in der letzten Beobachtungsperiode" genutzt.

4.3.2 Befunde zu Unternehmen mit technologischen Problemen

Unternehmen, die sich mit technologischen Problemen auseinander setzen, weisen folgende signifikante Veränderungen auf (Tabelle 10).

Tabelle 10: Signifikante quantitative Ergebnisse Krisentyp 1.

Technologie				**n = 11**
	t_{-4} auf t_{-3}	t_{-3} auf t_{-2}	t_{-2} auf t_{-1}	t_{-1} auf t_0
Bilanz		Umlaufvermögen* Bilanzsumme*		
GuV	(Umsatz)*		Personalaufwand**	
Kenn-zahlen	Debitorenziel* Ausfallwahrschein-lichkeit*	Anlagendeckungs-grad**		Ausfallwahrschein-lichkeit**

*** p<0,01; ** p<0,05; * p<0,1 () = negative Veränderung

4.3.2.1 Kernbefunde zu wirtschaftlichen Kennzahlen

Die Tabelle zeigt, dass in der GuV lediglich leicht signifikante Veränderungen des Umsatzes in der ersten Betrachtungsperiode festgestellt werden konnten. Weitere signifikante Veränderungen liegen nicht vor, demnach verharren Umsatz und Aufwandspositionen auf ähnlichem Niveau.[533]

Eine leicht signifikante Veränderung der Ausfallwahrscheinlichkeit in der Periode t_{-4} bis t_{-3} wird von einem Verharren auf ähnlichem Niveau begleitet. Die Ausfallwahrscheinlichkeit wird erst wieder im letzten Jahr vor Eintritt ins manifeste Krisenstadium auffällig. Zudem sind die Kennzahlen aus dem Working Capital beim Krisentyp 1, bis auf die erste Periode unauffällig.

Es fällt sehr auf, dass keine Veränderungen von Renditekennzahlen beobachtet werden konnten. Offensichtlich ist, dass entweder die finanziellen Mittel oder die Liquidität fehlen. Tendenziell kann hier keine Erfolgskrise beobachtet werden.

4.3.2.2 Befunde zu einzelnen Kennzahlen- und Postenveränderungen

Im Jahr **t_{-4} auf t_{-3}** konnten ausschließlich leicht signifikante Ergebnisse festgestellt werden. Das Debitorenziel steigt um 9,4%, zudem fällt der Umsatz um 4,7%. Die Ausfallwahrscheinlichkeit steigt um 111,0%.

533 Vgl. Anhang II.

Der Anlagendeckungsgrad steigt beim Krisentyp 1 zwischen den Jahren **t_{-3} und t_{-2}** um 27,3%. Zudem weisen die beiden Bilanzpositionen Bilanzsumme (7,3%) und Umlaufvermögen (3,29%) Anstiege auf.

Zwei Jahre vor der Krise **(t_{-2} auf t_{-1})** steigt der Personalaufwand um 10,3% an.

In dem Zeitintervall **t_{-1} auf t_0** steigt die Ausfallwahrscheinlichkeit um 97,5% an.

4.3.3 Befunde zu Unternehmen auf brechenden Stützpfeilern

Unternehmen auf brechenden Stützpfeilern weisen im Verlauf der latenten Krise die in Tabelle 11 aufgeführten signifikanten Veränderungen auf.

Tabelle 11: Signifikante quantitative Ergebnisse Krisentyp 2.

Stützpfeiler				**n = 35**
	t_{-4} auf t_{-3}	t_{-3} auf t_{-2}	t_{-2} auf t_{-1}	t_{-1} auf t_0
Bilanz		Bilanzsumme** Umlaufvermögen**	Anlagevermögen**	
GuV		(Umsatz)*** Personalaufwand*** ordentliches Betriebsergebnis*	Personalaufwand*** (EBIT)*	(Umsatz)* (EBIT)** (ordentliches Betriebsergebnis)*
Kennzahlen	Debitorenziel*	Kreditorenziel** Anlagendeckungsgrad***	(Umsatzrendite)** (Gesamtkapitalrendite)*	(Gesamtkapitalrendite)** (Umsatzrendite)* Ausfallwahrscheinlichkeit***

*** $p<0{,}01$; ** $p<0{,}05$; * $p<0{,}1$ () = negative Veränderung

4.3.3.1 Kernbefunde zu wirtschaftlichen Kennzahlen

Auch bei diesem Krisentyp wird die Ausfallwahrscheinlichkeit erst im letzten Jahr der latenten Krise auffällig. In den vorangegangenen Jahren können keine signifikant wachsenden Ausfallwahrscheinlichkeiten beobachtet werden.

Aus der Tabelle 11 lassen sich zudem die signifikanten Veränderungen aus der GuV ablesen. Fallende Umsätze zwischen t_{-3} und t_{-2} sowie in der letzten Periode werden von steigenden Aufwandspositionen begleitet. Dies führt letztlich zu fallenden EBITs und einem fallenden ordentlichen Ergebnis. Ausdruck findet diese Entwicklung zudem in den negativen Verläufen der Renditekennzahlen, die bereits zwei Jahre vor der Krise auffällig werden.

Als entscheidender Befund kann aufgeführt werden, dass die Ausfallwahrscheinlichkeit erst sehr spät Hinweise für eine Krise liefert. Demgegenüber sind die Renditekennzahlen hingegen schon deutlich früher auffällig.

4.3.3.2 Befunde zu einzelnen Kennzahlen- und Postenveränderungen

Bei Unternehmen, die dem Krisentyp 2 zugeordnet wurden, konnten steigende Debitorenziele von **t_{-4} auf t_{-3}** beobachtet werden.

Zwischen **t_{-3} und t_{-2}** steigt das Kreditorenziel um 9,6%. Bei den Bilanzpositionen konnte ein steigendes Umlaufvermögen (3,2%) und ein steigender Anlagendeckungsgrad (8,0%) nachgewiesen werden.

In der GuV weisen Unternehmen des Krisentyps Stützpfeiler einen fallenden Umsatz und um 2,0% steigenden Personalaufwand auf. Das ordentliche Betriebsergebnis steigt um 5,9%.

Zwischen **t_{-2} und t_{-1}** konnten operativ keine signifikanten Ergebnisse ermittelt werden. Bilanziell konnten Steigerungen des Anlagevermögens (2,4%) gemessen werden.

In der GuV konnten weitere signifikante Ergebnisse gefunden werden. Der Personalaufwand steigt um 2,9% und das EBIT fällt sehr stark (34,6%). Zudem fallen Umsatzrendite (45,3%) und Gesamtkapitalrendite (45,5%) um fast die Hälfte.

Im letzten Jahreswechsel vor Übertritt in das manifeste Krisenstadium **(t_{-1} auf t_0)** sind weder operative noch bilanzielle Auffälligkeiten zu beobachten.

Gleichwohl treten zahlreiche Veränderungen in der GuV auf. Es fallen Umsatz und ordentliches Betriebsergebnis (10,1%), sowie das EBIT um 44,8%. Die Ausfallwahrscheinlichkeit steigt stark um 146,9% an. Zudem können fallende Gesamtkapitalrenditen (80,4%) und Umsatzrenditen (74,0%) beobachtet werden.

4.3.4 Befunde zum konservativen, starrsinnigen Patriarch

Die folgende Tabelle zeigt alle signifikanten Veränderungen der Gruppe von Unternehmen, die dem Krisentyp Patriarch zugeordnet wurden.

Tabelle 12: Signifikante quantitative Ergebnisse Krisentyp 3.

Patriarch				**n = 28**
	t_{-4} auf t_{-3}	t_{-3} auf t_{-2}	t_{-2} auf t_{-1}	t_{-1} auf t_0
Bilanz	Eigenkapital**	Anlagevermögen*** Umlaufvermögen** Eigenkapital*** Bilanzsumme***	Anlagevermögen*** Umlaufvermögen* Fremdkapital*** Bilanzsumme***	Umlaufvermögen* Fremdkapital*** Bilanzsumme*
GuV		Umsatz*** Materialaufwand*** Personalaufwand*** Abschreibungen** ordentliches Betriebsergebnis*** Außerordentliches Ergebnis***	Umsatz*** Materialaufwand*** Personalaufwand*** Abschreibungen*** (EBIT)*	Personalaufwand** Abschreibungen***
Kennzahlen	Debitorenziel** Kreditorenziel** Ausfall-wahrscheinlichkeit* Eigenkapitalquote*	Vorratsintensität** Ausfall-wahrscheinlichkeit**	(Gesamtkapital-rendite)* (Umsatzrendite)* (Anlagen-deckungsgrad)** (Eigenkapitalquote)*	(Anlagen-deckungsgrad)* (Eigenkapitalquo-te)*** Ausfall-wahrscheinlichkeit***

*** $p<0{,}01$; ** $p<0{,}05$; * $p<0{,}1$ () = negative Veränderung

4.3.4.1 Kernbefunde zu wirtschaftlichen Kennzahlen

Tabelle 12 zeigt ein ausgeprägtes bilanzielles Wachstum. Insbesondere das Wachstum der Passivseite unterliegt hier einem Wandel. Wird in den Periode t_{-4} auf t_{-3} und t_{-3} auf t_{-2} steigendes Eigenkapital beobachtet, so wird das weitere Wachstum anhand von steigendem Fremdkapital finanziert.

Analog dem steigenden Bilanzwachstum werden auch steigende GuV Posten beobachtet. Nach steigendem Umsatz in den Perioden t_{-3} bis t_{-1} kann das Wachstum in der letzten Periode nicht mehr wiederholt werden. Entgegen dem Umsatz können remanent steigende Aufwandspositionen gemessen werden. Bereits in der Periode t_{-2} auf t_{-1} führen die steigenden Aufwendungen zu einem Rückgang des EBIT.

Die Kennzahlen des Working Capital werden in den ersten beiden Perioden (t_{-4} bis t_{-2}) auffällig. In den letzten beiden Perioden unterliegt zudem die Eigenkapitalquote einem signifikanten Rückgang. Die Ausfallwahrscheinlichkeit unterliegt Veränderungen in der Periode t_{-3} auf t_{-2} und in der letzten Periode. Dazwischen verharrt die Ausfallwahrscheinlichkeit auf demselben niedrigen Niveau.

Der große Unterschied zum Gesamtbild ist, dass am Schluss nicht die Renditen, sondern die statischen Bilanzkennzahlen (Anlagendeckung und Eigenkapitalquote) das Krisensignal geben. Offensichtlich werden zur manifeste Krise hin die Finanzkennzahlen schlechter. Im Befund kann dies nicht auf Verschlechterungen der Renditekennzahlen zurückgeführt werden

4.3.4.2 Befunde zu einzelnen Kennzahlen- und Postenveränderungen

Der Krisentyp 3 weist bereits zwischen **t_{-4} und t_{-3}** signifikante Veränderungen auf. Steigende Debitorenziele (9,4%), sowie steigende Kreditorenziel (6,6%) werden beobachtet. Bilanziell kann zudem ein signifikant steigendes Eigenkapital (2,5%) und um 111,0% steigende Eigenkapitalquoten beobachtet werden. Die Positionen in der GuV zeigen keine signifikanten Veränderungen. Zudem steigt die Ausfallwahrscheinlichkeit um 5,0% an.

Von **t_{-3} auf t_{-2}** steigen Bilanzsumme (10,2%), Anlagevermögen (6,9%) und Eigenkapital (12,9%). Eine weitere signifikante Veränderung der Bilanzpositionen konnte in der Erhöhung des Umlaufvermögens um 19,9% gemessen werden. In der GuV wurden zudem steigende Umsätze um 8,6%, sowie um 13,3% steigende Material- und steigende Personalaufwendungen beobachtet. Der dritte Aufwandsposten Abschreibungen steigt um 13,1%. Beim ordentlichen Betriebsergebnis wurden Steigerungen von 8,7% beobachtet. Auch das außerordentliche Betriebsergebnis weist Steigerungen auf. Neben den Veränderungen in der GuV steigen Vorratsintensität leicht und Ausfallwahrscheinlichkeit um 26,6% an.

Von **t_{-2} auf t_{-1}** weist der Krisentyp 3 keine signifikanten Ergebnisse auf operativer Ebene auf. Bei den Bilanzpositionen können steigende Bilanzsummen (6,5%), steigendes Anlagevermögen (16,9%), steigendes Umlaufvermögen (10,6%) sowie steigendes Fremdkapital (11,5%) beobachtet werden. Zudem fallen Eigenkapitalquote um 9,5% und Anlagendeckungsgrad um 17,6%. In der GuV konnten einige hoch signifikante Veränderungen beobachtet werden. Umsatz (6,1%), Materialaufwand (4,7%), Personalaufwand (10,8%) und Abschreibungen (11,9%) steigen stark an. Das EBIT fällt um 31,0%. Zudem fallen die Renditekennzahlen Gesamtkapitalrendite (49,1%) und Umsatzrendite (53,2%).

Das letzte Jahr vor der manifesten Krise **(t_{-1} auf t_0)** weist keine operativen Veränderungen auf. Des Weiteren steigt das Fremdkapital beim Krisentyp 3 um 24,3%. Bilanzsumme (14,7%) und Umlaufvermögen (6,9%) unterliegen einer Erhöhung. In der GuV können steigende Abschreibungen (10,4%) und steigende Personalaufwendungen (4,2%) gemessen werden. Zudem fällt der Anlagendeckungsgrad um 11,0% und die Eigenkapitalquote um 18,1%. Abschließend kann noch eine um 107,7% steigende Ausfallwahrscheinlichkeit beobachtet werden.

4.3.5 Befunde zu Unternehmen mit unkontrolliertem Wachstum

Unternehmen des Krisentyps 4 weisen zahlreiche signifikante Veränderungen auf. Tabelle 13 gibt einen Überblick über die beobachteten Ergebnisse.

Tabelle 13: Signifikante quantitative Ergebnisse Krisentyp 4.

Expansion				**n = 26**
	t_{-4} auf t_{-3}	t_{-3} auf t_{-2}	t_{-2} auf t_{-1}	t_{-1} auf t_0
Bilanz	Eigenkapital*	Umlaufvermögen** Forderungen** Vorräte*** Bilanzsumme*** Forderungen aus Lieferung und Leistung** Eigenkapital** Fremdkapital** Verbindlichkeiten** (Verbindlichkeiten aus Lieferung und Leistung)**	(Anlagevermögen)** Umlaufvermögen** Vorräte*** Eigenkapital** Rückstellungen** Fremdkapital** Verbindlichkeiten** Bilanzsumme**	
GuV	Abschreibungen** (ordentliches Betriebsergebnis)* (EBIT)*	Umsatz*** Materialaufwand*** Personalaufwand**	Umsatz*** Materialaufwand*** Personalaufwand*** Abschreibungen* (EBIT)** (Gewinn der Abrechnungsperiode)**	(Umsatz)* Personalaufwand**
Kennzahlen	(Gesamtkapitalrendite)** (Umsatzrendite)** Debitorenziel** Anlagendeckungsgrad* Eigenkapitalquote*	(Vorratsintensität)** Anlagendeckungsgrad**	(Gesamtkapitalrendite)*** (Umsatzrendite)** Vorratsintensität* Ausfallwahrscheinlichkeit*	(Anlagendeckungsgrad)** (Eigenkapitalquote)* Ausfallwahrscheinlichkeit***

*** p<0,01; ** p<0,05; * p<0,1 () = negative Veränderung

4.3.5.1 Kernbefunde zu wirtschaftlichen Kennzahlen

Die vorangegangene Tabelle zeigt, dass bei diesem Krisentyp signifikant steigenden Ausfallwahrscheinlichkeiten bereits zwei Jahre vor Übertritt ins manifeste Krisenstadium gemessen werden können. Dabei nimmt der Anstieg in der letzten Periode stark zu.

Die Erfolgslage des Unternehmens unterliegt bereits in der ersten Periode einer auffälligen negativen Entwicklung. Die negativen Renditeentwicklungen sind zudem in der Periode t_{-2} auf t_{-1} zu beobachten. Im letzten Jahr fällt dann zudem die Eigenkapitalquote.

Das ordentliche Betriebsergebnis und das EBIT unterliegen zwischen t_{-4} und t_{-3} einem negativen Verlauf. Das EBIT verringert sich zudem signifikant in der vorletzten Periode. Aufgrund des generell niedrigen Niveaus verharren die Erfolgsmessgrößen in der letzten Periode auf diesem.

Die Working Capital Kennzahlen zeigen ambivalente Entwicklungen. So fallen und steigen die Vorratsintensitäten zwischen t_{-3} und t_{-1} signifikant, eine mehrjährige Tendenz ist hier allerdings nicht festzustellen. Gegenüber dem allgemeinen Krisenbild sind die Ausfallwahrscheinlichkeiten weniger ausgeprägt. Jedoch verschlechtern sich die Renditen und können im letzten Jahr nicht wieder verbessert werden. Die Befunde weisen tatsächlich auf Investitionen hin, die nicht renditefähig werden.

Zudem zeigt sich, dass sich neben den Renditekennzahlen auch die statischen Verschuldungskennzahlen verschlechtern. Die schlechtere statische Finanzlage scheint dem Renditeeinbruch zu folgen. Aus dem Befund kann abgeleitet werden, dass das Wachstum zum Erfolgseinbruch und dies zum Einbruch der statischen Finanzlage führt.

4.3.5.2 Befunde zu einzelnen Kennzahlen- und Postenveränderungen

Die Bilanzpositionen zeigen beim Krisentyp 4 von **t_{-4} auf t_{-3}** leicht steigende Eigenkapitalquoten, steigende Anlagendeckungsgrade (2,6%) sowie steigendes Eigenkapital (2,1%). In der GuV konnten um 4,3% steigende Abschreibungen gemessen werden. Des Weiteren fallen EBIT um 8,9% und ordentliches Betriebsergebnis um 7,7%. Zudem wurden fallende Gesamtkapitalrenditen (19,5%) und um 14,8% fallende Umsatzrenditen beobachtet. Das Debitorenziel steigt um 3,4%.

Von **t_{-3} auf t_{-2}** konnten um 3,19% fallende Vorratsintensitäten gemessen werden. Zudem wurden zahlreiche signifikante bilanzielle Veränderungen beobachtet. Eine steigende Bilanzsumme (6,8%), Umlaufvermögen (20,8%) und steigende Vorräte (23,8%) wurden beobachtet. Des Weiteren steigen Forderungen (12,9%), Forderungen aus Lieferung und Leistung (11,0%), Eigenkapital (6,5%), Fremdkapital (6,8%) und Verbindlichkeiten (9,9%). Neben den steigenden Bilanzpositionen konnten auch fallende Verbindlichkeiten aus Lieferung und Leistung beobachtet werden. Zudem konnten auch Veränderungen in der GuV gemessen werden. Umsatz (4,3%), Materialaufwand (13,8%) und Personalaufwand (5,7%) steigen an. Zudem steigt das ordentliche Betriebsergebnis um 6,6%. Des Weiteren steigt der Anlagendeckungsgrad um 28,7%.

Unternehmen des Krisentyps 4 weisen in der Betrachtungsperiode **t_{-2} auf t_{-1}** Veränderungen in Bilanz und GuV auf. Bilanziell wird ein fallendes Anlagevermögen, ein steigendes Umlaufvermögen (9,3%) sowie steigende Vorräte (7,3%) beobachtet. Weitere bilanzielle Veränderungen können bei Bilanzsumme (7,3%), Eigenkapital (12,8%), Fremdkapital (9,5%), Rückstellungen (21,0%), und Verbindlichkeiten (6,4%) beobachtet werden. In der GuV steigt der Umsatz um 11,5%. Auch Materialaufwand (5,5%), Personalaufwand (5,5%) und Abschreibungen (9,2%) steigen weiter an. Weitere Auffälligkeiten in der GuV sind um 39,5% fallende EBITs und 87,3% sinkende Gewinne der Abrechnungsperiode. Zudem können neben den GuV-Positionen Veränderungen bei der Gesamtkapitalrendite beobachtet werden. Die Gesamtkapitalrendite fällt um 70,0%, die Umsatzrendite fällt ebenfalls sehr stark um 59,2%.

Des Weiteren sinkt die Vorratsintensität um 2,9%. Die Ausfallwahrscheinlichkeit steigt um 28,0%.

Von **t_{-1} auf t_0** fallen die Umsätze um 8,86%, wobei der Personalaufwand leicht steigt. Zudem fallen Anlagendeckungsgrad (19,2%) und Eigenkapitalquote (4,2%). Die Ausfallwahrscheinlichkeit steigt stark um 188,22%.

4.3.6 Befunde zu abhängigen Unternehmen

Abhängige Unternehmen weisen folgende signifikanten Veränderungen auf (Tabelle 14).

Tabelle 14: Signifikante quantitative Ergebnisse Krisentyp 5.

Abhängigkeit				**n = 28**
	t_{-4} auf t_{-3}	t_{-3} auf t_{-2}	t_{-2} auf t_{-1}	t_{-1} auf t_0
Bilanz		Umlaufvermögen** (Bilanzsumme)**	Anlagevermögen** Fremdkapital** Bilanzsumme*	Fremdkapital*
GuV		Umsatz* Personalaufwand*** (Außerordentliches Ergebnis)**	Personalaufwand*** Abschreibungen*	Personalaufwand* (EBIT)**
Kennzahlen		(Vorratsintensität)**	(Umsatzrendite)* Kreditorenziel* Ausfallwahrscheinlichkeit**	(Gesamtkapitalrendite)*** (Umsatzrendite)** Vorratsintensität** Ausfallwahrscheinlichkeit***

*** $p<0,01$; ** $p<0,05$; * $p<0,1$ () = negative Veränderung

4.3.6.1 Kernbefunde zu wirtschaftlichen Kennzahlen

Bei der Betrachtung der Ausfallwahrscheinlichkeit ist auffällig, dass bereits zwei Jahre vor Übertritt ins manifeste Krisenstadium eine negative Entwicklung vorliegt. Im letzten Jahr steigt die Ausfallwahrscheinlichkeit dann massiv an.

In der GuV werden keine Veränderungen der Erfolgslage dokumentiert, bis auf die negative Entwicklung des EBIT in der letzten Beobachtungsperiode. Dennoch können fallende Umsatzrenditen in den letzten beiden Jahren der latenten Krise und eine fallende Gesamtkapitalrendite im letzten Jahr der latenten Krise beobachtet werden.

Bei diesem Krisentyp sind Veränderungen in den Kennzahlen des Working Capital jedoch ausgeprägt. In den letzten beiden Perioden können steigende Vorratsintensitäten und Kreditorenziele beobachtet werden.

Das abhängige Unternehmen stellt einen Sonderfall dar. Die Befunde liefern zunächst keine Anhaltspunkte für eine Unternehmenskrise – im Gegenteil, es werden steigende Umsätze beobachtet. In den letzten beiden Jahren können dann steigende Ausfallwahrscheinlichkeit gemessen werden. Diese werden von einer Verringerung der Renditekennzahlen im letzten Jahr begleitet. Daher kann hier ein plötzlicher Anstieg der Krisenintensität beschrieben werden.

4.3.6.2 Befunde zu einzelnen Kennzahlen- und Postenveränderungen

Der Krisentyp 5 weist von $\mathbf{t_{-4}}$ **auf** $\mathbf{t_{-3}}$ keine signifikanten Ergebnisse auf.

In den Jahren $\mathbf{t_{-3}}$ **auf** $\mathbf{t_{-2}}$ fällt die Bilanzsumme leicht, das Umlaufvermögen steigt um 5,2%.

Die GuV weist Steigungen beim Umsatz i. H. v. 2,3% und beim Personalaufwand i. H. v. 5,5% auf. Zudem fällt das außerordentliche Ergebnis um 97,9%. Des Weiteren können Auffälligkeiten bei leicht fallenden Vorratsintensitäten beobachtet werden.

Der Krisentyp 5 unterliegt von $\mathbf{t_{-2}}$ **auf** $\mathbf{t_{-1}}$ weiterer Veränderung im Jahresabschlussbild. Steigendes Anlagevermögen (4,9%) und steigendes Fremdkapital (4,1%) werden gemessen. Die Bilanzsumme steigt zudem um 3,9%.

In der GuV liegen folgende signifikanten Veränderungen vor. Der Personalaufwand steigt um 4,2%, die Abschreibungen zudem um 7,7%. Des Weiteren erhöht sich das Kreditorenziel um 19,0%. Die Umsatzrendite sinkt um 53,6% und die Ausfallwahrscheinlichkeit steigt bereits im Vorjahr der Krise um 34,9%.

Von $\mathbf{t_{-1}}$ **auf** $\mathbf{t_0}$ liegen signifikante Steigerungen des Fremdkapitals i. H. v. 10,1% vor. Weitere Auffälligkeiten konnten im Bilanzbild nicht gefunden werden.

Zudem können in der GuV leicht steigende Personalaufwendungen und ein sich fast halbierendes EBIT (-45,4%) beobachtet. Die Gesamtkapitalrendite fällt um 50,3% und die Umsatzrendite fällt ebenfalls, allerdings lediglich um 16,8%. Zudem können steigende Vorratsintensitäten i. H. v. 5,3% festgestellt werden. Die Ausfallwahrscheinlichkeit steigt abschließend um 100,6%.

4.3.7 Befunde zu Unternehmen mit unkorrekten Mitarbeitern

Unternehmen mit unkorrekten Mitarbeitern weisen die folgenden signifikanten Veränderungen im Verlauf der latenten Krise auf.

Tabelle 15: Signifikante quantitative Ergebnisse Krisentyp 6.

Mitarbeiter				**n = 8**
	t_{-4} auf t_{-3}	t_{-3} auf t_{-2}	t_{-2} auf t_{-1}	t_{-1} auf t_0
Bilanz	Eigenkapital*	Umlaufvermögen** Fremdkapital** Bilanzsumme**	Fremdkapital*	Fremdkapital**
GuV		Umsatz* Personalaufwand** Materialaufwand*		Materialaufwand*
Kennzahlen		Vorratsintensität** (Eigenkapitalquote)**		Ausfallwahrscheinlichkeit**

*** p<0,01; ** p<0,05; * p<0,1 () = negative Veränderung

4.3.7.1 Kernbefunde zu wirtschaftlichen Kennzahlen

Die Ausfallwahrscheinlichkeit gibt bei diesem Krisentyp die ersten signifikanten Hinweise erst im letzten Jahr der latenten Krise. In den vorangegangenen Jahren können keine Auffälligkeiten bei der Ausfallwahrscheinlichkeit festgestellt werden.

Zudem können nur in der Periode t_{-3} auf t_{-2} Veränderungen bei den Vorratsintensitäten und bei der Eigenkapitalquote gemessen werden.

Des Weiteren ist festzustellen, dass weder Auffälligkeiten in der Erfolgslage (ordentliches Betriebsergebnis oder EBIT) noch bei den Renditekennzahlen beobachtet werden können.

Nach diesem Befund ist dieser Krisentyp der am schwierigsten zu diagnostizierende Krisentyp. Denn in der ersten Beobachtungsperiode können keine Signale und in der zweiten Periode sogar positive Entwicklungen im Umsatz und Steigerungen in den Aufwandsarten beobachtete werden. Die Schwierigkeit der Krisendiagnose wird dadurch unterstützt, dass in der Periode keine negative Entwicklung des Betriebserfolgs gemessen werden kann. Im dritten Jahr können wiederum keine negativen Entwicklungen gesehen werden. Der plötzliche Anstieg im letzten Jahr der Krisenbetrachtung schließt den undurchsichtigen Krisenverlauf ab.

4.3.7.2 Befunde zu einzelnen Kennzahlen- und Postenveränderungen

Es liegen keine signifikanten Veränderungen beim Krisentyp 6 von **t_{-4} auf t_{-3}** vor.

Zwischen **t_{-3} und t_{-2}** konnte Steigerungen von Bilanzsumme (28,7%), Umlaufvermögen (69,6%) und Fremdkapital (28,8%) beobachtet werden. Zudem steigen die Umsätze um 47,5%, der Materialaufwand um 57,9% und der Personalaufwand um 29,2%. Es konnten jedoch keine signifikanten Veränderungen bei den getesteten Renditekennzahlen beobachtet werden. Des Weiteren konnte ein Anstieg der Vorratsintensität um 16,9% und eine Verringerung der Eigenkapitalquote um 48,7% beobachtet werden.

Von Jahr **t_{-2} auf t_{-1}** kann beim Krisentyp 6 nur eine Erhöhung des Fremdkapitals i. H. v. 63,7% gemessen werden. Auch hier sind keine statistisch signifikanten Veränderungen von Renditen zu finden.

Im letzten Jahr **(t_{-1} auf t_0)** steigt das Fremdkapital um 17,8% an. Des Weiteren kann ein steigender Materialaufwand (17,7%) gemessen werden. Zudem steigt die Ausfallwahrscheinlichkeit (926,5%).

4.3.8 Befunde zu Unternehmen mit Problemen am Beschaffungsmarkt

Die folgende Tabelle gibt einen Überblick über alle signifikanten Veränderungen bei den Unternehmen, die unter Beschaffungsproblemen leiden.

Tabelle 16: Signifikante quantitative Ergebnisse Krisentyp 7.

Einkauf				**n = 10**
	t_{-4} auf t_{-3}	t_{-3} auf t_{-2}	t_{-2} auf t_{-1}	t_{-1} auf t_0
Bilanz		Umlaufvermögen** Fremdkapital**		
GuV	(Gewinn der Abrechnungsperiode)**	Umsatz** Materialaufwand** (Abschreibungen)** (Gewinn der Abrechnungsperiode)**	Umsatz* Materialaufwand*	Personalaufwand* Abschreibungen*
Kennzahlen		Anlagendeckungsgrad**	Ausfallwahrscheinlichkeit**	Kreditorenziel* Vorratsintensität* Ausfallwahrscheinlichkeit***

*** p<0,01; ** p<0,05; * p<0,1 () = negative Veränderung

4.3.8.1 Kernbefunde zu wirtschaftlichen Kennzahlen

Die Ausfallwahrscheinlichkeit liefert die ersten Hinweise ab der Periode t_{-2} auf t_{-1}. Auch im letzten Jahre (t_{-1} und t_0) ist ein massiver Anstieg der Ausfallwahrscheinlichkeiten zu beobachten.

Auffällig ist zudem, dass bereits in den ersten beiden Beobachtungsperioden die Gewinne der Abrechnungsperiode einer negativen Entwicklung unterlagen. Weitere Auffälligkeiten in der Erfolgslage konnten hingegen nicht beobachtet werden.

Die Kennzahlen des Working Capital werden erst in der letzten Periode auffällig, so werden steigenden Kreditorenziele und steigende Vorratsintensitäten beobachtet.

Unternehmen mit Beschaffungsproblemen sind durch negative Gewinnentwicklungen, bei steigenden Umsätzen gekennzeichnet. Erst später wird dies in steigenden Ausfallwahrscheinlichkeiten ausgedrückt. Der Typ unterscheidet sich von allen anderen Typen sehr stark, da weder statische Finanzkennzahlen noch Renditekennzahlen die Krise in der letzten Beobachtungsperiode anzeigen.

4.3.8.2 Befunde zu einzelnen Kennzahlen- und Postenveränderungen

Im Zeitraum **t_{-4} auf t_{-3}** fällt der Gewinn der Abrechnungsperiode um 48,1%. Es wurden keine weiteren signifikanten Veränderungen auffällig.

Im zweiten Betrachtungszeitraum **(t_{-3} auf t_{-2})** steigen die Bilanzpositionen Umlaufvermögen (17,9%) und Fremdkapital (6,8%) an.

In der GuV konnten vier statistisch signifikante Veränderungen beobachtete werden. Umsatz (6,4%) und Materialaufwand (14,0%) steigen, wobei die Abschreibungen um 10,3% fallen. Der Gewinn der Abrechnungsperiode fällt wiederum, in dieser Periode um 302,9% und wird negativ. Abschließend steigt der Anlagendeckungsgrad um 8,6%.

Zwischen **t_{-2} und t_{-1}** können weder operative noch bilanzielle signifikante Veränderungen gemessen werden. In der GuV kann ein Wachstum vom Umsatz (6,4%) und Materialaufwand (14,8%) beobachtet werde. Zudem steigt die Ausfallwahrscheinlichkeit bereits in dieser Periode um 29,6%.

Im letzten Jahr der latenten Krise **(t_{-1} auf t_0)** können beim Krisentyp 7 keine signifikanten Veränderungen in der Bilanz festgestellt werden.

In der GuV steigen Personalaufwand (9,0%) und Abschreibungen an. Des Weiteren können Veränderungen bei den Kreditorenzielen und den Vorratsintensitäten beobachtet werden. Die Kreditorenziele steigen um 34,7% und die Vorratsintensitäten um 14,6%. Zuletzt kann ein Anstieg der Ausfallwahrscheinlichkeit i. H. v. 163,2% gemessen werden.

4.3.9 Befunde zu Unternehmen mit Finanzierungsproblemen

In der folgenden Tabelle werden die signifikanten Ergebnisse des Krisentyps Finanzierung aufgeführt.

Tabelle 17: Signifikante quantitative Ergebnisse Krisentyp 8.

Finanzierung				**n = 6**
	t_{-4} auf t_{-3}	t_{-3} auf t_{-2}	t_{-2} auf t_{-1}	t_{-1} auf t_0
Bilanz			Bilanzsumme** Umlaufvermögen** Anlagevermögen** Eigenkapital** Fremdkapital**	Anlagevermögen* Umlaufvermögen** Fremdkapital* Bilanzsumme*
GuV	(Gewinn der Abrechnungsperiode)*	Umsatz** Materialaufwand** ordentliches Betriebsergebnis* (Außerordentliches Ergebnis)*	Umsatz** Materialaufwand* Personalaufwand**	
Kennzahlen	Ausfallwahrscheinlichkeit**		(Anlagendeckungsgrad)* (Eigenkapitalquote)**	Kreditorenziel** Ausfallwahrscheinlichkeit** (Eigenkapitalquote)*

*** p<0,01; ** p<0,05; * p<0,1 () = negative Veränderung

4.3.9.1 Kernbefunde zu wirtschaftlichen Kennzahlen

Unternehmen mit Finanzierungsproblemen weisen bereits zwischen t-4 und t-3 Auffälligkeiten bei den Ausfallwahrscheinlichkeiten auf. Auch im letzten Jahr steigt die Ausfallwahrscheinlichkeit sehr stark an. Dazwischen verharren sie auf einem niedrigen Niveau.

In den letzten beiden Perioden können zudem sinkende Eigenkapitalquote beobachtet werden, allerdings auf einem niedrigen Signifikanzniveau. Des Weiteren erhöht sich das Kreditorenziel im letzten Jahr vor der Krise.

Der zentrale Befund ist hier, dass Unternehmen mit Finanzierungsproblemen die einzigen Krisenunternehmen sind, bei denen die EKQ eine übergeordnete Rolle spielt.

4.3.9.2 Befunde zu einzelnen Kennzahlen- und Postenveränderungen

Veränderungen des Krisentyps 8 von **t_{-4} auf t_{-3}** sind nicht im operativen oder bilanziellen Umfeld zu finden. Lediglich die GuV weist anhand fallender Gewinne aus der Abrechnungsperiode (89,4%) eine Auffälligkeit auf. Des Weiteren steigt die Ausfallwahrscheinlichkeit um 36,0%.

Von **t_{-3} auf t_{-2}** verändern sich wiederum keine operativen Kennzahlen und keine Bilanzpositionen. Die GuV-Positionen Umsatz (2,8%) und Materialaufwand (11,9%) weisen Anstiege auf. Zudem steigt das ordentliche Betriebsergebnis um 12,6%, wohingegen das außerordentliche Ergebnis um 94,1% fällt.

Unternehmen des Krisentyps 8 weisen zwischen **t_{-2} und t_{-1}** steigende Bilanzsummen (27,0%), Anlagevermögen (29,9%), Umlaufvermögen (5,6%), Eigenkapital (11,9%) und Fremdkapital (28,6%) auf. In der GuV konnten signifikante Steigerungen beim Umsatz i. H. v. 51,8%, Materialaufwendungen i. H. v. 40,7% und Personalaufwand i. H. v. 15,3% nachgewiesen werden. Bei den Renditen wurden keine statistisch signifikanten Ergebnisse beobachtet. Des Weiteren wurden fallende Eigenkapitalquoten und fallende Anlagendeckungsgrade beobachtet. Die Eigenkapitalquoten fielen um 26,7% und die Anlagendeckungsgrade um 18,7%.

Zwischen **t_{-1} und t_0** konnten steigende Bilanzsummen (79,0%), steigendes Anlagevermögen (32,9%), steigendes Umlaufvermögen (108,6%) und steigendes Fremdkapital (105,6%) beobachtet werden. In der GuV wurden keine Auffälligkeiten beobachtet. Zudem stiegen die Kreditorenziele um 42,9%. Die Eigenkapitalquote verringerte sich um 5,5%. Die Ausfallwahrscheinlichkeit steigt zudem um 103,4% an.

4.3.10 Befunde zu Unternehmen mit Nachfolgeproblemen

Tabelle 18 gibt einen Überblick über die gemessenen signifikanten Ergebnisse des Krisentyps mit Nachfolgeproblemen.

Tabelle 18: Signifikante quantitative Ergebnisse Krisentyp 9.

Nachfolge				**n = 4**
	t_{-4} auf t_{-3}	t_{-3} auf t_{-2}	t_{-2} auf t_{-1}	t_{-1} auf t_0
Bilanz			Bilanzsumme* Umlaufvermögen* Eigenkapital* Fremdkapital*	(Fremdkapital)*
GuV				
Kenn-zahlen				Ausfall-wahrscheinlichkeit*

*** p<0,01; ** p<0,05; * p<0,1 () = negative Veränderung

4.3.10.1 Kernbefunde zu wirtschaftlichen Kennzahlen

Bis auf die Veränderungen der Ausfallwahrscheinlichkeit in der letzten Periode konnten keine auffälligen Entwicklungen beobachtet werden.

4.3.10.2 Befunde zu einzelnen Kennzahlen- und Postenveränderungen

Es konnten für die Zeiträume **t_{-4} bis t_{-3}** und **t_{-3} auf t_{-2}** keine signifikanten Ergebnisse beobachtet werden.[534]

[534] Die fehlenden signifikanten Ergebnisse in den ersten beiden Perioden sind auch auf das sehr geringe „n" des Krisentyps Nachfolge zurückzuführen.

Der Krisentyp 9 weist zwischen **t_{-2} und t_{-1}** Steigungen der bilanziellen Positionen Bilanzsumme (23,3%), Umlaufvermögen (27,5%), Eigenkapital (10,0%) und Fremdkapital (16,1%) auf. Weder bei in der der GuV noch bei den Kennzahlen konnten weitere signifikante Veränderungen beobachtet werden.

Im letzten Jahr vor der manifesten Krisen **(t_{-1} auf t_0)** wurden keine signifikanten Veränderungen in der GuV beobachtet. Es konnten jedoch fallende Fremdkapitalpositionen i. H. v. 5,0% gemessen werden. Die Ausfallwahrscheinlichkeit steigt zudem um 936,4%.

4.4 Befunde zu Stakeholdern im latenten Krisenstadium

Vorab sei erwähnt, dass statistische Korrelationen innerhalb der qualitativen Kriterien berechnet wurden, um zumindest statistische Abhängigkeiten zu verhindern. Es konnten sehr starke Korrelation der beiden Ausprägungen Vertriebsstruktur und Flexibilität der Personalstruktur gemessen werden.[535] Vor dem Hintergrund, dass die Flexibilität der Personalstruktur erstens implizit – zumindest statistisch – durch die Ausprägung Vertriebsstruktur beschrieben wird und zweitens beide Variablen auch eine inhaltliche Nähe aufweisen, soll nachfolgend lediglich die Dimension Vertriebsstruktur im Befundbericht angegeben werden. Im Folgenden werden die Befundberichte der qualitativen Datenauswertungen aufgeführt.

4.4.1 Befunde zur gesamten Stichprobe

Die folgende Tabelle zeigt die signifikanten Änderungen der qualitativen Merkmale bei der gesamten Stichprobe.

Tabelle 19: Signifikante qualitative Ergebnisse gesamte Stichprobe.

Gesamte Stichprobe				**n = 82**
	t_{-4} auf t_{-3}	t_{-3} auf t_{-2}	t_{-2} auf t_{-1}	t_{-1} auf t_0
Marktanteil	(**)		(***)	(**)
Vertriebsstruktur				(***)
Wachstum			(***)	(***)
Unternehmensführung				
Zuverlässigkeit		(***)	(**)	
Informationspolitik		(***)	(**)	(**)
Prognosequalität		(***)	(***)	(***)

*** p<0,01; ** p<0,05; * p<0,1 () = negative Veränderung

[535] Der Korrelationskoeffizient lag bei 0,92. Dies spricht für eine fast perfekte Korrelation und damit einen annähernd statistischen Gleichlauf. Vgl. Bühl (2008), S. 269 und Brosius (2013), S. 523.

4.4.1.1 Tendenzbefunde qualitativer Einschätzungen

Durchgehend sehen die Stakeholder die Einschätzung der wirtschaftlichen Zukunft negativ. Dies führt dazu, dass eine negative Grundeinschätzung besteht. In den letzten zwei Jahren kommen härtere Faktoren, wie der wahrgenommene Rückgang des Marktanteils und der wahrgenommene Rückgang des Wachstums hinzu. Im letzten Jahr trauen sie dem Vertrieb nicht mehr zu, die Situation maßgeblich zu verbessern.

Auffällig ist zudem, dass die Wahrnehmung des qualitativen Merkmals Unternehmensführung zu keinem Zeitpunkt signifikant negativer bewertet wurde als in der Vorperiode.

4.4.1.2 Einzelbefunde qualitativer Einschätzungen

Auf Grundlage der gesamten Stichprobe konnten signifikante Ergebnisse in allen Perioden gemessen werden. In der ersten Periode **(t_{-4} auf t_{-3})** fällt die Ausprägung Marktanteil um 4,4%.[536]

Zwischen **t_{-3} und t_{-2}** verändern sich die Faktoren Zuverlässigkeit (12,4%), Informationspolitik (7,1%) und Prognosequalität (10,8%). Alle Dimensionen fallen in ihrer jeweiligen Ausprägung.

Im vorletzten Jahr **(t_{-2} auf t_{-1})** fallen die Dimensionen Marktanteil (17,7%), Wachstum (14,2%) und Prognosequalität (9,7%). Des Weiteren konnten eine signifikante Verringerung in der Zuverlässigkeit i. H. v. 8,5% und der Informationspolitik i. H. v. 9,0% gemessen werden.

Im letzten Jahr vor dem Übergang **(t_{-1} auf t_0)** in das manifeste Krisenstadium fällt die Ausprägungen Vertriebsstruktur um 12,6%. Zudem fallen die Kriterien Wachstum um 14,9% und Prognosequalität um 15,4%. Des Weiteren konnten negative Veränderungen im Marktanteil (11,8%), sowie in der Informationspolitik (11,4%) beobachtet werden.

Für die Dimension Unternehmensführung wurden keine statistisch signifikanten Ergebnisse beobachtet.[537]

---

[536] Die hier angegebenen positiven und negativen Wachstumsraten sind im Anhang IV aufgeführt. Anzumerken ist, dass anders als bei den vorherigen Befunden das arithmetische Mittel und nicht der Median herangezogen wurde. Begründet liegt dies in der sehr geringen Varianz der Antwortmöglichkeiten (3-5). Die Angabe eines Median wäre hier nicht zielführend, da keine Ausreißer-Problematik vorliegt. Um auch kleinere Veränderungen im Mittel zu messen, wurde das arithmetische Mittel bei der Analyse der qualitativen Faktoren genutzt.

[537] Die Analyse anhand der arithmetischen Mittel wies über den Zeitverlauf jedoch ein stetiges – aber oftmals kein statistisch signifikantes – Fallen aller qualitativen Dimensionen nach. Diese Tendenz wird in der Diskussion wieder aufgegriffen.

4.4.2 Befunde zu Unternehmen mit technologischen Problemen

Tabelle 20 zeigt die signifikanten Veränderungen der qualitativen Einschätzungen bei Unternehmen mit technologischen Problemen.

Tabelle 20: Signifikante qualitative Ergebnisse Krisentyp 1.

Technologie				**n = 11**
	t_{-4} auf t_{-3}	t_{-3} auf t_{-2}	t_{-2} auf t_{-1}	t_{-1} auf t_0
Marktanteil	(**)		(**)	(*)
Vertriebsstruktur				(*)
Wachstum	*		(**)	
Unternehmensführung				
Zuverlässigkeit		(**)		
Informationspolitik				(*)
Prognosequalität			(**)	

*** p<0,01; ** p<0,05; * p<0,1 () = negative Veränderung

4.4.2.1 Tendenzbefunde qualitativer Einschätzungen

Die Struktur qualitativer Merkmale ist ähnlich der Struktur der Grundgesamtheit, allerdings weniger ausgeprägt. Zunächst wird die Einschätzung der zukünftigen wirtschaftlichen Lage als negativ gesehen – die Zuverlässigkeit sinkt. Im vorletzten Jahr kommen wiederum die härteren Faktoren wie die Wahrnehmung des Marktanteils hinzu.

Anders als bei der Grundgesamtheit werden die drei Faktoren Zuverlässigkeit, Informationspolitik und Prognosequalität nicht gemeinsam schwächer gesehen.

Zudem ist der Befund zu treffen, dass die Stakeholder auch bei dem Krisentyp 1 keine Verschlechterung der Wahrnehmung der Unternehmensführung

4.4.2.2 Einzelbefunde qualitativer Einschätzungen

Beim Krisentyp 1 wurden zwischen **t_{-4} und t_{-3}** fallende Beurteilungen der Ausprägungen Marktanteile (29,4%) und ein steigendes Wachstum (19,4%) gemessen.

In der zweiten Periode **(t_{-3} auf t_{-2})** konnte die fallende Ausprägung Zuverlässigkeit (14,1%) beobachtet werden.

Zwischen **t_{-2} und t_{-1}** konnten drei signifikante Veränderungen der qualitativen Dimensionen gemessen werden. Der Marktanteil fällt um 28,6%. Zudem fallen Wachstum (34,3%) und Prognosequalität (28,6%).

Von **t_{-1} auf t_0** wurden negative Veränderungen des Marktanteils (30,0%), der Vertriebsstruktur (25,9%) und der Informationspolitik (31,3%) beobachtet.

4.4.3 Befunde zu Unternehmen auf brechenden Stützpfeilern

Unternehmen auf brechenden Stützpfeilern weisen die in Tabelle 21 dargestellten signifikanten Veränderungen auf.

Tabelle 21: Signifikante qualitative Ergebnisse Krisentyp 2.

Stützpfeiler				**n = 35**
	t_{-4} auf t_{-3}	t_{-3} auf t_{-2}	t_{-2} auf t_{-1}	t_{-1} auf t_0
Marktanteil			(***)	(*)
Vertriebsstruktur	(*)		(**)	(**)
Wachstum			(***)	(**)
Unternehmensführung				
Zuverlässigkeit		(**)	(*)	
Informationspolitik				
Prognosequalität		(**)	(*)	(**)

*** p<0,01; ** p<0,05; * p<0,1 () = negative Veränderung

4.4.3.1 Tendenzbefunde qualitativer Einschätzungen

Auffällig ist auch wieder die negative Entwicklung der Einschätzung der zukünftigen wirtschaftlichen Entwicklung. Anders als bei der Grundgesamtheit wird die Vertriebsstruktur fast durchgehend negativ beurteilt. Dies entspricht dem Krisentyp, dass das Unternehmen unterschiedlichste Probleme auf der Absatzseite aufweist. Letztlich wird auch die Güte der Vertriebsstruktur von den Stakeholdern stark hinterfragt.

Ein weiterer Befund betrifft die Wahrnehmung der Unternehmensführung. Wie bei der Grundgesamtheit und vorangegangenen Krisentypen, werden die Unternehmensführungen dieses Krisentyps nicht negativ bewertet. Zudem ist auffällig, dass die Wahrnehmung der Informationspolitik ebenfalls zu keinem Zeitpunkt schlechter wird.

4.4.3.2 Einzelbefunde qualitativer Einschätzungen

Im Krisentyp 2 fallen die Einschätzungen der Vertriebsstruktur zwischen **t_{-4} und** t_{-3} um 3,75%.

Von **t_{-3} auf t_{-2}** konnten bei den Dimensionen Zuverlässigkeit und Prognosequalität eine Verringerung in der Bewertung beobachtet werden. Dabei verringerte sich die Ausprägung Zuverlässigkeit um 11,4% und die Ausprägung Prognosequalität um 13,3%.

Im vorletzten Jahr **(t_{-2} auf t_{-1})** weisen die Daten negative Veränderungen bei den Marktanteilen i. H. v. 23,7% auf. Das Wachstum verringert sich zudem um 19,5%. Zudem fällt die Ausprägung Vertriebsstruktur um 9,1%. Abschließend konnten auch die fallenden Ausprägungen Zuverlässigkeit (10,3%) und Prognosequalität (8,3%) gemessen werden.

Die Periode **t_{-1} auf t_0** wird durch auffällige Entwicklungen in der Vertriebsstruktur (10,0%), im Wachstum (19,0%) und in der Prognosequalität (15,2%) beschrieben. Alle Dimensionen weisen eine negative Veränderung auf. Hinzu kommt eine fallende Ausprägung Marktanteile, die eine Verringerung von 11,9% aufweist.

4.4.4 Befunde zum konservativen, starrsinnigen Patriarch

Die folgende Tabelle zeigt die signifikanten Veränderungen bei dem Unternehmen mit patriarchalischer Unternehmensführung für die vier untersuchten Perioden. Diesem Krisentypen konnten 28 Unternehmen zugeordnet werden.

Tabelle 22: Signifikante qualitative Ergebnisse Krisentyp 3.

Patriarch				**n = 28**
	t_{-4} auf t_{-3}	t_{-3} auf t_{-2}	t_{-2} auf t_{-1}	t_{-1} auf t_0
Marktanteil				(***)
Vertriebsstruktur				(**)
Wachstum			(*)	(**)
Unternehmensführung				
Zuverlässigkeit		(**)	(*)	
Informationspolitik		(*)		(*)
Prognosequalität	(**)	(*)	(*)	(***)

*** p<0,01; ** p<0,05; * p<0,1 () = negative Veränderung

4.4.4.1 Tendenzbefunde qualitativer Einschätzungen

Insbesondere bei diesem Krisentyp ist der Befund fehlender Abstufungen der Unternehmensführung interessant. Demnach bewerten die Stakeholder die Unternehmensführung stets gleich, obwohl eine zunehmende Verschlechterung anderer qualitativer Merkmale vorliegt.

Zudem ist auffällig, dass die Marktanteile erst im letzten Jahr vor der Krise schwächer wahrgenommenen werden, als in den Vorperioden. Hinzu kommt eine schlechtere Wahrnehmung der Vertriebsstruktur, was die Stakeholder an eine Wende in dem Krisenverlauf zweifeln lässt.

Aber auch hier bestätigt der Krisentyp das Gesamtbild, indem zunächst die eher weichen Faktoren zur Einschätzung der wirtschaftlichen Zukunft kritischer gesehen werden. Eine sich durchgehend verschlechternde wahrgenommene Prognosequalität widerspricht der Wahrnehmung der Qualität der Unternehmensführung.

4.4.4.2 Einzelbefunde qualitativer Einschätzungen

Zwischen **t_{-4} und t_{-3}** fällt die Prognosequalität nach Einschätzung der Stakeholder um 6,3%.

In der zweiten Periode **(t_{-3} auf t_{-2})** weist die Dimension Zuverlässigkeit eine Verringerung um 12,9% auf. Zudem konnten negative Veränderungen in der Informationspolitik (9,4%) und der Prognosequalität (11,7%) gemessen werden. Beide Ausprägungen weisen eine negative Entwicklung auf.

Von **t_{-2} auf t_{-1}** fällt der Wachstum um 13,0%. Zudem fallen Zuverlässigkeit (8,2%) und Prognosequalität (9,4%).

In der letzten Periode **(t_{-1} auf t_0)** konnten bei Unternehmen des Krisentyps 3 zahlreiche negative Veränderungen in den unterschiedlichen Dimensionen beobachtet werden. Die Ausprägung des Marktanteils verringerte sich um 20,9%.

Des Weiteren wurde bei der Prognosequalität eine Verringerung von 14,6% beobachtet. Hinzu kommen die fallenden Ausprägungen Vertriebsstruktur (10,0%) und Wachstum (16,1%). Die Informationspolitik fällt ebenfalls, allerdings um 11,1%.

4.4.5 Befunde zu Unternehmen mit unkontrolliertem Wachstum

Diese Unternehmen weisen die in Tabelle 23 dargestellten signifikanten Veränderungen qualitativer Merkmale auf.

Tabelle 23: Signifikante qualitative Ergebnisse Krisentyp 4.

Expansion				**n = 26**
	t_{-4} auf t_{-3}	t_{-3} auf t_{-2}	t_{-2} auf t_{-1}	t_{-1} auf t_0
Marktanteil			(**)	(**)
Vertriebsstruktur				(**)
Wachstum			(***)	(**)
Unternehmensführung				
Zuverlässigkeit			(**)	
Informationspolitik				(*)
Prognosequalität		(**)	(**)	(**)

*** p<0,01; ** p<0,05; * p<0,1 () = negative Veränderung

4.4.5.1 Tendenzbefunde qualitativer Einschätzungen

Entgegen der Grundgesamtheit wird dieser Krisentyp erst spät auffällig. In der ersten Periode kann keine und in der zweiten nur eine signifikante Veränderung beobachtet werden.

Gleichwohl reagieren wieder die Einschätzungen der zukünftigen wirtschaftlichen Entwicklung zuerst. Eine durchgehende Verringerung in der Güte der Prognosequalität wird begleitet durch unzuverlässige Daten.

Der Befund, dass das Wachstum hoch signifikant unterschiedlich bereits in der Beobachtungsperiode t_{-2} auf t_{-1} gesehen wird, ist auch inhaltlich mit dem Krisentyp konform. Auch bei diesem Krisentyp wird die Organisation des Vertriebs problematisch gesehen und fußt vermutlich auf das starke Wachstum.

4.4.5.2 Einzelbefunde qualitativer Einschätzungen

In der ersten Periode (**t_{-4} auf t_{-3}**) konnten keine signifikanten Veränderungen beim Krisentyp 4 beobachtet werden.

Zwischen **t_{-3} und t_{-2}** fällt die Dimension Prognosequalität um 12,1%. Weitere signifikante Veränderungen konnten nicht gemessen werden.

Die qualitative Ausprägung Wachstum der Unternehmen, die dem Krisentyp 4 zugeordnet wurden, fallen zwischen **t_{-2} und t_{-1}** um 29,4%. Des Weiteren konnte in den Dimensionen Marktanteil (18,6%), Zuverlässigkeit (14,6%) und Prognosequalität (19,6%) eine negative Entwicklung gemessen werden.

In der letzten Periode vor Eintritt in das manifeste Krisenstadium (**t_{-1} auf t_0**) weisen Unternehmen des Krisentyps 4 weiter fallende Dimensionen auf. Der Marktanteil fällt um 22,9%. Des Weiteren fällt die Vertriebsstruktur um 17,0%, das Wachstum um 27,7% und die Prognosequalität um 19,5%. Die Ausprägung Informationspolitik zudem um 14,9%.

4.4.6 Befunde zu abhängigen Unternehmen

Bei Unternehmen mit ausgeprägten Abhängigkeiten aufweisen, können die folgenden signifikanten Veränderungen qualitativer Merkmale festgestellt werden.

Tabelle 24: Signifikante qualitative Ergebnisse Krisentyp 5.

Abhängigkeit				**n = 28**
	t_{-4} auf t_{-3}	t_{-3} auf t_{-2}	t_{-2} auf t_{-1}	t_{-1} auf t_0
Marktanteil			(***)	(**)
Vertriebsstruktur				(*)
Wachstum		(**)	(**)	
Unternehmensführung				
Zuverlässigkeit	(*)	(*)	(**)	
Informationspolitik	*			
Prognosequalität		(**)		

*** p<0,01; ** p<0,05; * p<0,1 () = negative Veränderung

4.4.6.1 Tendenzbefunde qualitativer Einschätzungen

Krisentypenkonform kann der Befund gewertet werden, dass die Prognosequalität – anders als bei anderen Krisentypen und der Grundgesamtheit – kaum schwächer bewertet wird. Dies mag an dem Geschäftsmodell liegen, welches kaum Raum für Sprünge lässt.

Jedoch ist auch festzustellen, dass die Wahrnehmung der Zuverlässigkeit einer steten Verschlechterung unterliegt. Diese Beobachtung gilt bis auf die letzte Periode, in der die Zuverlässigkeit vermutlich bereits auf einem sehr niedrigen Niveau verharrt.

Überraschend ist zudem der Befund, dass das Wachstum in der zweiten und dritten Beobachtungsperiode schwächer bewertet wird. Auf das schwache Wachstum folgt eine Phase von Verlusten von Marktanteilen.

4.4.6.2 Einzelbefunde qualitativer Einschätzungen

Der Krisentyp 5 weist zwischen **t_{-4} und t_{-3}** zwei signifikante Veränderungen auf. Der fallenden Dimension Zuverlässigkeit (4,2%) steht die steigende Dimension Informationspolitik gegenüber.

Zwischen den Jahren **t_{-3} und t_{-2}** fallen die Dimensionen Wachstum (9,28%) und Prognosequalität (12,7%). Zudem wurde eine negative Veränderung der Dimension Zuverlässigkeit (7,3%) beobachtet.

Im vorletzten Jahr **(t_{-2} auf t_{-1})** fällt die Ausprägung Marktanteil um 20,9%. Des Weiteren wurden die fallenden Ausprägungen Wachstum und Zuverlässigkeit gemessen. Das Wachstum verringerte sich um 15,9%. Die Zuverlässigkeit fiel um 12,5%.

Zwischen **t_{-1} und t_0** wurden lediglich zwei negative Veränderungen beobachtete. Neben einer 17,7%-igen Verringerung des Marktanteils wurde auch die Vertriebsstruktur um 12,1% negativer bewertet.

4.4.7 Befunde zu den übrigen Krisentypen

Die Krisentypen 6, 7, 8 und 9 weisen entweder nur eine sehr geringe Merkmalsträger oder keine signifikanten Veränderungen auf.[538]

Beim Krisentyp „Mitarbeiter" konnten lediglich in dem Zeitintervall **t_{-1} auf t_0** eine fallende Prognosequalität i. H. v. 20,0% gemessen werden.

Bei der Analyse des Krisentyps „Einkauf" konnten insgesamt drei Veränderungen beobachtet werden. Zwischen **t_{-3} und t_{-2}** fällt die Prognosequalität um 13,0%. In der Folgeperiode **(t_{-2} auf t_{-1})** wurden negative Veränderungen der Dimension Zuverlässigkeit (12,5%) gemessen. Zudem fällt die Ausprägung Wachstum von **t_{-1} auf t_0** um 14,8%.

Der Krisentyp „Finanzierung" weist wie Krisentyp 6 nur eine signifikante Veränderung auf. Hier verringert sich die Prognosequalität in der Periode **t_{-3} auf t_{-2}** um 23,1%.

Bei der Analyse des Krisentyps 9 wurden keine signifikanten Ergebnisse beobachtet.

---

538 Aufgrund des niedrigen „n" und der daraus resultierenden geringen Anzahl signifikanter Ergebnisse werden die letzten vier Krisentypen (6, 7, 8 und 9) in einem Absatz beschrieben.

4.5 Befunde zu Stakeholdern im manifesten Krisenstadium

Nachdem zunächst ein Modell zur Darstellung von Unternehmenskrisen in Abhängigkeit der Krisentypen erstellt wurde, werden anschließend die Faktoren ermittelt, die die Einordnung in den manifesten Krisentyp determinieren.

Hierzu werden die bereits deskriptiv analysierten qualitativen Faktoren in einem multivariaten Regressionsmodell auf deren Erklärbarkeit geprüft. Die quantitativen Faktoren werden aufgrund der Relevanz in der Entwicklung von Insolvenzprognoseverfahren (Rating) nicht näher erläutert.[539]

4.5.1 Faktoren zur Bestimmung von Krisenzuständen

Die Diskriminanzfunktion ermittelte insgesamt 11 Variablen (in 11 Schritten), die die Einordnung in die beiden unterschiedlichen Krisenzustände passive Begleitung und aktive Begleitung möglichst optimal erklären.[540]

Zwar sollte die Anzahl der Variablen nicht höher als acht sein,[541] dennoch identifiziert die Diskriminanzanalyse[542] zur optimalen Trennung 11 Variablen, die einen Einfluss auf die Beurteilung der Kreditinstitute bei der Bestimmung des Krisenzustands ausüben.[543] Tabelle 25 gibt einen Überblick der schrittweise ermittelten Variablen, die bei der Diskriminanzanalyse als gut diskriminierend angezeigt wurden.

---

[539] Zu einer näheren Betrachtung bei der Entwicklung von Ratingmodellen sowie der Erklärung quantitativer Kennzahlensysteme vgl. fortführend Fischer (2012); Konrad (2012) und Weiß (2013).

[540] Zur Plausibilisierung der Ergebnisse wurde eine logistische Regression gerechnet. Die drei Variablen Materialaufwand in t_{-1}, Informationspolitik in t_{-4} und Wachstum in t_{-3} werden auch von einer schrittweise durchgeführten logistischen Regression bestätigt. Mithilfe der drei Variablen steigt die Vorhersage des Modells von 59% auf 67,9%. Die logistische Regression nutzte jedoch keine weiteren Variablen, um die Trennfähigkeit des Modells zu erhöhen. Auch die Diskriminanzfunktion ermittelte die gleichen drei Variablen als erstes. Vgl. Kapitel 4.1.2.3. Die logistische Regression wurde berechnet, um insbesondere potenzielle Verteilungsprobleme der Diskriminanzanalyse auszuschließen. Auch die Literatur sieht die Forderung nach einer normalverteilten Grundgesamtheit kritisch, da kaum erreichbar, vgl. Leker (1993), S. 216f. Fortführend zur Methodik der logistischen Regression vgl. Hosmer, Lemeshow (2000) und Konrad (2012). Aufgrund der Ablehnung der Nullhypothese des Hosmer Lemeshow Tests (nicht signifikanter Ergebnisse) kann dem Modell und den Variablen eine gute Vorhersage zugetraut werden, vgl. Ahang VIII. Nagelkerkes R-Quadrat beträgt im letzten Schritt 0,242 und besagt, dass mit den Variablen 24,2% der Varianz erklärt wird. Vgl. Anhang VIII. Die Vorzeichen des Regressionskoeffizienten in der logistischen Regression bestätigen auch die Vorzeichen des Diskriminationskoeffizienten, demnach weisen auch in der logistischen Regression der Materialaufwand in t_{-1} und das Wachstum in t_{-3} einen positiven, sowie die Informationspolitik in t_{-4} einen negativen Einfluss auf die Entscheidung hinsichtlich der Einordnung in den manifesten Krisenzustand auf. Vgl. Anhang VIII.

[541] Vgl. Niehaus (1987), S. 115 f. und Leker (1993), S. 248.

[542] Die Diskriminanzanalyse wurde schrittweise durchgeführt. Dies minimiert multikollineare Problemstellungen im Datensatz. Daher können Interkorrelationen zwischen den ermittelten Variablen nahezu ausgeschlossen werden. Vgl. Backhaus et al. (2006), S. 216.

[543] Die F-Werte der Variablen liegen derart eng zusammen, dass bei einem F-Wert von 4 lediglich 3 Variablen ausgegeben werden. Die Trennfähigkeit liegt dann bei 69,5%. Eine Verringerung des F-Werts auf 3,1 erhöht die Variablenauswahl auf 11.

Tabelle 25: Ergebnisse Diskriminanzanalyse.

Schritt	Variable	Koeffizient	F-Wert
1.	Marktanteil t_{-1}	,650	6,294
2.	Informationspolitik t_{-4}	-,483	5,556
3.	Wachstumsphase des Unternehmens t_{-3}	,448	5,229
4.	Außerordentliches Ergebnis t_{-3}	,473	4,833
5.	Ergebnis der Erfolgsrechnung t_{-1}	-,537	4,760
6.	Forderungen aus Lieferung und Leistung t_{-1}	1,477	5,042
7.	ordentliches Betriebsergebnis t_0	-1,091	5,477
8.	Eigenkapitalquote t_{-1}	1,032	5,915
9.	Ausfallwahrscheinlichkeit t_0	,491	5,839
10.	Wachstumsphase des Unternehmens t_0	,403	5,915
11.	Eigenkapitalquote t_{-2}	-,596	5,835

Als erste Variable ermittelte die Diskriminanzanalyse die Höhe des **Marktanteils in t_{-1}**. Es wurde ein positiver Einfluss auf die aktive Krisenbegleitung festgestellt (positiver Koeffizient). Demnach ist eine aktive Begleitung wahrscheinlicher, je höher der Marktanteil im Jahr vor dem Übertritt ins manifeste Krisenstadium ist.

Den zweithöchsten Erklärungswert wies die Höhe der **Informationspolitik in t_{-4}** auf. Der Koeffizient ist negativ und drückt somit einen negativen Einfluss auf die Einordnung in den Krisenzustand aus. Demnach kann festgestellt werden, dass je schwächer die Informationspolitik in t_{-4} bewertet wird, desto stärker ist die Wahrscheinlichkeit, eine aktive Krisenbegleitung zu erhalten.

Die Variable mit dem dritthöchsten Erklärungsanteil ist das **Wachstum des Unternehmens im Jahr t_{-3}**. Der Regressionskoeffizient ist positiv, somit weist das Wachstum einen positiven Einfluss auf die Einordnung in die manifeste Krise mit aktiver Begleitung auf. Je höher das Wachstum im Jahr t_{-3} ist, desto eher wird das Unternehmen aktiv begleitet.

Die Diskriminanzanalyse führt als vierte und als erste nicht qualitative Variable das **außerordentliche Ergebnis in t_{-3}** auf. Diese Variable weist einen positiven Einfluss auf die Überführung in den manifesten Krisenzustand II auf. Das heißt, dass Unternehmen mit einem hohen außerordentlichen Ergebnis in t_{-3} eher in eine aktive Krisenbegleitung überführt werden.

Als fünfte Variable konnte in der Analyse das **Ergebnis der Erfolgsrechnung in t_{-1}** ermittelt werden. Der Koeffizient ist negativ und beschreibt somit einen negativen Zusammenhang zwischen dem Ergebnis der Erfolgsrechnung und einem Krisenzustand II. So werden die

Kreditinstitute Unternehmen eher aktiv begleiten, wenn das Ergebnis der Erfolgsrechnung im Jahr vor dem Kriseneintritt tendenziell niedriger ist.

Forderungen aus **Lieferung und Leistung in t_{-1}** werden von der Diskriminanzanalyse als sechste Variable zur Erklärung der Krisenzustandsbestimmung gegeben, der Einfluss ist positiv. Demnach weisen hohe Forderungen aus Lieferung und Leistung im Vorjahr der Krise einen positiven Einfluss auf eine Entscheidung zur aktiven Begleitung in der Unternehmenskrise auf.

Analog zum Ergebnis der Erfolgsrechnung weißt das **ordentliche Betriebsergebnis in t_0** als siebte Variable einen Einfluss auf die Entscheidung über eine aktive oder passive Begleitung auf. Unternehmen mit tendenziell niedrigeren ordentlichen Ergebnissen werden in den manifesten Krisenzustand II überführt.

Der Einfluss der Eigenkapitalquote ist jahresübergreifend ambivalent. So weist die **Eigenkapitalquote in t_{-1}** einen positiven, die **Eigenkapitalquote in t_{-2}** hingegen einen negativen Einfluss auf die Einordnung in die Krisenzustände auf. Dabei wird die Eigenkapitalquote in t_{-1} als achte Variable und die Eigenkapitalquote in t_{-2} als elfte Variable von der Diskriminanzanalyse zur Erklärung genutzt. Im Jahr vor der manifesten Krise wirkt daher eine hohe Eigenkapitalquote verstärkend auf die Überführung in eine aktive Krisenbegleitung. Zwei Jahre vor Übertritt ins manifeste Krisenstadium wirkt eine hohe Eigenkapitalquote jedoch eher als ein Signal für eine passive Krisenbegleitung.

Als neunte Variable konnte die **Ausfallwahrscheinlichkeit in t_0** ermittelt werden. Die Analyse ergab einen positiven Regressionskoeffizienten, sodass Unternehmen mit höheren Ausfallwahrscheinlichkeiten eher in eine aktive Begleitung übernommen werden als Unternehmen mit niedrigeren Ausfallwahrscheinlichkeiten.

Als zehnte Variable nahm die Diskriminanzanalyse die qualitative Beurteilung des **Wachstums in t_0** auf. Es konnte ein positiver Zusammenhang festgestellt werden. Daher wird der Krisenzustand von Unternehmen mit einer eher positiven Bewertung des Wachstums in t_0 tendenziell eher in einen Krisenzustand II überführt.

Alle anderen Variablen konnten keinen weiteren Erklärungsbeitrag zur Einordnung von Unternehmen in Krisenzustände leisten. Es wurden ausgewählte Variablen gesondert mithilfe einer univariaten Diskriminanzanalyse getestet, deren Klassifikationsleistung allerdings keinen Mehrwert leistete.

Die univariate Überprüfung von **Krisentypen** ergab, dass die univariate Klassifikationsleistung schwach ist. Der Typ Patriarch konnte die a-priori Zuordnung von 59,7% auf 62,2% erhöhen. Dies geht allerdings einher mit einem Beta Fehler von 54,5%. Auch der Krisentyp

Nachfolge verbesserte die Zuordnung auf 62,2%, weist allerdings auch einen enorm hohen Beta Fehler von 90,9% auf. Gleiches gilt für den Krisentyp Finanzierung, dem zwar eine Verbesserung auf 59,8% gelingt, aber auch einen sehr hohen Beta Fehler von 90,9% aufweist. Alle anderen Krisentypen leisten keinen Erklärungsbeitrag zur Einordnung in die unterschiedlichen Krisenzustände.[544]

Die Variablen **Alter des Unternehmens** und **Dauer der Geschäftsbeziehung** konnten ebenfalls keinen Erklärungsansatz leisten. Die univariaten Analysen ergaben, dass das Alter der Unternehmen nur eine univariate Klassifikationsleistung von 43,9% erreicht. Die Dauer der Geschäftsbeziehung hat zwar eine Klassifikationsgüte von 57,3%, weist jedoch einen Beta Fehler von 57,6% auf.[545]

4.5.2 Klassifikationsleistung der Faktoren

Das Wilks' Lampda ist ein Gütekriterium für das vorliegende Modell der Diskriminanzanalyse und damit die Erklärungsgüte der Variablen.

Tabelle 26 gibt einen Überblick über die Tests zur Klassifikationsleistung für das Wilks Lampda, den Chi-Quadrat Test und die Signifikanz.

Tabelle 26: Beurteilung des Modells nach Wilks Lampda.

Beurteilung des Modells nach Wilks Lampda				
Test der Funktionen	**Wilks Lampda**	**Chi-Quadrat**	**df**	**Signifikanz**
1	0,507	47,893	11	,000

Der Signifikanzwert von 0,000 bestätigt, dass zumindest nicht alle Gruppenmittelwerte identisch sind. Zwar kann hieraus nicht geschlossen werden, dass das gesamte Modell geeignet ist. Jedoch bedeutet der hohe Signifikanzwert, dass das Modell nicht absolut ungeeignet für einen Erklärungsansatz ist.[546]

Der Marktanteil in t_{-1} weist ein Wilks Lampda von 0,924 auf. Auch die zweite und dritte Variable Informationspolitik t_{-4} und Wachstumsphase des Unternehmens t_{-3} haben sehr hohe Wilks Lampda größer 0,82. Für die folgenden drei Variablen Außerordentliches Ergebnis t-3, Ergebnis der Erfolgsrechnung t-1 und Forderungen aus Lieferung und Leistung t-1 wurden Wilks Lampdas größer 0,7 gemessen. Wesentlich für die Analyse ist jedoch, dass die Signifi-

544 Vgl. Anhang VI.
545 Vgl. Anhang VII.
546 Vgl. Backhaus et al. (2008), S. 204f. und Brosius (2013), S. 661 f.

kanzniveaus, also die Wahrscheinlichkeit, dass die Nullhypothese angenommen werden muss, bei allen Variablen sehr gering ist.[547]

Tabelle 27 gibt einen Überblick über die Variablen, die einen Einfluss auf die Entscheidungen von Stakeholdern ausüben.

Tabelle 27: Entscheidungskriterien zur Bestimmung von Krisenzuständen.

Wilks Lampda				
Variable	**Lampda**	**df1**	**df2**	**Signifikanz**
Marktanteil t_{-1}	,924	1	76	,014
Informationspolitik t_{-4}	,871	2	76	,006
Wachstumsphase des Unternehmens t_{-3}	,825	3	76	,002
Außerordentliches Ergebnis t_{-3}	,791	4	76	,002
Ergebnis der Erfolgsrechnung t_{-1}	,752	5	76	,001
Forderungen aus Lieferung und Leistung t_{-1}	,701	6	76	,000
ordentliches Betriebsergebnis t_0	,646	7	76	,000
Eigenkapitalquote t_{-1}	,593	8	76	,000
Ausfallwahrscheinlichkeit t_0	,564	9	76	,000
Wachstumsphase des Unternehmens t_0	,531	10	76	,000
Eigenkapitalquote t_{-2}	,507	11	76	,000

Die standardisierten kanonischen Diskriminanzfunktionskoeffizienten geben die jeweiligen Einflüsse der Variablen auf die abhängige Variable „aktive Krisenbegleitung" im Vergleich zu den anderen Variablen an.

Es ist festzustellen, dass die Koeffizienten sehr eng beieinander liegen. Lediglich die Forderungen aus Lieferung und Leistung in t_{-1}, das ordentliche Betriebsergebnis in t_0 und die Eigenkapitalquote in t_{-1} weisen einen erheblich höheren Einfluss auf die Entscheidung der Fremdkapitalgeber auf, als die anderen Koeffizienten. Anhand des Vorzeichens kann man auch die Richtung des Einflusses ablesen.[548]

Die nachfolgende Tabelle zeigt die standardisierten kanonischen Diskriminanzkoeffizienten, die bei der Diskriminanzanalyse ermittelt wurden.

[547] Vgl. Backhaus et al. (2006), S. 184 f. und Brosius (2013), S. 661 f.
[548] Vgl. Brosius (2013), S. 662 f.

Tabelle 28: Standardisierte kanonische Diskriminanzfunktionskoeffizienten.

Standardisierte kanonische Diskriminanzfunktionskoeffizienten	
Variable	**Funktion**
Marktanteil t_{-1}	,650
Informationspolitik t_{-4}	-,483
Wachstumsphase des Unternehmens t_{-3}	,448
Außerordentliches Ergebnis t_{-3}	,473
Ergebnis der Erfolgsrechnung t_{-1}	-,537
Forderungen aus Lieferung und Leistung t_{-1}	1,477
ordentliches Betriebsergebnis t_0	-1,091
Eigenkapitalquote t_{-1}	1,032
Ausfallwahrscheinlichkeit t_0	,491
Wachstumsphase des Unternehmens t_0	,403
Eigenkapitalquote t_{-2}	-,596

Das folgende Diagramm zeigt das Klassifikationsergebnis der abgeleiteten Diskriminanzanalyse unter Berücksichtigung aller elf Variablen. Das Histogramm verdeutlicht die gute Trennung der Diskriminanzfunktion.

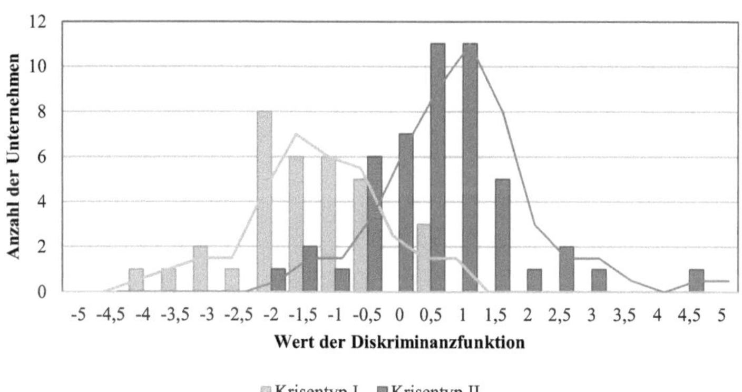

Abbildung 32: Klassifikationshistogramm der Diskriminanzanalyse.

Mithilfe der Variablen können 41 der 49 aktiv begleiteten Unternehmen richtig klassifiziert werden (Tabelle 29). Damit erklären die Variablen 83,7% des Entscheidungsverhaltens von Kreditinstituten, zur aktiven Begleitung von krisenbehafteten Unternehmen. Folglich weist das Modell aber auch einen Alpha-Fehler, also falsch in den Krisenzustand I eingeordnete Unternehmen, von 16,3% auf. Demgegenüber erklären die Variablen 81,8% der Fälle, in denen das Kreditinstitut die Krise passiv begleitet und das Unternehmen in den manifesten Krisenzustand I überführt. In absoluten Zahlen werden 27 der 33 überführten Unternehmen erkannt. Somit beträgt der Beta-Fehler, also die falsch in den Krisenzustand II überführten Unternehmen, 18,2%. Insgesamt können 82,9% der Fälle korrekt klassifiziert werden.[549] Festzuhalten bleibt, dass die Klassifikationsleistung als überdurchschnittlich interpretiert werden kann. Denn in der Literatur werden bereits Klassifikationsleistungen von 75% oder Gesamtfehler von 25% als gut beschrieben.[550]

Tabelle 29: Klassifikationsmatrix manifester Krisenzustände.

manifeste Krisenphase II			prognostizierte Gruppenzugehörigkeit		
			mKZ I	mKZ II	Gesamt
tatsächliche Gruppenzugehörigkeit	abs.	mKZ I	**27**	6	33
		mKZ II	8	**41**	49
	%	mKZ I	**81,8**	18,2	100,0
		mKZ II	16,3	**83,7**	100,0

549 Dementsprechend liegt der Alpha-Fehler oder Fehler 1. Art bei der Diskriminanzanalyse bei 18,2%. Der Beta-Fehler oder Fehler 2. Art liegt hier bei 16,3%. Wobei anzumerken ist, dass diese Untersuchung keine Überprüfung der Funktion anhand einer zweiten Datensatzes vornehmen konnte, daher sind die Ergebnisse mit Vorsicht zu interpretieren. Des Weiteren liegt ein sehr geringes „n“ bezogen auf die große Anzahl von Variablen vor.

550 Vgl. Leker, Schewe (1998), S. 887 und Hauschildt (2000), S. 122.

5. Diskussion und Implikationen

Als Vorbemerkung sollen folgende Anmerkungen festgestellt werden:

- Die meisten Krisenverläufe konnten die in Kapitel 2.1.3 beschriebenen Merkmale bestätigen. Insbesondere bei den Fällen, in denen Krisentypen aus Bilanzbildern abgeleitet werden bestätigen die Befunde das Krisentypenkonstrukt von Hauschildt und Leker.

- Den Leser mag wundern, dass Finanzinstitute in diesem Modell nicht nur als risikosensitivste, sondern auch als handlungsschnellste Stakeholder definiert werden. Dies impliziert einen Wissensvorsprung vor den restlichen Stakeholdern. Von Wysocki folgend nutzen jedoch gerade Finanzinstitute Kennzahlen der Fristenkongruenz zur Einschätzung der wirtschaftlichen Lage, um das Wissen der übrigen Stakeholder zu nutzen.[551] Dies impliziert, dass Lieferanten als erstes Unternehmenskrisen identifizieren, denn sie würden restriktiver auf eine Krisensituation eines Kunden reagieren, was zu Verschiebungen bei den Fristigkeiten und Bilanzrelationen führt. Begründet werden kann dies durch den Umstand, dass den Lieferanten oft direkte Einblicke in die güterwirtschaftlichen Verflechtungen des Unternehmens vorliegen.

- Große Unternehmen überwinden Unternehmenskrisen besser, da sie drei wesentliche Vorteile gegenüber kleinen Unternehmen besitzen.[552] Erstens sind die Vermögenswerte und die absolut vorhandenen flüssigen Mittel auf der Aktivseite höher und daher auch die absolute Substanz des Unternehmens stärker. Zweitens haben große Unternehmen üblicherweise mehrere Geschäftsfelder die als Kerngeschäftsfeld und damit als Renditeträger ausgebaut werden können. Drittens ist eine Liquidierung großer Unternehmen deutlich aufwendiger und weniger praktikabel als die Auflösung eines kleinen Unternehmens. Dies geht einher mit einem zumeist höheren ausstehenden Obligos und dem damit höheren Risiko der Fremdkapitalgeber.[553]

- Die Ergebnisse müssen immer vor dem Hintergrund betrachtet werden, dass es sich bei dieser Analyse um die Betrachtung des latenten Krisenstadiums handelt. In diesem Fall heißt t_{-4}, dass Auffälligkeiten 4 Perioden vor dem Übertritt ins manifeste Krisenstadium festgestellt werden. Daher sind in dieser Periode eher schwache Signale zu erwarten oder aber auch konträre Krisenverläufe. Analog sind die Ergebnisse in den folgenden Perioden zu beurteilen. Demnach sollten die Erkenntnisse der frühen Pha-

[551] Vgl. von Wysocki (1962), S. 1-14.
[552] Dieses Phänomen wird auch als „Too Big To Fail" beschrieben, vgl. Mishkin, Stern, Feldman (2006).
[553] Vgl. Moulton, Thomas (1993), S. 130.

sen eher als Frühwarnindikatoren denn als harte Krisensignale oder gar -symptome interpretiert werden.

5.1 Zur Dynamik von Unternehmenskrisen

5.1.1 Alle Krisenunternehmen – Krisenverlauf

Die zahlreichen bisher dargestellten Befunde lassen viele Interpretationen zu. Über alle Krisentypen gemeinsam betrachtet, konnten in der Untersuchung folgende Auffälligkeiten festgestellt werden.

In der **ersten Beobachtungsperiode** können bilanzielle Veränderungen im Anlagevermögen, bei den Vorräten und in den Forderungen festgestellt werden.

Das steigende Anlagevermögen wird hauptsächlich durch Eigenkapital finanziert. Demnach liegt ein ausgeprägtes Eigenfinanzierungprogramm vor, welches aufgrund steigender Abschreibungen auf ein langfristig angelegtes Investitionsprogramm hindeutet.

Fallende Vorräte und Vorratsintensitäten implizieren, dass die Unternehmen beginnen Potenziale zu heben und Liquidität freisetzen. Allerdings steigen auch die Forderungen an. Daher ist fraglich, ob die Generierung von Liquidität erfolgreich ist.

Die Erhöhung von Verbindlichkeiten aus Lieferung und Leistung zeigt in Verbindung mit der Ausweitung der Kreditorenziele zudem einen weiteren Versuch Liquidität zu generieren.

Des Weiteren versuchen die Unternehmen in der ersten Periode den Umsatz durch Zugeständnisse in den Finanzierungbedingungen zu stimulieren. Dies kann zur Folge haben, dass Unternehmen auch bonitätsschwächere Kunden in ihr Kundenportfolio aufnehmen. Die Ausweitung der Debitorenziele impliziert zumindest eine abnehmende Zahlungsbereitschaft auf der Kundenseite. Zudem könnte dies als Indiz für Probleme mit Kunden dienen, denn steigende Debitorenziele suggerieren auch eine höhere Ausfallproblematik im Kundenportfolio.

Eine weitere Erklärung könnte eine grundsätzliche Vernachlässigung des Kundenmanagements sein, möglicherweise werden Einsparungen im Mahnwesen durchgeführt. Dies könnte wiederum Ausdruck erheblicher interner Organisationsprobleme sein.

Der Anstieg der Ausfallwahrscheinlichkeit in dem ersten Jahr der Betrachtung zeigt eine – zumindest statistische – Verschlechterung der Bonität. Es scheint, als ob die Fristigkeiten des Fremdkapitals eine wesentliche Rolle spielen. Tendenziell werden Verbindlichkeiten aus Lieferung und Leistung als kurzfristig interpretiert und könnten somit einen überproportionalen Einfluss auf das Bonitätsurteil ausüben.

Auf qualitativer Ebene können Veränderungen der eher weichen Faktoren festgestellt werden. Die Stakeholder sehen eine Verschlechterung der Prognosequalität. Damit steigt indirekt die wahrgenommene Risikosituation, wenn auch in dieser Phase noch eher als diffuses Gefühl. Es wird nicht klar worin die Probleme liegen. Wurden möglicherweise die Ziele aus den Effizienzsteigerungsprogrammen nicht erreicht? Hat das durch Eigenkapital finanzierte Wachstum nicht den gewünschten Zuwachs in den Absatzmärkten generiert? Oder hat das Unternehmen lediglich die Marktentwicklung falsch eingeschätzt?

Der qualitative Befund ist insoweit interessant, als es den Unternehmen nicht gelingt die wirtschaftliche Entwicklung und die daraus abzuleitenden Maßnahmen plausibel zu erklären oder erklären zu wollen. Dieses Defizit schafft ein generelles Unbehagen bei den Stakeholdern. Allerdings konnten im Rahmen der Finanzmarktkrise vermehrt Probleme von Unternehmen im Planungsprozess beobachtet werden. Dies vermag die Komplexität zusätzlich erhöhen.[554]

Die bilanziellen Veränderungen in der **zweiten Periode** zeigen wiederum steigende Aktivposten, diesmal jedoch nur im Umlaufvermögen. Anders als in der Vorperiode steigen die Vorräte zwar absolut an, das Liquiditätsgenerierungsprogramm scheint jedoch weitergeführt zu werden. Denn die erneute Verringerung der Vorratsintensität zeigt doch eine relative Verringerung des in den Vorräten gebundenen Kapitals.

Die Vorräte und die Ausweitung der Forderungen aus Lieferung und Leistung werden anders als in der Vorperiode durch Eigen- und Fremdkapital finanziert. Neben dem bilanziellen Wachstum können in dieser Periode auch steigende Umsatzerlöse festgestellt werden.

Gleichwohl steigen die Umsatzerlöse unterproportional gegenüber den Aufwandspositionen Material, Personal und Abschreibungen. Dies führt letztlich zu einer Verringerung des ordentlichen Ergebnisses und steht für eine fallende Attraktivität des Geschäftsmodells.

Die Unternehmen versuchen die Krise zu managen und erhöhen die Kreditorenziele weiter. Liquiditätsprobleme werden durch Ausweitung der Kreditorenziele ausgeglichen. Der steigende Materialaufwand ist in Verbindung mit dem steigenden Kreditorenziel ein potenzieller Ausdruck ungenutzter Skonti. Nutzt ein Unternehmen potenzielle Skonti nicht aus, stellt dieser einen – zugegebenermaßen äußerst teuren – Lieferantenkredit dar. Betriebswirtschaftlich gesehen wird jedoch die Opportunität als Materialaufwand und nicht als Finanzierungsaufwand klassifiziert. Daher ist ein steigender Materialaufwand in Verbindung mit steigenden Kreditorenzielen ein Hinweis auf den Verzicht von Skonti.

Auffällig an dieser Entwicklung ist, dass die Unternehmen in der zweiten Phase auf Wachstum setzen. Wachstum bei ineffizienten Geschäftsmodellen erhöht allerdings die Unsicher-

---

[554] Vgl. Fröhlich et al. (2009), S. 705.

heit, denn Unternehmen setzen dann zunehmend auf das Prinzip „Hoffnung“. Genau dies spüren die Stakeholder nach den vorliegenden Befunden in der zweiten Phase.

Auf qualitativer Ebene sehen die Stakeholder die weichen Faktoren weiter verschlechtert an. Zuverlässigkeit, Informationspolitik und Prognosequalität werden zunehmend schwächer bewertet. Dies spricht für eine erste Zensur an externe Dritte. Die Informationspolitik wird umgestellt, weniger mit Stakeholdern kommuniziert und Informationen nicht initiativ bereitgestellt.[555]

Neben den indirekten Auswirkungen auf die Konditionen durch fehlende Informationen,[556] verliert das Unternehmen in den Augen der Stakeholder zudem an Integrität. Vor allem aber leidet die Qualität der Prognosen. Es scheinen wieder Ziele verpasst worden zu sein, da trotz Umsatzwachstum negative Ergebnisse erzielt wurden. Die eher harten Faktoren werden jedoch noch nicht schwächer als in der Vorperiode bewertet.

In der **dritten Periode** wird erfolgswirtschaftlich weiter auf Wachstum gesetzt. Dieses Wachstum zeigt sich auch bilanziell. Steigendes Anlagevermögen und steigendes Umlaufvermögen werden durch steigendes Fremdkapital und eine Erhöhung des Eigenkapitals finanziert. Das Wachstum des Umlaufvermögens wird stark von wachsenden Vorräten getrieben. Da die Vorratsintensität nicht gesenkt werden kann, verschärft sich die Finanzsituation.

Auf der Passivseite steigen nahezu alle Bestandteile. Die genaue Finanzierungsstruktur kann nicht aus dem vorliegenden Datenmaterial abgelesen werden, es scheint jedoch, dass insbesondere Finanzierungsformen von Kreditinstituten genutzt werden. Die Erhöhungen der Verbindlichkeiten aus Lieferung und Leistung dokumentiert, dass weiteres aktives Lieferantenmanagement betrieben wird.

Steigende Umsätze werden weiterhin von überproportional steigenden Aufwandspositionen begleitet. Massive Investitionen auf der Aktivseite der Bilanz sorgen für weiter steigende Abschreibungen.

Die Materialaufwendungen steigen ebenfalls mit dem Umsatz an. Die erhöhten Personalaufwendungen können Ausdruck für den Bedarf an zusätzlichem oder besser qualifiziertem Personal sein. Wahrscheinlicher ist allerdings, dass Ineffizienzen im Personalbereich nicht entscheidend aufgegriffen und beseitigt werden.

---

[555] In Unternehmenskrisen werden oftmals Strategien von zurückhaltender Informationsbereitstellung beobachtet. Insbesondere (konstruktive) Kritik wird von Unternehmen als Anmaßung verstanden. Vgl. Arnold, Ifftner, Portisch (2011), S. 88.

[556] Vgl. Lehmann (2003), S. 6 f.

Die überproportional steigenden Aufwandspositionen führen zu einem weiterhin fallenden ordentlichen Ergebnis. Auch das EBIT entwickelt sich in diesem Zeitabschnitt negativ.

Fallende Ergebnisse sorgen erstmals für fallende Renditekennzahlen, die Umsatz und Gesamtkapital betreffen.

Die Ausfallwahrscheinlichkeit reagiert sensibel und signalisiert eine Verschlechterung der Bonität. Die verschlechterte statistische Bonität wird neben dem Erfolgseinbruch maßgeblich durch weitere Verschiebungen in der Fristigkeit von Verbindlichkeiten verschärft.

Auf qualitativer Ebene sehen die Stakeholder zunehmen schwächere Prognosefähigkeit und eine weiter abnehmende Zuverlässigkeit. Der Glaube an das Prinzip „Hoffnung", betriebswirtschaftlich formuliert an den prognostizierten Turnaround, d.h. eine Umkehr der negativen Entwicklung von Ergebnissen, ist bei den Stakeholdern weiter erschüttert.

Zudem unterlaufen den Unternehmen jetzt erhebliche Fehler in der externen Kommunikation. Die Unternehmen liefern zugesagte Informationen nicht oder nur auf teils erneuter Nachfrage und belasten somit das Vertrauensverhältnis. Möglicherweise basieren diese Fehler auch auf einer mangelhaften Kommunikation innerhalb der Unternehmen selbst, die dafür sorgt, dass die Banken nicht die notwendigen Informationen zur Verfügung gestellt bekommen können.

In dieser Periode wird zudem ein erster eher harter qualitativer Faktor negativer bewertet. Haben die Analysten das Wachstum in den Vorjahren zwar noch als diffuses Problem gesehen, werden die Wachstumsprobleme nun auch von externen Stakeholdern dokumentiert. Es scheint, als ob die Stakeholder jetzt öffentlich registrieren, dass der eingeschlagene Wachstumspfad nicht die gewünschten Ziele erreichen kann.

In der **letzten Periode** wird der erfolgswirtschaftliche Wachstumsprozess nicht mehr fortgesetzt. Das Geschäftsmodell wird zunehmend von überproportional steigenden Aufwendungen gekennzeichnet. Die Renditen fallen, denn in der Krise gelingt es nicht mehr die Kostenremanenz zu beseitigen.

Die Unternehmen reagieren mit Investitionen bzw. Wachstum im Anlagevermögen. Dies könnten Investitionen in unterschiedliche Bereiche des Anlagevermögens sein, die die Abschreibungen überschreiten. Es könnten Maschinenparks erneuert werden, um Qualität und Quantität zu erhöhen. Zur Finanzierung wird auf Fremdkapital zurückgegriffen. Eine Beteiligung im Eigenkapital kann nicht beobachtet werden, zudem fällt die Eigenkapitalquote.

Interessanterweise wird die Ausweitung der Aktivseite maßgeblich durch Kreditinstitute finanziert. Insbesondere die Erhöhung der Vorräte und der Vorratsintensität zeigt weitere Effizienzprobleme im Absatzbereich.

Es scheint zudem, dass die Kreditinstitute eine umfangreiche Working Capital Finanzierung vornehmen. Zumindest die unveränderten Materialaufwendungen sprechen für ein Materialmanagement, welches sich proportional zu den Umsätzen verhält. Dennoch können remanent steigende Personalaufwendungen und Abschreibungen beobachtet werden.

In der Bonitätsbeurteilung steigt die Ausfallwahrscheinlichkeit ebenfalls und ist Ausdruck der weiteren Krisenverschärfung.

Auf qualitativer Ebene werden die bereits zuvor kritisch beurteilten Dimensionen Informationspolitik und Prognosequalität noch schwächer beurteilt. Dies spricht für weitere Einschränkungen in der Kommunikation zwischen Unternehmen und externen Dritten, sowie massiven Problemen in der internen Planungseinheit. Möglicherweise fehlen den Unternehmen die geeigneten Instrumente oder geeignetes Personal, um das Geschäftsmodell in ökonomischen Größen zu beschreiben. Neben den eher weichen qualitativen Faktoren werden nun weiter die eher harten qualitativen Faktoren schwächer bewertet.

Die bereits in der Vorperiode dokumentierten Probleme im Wachstum werden in der letzten Periode vor Übertritt ins manifeste Krisenstadium erneut beobachtet. Die Wachstumsbestrebungen werden zunehmend problematisch gesehen.

Zudem verlieren die Unternehmen Marktanteile. Dies spricht für Probleme in einem generell wachsenden Marktumfeld,[557] denn bei den Umsätzen konnte keine negative, aber auch keine positive Entwicklung beobachtet werden.

Abschließend sehen die Stakeholder die interne Organisation des Vertriebs und der Personalflexibilität als problematisch. Es kann nicht mehr auf Veränderungen am Markt in der Personalstruktur reagiert werden, zudem ist die Marktbearbeitung problematisch. Das Vertriebskonzept wird von den Stakeholdern als zunehmend ungeeignet eingeschätzt.

Abbildung 33 gibt einen Überblick über alle signifikanten Veränderungen, die bei den Krisenunternehmen gemessen werden konnten.

---

[557] Da die erhobenen Daten in den Jahren 2008 bis 2013 lagen, kann zumindest in den letzten Jahren der hier beschriebenen Unternehmenskrise eher von einem sich verbessernden Marktumfeld ausgegangen werden.

Allgemeine Übersicht - alle Krisentypen

		Position	$t_4 - t_3$	$t_3 - t_2$	$t_2 - t_1$	$t_1 - t_0$
Quantitativ		AV	↑	–	↑	↑
		UV	–	↑	↑	–
		Vorräte	↓	↑	↑	↑
		Forderungen	↑	↑	–	–
		Ford. L&L	–	↑	–	–
		EK	–	↑	↑	–
		FK	–	↑	↑	↑
		Rückstellungen	–	–	↑	–
		Vblk.	–	↑	↑	↑
		Vblk. KI	–	–	↑	↑
		Vblk. L&L	–	–	↑	–
		Bilanzsumme	–	–	↑	↑
	Erfolgswirtschaftlich	Umsatz	↓	↑	↑	–
		Materialaufwand	–	↑	↑	–
		Personalaufwand	–	↑	↑	↑
		Abschreibungen	–	↑	↑	↑
		Ordentliches Betriebsergebnis	–	↓	↓	–
		Außerordentliches Betriebsergebnis	–	↓	–	–
		EBIT	–	–	↓	–
		Gewinn der Abrechnungsperiode	–	–	–	–
	Kennzahlen	Debitorenziel	↑	–	–	–
		Kreditorenziel	–	↑	–	–
		Renditen	–	–	–	–
		Umsatzrendite	–	–	↓	↓
		Gesamtkapitalrendite	–	–	↓	↓
		Vorratsintensität	–	↓	–	↑
		Anlagendeckungsgrad	–	↑	–	–
		Ausfallwahrscheinlichkeit	↑	–	↑	↑
		Eigenkapitalquote	–	–	–	↓
Qualitativ	Dimensionen	Marktanteil	↓	–	–	↓
		Vertriebsstruktur	–	–	–	↓
		Wachstum	↑	–	↓	↓
		Unternehmensführung	–	–	–	–
		Zuverlässigkeit	–	↓	↓	–
		Informationspolitik	–	↓	–	↓
		Prognosequalität	–	↓	↓	↓

Abbildung 33: Verlauf der latenten Krise – alle Krisentypen.

Anhand der hier analysierten Grundgesamtheit konnten folgende Krisenstruktur und Krisendynamik beobachtet werden.

In der **ersten Beobachtungsperiode** managen Unternehmen passiv die latente Krise. Vermutlich ist dem Management noch nicht bewusst, dass sich das Unternehmen in einer sich verschärfenden Krise befindet. Es werden möglicherweise Krisensignale diffus wahrgenommen und erste einfache Maßnahmen eingeleitet. Ob nun aktiv und bewusst oder aber unbewusst – Unternehmen reagieren auf die Krisensignale passiv, indem sie die Kreditorenziele erhöhen (lassen). Fallende Vorratsintensitäten verschleiern vermutlich erste Probleme, die von den Unternehmen erkannt werden. Die Unternehmen versuchen allerdings diese Effekte durch Effizienzprogramme auszugleichen.

In der **zweiten Beobachtungsperiode** arbeiten die Unternehmen erheblich an der Gestaltung des Geschäftsmodells. Wachstum scheint das Mittel der Wahl zu sein.[558] Das Eigenkapital wird erhöht und weitere (sonstige) Verbindlichkeiten werden dem Unternehmen zugeführt. Gleichwohl wird das Wachstum nicht durch umfangreiche und strukturierte Ausweitungen der Kreditverbindlichkeiten gegenüber Kreditinstituten erreicht, sondern vornehmlich durch teure Lieferantenkredite. Insgesamt kann in den Frühphasen ein aktives Working Capital Management beobachtet werden. Diese Praxis ist solange erfolgreich, bis die Geschäftskunden die Geschäftspraktiken der Krisenunternehmen nicht weiter unterstützen. Dies führt zu ersten erfolgswirtschaftlichen Problemen.

Nach den – nicht signifikanten – Erhöhungen der Renditen steigen **in der folgenden Beobachtungsperiode** die Aufwendungen überproportional an. Das Wachstum des Umsatzes kompensiert nicht mehr das Wachstum der Aufwandspositionen und resultiert in negativen Entwicklungen von Ergebnissen, sowie fallenden Renditekennziffern. Zwar steigen die Bilanzpositionen noch stark an, jedoch werden hier vermutlich vorwiegend bilanzpolitische Spielräume ausgenutzt. In der Literatur wird dieses Phänomen als Turmspringer-Effekt oder Nosedive beschrieben.[559] Die Unternehmen nutzen Wahlrechte und mobilisieren jegliche Möglichkeiten, um die Ergebnisse ins Positive zu führen. Nach einer Periode mit Wachstum und positiven Ergebnissen folgen hingegen der Absturz der Renditekennzahlen und die Verringerung von Gewinnen. Auf diese Probleme reagiert die Ausfallwahrscheinlichkeit sehr sensitiv. Die qualitativen Informationen suggerieren, dass die Krise unternehmensintern bereits in der Periode t_{-3} bekannt wird. Daraufhin zensiert das Unternehmen nach Außen dringende Informationen. Zudem werden Zusagen und Prognosen weniger verlässlich getätigt

---

558 Misserfolg ist einer der vier Ursachenkomplexe, die zu einem strategischen Wandel in Unternehmen führen. Vgl. Leker (2000), S. 33 f. und 49-52.

559 Vgl. fortführend zu Nosedive Argenti (1976), S. 15 und für den Turmspringer-Effekt Baetge, Jerschensky (1996), S. 1588 f. Das gleiche Phänomen beschreibt Hauschildt (1996), S. 136 f. als Kopfspringer. Eine interessante Anmerkung machen Kraus/ Becker-Kolle, indem sie ein Zwischenhoch auch in der Krisenkommunikation innerhalb der Belegschaft ausmachen. Vgl. Kraus, Becker-Kolle (2004), S. 66.

und die Planungsunsicherheit steigt erheblich an. Betriebswirtschaftlich gesehen stellt der Verlust an Prognosequalität einen Hinweis auf ein mangelhaftes Planungs- und Kontrollsystem dar.[560] Etwaige Nachfragen von Stakeholder werden als Zumutung begriffen und argwöhnisch abgewiesen.[561]

Nach der Ausnutzung zahlreicher bilanzpolitischer Spielräume kann in der **letzten Periode** der Wachstumspfad der Umsätze nicht fortgeführt werden. Jetzt werden remanente Personalaufwendungen und Abschreibungen beobachtet. Das auf Wachstum basierende Geschäftsmodell zur Behebung der Krise erscheint obsolet oder zumindest in einem Zustand massiver Restrukturierungsnotwendigkeit. Die Ausfallwahrscheinlichkeit reagiert stark auf die Unternehmenskrise und stuft das Unternehmen als insolvenznah ein. Letztlich helfen die Maßnahmen nicht mehr und der Einbruch des Gewinns führt zum Übertritt in einen manifesten Krisenzustand.

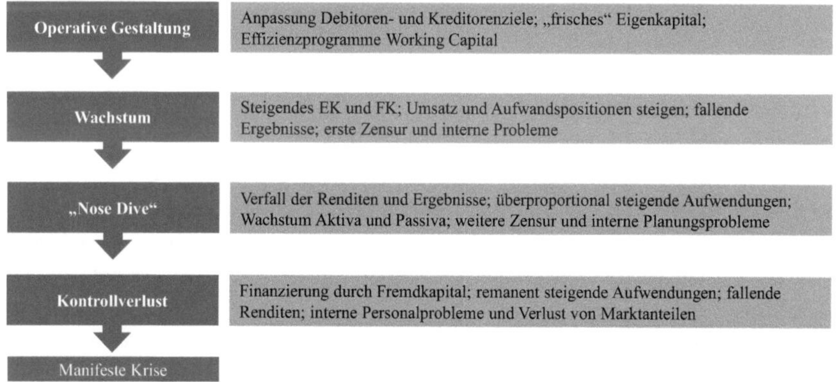

Abbildung 34: Schematische Darstellung des Krisenverlaufs von allen Unternehmen.

Die Grundgesamtheit weist durchgehende Probleme mit allen Aufwandspositionen auf. Zu Beginn werden diese durch steigende Umsätze kompensiert. Dies führt jedoch zu Verschlechterungen der Ergebnisse und folglich den Renditen, denn der Umsatzanstieg kann bei steigenden Mengen auch auf fallende Preise zurückgeführt werden. In einem nächsten Schritt steigt die Ausfallwahrscheinlichkeit ebenfalls an. Interessant ist zudem die Erkenntnis, dass im Allgemeinen ein Bilanzratingmodell bereits 4 Jahre vor Übertritt in das manifeste Krisenstadium erste signifikante Ergebnisse liefert. Dies impliziert, dass die Bank bereits sehr früh erste Erkenntnisse über eine bevorstehende Krise erlangen könnte. Scheinbar reagieren Bilanzratingmodelle sehr sensitiv, obwohl steigendes Eigenkapital und fallende Vorratsintensi-

[560] Ein mangelhaftes Planungs- und Kontrollsystem wird in zahlreichen Studien zu Krisenursachen als eine wesentliche Krisenursache genannt. Vgl. Sonius et al. (2015), S. 203.
[561] Vgl. Lagadec (1987), S. 25.

täten zunächst eine eher positive Veränderung der Bilanzratingmodelle implizieren.[562] Gleichwohl muss festgestellt werden, dass sich die Stichprobe auf einem vergleichsweise niedrigen Bonitätsniveau befindet.[563] Bei der Einschätzung des Managements konnten keine Auffälligkeiten beobachtet werden. Dies könnte den Schluss zulassen, dass in den Beobachtungsperioden entweder kein Wechsel an der Unternehmensspitze von den Unternehmen vorgenommen wurde oder die Unternehmensleitung den Fremdkapitalgebern als kompetent erscheint und diesen Status auch nicht im Laufe der latenten Krise verliert.

Die vorliegende Arbeit unterscheidet jedoch immer in verschiedene Krisentypen. Daher werden im Folgenden die Krisenverläufe der Krisentypen im Speziellen diskutiert.

5.1.2 Das technologisch gefährdete Unternehmen – Krisenverlauf

Im **ersten Jahr des Beobachtungszeitraums** können fallende Umsätze und steigende Debitorenziele beobachtet werden. Hieraus könnte geschlossen werden, dass die Unternehmen versuchen der problematischen Geschäftsumgebung durch erhebliche Zugeständnisse bei Zahlungskonditionen oder bei der Qualität der Kunden entgegenzutreten. Anders formuliert versuchen die Unternehmen zusätzliche Kunden mit unvorteilhaften Kompromissen bei den Zahlungskonditionen zu gewinnen. Auch wird die Kundenqualität, also die Bonität der Kunden, nicht mehr in dem bekannten Maße beachtet, sodass die Zahlungsausfälle des Kundenportfolios höher werden. Eine ansteigende Ausfallwahrscheinlichkeit impliziert zudem eine Veränderung der hier nicht messbaren Fristenstruktur im Fremdkapital. Festzuhalten bleibt, dass die Ausfallwahrscheinlichkeit bereits zu diesem frühen Zeitpunkt einen ersten Hinweis auf die bevorstehende Unternehmenskrise gibt. Auf qualitativer Ebene können erste Veränderungen auf der Marktseite festgestellt werden. Die Stakeholder sind in ihrer Einschätzung auf den ersten Blick allerdings inkonsistent. So beurteilen sie das Wachstum positiv, geben hingegen Probleme bei der Sicherung der Marktanteile an. Gleichwohl könnte ein starkes Marktwachstum diese Bewertung erklären. Wächst der Markt relativ stärker als der Umsatz des Unternehmens, werden Marktanteile an schneller und substanzieller wachsende Konkurrenten verloren. Dies könnte eine Erklärung der hier beobachteten Zustände sein.

In der **zweiten Periode** kann ein steigendes Umlaufvermögen beobachtet werden. Die Veränderung kann allerdings nicht auf Vorräte oder Forderungen zurückgeführt werden. Zudem steigt der Anlagendeckungsgrad an, welches eine Folge des Wachstums vom Umlaufvermögen zu sein scheint. Dies impliziert auch, dass ein Teil des Wachstums durch Eigenkapital finanziert wurde. Möglicherweise versuchen die Unternehmen ihre operative Basis und das Working Capital durch „frisches" Eigenkapital zu stärken. Die Unternehmen stellen den externen Stakeholdern Informationen und benötigtes Datenmaterial erst verzögert zur Verfü-

562 Vgl. Leker, Scheffczyk (2006), S. 150 f.
563 Vgl. Anhang III.

gung. Dies kann aus der abnehmenden Zuverlässigkeit des Unternehmens und deren Management beobachtet werden. Demnach wissen die Unternehmen von der krisenähnlichen Situation und zensieren den Informationsfluss an externe Dritte.

In der **folgenden Periode** sind kaum Auffälligkeiten im Jahresabschluss zu finden. Es kann lediglich eine Erhöhung der Personalaufwendungen beobachtet werden. Die Unternehmen könnten versuchen den sukzessiven Verlusten der Marktanteile durch neues, höher qualifiziertes Personal und neue Wissensträger entgegenzutreten. Vielleicht versuchen die Unternehmen auch durch Personalwachstum eine bessere Bearbeitung des Marktes zu gewährleisten. Qualitativ stellen die Stakeholder eine weitere Verringerung von Marktanteilen fest. Auch das Wachstum wird – entgegen der ersten beiden Perioden – als problematisch eingestuft. Dies könnte ein Hinweis auf ein „bröckelndes" Geschäftsmodell sein oder aber die Geschäftsmodelle der gesamten Branche betreffen. Vielleicht verliert das Unternehmen Marktanteile in einem schrumpfenden Markt? Dagegen spricht jedoch, dass bei den Umsätzen keine Veränderung beobachtet werden konnte. Daher kann wohl eher auf das erste Szenario geschlossen werden. Zudem beurteilen die Stakeholder die Prognosequalität als zunehmend schwach. Eine fallende Prognosequalität könnte hier weiter die Vermutung stützen, dass diese Unternehmen versuchen durch neues Vertriebspersonal neuen Absatz zu generieren. Dies gelingt ihnen aber nicht und sorgt für eine systematische Verfehlung der gesetzten Ziele. Zudem werden hierdurch Mängel in der internen Organisation, speziell dem Controlling, dokumentiert. Die Planungseinheit scheint keine geeigneten Planungs- und Kontrollsysteme zu besitzen.

In der **letzten Periode vor Übertritt ins manifeste Krisenstadium** zeigt lediglich die Ausfallwahrscheinlichkeit einen Anstieg. Die Ursache für diese Veränderung kann nur vermutet werden. Ob Fristigkeiten in der Fremdkapitalstruktur, insgesamt fallende Renditen und Ergebnisse oder deren niedrige Niveaus dafür ausschlaggebend sind – abschließend kann dies nicht beurteilt werden. Festzuhalten bleibt, dass die Summe der Veränderungen durchaus einen starken Einfluss auf die Ausfallwahrscheinlichkeit ausüben könnte. Auf qualitativer Ebene werten die Stakeholder die Unternehmen jedoch weiter ab. Die Marktanteile scheinen weiter abzunehmen und es werden erste interne Organisationsprobleme dokumentiert. Die Abstufung der Vertriebsstruktur unterstützt auch die im vorherigen Absatz genannte Vermutung, denn die Personalmaßnahmen aus dem Vorjahr haben auch im zweiten Jahre nicht „gegriffen" und werden nun von den Stakeholdern schwächer bewertet. Im letzten Jahr vor Ausbruch der manifesten Krise verändern die Unternehmen zudem ihre Informationspolitik und zensieren weitere Informationen an externe Stakeholder. Dies wird von den Stakeholdern registriert und negativ beurteilt. Die folgende Tabelle gibt einen Überblick über die Dynamik der Unternehmenskrise des Krisentyps 1.

Krisentyp 1 - Das technologisch gefährdete Unternehmen																	
		$t_4 - t_3$				$t_3 - t_2$				$t_2 - t_1$				$t_1 - t_0$			
Quantitativ		AV	–	EK	–	AV	–	EK	–	AV	–	EK	–	AV	–	EK	–
		UV	–	FK	–	UV	↑	FK	–	UV	–	FK	–	UV	–	FK	–
		Vorräte	–	Rückstellungen	–	Vorräte	–	Rückstellungen	–	Vorräte	–	Rückstellungen	–	Vorräte	–	Rückstellungen	–
		Forderungen	–	Vblk.	–	Forderungen	–	Vblk.	–	Forderungen	–	Vblk.	–	Forderungen	–	Vblk.	–
		Ford. L&L	–	Vblk. KI	–	Ford. L&L	–	Vblk. KI	–	Ford. L&L	–	Vblk. KI	–	Ford. L&L	–	Vblk. KI	–
				Vblk. L&L	–			Vblk. L&L	–			Vblk. L&L	–			Vblk. L&L	–
		Bilanzsumme	–			Bilanzsumme	↑			Bilanzsumme	–			Bilanzsumme	–		
	Erfolgswirtschaftlich	Umsatz	↓			Umsatz	–			Umsatz	–			Umsatz	–		
		Materialaufwand	–			Materialaufwand	–			Materialaufwand	–			Materialaufwand	–		
		Personalaufwand	–			Personalaufwand	–			Personalaufwand	↑			Personalaufwand	–		
		Abschreibungen	–			Abschreibungen	–			Abschreibungen	–			Abschreibungen	–		
		Ordentliches Betriebsergebnis	–			Ordentliches Betriebsergebnis	–			Ordentliches Betriebsergebnis	–			Ordentliches Betriebsergebnis	–		
		Außerordentliches Betriebsergebnis	–			Außerordentliches Betriebsergebnis	–			Außerordentliches Betriebsergebnis	–			Außerordentliches Betriebsergebnis	–		
		EBIT	–			EBIT	–			EBIT	–			EBIT	–		
		Gewinn der Abrechnungsperiode	–			Gewinn der Abrechnungsperiode	–			Gewinn der Abrechnungsperiode	–			Gewinn der Abrechnungsperiode	–		
	Kennzahlen	Debitorenziel	↑			Debitorenziel	–			Debitorenziel	–			Debitorenziel	–		
		Kreditorenziel	–			Kreditorenziel	–			Kreditorenziel	–			Kreditorenziel	–		
		Renditen	–			Renditen	–			Renditen	–			Renditen	–		
		Umsatzrendite	–			Umsatzrendite	–			Umsatzrendite	–			Umsatzrendite	–		
		Gesamtkapitalrendite	–			Gesamtkapitalrendite	–			Gesamtkapitalrendite	–			Gesamtkapitalrendite	–		
		Vorratsintensität	–			Vorratsintensität	–			Vorratsintensität	–			Vorratsintensität	–		
		Anlagendeckungsgrad	–			Anlagendeckungsgrad	↑			Anlagendeckungsgrad	–			Anlagendeckungsgrad	–		
		Ausfallwahrscheinlichkeit	↑			Ausfallwahrscheinlichkeit	–			Ausfallwahrscheinlichkeit	–			Ausfallwahrscheinlichkeit	↑		
		Eigenkapitalquote	–			Eigenkapitalquote	–			Eigenkapitalquote	–			Eigenkapitalquote	–		
Qualitativ	Dimensionen	Marktanteil	↓			Marktanteil	–			Marktanteil	↓			Marktanteil	↓		
		Vertriebsstruktur	–			Vertriebsstruktur	–			Vertriebsstruktur	–			Vertriebsstruktur	↓		
		Wachstum	↑			Wachstum	–			Wachstum	↓			Wachstum	–		
		Unternehmensführung	–			Unternehmensführung	–			Unternehmensführung	–			Unternehmensführung	–		
		Zuverlässigkeit	–			Zuverlässigkeit	↓			Zuverlässigkeit	–			Zuverlässigkeit	–		
		Informationspolitik	–			Informationspolitik	–			Informationspolitik	–			Informationspolitik	↓		
		Prognosequalität	–			Prognosequalität	–			Prognosequalität	↓			Prognosequalität	–		

Abbildung 35: Verlauf der latenten Krise – Technologie.

Unternehmen mit Risiken in der technologischen Entwicklung sind durch frühzeitige Fehlinvestitionen gekennzeichnet. Anders ausgedrückt sind langfristige strategische Entscheidungen falsch oder nicht getroffen worden. Zudem sind die technologischen Entwicklungen am Markt im Wesentlichen falsch eingeschätzt oder unberücksichtigt geblieben. Daher sind insbesondere in der Bilanz und in der GuV nur vereinzelt Veränderungen zu beobachten. Interessanterweise weisen die technologisch gefährdeten Unternehmen kaum Veränderungen in der GuV auf. Dies ist erstaunlich, da dies auch ein Beleg dafür ist, dass die technologische Krise einen eher „schleichenden" Prozess darstellt. Ein fallender Umsatz in der ersten Periode des Betrachtungszeitraums sowie steigendes Umlaufvermögen im Folgezeitraum können vor dem Hintergrund dieses Krisentyps nicht zielführend interpretiert werden. Die steigenden Debitorenziele suggerieren, dass Unternehmen des Krisentyps 1 „schwierige" Kunden in ihr Portfolio aufnehmen. Eine weitere Möglichkeit kann sein, dass die Unternehmen das interne Kundenmanagement nicht an das Wachstum anpassen und diese Probleme Ausdruck in erhöhten Debitorenzielen finden. Allerdings kann in dem restlichen Zahlenwerk keine Bestätigung dieser Vermutung gefunden werden. Die fehlenden signifikanten Ergebnisse können auch auf die geringe Besetzungszahl von n = 11[564] zurückgeführt werden.[565] Die Krisenmerkmale sollten daher eher im qualitativen Bereich zu finden sein. Denn im qualitativen Bereich werden bereits in der zweiten Betrachtungsperiode die ersten weichen Faktoren negativ beobachtet. Im Verlauf der latenten Krise ist dann die folgende Prozesskette zu erkennen:

Abbildung 36: Prozess weicher qualitativer Faktoren.

Stakeholder bemängeln zunächst die Zuverlässigkeit der bereitgestellten Informationen, d.h. dass die Stakeholder eine Veränderung der Kommunikation wahrnehmen. Die Unternehmen zensieren erste externe Daten und stellen diese nicht wie gewohnt bereit. In einem nächsten Schritt wird die Prognosequalität – also Informationszuverlässigkeit im engeren Sinne – herabgestuft. Dies impliziert auch, dass mittlerweile zahlreiche Fehler in der wirtschaftlichen und insbesondere den eigenen Absatzmarkt betreffenden Einschätzung gemacht werden. Die internen Planungs- und Kontrollsysteme sind nicht der Unternehmensgröße und dem Unternehmensbedarf angemessen. Die Unternehmen reagieren mit einer Zensur der Daten für externe Stakeholder. Diese Praxis führt dann zu einem generellen Vertrauensverlust, da die be-

[564] Das Problem geringer Besetzungszahlen weisen zudem die Krisentypen 6, 7, 8 und 9 auf. Auch hier können nur Tendenzen interpretiert werden.

[565] Zudem sollte das Zahlenwerk nicht nur in ihrer Veränderung, sondern auch auf einem absoluten Niveau betrachtet werden. Es ist festzustellen, dass die Unternehmen des Krisentyps 1 eher niedrigere Werte aufwiesen als andere Krisentypen. Vgl. Anhang I, Anhang II und Anhang III.

nötigten Unterlagen nicht mehr rechtzeitig vorgelegt werden. Bei den eher harten qualitativen Faktoren verlieren die Unternehmen in den letzten beiden Jahren vor Übertritt ins manifeste Krisenstadium erhebliche Marktanteile. Im vorletzten Jahr sehen die Stakeholder zudem Probleme beim Wachstum des Unternehmens. Unternehmen, die auf eine technologische Entwicklung angewiesen sind, agieren tendenziell in einem jungen und dynamischen Markt. Daher ist es nicht erstaunlich, dass insbesondere Expansionsentwicklungen im Wachstum beobachtet werden können. Negatives Wachstum hingegen führt in dynamischen (und schnell wachsenden) Märkten schnell zu einer starken Verwässerung von Marktanteilen. Dies wird auch durch das qualitative Merkmal Marktanteil bestätigt und von den Stakeholdern durch ein unzureichendes Vertriebssystem begründet. Diese beiden qualitativen Informationen bestärken den Verlust eines technologisch marktfähigen Produktportfolios. In der letzten Periode scheinen die Unternehmen neben dem Verlust von Marktanteilen und der Umstellung auf eine eher restriktive Informationspolitik zusätzlich interne Probleme bewältigen zu müssen. Die Stakeholder schätzen die vorhandenen Vertriebskanäle und Vertriebsstruktur schlechter ein, welches sicherlich auch Ausdruck in erheblichen Verlusten von Marktanteilen findet. Abbildung 37 beschreibt schematisch die Krisendynamik des Unternehmens mit technologischen Problemen.

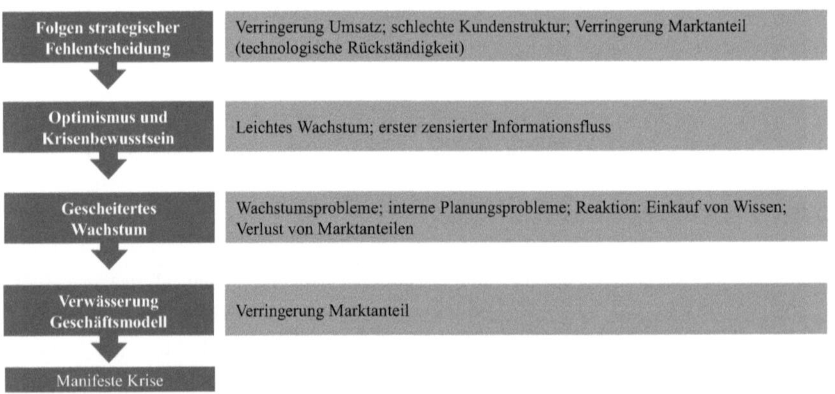

Abbildung 37: Schematische Darstellung des Krisenverlaufs technologisch gefährdeter Unternehmen.

Zusammenfassend kann festgestellt werden, dass beim Krisentyp 1 erst in einem sehr fortgeschrittenen latenten Krisenstadium Auffälligkeiten zu beobachten sind. Jedoch zeigen sich auf der Zeitstrecke vereinzelte Anhaltspunkte auf eine bevorstehende Krise. Umsatz, Debitorenziel und Ausfallwahrscheinlichkeit geben erste Hinweise, dann scheint jedoch ein Beruhigungseffekt auf das Unternehmen zu wirken. Schließlich führt die erhöhte Ausfallwahrscheinlichkeit zu einem Eintritt in das manifeste Krisenstadium. Die tatsächlichen Krisenindikatoren sind jedoch auf qualitativer Ebene zu finden.

5.1.3 Das Unternehmen auf brechenden Stützpfeilern – Krisenverlauf

Ein mangelhaftes Anpassungsvermögen ist nach Hauschildt das zentrale Charaktermerkmal dieses Krisentyps.[566] Demnach sind diese Unternehmen innerhalb ihrer Organisation unflexibel, was dazu führt, dass das Unternehmen auf den unterschiedlichsten Ebenen Probleme aufweist. Vorab sei erwähnt, dass die Bilanzratingmodelle dieser Untersuchung nicht in der Lage sind, diesen Unternehmenskrisentyp vorzeitig zu identifizieren.[567] Erst im letzten Jahr vor der manifesten Unternehmenskrise reagiert die Ausfallwahrscheinlichkeit auf die Veränderungen der Renditen. Ein typischer Krisenverlauf dieses Unternehmens kann durch folgende Ausführung beschrieben werden.

In **der ersten Beobachtungsperiode** stagniert das Unternehmen. Um Wachstumsimpulse zu setzen, nimmt es problematische Kunden in den Kundenstamm auf (Erhöhung Debitorenziel) und/ oder ist nicht konsequent in der Konditionengewährung. In dieser Betrachtungsperiode sehen die Stakeholder bereits erste Probleme bei der internen Vertriebsorganisation. Interessant ist auch hier das Fehlen weiterer Veränderungen in Bilanz und GuV.

In der **zweiten Betrachtungsperiode** ist dieser Krisentyp durch eine Kombination von negativen Umsatzentwicklungen und vereinzelt steigenden Aufwandspositionen zu beschreiben. Zwar fällt der Umsatz und die Personalaufwendungen steigen, jedoch gelingt es den Unternehmen durch Senkung anderer ordentlicher Aufwendungen das ordentliche Betriebsergebnis zu erhöhen.[568] Neben den Veränderungen in der GuV wurden Anstiege im Umlaufvermögen (außer bei den Vorräten) und in der Bilanzsumme gemessen. Die Erhöhung des ordentlichen Ergebnisses könnte im Wesentlichen auf Veränderungen im Bestand zurückzuführen sein. Das Unternehmen scheint jedoch bereits sehr hohe Bestände vorzuweisen, daher können keine signifikanten Veränderungen gemessen werden.

Die Unternehmen auf brechenden Stützpfeilern weisen erste Finanzierungsprobleme auf. Durch die Ausweitung der Kreditorenziele versuchen die Unternehmen freie Liquidität über die Kreditoren zu generieren.

Auf qualitativer Ebene schätzen die Stakeholder bereits in der zweiten Betrachtungsperiode die Entwicklung der Dimensionen Zuverlässigkeit und Prognosequalität negativ ein. Es scheint, als würden die Unternehmen Probleme in der Marktbeobachtung und der richtigen

---

[566] Vgl. Absatz 2.1.3.12.2 und Hauschildt (1983), S. 149.

[567] Ratingmodelle basieren auf statistischen Analysen von Jahresabschlüssen. Strategische Fehlentscheidungen wirken allerdings erst mit erheblicher zeitlicher Verzögerung auf die Ratingkennzahlen. Daher können Ratingmodelle diesen Krisentypen nicht identifizieren.

[568] Bei fallendem Umsatz und steigenden Personalaufwendungen ist intuitiv ein eher fallendes ordentliches Betriebsergebnis zu erwarten. Durch das steigende Umlaufvermögen wurde zunächst vermutet, dass die Position „Erhöhung oder Verminderung des Bestands an fertigen und unfertigen Erzeugnissen" diesen Umstand erklärt. Jedoch konnten bei den Bilanzpositionen „Vorräte" keine signifikante Veränderung festgestellt werden.

Markteinschätzung aufweisen. Die Unternehmen kommunizieren nicht transparent mit den Stakeholdern. Die Begründung mag vielschichtig sein. Nicht auszuschließen ist, dass die Unternehmen hoffen, dass sich die wirtschaftliche Situation wieder bessert und deshalb eine frühzeitige Kommunikation mit den Stakeholdern eher schädlich wäre. Die Stakeholder registrieren jedoch den Verlust an Zuverlässigkeit und beginnen die Entwicklung negativ zu bewerten.

In der **dritten Periode** können die Merkmale bezüglich des Unternehmens auf brechenden Stützpfeilern bestätigt werden. Der Umsatz verändert sich zwar nicht, der Personalaufwand steigt jedoch weiter. In dieser Periode entwickeln sich die Renditen und das EBIT negativ. Ein Ausgleich über andere Aufwandsarten ist also jetzt nicht mehr möglich.

Bei den qualitativen Merkmalen können zahlreiche negative Verläufe beobachtet werden. Die eher harten qualitativen Faktoren Marktanteil, Vertriebsstruktur und Wachstum unterliegen aus Sicht der Stakeholder einem starken Abwärtstrend. Es scheint, als könnten Unternehmen auf brechenden Stützpfeilern auch in einem grundlegend positiv-gestimmten Marktumfeld kein profitables Wachstum generieren. Dies führt zu einem großen Verlust von Marktanteilen. Zudem bemängeln die Stakeholder vermehrt die organisatorische Ausgestaltung des Vertriebs. Auch dies ist merkmalskonform, denn die interne Flexibilität wird definitorisch als schwach gesehen.

In der **Folgeperiode – der letzten vor Übertritt ins manifeste Krisenstadium** – fällt nun der Umsatz. Die Unternehmen verlieren den Marktzugriff, welches im ordentlichen Betriebsergebnis und im EBIT gespiegelt wird. Zudem unterliegen Umsatz- und Gesamtkapitalrendite einer weiteren negativen Entwicklung, als Folge des schwindendes Marktzugriffs und dessen mangelhaften Bearbeitung.

Die Ausfallwahrscheinlichkeit als Ausdruck der Bonität steigt nun an. Die Ausfallwahrscheinlichkeit wird in diesem Fall durch sinkende Renditekennziffern, bedingt durch die negative Entwicklung des ordentlichen Betriebsergebnisses, maßgeblich beeinflusst. Des Weiteren werden die nunmehr starken negativen Entwicklungen der letzten drei Jahre im Ratingsystem berücksichtigt. Ähnlich der Vorperiode sind die harten qualitativen Faktoren die Treiber der qualitativen Einschätzung der Stakeholder. Erneut fallen die Beurteilungen von Marktanteil, Vertriebsstruktur und Wachstum. Auch hier stützen sich die qualitativen Ergebnisse wieder auf den (hier nicht mehr nur relativ, sondern auch absolut) fallenden Umsatz. Bei den eher weichen Faktoren wird zusätzlich die Prognosequalität schwächer bewertet, die Zuverlässigkeit ist bereits auf einem niedrigen Niveau und stagniert. Die Tabelle gibt einen Überblick über die beschriebenen Krisenelemente und die Krisendynamik des Unternehmens.

Krisentyp 2 - Das Unternehmen auf brechenden Stützpfeilern			$t_4 - t_3$	$t_3 - t_2$	$t_2 - t_1$	$t_1 - t_0$
Quantitativ		AV	–	–	↑	–
		UV	–	↑	–	–
		Vorräte	–	–	–	–
		Forderungen	–	–	–	–
		Ford. L&L	–	–	–	–
		EK	–	–	–	–
		FK	–	–	–	–
		Rückstellungen	–	–	–	–
		Vblk.	–	–	–	–
		Vblk. KI	–	–	–	–
		Vblk. L&L	–	–	–	–
		Bilanzsumme	–	↑	–	–
	Erfolgswirtschaftlich	Umsatz	–	↓	–	↓
		Materialaufwand	–	–	–	–
		Personalaufwand	–	↑	↑	–
		Abschreibungen	–	–	–	–
		Ordentliches Betriebsergebnis	–	↑	–	↓
		Außerordentliches Betriebsergebnis	–	–	–	–
		EBIT	–	–	↓	↓
		Gewinn der Abrechnungsperiode	–	–	–	–
	Kennzahlen	Debitorenziel	↑	–	–	–
		Kreditorenziel	–	↑	–	–
		Renditen	–	–	–	–
		Umsatzrendite	–	–	↓	↓
		Gesamtkapitalrendite	–	–	↓	↓
		Vorratsintensität	–	–	–	–
		Anlagendeckungsgrad	–	↑	–	–
		Ausfallwahrscheinlichkeit	–	–	–	↑
		Eigenkapitalquote	–	–	–	–
Qualitativ	Dimensionen	Marktanteil	–	–	↓	↓
		Vertriebsstruktur	↓	–	↓	↓
		Wachstum	–	–	↓	↓
		Unternehmensführung	–	–	–	–
		Zuverlässigkeit	–	↓	↓	–
		Informationspolitik	–	–	–	–
		Prognosequalität	–	↓	↓	↓

Abbildung 38: Verlauf der latenten Krise – Stützpfeiler.

Zusammenfassend können Unternehmen auf brechenden Stützpfeilern als Unternehmen beschrieben werden, die zunächst interne Probleme aufweisen.[569] Die internen Probleme finden Ausdruck in schlechten Prognosen sowie fehlender Transparenz und führen zu Fehleinschätzungen der künftigen wirtschaftlichen Lage. Umsatzeinbußen und steigenden Aufwandspositionen folgend treten zudem erste leichte Finanzierungsprobleme auf, die Unternehmen reagieren mit einer ersten Zensur. In der nächsten Stufe kann ein Kontrollverlust festgestellt werden, der Ausdruck in Verlusten von Marktanteilen und problematischem Wachstum findet. Auch die internen Probleme scheinen nicht gelöst zu werden, denn die Prognosen werden schwächer. Verschärfend wirken hierauf remanente Aufwandspositionen – insbesondere im Personalbereich, die sich in negativen Entwicklungen von Renditen wiederspiegeln. In der letzten Stufe ist das Unternehmen ohnmächtig gegenüber der wirtschaftlichen Entwicklung. Weitere Marktanteile werden verloren, die internen Prognosen werden immer wieder verfehlt. Auch die Renditen fallen weiterhin.

Zusammenfassend wirken die zahlreichen Probleme auf die Ausfallwahrscheinlichkeit als Funktion der Bonität. Abschließend kann festgehalten werden, dass bei diesen Unternehmenskrisen mal der Umsatz und mal die Aufwandspositionen das Problem darstellen. Das Unternehmen ist nicht in der Lage, das Geschäftsmodell zu reorganisieren und profitabel zu gestalten.

Abbildung 39 visualisiert den schematischen Verlauf von Unternehmenskrisen des Typs Unternehmen auf brechenden Stützpfeilern.

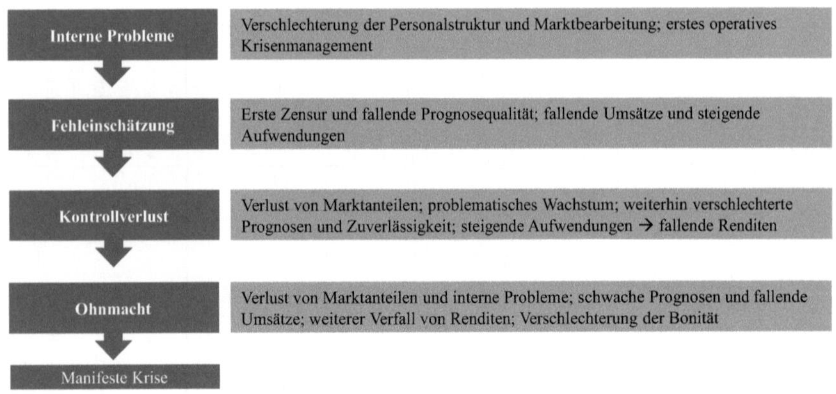

Abbildung 39: Schematische Darstellung des Krisenverlaufs von Unternehmen auf brechenden Stützpfeilern.

[569] Im Rahmen dieser Arbeit kann dies durch die frühzeitige Verschlechterung der Vertriebsstruktur, sowie der Inflexibilität der Personalstruktur begründet werden. Konzeptionell liefert Hauschildt bereits 1983 die Erkenntnis, dass Unternehmen auf brechenden Stützpfeilern immer wieder Anpassungsprobleme aufweisen.

5.1.4 Der starrsinnige konservative, uninformierte Patriarch – Krisenverlauf

Unternehmen, die von einem konservativen, starrsinnigen und uninformierten Patriarchen geleitet werden, unterliegen im Allgemeinen der Krisendynamik „Prinzip Hoffnung“ und der Patriarch steht dafür als Person. Oftmals sind Patriarchen sehr dominante und charismatische Führungspersonen, die auch gegenüber Fremdkapitalvertretern sehr überzeugend sein können.

Der Patriarch als solcher stellt nicht den Krisentyp dar. Zahlreiche Beispiele aus der Wirtschaft und der Wirtschaftsgeschichte zeigen wie erfolgreich derartige Unternehmen sind. Diese Unternehmenstypen sind oftmals jahrelang erfolgreich mit ihren Ideen und Marktbearbeitungsstrategien, welche den Patriarchen in eine Machtposition versetzt, welche scheinbar über die Zeit hinaus nicht hinterfragt wird. Hauschildt nutzt bewusst die Begriffe „starrsinnig“, „konservativ“ und „uninformiert“, um eine resultierende Unbelehrbarkeit des Patriarchen auszudrücken. Wann der Wechsel vom produktiven zum starrsinnigen und letztlich erfolglosen Patriarchen stattfindet ist oft nur schwer festzustellen. Daher war zu erwarten, dass insbesondere bei diesem Krisentyp keine Veränderung der Managementqualität gemessen werden konnte.

In der **ersten Betrachtungsperiode** ist zunächst auffällig, dass zusätzliches Eigenkapital von dem Patriarchen in das Unternehmen gegeben wird und die Eigenkapitalquote signifikant steigt. Die sehr hohen Anstiege in der Eigenkapitalquote (111%) in Verbindung mit dem verhältnismäßig gering steigenden Eigenkapital (2,5%) spricht jedoch für eine eher geringe Eigenkapitalausstattung in den Vorjahren.

Der Patriarch scheint zunächst in der Lage diesen Zustand zu korrigieren. Die Debitoren- und Kreditorenziele steigen. Die Erhöhung der Kreditorenziele spricht in dem Kontext eines patriarchisch geführten Unternehmens für eine Nutzung des vom Patriarchen bereitgestellten Netzwerkes. Der gute Kontakt oder das Image der Unternehmensleitung zu seinen Lieferanten gestattet die deutliche Ausweitung des Kreditorenziels.[570] Gleichwohl sprechen konstante Renditeentwicklungen für ein positives Geschäftsmodell.

Jedoch liefert die Ausfallwahrscheinlichkeit, möglicherweise getrieben durch Umschichtungen der Fristigkeiten von Verbindlichkeiten, ein erstes Krisensignal.

Die Stakeholder dokumentieren bereits zu diesem Zeitpunkt erste Verschlechterungen der Prognosequalität. Dies impliziert, dass die Stakeholder schon zu diesem Zeitpunkt erste Fehl-

[570] Nicht unüblich ist, dass die Patriarchen insbesondere bei ihren Lieferanten geschätzt werden. Die Persönlichkeit des Patriarchen „verbrieft“ zudem das Vertrauen, dass sich das Unternehmen möglicherweise in einer temporären Restrukturierungs- und Umbruchphase befindet – der Patriarch steht hierfür mit seiner Reputation ein.

einschätzungen des Unternehmens oder des Patriarchen über künftige wirtschaftliche Entwicklungen des Marktes und der Rolle des Unternehmens im Marktumfeld identifizieren, wahrnehmen und protokollieren.

In der **folgenden Periode** versucht der Patriarch insbesondere durch eigenkapitalfinanziertes Wachstum in Umsatz und Bilanz einer Verschärfung der Krise vorzubeugen und zusätzliche Substanz in das Unternehmen einzubringen. Eigenkapital, Anlagevermögen sowie Umlaufvermögen steigen. Zwar steigen alle Aufwandspositionen, allerdings unterproportional, sodass der ordentliche Betriebserfolg steigt. Auffällig ist, dass auch das außerordentliche Ergebnis steigt.

Das starke Wachstum wird jedoch durch Zugeständnisse an die Kunden „erkauft“. Die Bestände an fertigen und unfertigen Erzeugnissen steigen, die Lieferantenkredite werden vermehrt in Anspruch genommen. Der Patriarch finanziert über den einfachsten Weg und vermag wohl nicht gegenüber dem Fremdkapitalgeber die Finanzprobleme einzugestehen und zu diskutieren.

Auffällig ist auch in dieser Periode der erneute Anstieg der Ausfallwahrscheinlichkeit. Es scheint, als ob die Umschichtung zu kurzfristigen Finanzierungen, getrieben durch steigende Vorratsintensitäten weiter an Dynamik gewinnt. Die Stakeholder bewerten die Entwicklung der eher weichen Faktoren bereits zu diesem Zeitpunkt negativ. So wird auch hier von einer bereits restriktiven Informationspolitik, einem weiteren Verlust an Prognosequalität und unzuverlässiger Datenlieferung ausgegangen. Zunehmende interne Probleme des Patriarchen in den Planungsrechnungen sowie erste Zensuren gegenüber externen Stakeholdern können daraus abgeleitet werden. Dies impliziert, dass dem Patriarchen die angespannte Situation des Unternehmens bereits zu diesem Zeitpunkt bewusst ist.

In der **vorletzten Periode vor Übertritt ins manifeste Krisenstadium** ändert sich die Finanzierungsstruktur gravierend. Wurde das Wachstum der vorherigen Periode ausschließlich durch Eigenkapital finanziert, erfolgt die Finanzierung des Wachstums in dieser Periode nur durch Fremdkapital. Entgegen der Vorperiode greift der Patriarch nun auf Finanzierungen außerhalb der Lieferanten zurück. Möglicherweise werden Gesellschafterdarlehen in das Unternehmen gelegt, um die Liquidität zu sichern und die Finanzierungsstruktur auszugleichen. Steigendes Anlage- und Umlaufvermögen sowie steigendes Fremdkapital in Kombination mit einer fallenden Eigenkapitalquote unterstreichen diese Entwicklung. Zwar weist das patriarchisch geleitete Unternehmen weiteres Umsatzwachstum auf, jedoch sorgen überproportional steigende Aufwandspositionen (Material-, Personalaufwand und Abschreibungen) für negative Renditen.

Interessanterweise weist die Ausfallwahrscheinlichkeit keine weitere Verschlechterung auf. Dies mag möglicherweise an dem bereits zu diesem Zeitpunkt sehr hohen Niveau der Ausfallwahrscheinlichkeit liegen.

Auf qualitativer Ebene ist eine weitere Verschlechterung der eher weichen Faktoren (Zuverlässigkeit und Prognosequalität) zu beobachten. Dies zeigt, dass die Unternehmensleitung die Daten für externe Stakeholder weiter zensiert. Zudem gibt die erste harte qualitative Dimension einen Hinweis auf die bevorstehende Krise, denn trotz der weiter steigenden Umsätze bewerten die Stakeholder das Wachstum zunehmend problematisch.

Wenn nicht bereits in der Vorperiode, so ist doch spätestens zu diesem Zeitpunkt von dem „Prinzip Hoffnung" in einer sehr fortgeschrittenen Ausprägung zu sprechen. In dieser Intensität könnte auch von „Gambling for Ressurrection" gesprochen werden. Festzuhalten ist jedoch, dass der Patriarch möglicherweise durch seine Persönlichkeit (noch) in der Lage ist weiteres Fremdkapital für den Wachstumskurs anzuwerben.

In der **letzten Beobachtungsperiode** kann anhand der weiterhin fallenden Eigenkapitalquoten beobachtet werden, dass weiteres Bilanzwachstum durch erneute Aufnahme von Fremdkapital realisiert wird. Allerdings ist das Wachstum auf das Umlaufvermögen beschränkt und daher voraussichtlich als Wachstum in den Vorräten zu finden. Der Wachstumspfad des Umsatzes aus den vorangegangenen Perioden wurde verlassen, jedoch werden remanent steigende Aufwandspositionen beobachtet. Die steigenden Aufwandspositionen führen möglicherweise zu Verringerungen der bereits sehr niedrigen Renditen.

In der letzten Periode der latenten Krise erhöht sich die Ausfallwahrscheinlichkeit zudem erheblich, trotz des bereits überdurchschnittlichen Niveaus.

Auf qualitativer Ebene werden weiterhin die eher weichen Faktoren Informationspolitik und Prognosequalität schlechter als in der Vorperiode bewertet. Neben den ersten gravierenden Hinweisen in der Vorperiode hinsichtlich ausgeprägter Wachstumsprobleme sehen die Stakeholder nun auch Verschlechterungen in den Marktanteilen und insbesondere in der internen Organisation – ausgedrückt durch eine Verschlechterung der Vertriebsstruktur. Es kann festgehalten werden, dass die Kernfaktoren (harte qualitative Kriterien) erst sehr spät gesehen und negativ von den Stakeholdern bewertet werden.

Krisentyp 3 - Das Unternehmen unter patriarchalischer Führung		$t_4 - t_3$				$t_3 - t_2$				$t_2 - t_1$				$t_1 - t_0$			
Quantitativ		AV	–	EK	↑	AV	↑	EK	↑	AV	↑	EK	–	AV	–	EK	–
		UV	–	FK	–	UV	↑	FK	–	UV	↑	FK	↑	UV	↑	FK	↑
		Vorräte	–	Rückstellungen	–	Vorräte	–	Rückstellungen	–	Vorräte	–	Rückstellungen	–	Vorräte	–	Rückstellungen	–
		Forderungen	–	Vblk.	–	Forderungen	–	Vblk.	–	Forderungen	–	Vblk.	–	Forderungen	–	Vblk.	–
		Ford. L&L	–	Vblk. KI	–	Ford. L&L	–	Vblk. KI	–	Ford. L&L	–	Vblk. KI	–	Ford. L&L	–	Vblk. KI	–
				Vblk. L&L	–			Vblk. L&L	–			Vblk. L&L	–			Vblk. L&L	–
		Bilanzsumme	–			Bilanzsumme	↑			Bilanzsumme	↑			Bilanzsumme	↑		
	Erfolgswirtschaftlich	Umsatz	–			Umsatz	↑			Umsatz	↑			Umsatz	–		
		Materialaufwand	–			Materialaufwand	↑			Materialaufwand	↑			Materialaufwand	–		
		Personalaufwand	–			Personalaufwand	↑			Personalaufwand	↑			Personalaufwand	↑		
		Abschreibungen	–			Abschreibungen	↑			Abschreibungen	↑			Abschreibungen	↑		
		Ordentliches Betriebsergebnis	–			Ordentliches Betriebsergebnis	↑			Ordentliches Betriebsergebnis	–			Ordentliches Betriebsergebnis	–		
		Außerordentliches Betriebsergebnis	–			Außerordentliches Betriebsergebnis	↑			Außerordentliches Betriebsergebnis	–			Außerordentliches Betriebsergebnis	–		
		EBIT	–			EBIT	–			EBIT	↓			EBIT	–		
		Gewinn der Abrechnungsperiode	–			Gewinn der Abrechnungsperiode	–			Gewinn der Abrechnungsperiode	–			Gewinn der Abrechnungsperiode	–		
	Kennzahlen	Debitorenziel	↑			Debitorenziel	–			Debitorenziel	–			Debitorenziel	–		
		Kreditorenziel	↑			Kreditorenziel	–			Kreditorenziel	–			Kreditorenziel	–		
		Renditen	–			Renditen	–			Renditen	–			Renditen	–		
		Umsatzrendite	–			Umsatzrendite	–			Umsatzrendite	↓			Umsatzrendite	–		
		Gesamtkapitalrendite	–			Gesamtkapitalrendite	–			Gesamtkapitalrendite	↓			Gesamtkapitalrendite	–		
		Vorratsintensität	–			Vorratsintensität	↑			Vorratsintensität	–			Vorratsintensität	–		
		Anlagendeckungsgrad	–			Anlagendeckungsgrad	–			Anlagendeckungsgrad	↓			Anlagendeckungsgrad	↓		
		Ausfallwahrscheinlichkeit	↑			Ausfallwahrscheinlichkeit	↑			Ausfallwahrscheinlichkeit	–			Ausfallwahrscheinlichkeit	↑		
		Eigenkapitalquote	↑			Eigenkapitalquote	–			Eigenkapitalquote	↓			Eigenkapitalquote	↓		
Qualitativ	Dimensionen	Marktanteil	–			Marktanteil	–			Marktanteil	–			Marktanteil	↓		
		Vertriebsstruktur	–			Vertriebsstruktur	–			Vertriebsstruktur	–			Vertriebsstruktur	↓		
		Wachstum	–			Wachstum	–			Wachstum	↓			Wachstum	↓		
		Unternehmensführung	–			Unternehmensführung	–			Unternehmensführung	–			Unternehmensführung	–		
		Zuverlässigkeit	–			Zuverlässigkeit	↓			Zuverlässigkeit	↓			Zuverlässigkeit	–		
		Informationspolitik	–			Informationspolitik	↓			Informationspolitik	–			Informationspolitik	↓		
		Prognosequalität	↓			Prognosequalität	↓			Prognosequalität	↓			Prognosequalität	↓		

Abbildung 40: Verlauf der latenten Krise – Patriarch.

Zusammenfassend kann festgestellt werden:

Der Patriarch erkennt bereits frühzeitig, dass das Geschäftsumfeld erheblichen Veränderungen unterliegt. Der Erhöhung der Komplexität und den veränderten Rahmenbedingungen begegnet er zunächst mit einer Steigerung des Eigenkapitals (und auch dessen relativen Abbild, der Eigenkapitalquote) zur Erhöhung der Substanz im Unternehmen. Er ist davon überzeugt, dass eine erhöhte Eigenkapitalbasis das Unternehmen bei der Bewältigung dieser schwierigen Marktveränderung unterstützt. Zudem unterstreicht er hiermit sein persönliches Engagement in dem Unternehmen. Gestützt durch frisches Eigenkapital setzt der Patriarch in der ersten Betrachtungsperiode Optimierungen im Working Capital um. Auf qualitativer Ebene sind allerdings erste Zweifel in der Prognosequalität bei den Stakeholdern zu finden.

Im zweiten Jahr versucht der Patriarch durch Wachstum die Probleme in den Griff zu bekommen, daher muss er zusätzliches frisches Geld für das Unternehmen anwerben. Er ist in der Lage frisches Eigen- sowie Fremdkapital für die Unternehmung bereitzustellen. Zudem erhöht sich die Vorratsintensität, welches wiederum überwiegend durch Eigenkapital abgedeckt werden sollte. In dieser Periode werden zudem alle weichen qualitativen Faktoren – Zuverlässigkeit, Informationspolitik und Prognosequalität – schwächer als in der vorangegangenen Periode bewertet. Dies spricht für eine erste Zensur auf Unternehmensseite und einer restriktiven Informationsbereitstellung. Diese Tendenz setzt sich in der folgenden Periode weiter fort und es werden erste negative Entwicklungen im Wachstum gesehen. Zudem verringern sich die Renditen signifikant. Das Geschäft wird immer stärker durch Fremdkapital finanziert, die Eigenkapitalquote fällt. Somit wird das Prinzip Hoffnung – anders als in der vorherigen Periode – durch Fremdkapital finanziert.

Vor Übertritt ins manifeste Krisenstadium steigt das Fremdkapital weiter, die remanent steigenden Aufwandspositionen Personal und Abschreibungen verschlechtern das Ergebnis (wenn auch nicht signifikant). Aufgrund der charismatischen Führungspersönlichkeit reagieren die Stakeholder erst in der letzten Periode mit einer massiven Abstrafung in den eher harten qualitativen Faktoren. Möglicherweise liefert der Halo Effekt[571] hier ein Erklärungsansatz. Wie bereits in den vorherigen Perioden werden die weichen Faktoren zunehmend negativer beurteilt. Auf qualitativer Ebene werden die weichen Faktoren – Informationspolitik und Zuverlässigkeit – deutlich früher als Problemfeld identifiziert, als bei anderen Krisentypen. Der Krisentyp 3 unterliegt keinem Umsatz-, aber einem Aufwandsproblem. Die unterschied-

[571] Der Halo Effekt beschreibt die Tendenz, dass Personen faktisch voneinander unabhängige Eigenschaften als zusammenhängend interpretieren. Tritt ein Halo Effekt auf, besagt dies, dass die Merkmale und Eigenschaften von Personen einen positiven oder negativen Grundeindruck schaffen. Dieser Grundeindruck wirkt positiv auf den Gesamteindruck, indem andere, negative oder positive Merkmale und Eigenschaften „überstrahlt“ werden. Vgl. Thorndike (1936), S. 321-334; Beckwith, Lehmann (1975), S. 266 und Dobelli (2011), S. 157-159.

lichen – überproportionalen – Steigerungen der verschiedenen Aufwandsarten führen letztlich zur manifesten Krise des Patriarchen.

Zusammenfassend kann festgestellt werden, dass der Patriarch als Getriebener des eigenen Anspruchs immer weiteres Wachstum forciert. Probleme insbesondere bei den Personalaufwendungen sorgen jedoch für eine negative Entwicklung des Geschäftsmodells. Die folgende Abbildung visualisiert den dynamischen Krisenprozess von Krisentyp 3.

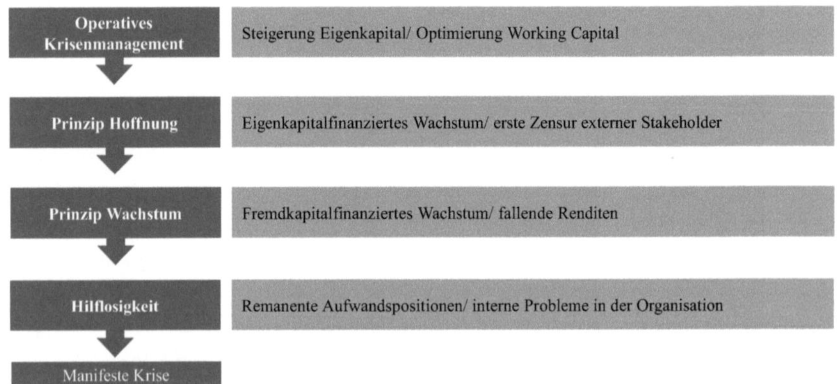

Abbildung 41: Schematische Darstellung des Krisenverlaufs patriarchisch geführter Unternehmen.

5.1.5 Das Unternehmen, das unvorbereitet expandiert – Krisenverlauf

Zahlreiche Unternehmen haben Probleme mit einem zu starkem Wachstum. Immer wieder kann beobachtet werden, dass die internen Organisationsstrukturen sowie die Gestaltung der Passivseite dem Wachstum der Aktivseite nicht „gewachsen" sind.

Bereits **fünf Jahre vor Übertritt in das manifeste Krisenstadium** können erste Krisensignale identifiziert werden. Ähnlich dem vom Patriarchen geführten Unternehmen wird eine Zunahme des Eigenkapitals beobachtet. Das Eigenkapital bildet hier die einzige Bilanzposition, die eine signifikante Veränderung vorweist. Die Eigenkapitalstärkung ist eine Reaktion und ein erster Versuch die negativen Entwicklungen des ordentlichen Ergebnisses sowie des EBITs auf der Finanzierungsseite auszugleichen. Der Grund für die negativen Entwicklungen kann in erster Linie in den wachsenden Abschreibungen gefunden werden. Warum die Abschreibungen derart steigen ist aus den Daten nicht ersichtlich, könnten allerdings ein Hinweis auf problematische Finanzanlagen oder bilanziellen Good Will sein. Da gleichzeitig keine negative Entwicklung der Vermögensgegenstände bzw. des Anlagevermögens stattfindet, investieren die Unternehmen deutlich. Die Unternehmen versuchen möglichweise durch schnelle Investments ihr Geschäftsmodell zu stützen oder zu ändern.

Aus den negativen Entwicklungen der Ergebnisse resultieren fallende Renditen, welche den negativen Trend des Vorjahres bestätigen. Die positive Entwicklung des Eigenkapitals scheint die negative Entwicklung der Renditekennzahlen zu überlagern und die Ausfallwahrscheinlichkeit – zumindest nicht signifikant – zu verändern. Die qualitative Einschätzung der Stakeholder bleibt unverändert. Dies lässt den Schluss zu, dass die Stakeholder eine Stützung des bisherigen Geschäftsmodells durch schnelle Maßnahmen zumindest nicht negativ sehen.

In der **zweiten Periode** wird ein Wachstumspfad eingeschlagen oder – gehen wir von einer kurzen Phase der Konsolidierung in der Vorperiode aus – fortgesetzt. Wachstum als „a priori Strategie" ist somit bereits aus den Bilanzkennzahlen abzulesen, daher erscheint auch dieser Krisentyp merkmalskonform. Im Gegensatz zum Patriarchen kann festgestellt werden, dass das Wachstum durch Eigen- und Fremdkapital finanziert wird. Daher scheint die Finanzierungsbasis zunächst kurzfristiger, jedoch auch ausgewogener. Das Wachstum kann im Wesentlichen auf das Umlaufvermögen zurückgeführt werden. Insbesondere bei den Bilanzposten Vorräte und Forderung aus Lieferung und Leistung werden Anstiege beobachtet, spiegelbildlich fallen Verbindlichkeiten aus Lieferung und Leistung. Die Entwicklungen der zweiten Periode zeigen, wie schwierig es für Außenstehende tatsächlich ist, eine Krise richtig einzuschätzen, denn der Wachstumspfad erscheint in dieser Periode erfolgreich. Die Umsätze wachsen, der Betriebserfolg steigt, die Vorratsreichweiten und Debitorenziele bleiben gleich. Alles Anzeichen für ein sich am Markt erholendes Geschäftsmodell. Für den klassischen Bilanzleser zeigen sich zudem auch positive Entwicklungen im Eigenkapital und in der Anlagendeckung. Lediglich die Renditen und Erfolge können nicht gesteigert werden – ein Hinweis darauf, dass die Wettbewerbsfähigkeit sich zumindest nicht negativer darstellt.

Im qualitativen Bereich sehen die Stakeholder einen ersten weichen Krisenindikator und stellen eine Einschränkung in den vorgelegten Prognosen fest. Dies kann eine Vielzahl von Gründen haben. Denn bei einem sehr starken Wachstum könnte die Prognose auch übertroffen worden sein. Gleichwohl mag der Leser hinterfragen, ob ein Stakeholder die Übererfüllung von Erwartungen als vom Plan abweichend und somit negativ dokumentieren würde. Unabhängig davon könnte es auch sein, dass die Stakeholder dem starken Wachstum bei unveränderten Renditen und Gewinnen bereits skeptisch gegenüberstehen.

In der **folgenden Periode** werden die ersten starken Krisensignale sichtbar. Zwar wächst die Bilanz, finanziert durch Eigen- und Fremdkapital, weiter. Das Wachstum der Aktivseite ist jedoch auf den erheblichen Anstieg der Vorräte zurückzuführen. Zudem verringert sich das Anlagevermögen, was in Verbindung mit wachsenden Abschreibungen für fehlende (Re-) Investitionen spricht. Fallendes Anlagevermögen und steigende Vorratsintensitäten sprechen aus Sicht der Bilanz nicht unbedingt für ein erfolgreiches Wachstumstempo. Des Weiteren überlagern steigende Aufwandspositionen das Wachstum von Umsatz und Bestandserhöhungen und führen schlussendlich zu negativen Veränderungen von EBIT und Gewinn der Abrechnungsperiode. Möglicherweise überlagern die Bestandserhöhungen noch die steigenden Aufwandspositionen und stabilisieren das operative Ergebnis, denn dieses entwickelt sich nicht auffällig. Insgesamt nimmt die Wettbewerbsfähigkeit aber ab. In dieser Periode zeigt zudem die Ausfallwahrscheinlichkeit als Ausdruck der Bonität und des Risikos erste erhebliche negative Veränderungen.

Auf qualitativer Ebene reagieren die Stakeholder in der Bewertung massiv. Entgegen anderen Krisenverläufen, in denen zunächst Verschlechterungen der weichen qualitativen Faktoren beobachtet werden können, werden in dieser Periode Faktoren beider Dimensionen herabgestuft. Neben einer abnehmenden Zuverlässigkeit, welches eine Zensur der externen Stakeholder und Restriktionen in der Kommunikation suggeriert, ist auch die weiter fallende Prognosequalität auffällig. Dies spricht auch in dieser Periode für mangelhafte oder gar fehlende Planungs- und Kontrollsysteme. Die Stakeholder sehen zudem trotz des im Jahresabschluss dokumentierten Wachstums Probleme in der erfolgreichen Umsetzung des Wachstums. Zudem protokollieren sie den Verlust von Marktanteilen. Dies impliziert, dass das gesamte Marktumfeld eher positiv geprägt ist. So verlieren die Unternehmen – trotz wachsender Umsätze – ihren relativen Marktanteil.

In der **letzten Periode vor Übertritt in das manifeste Krisenstadium** sind die meisten Gestaltungsmöglichkeiten des Unternehmens ausgenutzt. Nach zwei Jahren hohen Wachstums, geht der Umsatz zurück und die Personalaufwendungen steigen. Zwar zeigen sich keine auffälligen negativen Entwicklungen in den Renditen, aber die Bilanzseite reagiert mit rückläufigem Eigenkapitalanteil und rückläufigem Anlagendeckungsgrad. Beide Kennzahlen gehören zum Bereich der statischen Finanzanalyse. Die Entwicklungen reichen aus, um die Ausfallwahrscheinlichkeit zu erhöhen.

Auch in der letzten Periode werden die qualitativen Faktoren erheblich heruntergestuft. Eine Verringerung der Prognosequalität widerspricht der Idee, dass externer Hilfe in Anspruch genommen oder dass der Aufbau einer strukturierten Planungseinheit durchgeführt wurde. Des Weiteren protokollieren Stakeholder weitere Einschränkungen in der Informationspolitik und dokumentieren damit weitere Probleme bei der Informationsbereitstellung sowie schwierige Kommunikationsprozesse. Neben den weichen Faktoren bewerten die Stakeholder alle in die Analyse eingeflossenen harten Faktoren negativ. Es scheint, als verlöre das Unternehmen weitere Marktanteile und beschreite einen problematischen Wachstumspfad. Die Zahlen des Jahresabschlusses dokumentieren und unterstützen diese Einschätzung ebenfalls. Erst in dieser Periode sehen die Stakeholder eine massive Verschlechterung der internen Vertriebsstruktur und Personalflexibilität. Diese Einschätzung hätte – in Anbetracht der bereits in den Vorjahren problematischen Wachstumsbestrebungen – früher erwartet werden können.

Krisentyp 4 - Das Unternehmen mit unkontrolliertem Wachstum																	
		$t_4 - t_3$				$t_3 - t_2$				$t_2 - t_1$				$t_1 - t_0$			
Quantitativ		AV	–	EK	↑	AV	–	EK	↑	AV	↓	EK	↑	AV	–	EK	–
		UV	–	FK	–	UV	↑	FK	↑	UV	↑	FK	↑	UV	–	FK	–
		Vorräte	–	Rückstellungen	–	Vorräte	↑	Rückstellungen	–	Vorräte	↑	Rückstellungen	↑	Vorräte	–	Rückstellungen	–
		Forderungen	–	Vblk.	–	Forderungen	↑	Vblk.	↑	Forderungen	–	Vblk.	↑	Forderungen	–	Vblk.	–
		Ford. L&L	–	Vblk. KI	–	Ford. L&L	↑	Vblk. KI	–	Ford. L&L	–	Vblk. KI	–	Ford. L&L	–	Vblk. KI	–
				Vblk. L&L	–			Vblk. L&L	↓			Vblk. L&L	–			Vblk. L&L	–
		Bilanzsumme			–	Bilanzsumme			↑	Bilanzsumme			↑	Bilanzsumme			–
	Erfolgswirtschaftlich	Umsatz			–	Umsatz			↑	Umsatz			↑	Umsatz			↓
		Materialaufwand			–	Materialaufwand			↑	Materialaufwand			↑	Materialaufwand			–
		Personalaufwand			–	Personalaufwand			↑	Personalaufwand			↑	Personalaufwand			↑
		Abschreibungen			↑	Abschreibungen			–	Abschreibungen			↑	Abschreibungen			–
		Ordentliches Betriebsergebnis			↓	Ordentliches Betriebsergebnis			↑	Ordentliches Betriebsergebnis			–	Ordentliches Betriebsergebnis			–
		Außerordentliches Betriebsergebnis			–	Außerordentliches Betriebsergebnis			–	Außerordentliches Betriebsergebnis			–	Außerordentliches Betriebsergebnis			–
		EBIT			↓	EBIT			–	EBIT			↓	EBIT			–
		Gewinn der Abrechnungsperiode			–	Gewinn der Abrechnungsperiode			–	Gewinn der Abrechnungsperiode			↓	Gewinn der Abrechnungsperiode			–
	Kennzahlen	Debitorenziel			–	Debitorenziel			–	Debitorenziel			–	Debitorenziel			–
		Kreditorenziel			–	Kreditorenziel			–	Kreditorenziel			–	Kreditorenziel			–
		Renditen			–	Renditen			–	Renditen			–	Renditen			–
		Umsatzrendite			↓	Umsatzrendite			–	Umsatzrendite			↓	Umsatzrendite			–
		Gesamtkapitalrendite			↓	Gesamtkapitalrendite			–	Gesamtkapitalrendite			↓	Gesamtkapitalrendite			–
		Vorratsintensität			–	Vorratsintensität			↓	Vorratsintensität			↑	Vorratsintensität			–
		Anlagendeckungsgrad			↑	Anlagendeckungsgrad			↑	Anlagendeckungsgrad			–	Anlagendeckungsgrad			↓
		Ausfallwahrscheinlichkeit			–	Ausfallwahrscheinlichkeit			–	Ausfallwahrscheinlichkeit			↑	Ausfallwahrscheinlichkeit			↑
		Eigenkapitalquote			↑	Eigenkapitalquote			–	Eigenkapitalquote			–	Eigenkapitalquote			↓
Qualitativ	Dimensionen	Marktanteil			–	Marktanteil			–	Marktanteil			↓	Marktanteil			↓
		Vertriebsstruktur			–	Vertriebsstruktur			–	Vertriebsstruktur			–	Vertriebsstruktur			↓
		Wachstum			–	Wachstum			–	Wachstum			↓	Wachstum			↓
		Unternehmensführung			–	Unternehmensführung			–	Unternehmensführung			–	Unternehmensführung			–
		Zuverlässigkeit			–	Zuverlässigkeit			–	Zuverlässigkeit			↓	Zuverlässigkeit			–
		Informationspolitik			–	Informationspolitik			–	Informationspolitik			–	Informationspolitik			↓
		Prognosequalität			–	Prognosequalität			↓	Prognosequalität			↓	Prognosequalität			↓

Abbildung 42: Verlauf der latenten Krise – Expansion.

Zusammenfassend ist der Verlauf ähnlich dem Krisentyp Patriarch einzustufen. Die Unternehmen versuchen Renditeprobleme durch massives Wachstum zu bewältigen und mithilfe von Kostendegressionen die Aufwandspositionen zu optimieren. In der Literatur wird dieses Verhalten von Unternehmensführungen überspitzt auch als „Wilder Aktionismus“ beschrieben.[572] Dennoch sind die Kreditsachbearbeiter hier als „verständnisvolle Begleiter“ einzuschätzen und folgen den unternehmerischen Wachstumsgedanken. Das Unternehmen kann indes das Wachstum nicht erfolgreich umsetzen und leidet unter fallenden Renditen und steigenden Abschreibungen. Das Geschäftsmodell erscheint restrukturierungsbedürftig. Dem Unternehmen gelingt es zwar, die Renditen durch ein starkes Wachstum kurzfristig zu stabilisieren, in der langen Frist überholt das Wachstum der Aufwandspositionen jedoch das Wachstum des Umsatzes. Hieraus folgt zwangsläufig ein negativer Einfluss auf die Entwicklung der Renditen. Das massive Bilanzwachstum zu Lasten des Working Capital führt zudem zu erheblichen Finanzproblemen.

Kurz vor Ausbruch der manifesten Krise fällt dann der Umsatz. Demgegenüber stehen remanent steigende Personalaufwendungen. Die Bonität fällt und der Übertritt ins manifeste Krisenstadium ist von dem Unternehmen nicht mehr zu verhindern. Das expandierende Unternehmen wird erst in den letzten zwei Perioden durch Bilanzratingmodelle erkannt. Erst nachdem die Erfolgsseite erodiert und schließlich die strukturelle Finanzseite krisenhaft einbricht, reagieren die Ausfallwahrscheinlichkeiten auffällig und steigen an. Ein Grund hierfür liegt im Strukturaufbau der Bilanzratingmodelle. Solange die bedeutsamen dynamischen Kennzahlen vergleichsweise geringe negative Entwicklungen zeigen und die strukturellen Finanzkennzahlen stabil bleiben, reagieren Ratingmodelle eher „behäbig“. Im beschriebenen Wachstumsmodell, das meist langfristig finanziert ist und zudem durch weiteres Eigenkapital gestützt wird, ist dies der Fall.[573] Neben den Bilanzratingmodellen werden auch die qualitativen Risikoindikatoren erst sehr spät im Krisenverlauf auffällig. Dies kann dadurch erklärt werden, dass die Analysten diesen Krisentyp immer aus einer positiven Grundeinstellung heraus bewerten. Grundsätzlich ist diese positive Grundeinstellung der Kreditanalysen zwar zu begrüßen, läuft diesen Krisenfällen jedoch unterstützend hinterher. Die Analysten scheinen somit einen „Wachstums-Bias“ aufzuweisen. Das Merkmal, dass die expandierenden Unternehmen die internen Strukturen nicht an das Wachstum angepasst haben, kann im Rahmen dieser Untersuchung hingegen nicht bestätigt werden.[574] Abbildung 43 visualisiert die Dynamik unkontrolliert wachsender Unternehmen.

[572] Vgl. Kraus, Becker-Kolle (2004), S. 57-61.

[573] Dies ist verwunderlich, denn grundsätzlich gelten Strukturkennzahlen als sehr trennfähig.

[574] Gleichwohl kann aus den Experteninterviews berichtet werden, dass die organisatorische Trägheit und die fehlende Anpassung oftmals als Problem gesehen wurde. Jedoch kann dies aus den vorliegenden Daten nicht herausgearbeitet werden.

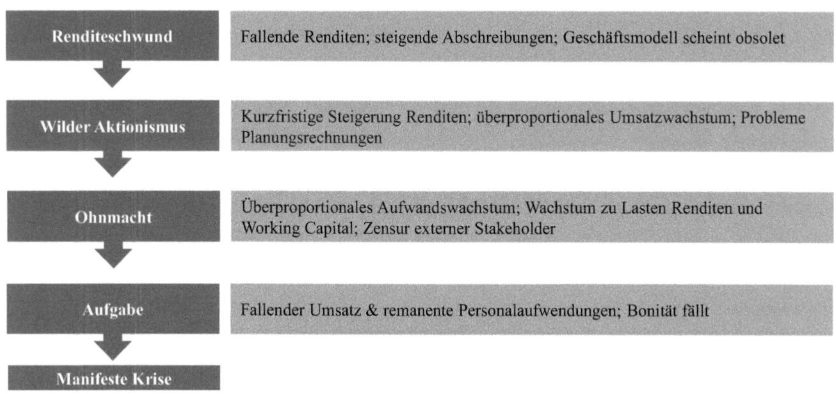

Abbildung 43: Schematische Darstellung des Krisenverlaufs unvorbereitet expandierender Unternehmen.

5.1.6 Das abhängige Unternehmen – Krisenverlauf

Bei abhängigen Unternehmen sind verhältnismäßig spät erste Krisensignale zu erkennen. Der Leser mag dies als merkmalskonform interpretieren, da per Definition erst eine (strategische) Entscheidung Dritter diese Unternehmen in eine Krise drängt. Vor dieser externen Entscheidung scheint dieses Geschäftsmodell erfolgsversprechend und gewinnbringend.

Die dokumentierten Daten belegen dies und sehen in der **ersten Beobachtungsperiode** lediglich zwei Veränderungen auf qualitativer Ebene. Die Zuverlässigkeit wird negativer und die Informationspolitik positiver eingeschätzt.

In der **zweiten Beobachtungsperiode** können ebenfalls keine echten Krisensignale wahrgenommen werden. Das Unternehmen zeigt ein Umsatzwachstum verbunden mit einem Bilanzsummenrückgang. Der Bilanzsummenrückgang ist dabei auf das Anlagevermögen zurückzuführen, denn das Umlaufvermögen steigt an. Gleichwohl ist das steigende Umlaufvermögen mit der Umsatzausweitung erklärbar, denn die Vorratsintensität sinkt und die Debitorenziele ändern sich nicht signifikant. Die Finanzierungsstruktur, also die Passivseite, unterliegt keiner strukturellen Veränderung. In Verbindung mit verringerten Vorratsintensitäten impliziert dies den Aufbau von Liquidität. Dies könnte ein Hinweis sein, dass die Unternehmen keinen Anreize haben, ihre freie liquide Mittel in langfriste Projekte zu investieren.[575] Zu den steigenden Umsätzen steigen auch die Personalaufwendungen. Da sich weder die Ergebnisse (mit Ausnahme des außerordentlichen Ergebnisses), noch die Rendite positiv oder negativ verändern, kann von einem proportionalen Anstieg der Aufwendungen zum Umsatz ausgegangen werden.

[575] Anders als von Hauschildt vermutet, könnte somit auch die Bilanz Informationen zur Identifikation dieses Krisentyps geben. Vgl. Hauschildt (2000), S. 15.

Die Jahresabschlussdaten geben insgesamt damit keine Hinweise auf eine potenzielle Krise. Gleichwohl können in den qualitativen Dimensionen erste starke Krisensignale identifiziert werden. Insbesondere der bei diesem Krisentyp unerwartete negative Verlauf der Prognosequalität muss als starkes Krisensignal bewertet werden. Denn mit ausgeprägten Abhängigkeiten von Unternehmen geht immer auch eine gute Planbarkeit der zukünftigen Erträge und Aufwendungen einher. Im betriebswirtschaftlichen Sinne ist ein gut planbares Geschäftsmodell ein risikoarmes Geschäftsmodell – ist doch das Risiko Ausdruck von Schwankungsbreiten und Unsicherheiten.[576] Umso überraschender ist die Abwertung des Faktors Prognosequalität in diesem Kontext, denn zu erwarten war ein eher gut planbares Geschäft und demzufolge keine problematischen und unpräzisen Planungsrechnungen. Möglicherweise sehen die Stakeholder das Zurückhalten der Investitionen als Unsicherheitsfaktor und schränken deshalb die Prognosequalität ein. Auch könnten die Stakeholder die ausgeprägten Abhängigkeiten negativ beurteilen. Festzuhalten bleibt, dass bei abhängigen Unternehmen drei Jahre vor Übertritt ins manifeste Krisenstadium starke Krisensignale auf qualitativer Ebene gesehen werden können.

Auch in der **dritten Beobachtungsperiode** bleibt die Analyse schwierig. Die Ausfallwahrscheinlichkeit steigt, die Umsatzrendite fällt und dies bei nicht auffälligen Entwicklungen der Gewinne und des Betriebserfolgs. Lediglich die Bilanzsumme steigt bedingt durch das Anlagevermögen. Die Finanzierung erfolgt über das Fremdkapital. Da aber auch die Eigenkapitalquote keine auffällige Veränderung zeigt, kann der Anstieg der Ausfallwahrscheinlichkeit nur über einen Wechsel in der Kapitalgeber- und Fristenstruktur der Finanzierung erklärt werden. Der auffällige Anstieg des Lieferantenziels stützt diese Erklärung. Die Unternehmen versuchen Erneuerungsinvestitionen durchzuführen und vernachlässigen bei der Finanzierung die Fristentransformation. Möglicherweise investieren die abhängigen Unternehmen – auf Druck der Lieferanten oder Abnehmer – in den Maschinenpark. Die Finanzierung erfolgt mit einem Fristen- und Kapitalgeberwechsel. In der GuV werden Erhöhungen bei den Positionen Personalaufwand und Abschreibungen bei fallenden Umsätzen beobachtet. Die steigenden Abschreibungen belegen Investitionen ins Anlagevermögen und könnten Ausdruck einer zu späten oder zu teuren Erneuerung des Anlagevermögens sein – ohne positiven Einfluss auf die Umsatz- und Geschäftsentwicklung.

Die qualitative Beurteilung der Stakeholder unterliegt weiter einem negativen Trend und wird schwächer als in den Vorperioden bewertet. Das im Vorjahr bereits negative Wachstum findet nun auch Ausdruck in dem Verlust von Marktanteilen. Die Unternehmen scheinen sich auch hier in einem grundsätzlich positivem Marktumfeld zu bewegen, denn die Umsätze

[576] Risiko muss immer im Kontext der Betrachtungsperspektive bewertet werden. Im Risikomanagement oder anderen Disziplinen mag Risiko auch anders definiert sein. Im Rahmen der Betrachtung von Risiken im Bereich Unternehmensplanung ist dies doch eine Funktion von Schwankungsbreiten und Unsicherheiten. Vgl. Krehl, Strobel, Sonius (2015), S. 226-228.

bleiben konstant. Auffällig ist zudem, dass die Zuverlässigkeit schlechter als in der Vorperiode beurteilt wird. Dies ist ein Ausdruck zunehmender Unzuverlässigkeit in der Kommunikation zwischen Unternehmen und Stakeholdern. Die Unternehmen beginnen in dieser Periode externe Informationen zu zensieren, nicht mehr in der gewohnten Qualität abzuliefern oder sogar zurückzuhalten. Den Stakeholder werden erst nach (erneuter) Aufforderung die zur Analyse notwendigen Informationen zur Verfügung gestellt.

In der **Periode vor Übertritt ins manifeste Krisenstadium** kann eine weitere Erhöhung des Fremdkapitals beobachtet werden. Es scheint, als ob die Finanzierungsstruktur weiter zu Lasten des Eigenkapitals umstrukturiert wird. Bei stagnierenden Umsätzen sind die remanent steigenden Personalaufwendungen der dominierende Grund für fallende EBITs, fallende Renditen und eine steigende Ausfallwahrscheinlichkeit. Dies suggeriert, dass das Unternehmen eher unflexibel bei der Personalanpassung ist und möglicherweise „Opfer“ externer Einflussfaktoren auf Personalebene ist. Tiefergehende Analysen haben gezeigt, dass die Renditeniveaus bei abhängigen Unternehmen bis kurz vor der manifesten Krise relativ konstant bleiben. Somit sind diese zu Beginn der latenten Krise unterdurchschnittlich, zum Ende jedoch überdurchschnittlich gegenüber den anderen Krisentypen.[577] Des Weiteren kann ein Effizienzverlust auf operativer Ebene durch die steigende Vorratsintensität beobachtet werden. Das Finanzproblem des Unternehmens verschärft sich, wird jedoch zunächst noch durch steigendes Fremdkapital aufgefangen. Die Ausfallwahrscheinlichkeit reagiert auf fallende Renditen, fallenden Erfolg und eine Erhöhung der Vorratsintensität und ist maßgeblich für den Übertritt ins manifeste Krisenstadium. Interessanterweise fallen die Umsätze in der letzten Periode nicht und es scheint, als überführten die Stakeholder die Unternehmen des Krisentyps „abhängige Unternehmen“ bereits vor dem letztlich finalen Crash ins manifeste Krisenstadium.[578]

Die eher weichen Faktoren unterliegen aus Sicht der Stakeholder keiner weiteren negativen Entwicklung. Allerdings weisen die harten qualitativen Faktoren Marktanteil und Vertriebsstruktur eine negative Tendenz auf. Gleichwohl beurteilen die Stakeholder diese Dimension erst in der letzten Periode vor Übertritt ins manifeste Krisenstadium negativer als im Vorjahr. Zudem weisen die abhängigen Unternehmen weitere Verluste von Marktanteilen auf. Es scheint, als sei die Abhängigkeit derart ausgeprägt, dass die Probleme mit dem Partner gemeinsam durchlaufen werden. Eine weitere Möglichkeit könnte sein, dass die Geschäftsfelder, in denen das Unternehmen keine Abhängigkeit aufweist, vernachlässigt werden. An dieser Stelle scheint jedoch ersteres zuzutreffen, da sonst eine negative Beurteilung der Unternehmensführung erfolgen müsste. Diese fehlt jedoch auch bei diesem Krisentypen gänzlich.

[577] Vgl. Anhang II.
[578] Raum für weitere Forschung bietet der Umstand, dass nicht bekannt ist, in welchem Zustand der manifesten Krise diese Unternehmen überführt werden. Eine umfangreiche Analyse und Untersuchung zu abhängigen Unternehmen würde eine interessante Forschungsfrage begründen.

Krisentyp 5 - Das abhängige Unternehmen																	
		$t_4 - t_3$				$t_3 - t_2$				$t_2 - t_1$				$t_1 - t_0$			
Quantitativ		AV	–	EK	–	AV	–	EK	–	AV	↑	EK	–	AV	–	EK	–
		UV	–	FK	–	UV	↑	FK	–	UV	–	FK	↑	UV	–	FK	↑
		Vorräte	–	Rückstellungen	–	Vorräte	–	Rückstellungen	–	Vorräte	–	Rückstellungen	–	Vorräte	–	Rückstellungen	–
		Forderungen	–	Vblk.	–	Forderungen	–	Vblk.	–	Forderungen	–	Vblk.	–	Forderungen	–	Vblk.	–
		Ford. L&L	–	Vblk. KI	–	Ford. L&L	–	Vblk. KI	–	Ford. L&L	–	Vblk. KI	–	Ford. L&L	–	Vblk. KI	–
				Vblk. L&L	–			Vblk. L&L	–			Vblk. L&L	–			Vblk. L&L	–
		Bilanzsumme			–	Bilanzsumme			↓	Bilanzsumme			↑	Bilanzsumme			–
	Erfolgswirtschaftlich	Umsatz			–	Umsatz			↑	Umsatz			–	Umsatz			–
		Materialaufwand			–	Materialaufwand			–	Materialaufwand			–	Materialaufwand			–
		Personalaufwand			–	Personalaufwand			↑	Personalaufwand			↑	Personalaufwand			↑
		Abschreibungen			–	Abschreibungen			–	Abschreibungen			↑	Abschreibungen			–
		Ordentliches Betriebsergebnis			–	Ordentliches Betriebsergebnis			–	Ordentliches Betriebsergebnis			–	Ordentliches Betriebsergebnis			–
		Außerordentliches Betriebsergebnis			–	Außerordentliches Betriebsergebnis			↓	Außerordentliches Betriebsergebnis			–	Außerordentliches Betriebsergebnis			–
		EBIT			–	EBIT			–	EBIT			–	EBIT			↓
		Gewinn der Abrechnungsperiode			–	Gewinn der Abrechnungsperiode			–	Gewinn der Abrechnungsperiode			–	Gewinn der Abrechnungsperiode			–
	Kennzahlen	Debitorenziel			–	Debitorenziel			–	Debitorenziel			–	Debitorenziel			–
		Kreditorenziel			–	Kreditorenziel			–	Kreditorenziel			↑	Kreditorenziel			–
		Renditen			–	Renditen			–	Renditen			–	Renditen			–
		Umsatzrendite			–	Umsatzrendite			–	Umsatzrendite			↓	Umsatzrendite			↓
		Gesamtkapitalrendite			–	Gesamtkapitalrendite			–	Gesamtkapitalrendite			–	Gesamtkapitalrendite			↓
		Vorratsintensität			–	Vorratsintensität			↓	Vorratsintensität			–	Vorratsintensität			↑
		Anlagendeckungsgrad			–	Anlagendeckungsgrad			–	Anlagendeckungsgrad			–	Anlagendeckungsgrad			–
		Ausfallwahrscheinlichkeit			–	Ausfallwahrscheinlichkeit			–	Ausfallwahrscheinlichkeit			↑	Ausfallwahrscheinlichkeit			↑
		Eigenkapitalquote			–	Eigenkapitalquote			–	Eigenkapitalquote			–	Eigenkapitalquote			–
Qualitativ	Dimensionen	Marktanteil			–	Marktanteil			–	Marktanteil			↓	Marktanteil			↓
		Vertriebsstruktur			–	Vertriebsstruktur			–	Vertriebsstruktur			–	Vertriebsstruktur			↓
		Wachstum			–	Wachstum			↓	Wachstum			↓	Wachstum			–
		Unternehmensführung			–	Unternehmensführung			–	Unternehmensführung			–	Unternehmensführung			–
		Zuverlässigkeit			↓	Zuverlässigkeit			↓	Zuverlässigkeit			↓	Zuverlässigkeit			–
		Informationspolitik			↑	Informationspolitik			–	Informationspolitik			–	Informationspolitik			–
		Prognosequalität			–	Prognosequalität			↓	Prognosequalität			–	Prognosequalität			–

Abbildung 44: Verlauf der latenten Krise – Abhängigkeit.

Zusammenfassend kann festgestellt werden, dass die Krise abhängiger Unternehmen im Vorfeld der manifesten Krise quantitativ schwer zu analysieren ist. Auf der anderen Seite scheinen die Stakeholder der Entwicklung des Geschäftsmodells aufgrund der bekannten Abhängigkeit von vornherein mit einem gewissen Misstrauen gegenüber zu stehen. Man sieht die Prognosemöglichkeit eher kritisch.

Auf der operativen Ebene können wenige Probleme quantitativ gesehen werden. Allerdings zeigt der Verzicht von Investitionsprogrammen ein strukturelles strategisches Problem.

Während bei den Materialaufwendungen keine Veränderungen beobachtet werden, zeigen die Personalaufwendungen Auffälligkeiten. Die operative Gestaltung des Geschäftsmodells beginnt, im Gegensatz zu den anderen Krisentypen, erst verhältnismäßig spät. Anders als bei den restlichen Krisentypen steigt das Kreditorenziel erst im dritten Jahre des Beobachtungszeitraums. Dies könnte möglicherweise an ausgeprägten Lieferantenabhängigkeiten liegen, die ein aktives Kreditorenmanagement in den Vorjahren verhindern.

Die stetig steigenden Personalaufwendungen geben Hinweise auf eine Steigerung der Personalqualität oder auf einen erhöhten Personalbedarf. Dies kann jedoch nicht durch eine Erhöhung des Umsatzes aufgefangen werden und resultiert in negativen Entwicklungen der untersuchten Renditekennzahlen.

Auf qualitativer Ebene konnten signifikante Probleme mit dem Wachstum festgestellt werden. Die Stakeholder interpretieren die mangelhaften Wachstumsperspektiven als negativ und rechtfertigen damit eine grundsätzliche Abwertung des Engagements, denn im Bilanzbild ist kein Wachstumsproblem zu erkennen. Insbesondere das ordentliche Betriebsergebnis wie auch die Gewinne in der Abrechnungsperiode entwickeln sich unterdurchschnittlich oder stagnieren. Die Bilanzratingmodelle zeigen anhand der Ausfallwahrscheinlichkeit jedoch eine unterdurchschnittliche Steigung, d.h. dass die Bilanzratingmodelle abhängige Unternehmen nicht so kritisch sehen.[579]

Die über den Zeitverlauf zunehmende Verringerung der Zuverlässigkeit ist ein Indiz dafür, dass unabhängige Unternehmen eher klein sind. Dies könnte für eine Mangel an Professionalität sprechen. Die geringen Probleme in der Prognosequalität (bis auf t_{-3}) sind merkmalskonform, da ein abhängiges Geschäftsmodell wenig Potenzial für Überraschungen aufweist – solange die Organisation, auf welche die Abhängigkeit basiert, keine unerwarteten Entscheidungen trifft.

Daraus kann abgeleitet werden, dass abhängige Unternehmen nicht in einer langfristigen Perspektive zu erkennen sind. In den letzten zwei Jahren weisen abhängige Unternehmen jedoch

[579] Vgl. Anhang III.

Erfolgsprobleme auf, dich sich in den Renditen zeigen. Darauffolgend zeigt die Ausfallwahrscheinlichkeit zwei Jahre vor Übertritt in das manifeste Krisenstadium Auffälligkeiten. Die folgende Graphik visualisiert den Krisenverlauf schematisch.

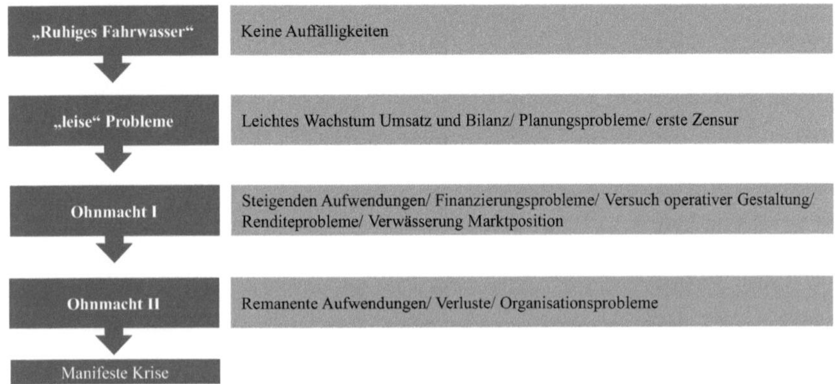

Abbildung 45: Schematische Darstellung des Krisenverlaufs abhängiger Unternehmen.

5.1.7 Das Unternehmen mit unkorrekten Mitarbeitern – Krisenverlauf

Erst in der **zweiten Betrachtungsperiode** weisen Unternehmen des Krisentyps Mitarbeiter[580] Auffälligkeiten auf. Wie bereits bei vorherigen Krisentypen beobachtet, schlagen die Unternehmen in dieser Periode einen Wachstumspfad ein. Steigender Umsatz, steigende Materialaufwendungen und steigende Personalaufwendungen sind nachzuweisen. Bei diesem Krisentyp scheinen die Aufwandspositionen jedoch proportional zu den Umsätzen zu wachsen, da keine Einflüsse auf Ergebnisse und Renditen beobachtet werden. Des Weiteren ist ein Wachstum in der Bilanz, insbesondere des Working Capitals festzustellen. Steigendes Fremdkapital suggeriert eine überwiegende Finanzierung durch Fremdkapital. Die steigende Vorratsintensität hingegen gibt einen ersten Hinweis auf potenzielle Finanzprobleme. Des Weiteren werden fallende Eigenkapitalquoten beobachtet, die allerdings als Hinweis für aktives Leveraging interpretiert werden können.

In der **dritten Periode** weisen die Unternehmen keine Veränderung auf. Es kann lediglich ein Anstieg des Fremdkapitals dokumentiert werden. Das unterstützt die These, dass Finanzierungsprobleme vorliegen, welche durch die Ausweitung des Fremdkapitals bewältigt werden sollen.[581]

[580] Dieser Krisentyp und die weiteren Ausführungen sind aufgrund der geringen Besetzungszahl von n = 8 nur sehr vorsichtig zu interpretieren. Daher sollten die folgenden Interpretationen und Diskussionen lediglich als eine Tendenz interpretiert werden.

[581] Aufgrund fehlender weiterer Veränderungen können im Folgenden auch keine anderweitigen Interpretationen erfolgen.

In der **letzten Periode** wird erneut ein Anstieg des Fremdkapitals beobachtet. Das Unternehmen reagiert immer weiter auf die Finanzierungsprobleme und refinanziert sich zunehmend über Fremdkapital. Zusätzlich steigen die Materialaufwendungen ohne einen Einfluss auf den Umsatz. Dies kann Hinweise auf operative Probleme und ineffiziente Fertigungs- und Verwaltungsprozesse geben. Zudem scheinen die Unternehmen nicht mehr in der Lage zu sein die gewährten Skonti zu nutzten. Dies unterstützt die leichten Signale aus den Vorperioden auf eine angespannte Liquiditätslage. Die Krisensignale der Ausfallwahrscheinlichkeit in der letzten Beobachtungsperiode sind nur schwer erklärbar. Vermutlich liegen massive Verschiebungen in den Fristigkeiten des Fremdkapitals vor. Ob nun Verschlechterungen in der Liquidität oder des gesamten Working Capitals vorliegen kann hier nicht abschließend beurteilt werden.

Auf qualitativer Ebene wird eine Verschlechterung der Prognosequalität seitens der Stakeholder wahrgenommen. Hintergrundinformationen zeigen, dass die Unternehmen dieses Krisentyps oftmals international tätige Unternehmen mit Großprojekten sind. Dies suggeriert erhebliche Probleme im Projektgeschäft. In einem Beispiel übergingen Mitarbeiter in ausländischen Projekten die internen Vorschriften und handelten nicht compliant. Dies stellt insofern ein Problem dar, als dass neben Anreizen zu persönlichen Bereicherungen der unkorrekten Mitarbeiter auch die internationale Gemeinschaft diesen Unternehmen potenzielle Strafzahlungen auferlegen könnte.[582] In einem anderen Fall verzögerten Mitarbeiter bewusst den Projektfortschritt, um sich persönlich zu bereichern. Eine bewusste Verzögerung kann auch zu Vertragsstrafen und Reputationsverlust führen und schädigen das Unternehmen aktiv.

Um Missverständnissen bei der Interpretation vorzubeugen, sind die unkorrekten Mitarbeiter in diesen Unternehmen immer als hierarchische Spitzenmanager zu bezeichnen. Dies geht auch konform mit der empirischen Fraud-Forschung.[583] Vielleicht wäre der Begriff, „das Unternehmen mit unkorrekter Unternehmensführung oder Management" die mittlerweile treffendere Bezeichnung. Neben den finanziellen Risiken stellen Strafzahlungen auch einen massiven Reputationsverlust dar, welcher sich beispielsweise in der Interaktion mit den Stakeholdern in negativen Entwicklungen von qualitativen Kriterien äußert. Eine vertiefende Analyse anhand der Mediane konnte zeigen, dass ordentliche Ergebnisse, Gewinne der Abrechnungsperiode und Renditen im Vergleich zu den anderen Krisentypen eher gering waren.[584] Diese Befunde eignen sich aber nur sehr eingeschränkt zur Identifikation von Unternehmenskrisen.

582 In den letzten Jahren und eigentlich schon immer wurden Strafzahlungen aufgrund von Korruption im In- oder im Ausland festgesetzt. Allein in der Tagespresse können fast monatlich Berichte über Korruptionsskandale gefunden werden. Vgl. als Beispiel für viele Siemens und VW. Vgl. WirtschaftsWoche (2005) und WirtschaftsWoche (2007).

583 Vgl. fortführend die Fallstudien aus Peemöller, Hofmann (2005). Zudem folgende Untersuchungen zur Rolle des Top Managements in Fraud Fällen, vgl. Beasley (1996) und Collins, Uhlenbruck, Rodriguez (2009).

584 Vgl. Anhang II.

Krisentyp 6 - Das Unternehmen mit unkorrekten Mitarbeitern																
	$t_4 - t_3$				$t_3 - t_2$				$t_2 - t_1$				$t_1 - t_0$			
Quantitativ	AV	–	EK	–	AV	–	EK	–	AV	–	EK	–	AV	–	EK	–
	UV	–	FK	–	UV	↑	FK	↑	UV	–	FK	↑	UV	–	FK	↑
	Vorräte	–	Rückstellungen	–	Vorräte	–	Rückstellungen	–	Vorräte	–	Rückstellungen	–	Vorräte	–	Rückstellungen	–
	Forderungen	–	Vblk.	–	Forderungen	–	Vblk.	–	Forderungen	–	Vblk.	–	Forderungen	–	Vblk.	–
	Ford. L&L	–	Vblk. KI	–	Ford. L&L	–	Vblk. KI	–	Ford. L&L	–	Vblk. KI	–	Ford. L&L	–	Vblk. KI	–
			Vblk. L&L	–			Vblk. L&L	–			Vblk. L&L	–			Vblk. L&L	–
	Bilanzsumme			–	Bilanzsumme			↑	Bilanzsumme			–	Bilanzsumme			–
Erfolgswirtschaftlich	Umsatz			–	Umsatz			↑	Umsatz			–	Umsatz			–
	Materialaufwand			–	Materialaufwand			↑	Materialaufwand			–	Materialaufwand			↑
	Personalaufwand			–	Personalaufwand			↑	Personalaufwand			–	Personalaufwand			–
	Abschreibungen			–	Abschreibungen			–	Abschreibungen			–	Abschreibungen			–
	Ordentliches Betriebsergebnis			–	Ordentliches Betriebsergebnis			–	Ordentliches Betriebsergebnis			–	Ordentliches Betriebsergebnis			–
	Außerordentliches Betriebsergebnis			–	Außerordentliches Betriebsergebnis			–	Außerordentliches Betriebsergebnis			–	Außerordentliches Betriebsergebnis			–
	EBIT			–	EBIT			–	EBIT			–	EBIT			–
	Gewinn der Abrechnungsperiode			–	Gewinn der Abrechnungsperiode			–	Gewinn der Abrechnungsperiode			–	Gewinn der Abrechnungsperiode			–
Kennzahlen	Debitorenziel			–	Debitorenziel			–	Debitorenziel			–	Debitorenziel			–
	Kreditorenziel			–	Kreditorenziel			–	Kreditorenziel			–	Kreditorenziel			–
	Renditen			–	Renditen			–	Renditen			–	Renditen			–
	Umsatzrendite			–	Umsatzrendite			–	Umsatzrendite			–	Umsatzrendite			–
	Gesamtkapitalrendite			–	Gesamtkapitalrendite			–	Gesamtkapitalrendite			–	Gesamtkapitalrendite			–
	Vorratsintensität			–	Vorratsintensität			↑	Vorratsintensität			–	Vorratsintensität			–
	Anlagendeckungsgrad			–	Anlagendeckungsgrad			–	Anlagendeckungsgrad			–	Anlagendeckungsgrad			–
	Ausfallwahrscheinlichkeit			–	Ausfallwahrscheinlichkeit			–	Ausfallwahrscheinlichkeit			–	Ausfallwahrscheinlichkeit			↑
	Eigenkapitalquote			–	Eigenkapitalquote			↓	Eigenkapitalquote			–	Eigenkapitalquote			–
Qualitativ – Dimensionen	Marktanteil			–	Marktanteil			–	Marktanteil			–	Marktanteil			–
	Vertriebsstruktur			–	Vertriebsstruktur			–	Vertriebsstruktur			–	Vertriebsstruktur			–
	Wachstum			–	Wachstum			–	Wachstum			–	Wachstum			–
	Unternehmensführung			–	Unternehmensführung			–	Unternehmensführung			–	Unternehmensführung			–
	Zuverlässigkeit			–	Zuverlässigkeit			–	Zuverlässigkeit			–	Zuverlässigkeit			–
	Informationspolitik			–	Informationspolitik			–	Informationspolitik			–	Informationspolitik			–
	Prognosequalität			–	Prognosequalität			–	Prognosequalität			–	Prognosequalität			↓

Abbildung 46: Verlauf der latenten Krise – Mitarbeiter.

Erwartungsgemäß sind Bilanzratingmodelle nicht in der Lage diesen Krisentyp zu erkennen, da sie lediglich eine Funktion von Bilanz- und GuV-Kennzahlen darstellen. Und auch die klassischen GuV-Kennzahlen sind nicht in der Lage den Krisentyp zu erkennen. Gleichwohl könnten Identifikationsansätze auf qualitativer Ebene zu finden sein. Dies verlangt jedoch nach fachkundigem Personal bei den Stakeholdern und Kreditanalysten, die zudem die Unternehmen detailliert analysieren. Hierzu müsste eine Aufarbeitung der Unternehmenskultur stattfinden. Fraglich ist, ob eine derart intensive Analyse des Unternehmens als externe Einheit möglich und ökonomisch sinnvoll ist. Sind doch bereits Unternehmen intern teilweise nicht in der Lage, Compliance Verstöße nachhaltig zu verhindern.

Zudem bieten auch die qualitativen Faktoren keine zusätzlichen Hinweise auf diesen Krisentyp. Lediglich in der letzten Periode sehen die Stakeholder eine Verringerung in der Prognosequalität. Vor dem Hintergrund, dass diese Unternehmenstypen insbesondere in projektnahen Geschäftsmodellen zu finden sind, könnten erhebliche Verzögerungen der Projekte zu verschlechterten Prognosen geführt haben. Dies könnte auch ein weiterer Ansatz für die Fraud Forschung sein, wobei eine Realisierbarkeit kritisch zu hinterfragen ist. Fraglich ist jedoch, ob die unkorrekten Mitarbeiter einen Einfluss auf die Prognosen oder auf die Umsetzung haben. Es sei angenommen, dass die Mitarbeiter bei der Erstellung von Prognosen und Planungsrechnungen beteiligt sind, so kann dies ein Hinweis auf mögliche Fälschungen der Planungsrechnungen oder wissentliche Verschleierungen von Projektverzögerungen sein. Dies würde dann unter Bilanzbetrug und „Fraud“ fallen und dolose Handlungen darstellen.

Literatur und Praxis zeigen, dass Unternehmen intern bereits „Whistleblower-Systeme“ implementieren, um Compliance-Verstöße zu identifizieren.[585] Die internen Risikomanagementsysteme werden formal sensibler und sind damit grundsätzlich besser in der Lage Unregelmäßigkeiten und Compliance-Verstöße zu entdecken. Bei der konkreten Anwendung der Systeme wundert es allerdings nicht, dass die Erfolge derzeit noch gering sind. Festigt doch die Implementierung umfangreicher Compliance-Regelungen allein die formalen Wertvorstellungen in einem Unternehmen. Ob diese dann gelebt werden, sei dahingestellt.[586] Zusätzlich ist zu bedenken, dass Compliance-Regelungen nicht ausschließlich positiv zu bewerten sind, da ihnen auch immer eine Ausweitung zentraler Verwaltungseinheiten folgt und sie als Alibifunktion konterkarierend wirken können.[587] Anders ausgedrückt kommt es auf „das Leben“ der Compliance Regelungen an.[588] Intern werden Compliance-Regelungen nicht ernst genommen, möglicherweise bildet sich eine „Parallelgesellschaft“ mit eigenen Wertvorstellungen innerhalb der Organisation. Gründe für das Fehlverhalten von Mitarbeitern können auch in den Theorien der Verhaltenspsychologie gefunden werden, bspw. der „Sensation-

[585] Vgl. Schmolke (2012), S. 224-231.
[586] Vgl. Raguß (2009), S. 279; Yang (2012), S. 67 und Inderst, Bannenberg, Poppe (2013), S. 189.
[587] Vgl. Raguß (2009), S. 279.
[588] Vgl. Hlavica, Klapproth, Hülsberg (2011), S. 73; Quentmeier (2012), S. 25 f. und Süße (2014), S. 214.

seeking theory“. Die Sensation-seeking theory beschreibt die Suche von Individuen nach sehr intensiven und extremen Erfahrungen. Diese können in verschiedenen Ausprägungen auftreten, wie bspw. Extremsport. Gleichwohl wird hierunter auch der Verstoß gegen gesellschaftliche Normen und Gesetze subsumiert und damit auch Verstöße gegen die Werte und Normen des Unternehmens.[589] Folglich werden die Handlungen der unkorrekten Mitarbeiter intern und extern zur selben Zeit bekannt und könnten – analog dem externen Schock bei abhängigen Unternehmen – als ein interner Schock beschrieben werden. Des Weiteren leidet das Unternehmen neben den finanziellen Bürden an zunehmenden Reputationsverlust. Der Krisenprozess kann daher als sehr schnell und impulsiv beschrieben werden.

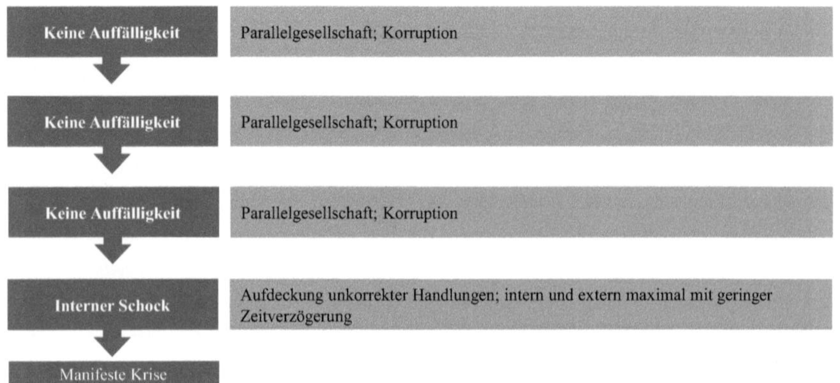

Abbildung 47: Schematische Darstellung von Unternehmen mit unkorrekten Mitarbeitern.

5.1.8 Das Unternehmen mit Problemen am Beschaffungsmarkt – Krisenverlauf

Da die Unternehmen von den Kreditsachbearbeitern dem Krisentyp Beschaffungsmarkt zugeordnet wurden, können wir davon ausgehen, dass die Finanzprobleme mit der Beschaffung der Vorräte einhergehen. Es handelt sich also weniger um zu teuer eingekaufte Vorräte, als vielmehr um Probleme bei der rechtzeitigen oder zu kostenintensiven Finanzierung der Vorräte.

In der **ersten Beobachtungsperiode** weisen Unternehmen des Krisentyps mit Beschaffungsproblemen[590] keine Veränderungen in der Bilanz auf. Lediglich fallende Gewinne der Abrechnungsperiode können beobachtet werden, dienen aber nicht als Krisensignal. Die Abwesenheit anderer Veränderungen suggeriert jedoch, dass die negativen Entwicklungen auf zahlreiche Veränderungen zurückzuführen sind. In der folgenden Periode steigt das Umlaufver-

[589] Vgl. Zuckermann, Neeb (1979), S. 255 f.

[590] Auch dieser Krisentyp weist lediglich eine Besetzungszahl von n = 10 auf und ist daher (wie bereits der Krisentyp Mitarbeiter) mit Vorsicht zu interpretieren. Auch hier sind die folgenden Interpretationen und Ableitungen eher als eine Tendenz zu werten.

mögen, welches durch eine Ausweitung des Fremdkapitals finanziert wird. Es kann jedoch keine Veränderungen in den Vorräten und Forderungen beobachtet werden, demnach kann auf einen Anstieg der flüssigen Mittel oder der Wertpapiere geschlossen werden. Es erscheint, als ob die Unternehmen Finanzmittel zurückhalten, um Beschaffungsprozesse später durchführen zu können. Der steigende Umsatz wird auf Kosten erhöhter Materialaufwendungen „erkauft", denn trotz steigender Umsätze und fallender Abschreibungen fällt auch der Gewinn der Abrechnungsperiode.

Dies impliziert auch, dass diese Unternehmen erhebliche Probleme bereits **drei Jahre vor der Krise** im Einkauf haben könnten. Die Waren können nicht mehr zu wertschöpfungsadäquaten Preisen eingekauft werden. Es mag sein, dass die Vorräte massiv im Preis gestiegen sind oder aber zu spät oder von falschen Lieferanten bezogen werden. Daraus resultieren negative Entwicklungen der Ergebnisse. Die fallenden Abschreibungen deuten auf fehlende Erneuerungs-, Ersatz- oder Erweiterungsinvestitionen hin und implizieren möglicherweise einen problematischen „Nebenschauplatz" der Unternehmen mit Problemen am Beschaffungsmarkt. Aufgrund des steigenden Umlaufvermögens erhöht sich der Anlagendeckungsgrad, welches einen zunehmenden Verlust an – zumindest bilanzieller – Flexibilität widerspiegelt.

Auf qualitativer Ebene stellen Stakeholder eine fallende Prognosequalität fest. Somit können auch bei dem Krisentyp 7 fehlende oder schlechte interne Planungs- bzw. Controlling-Maßnahmen vermutet werden. Krisentypenkonform wäre die Vermutung, dass die Unternehmen anhand des Umsatzwachstums steigende Gewinne prognostizieren, die Preise an den Beschaffungsmärkten jedoch falsch einschätzen. Durch die Fehlkalkulation werden Ziele verfehlt und von den Stakeholdern mittels Bewertung der Prognosequalität bestraft.

In der **dritten Beobachtungsperiode** werden keine Veränderungen in der Bilanz beobachtet. Die GuV zeigt steigenden Umsatz und Materialaufwendungen. Es scheint, als ob Materialaufwendungen proportional zu den Umsätzen steigen. Der Anstieg der Ausfallwahrscheinlichkeit zeigt jedoch, dass Unternehmen des Krisentyps Einkauf zusätzliche Probleme aufweisen. Die Liste potenzieller Probleme ist umfangreich und kann an dieser Stelle nicht abschließend diskutiert werden.[591]

Auf qualitativer Ebene verlässt das Unternehmen den Pfad ausgewogener Kommunikation. Die Stakeholder registrieren diese eingeschränkte Transparenz und bewerten die Dimension Zuverlässigkeit schwächer als in den Vorjahren. Kennzeichnend ist auch hier das Fehlen von Auffälligkeiten bei den eher harten qualitativen Faktoren, lediglich die eher weichen Faktoren werden von den Stakeholdern negativer gesehen.

---

[591] Zu potenziellen Kennzahlen und deren Einflüsse auf Ausfallwahrscheinlichkeiten, vgl. neben vielen Fischer (2012), S. 202.

In der **letzten Periode** weisen die Unternehmen überraschende Ergebnisse auf. So steigen die Personalaufwendungen und die Abschreibungen während die Materialaufwendungen nicht weiter ansteigen. Steigende Personalaufwendungen zeugen von einer Ausweitung der personellen Ressourcen und könnten für einen weiteren Versuch sprechen, die Krise durch Wachstum zu bewältigen. Die steigenden Personalaufwendungen könnten zudem einen weiteren Lösungsansatz der Unternehmen beschreiben, indem sie versuchen, den Fremdbezug durch eigene personelle Ressourcen auszutauschen. Möglicherweise verändern die Unternehmen im Rahmen von „Make or Buy"-Alternativen die Entscheidungen von der Buy-Strategie zur Make-Strategie und verändern so die Wertschöpfung. Steigende Abschreibungen – nach fallenden Abschreibungen in der zweiten Betrachtungsperiode – signalisieren zudem das Nachholen zwingend notwendiger Investitionen. Möglicherweise beschreiben die Abschreibungen allerdings auch den Werteverfall im Umlaufvermögen, obwohl die Vorratsintensität ansteigt. Dies wäre problematisch, da die Unternehmen nicht nur einer steigenden Kapitalbindung im Umlaufvermögen unterliegen, sondern die Vorräte auch noch an Wert verlieren. Entgegen den anderen Krisentypen versuchen die Unternehmen mit Beschaffungsproblemen erst im letzten Jahr vor der Krise ihr Zahlungsziel zu erhöhen. Anders formuliert sind Unternehmen mit Beschaffungsproblemen erst im letzten Jahr vor der Krise in einer Liquiditätssituation in der Rechnungen nicht mehr wie gewohnt bezahlt werden können, denn steigende Kreditorenziele sind Indiz für aktive Krisengestaltung, aber auch für Finanzprobleme. Des Weiteren könnten steigende Kreditorenziele ein Indiz für problematische Verträge sein, bei denen in den Vorjahren schlechte (Zahlungs-) Konditionen ausgehandelt wurden.[592] Die Kreditorenziele könnten daher eine Anpassung an branchenübliche Verhältnisse darstellen. Zudem scheinen die Kreditinstitute die weitere Finanzierung des Umlaufvermögens nicht mehr zu unterstützen – daher verlagern diese Krisenunternehmen die Finanzierung auf die Lieferanten.

Die Verläufe dieses Krisentyps unterscheiden sich erheblich von denen der anderen Krisentypen. In keinem Jahr vor Eintritt in die manifeste Krise sind negative Entwicklungen des Betriebserfolgs, der Renditen oder der EBITs zu beobachten. Es können auch keine negativen Entwicklungen in der Bilanz gefunden werden. Lediglich in den beiden frühen Jahren der latenten Krise sinken die Gewinne und in den beiden letzten Perioden steigen die Ausfallwahrscheinlichkeiten. Wir schließen daraus, dass die Unternehmen reine Finanzierungsprobleme von Vorräten haben und diese insbesondere in den Anschlussfinanzierungen und bei den Fristigkeiten zum Ausdruck kommen. Möglicherweise liegen auch Aufwendungen durch nachteilige Unternehmensverbindungen vor, die im Finanzerfolg oder durch Verlustübernahmen negativ auf das Unternehmen wirken. Es lässt sich feststellen, dass es sich hier um einen von außen sehr schwierig zu diagnostizierender Krisentyp handelt.

---

592 Im Anhang III werden die relativ niedrigen Kreditorenziele dieses Krisentyps im Vergleich zu den anderen Krisentypen gezeigt.

Krisentyp 7 - Das Unternehmen mit überproportionaler Entwicklung der Beschaffungspreise																	
		$t_4 - t_3$				$t_3 - t_2$				$t_2 - t_1$				$t_1 - t_0$			
Quantitativ		AV	–	EK	–	AV	–	EK	–	AV	–	EK	–	AV	–	EK	–
		UV	–	FK	–	UV	↑	FK	↑	UV	–	FK	–	UV	–	FK	–
		Vorräte	–	Rückstellungen	–	Vorräte	–	Rückstellungen	–	Vorräte	–	Rückstellungen	–	Vorräte	–	Rückstellungen	–
		Forderungen	–	Vblk.	–	Forderungen	–	Vblk.	–	Forderungen	–	Vblk.	–	Forderungen	–	Vblk.	–
		Ford. L&L	–	Vblk. KI	–	Ford. L&L	–	Vblk. KI	–	Ford. L&L	–	Vblk. KI	–	Ford. L&L	–	Vblk. KI	–
				Vblk. L&L	–			Vblk. L&L	–			Vblk. L&L	–			Vblk. L&L	–
		Bilanzsumme	–			Bilanzsumme	–			Bilanzsumme	–			Bilanzsumme	–		
	Erfolgswirtschaftlich	Umsatz	–			Umsatz	↑			Umsatz	↑			Umsatz	–		
		Materialaufwand	–			Materialaufwand	↑			Materialaufwand	↑			Materialaufwand	–		
		Personalaufwand	–			Personalaufwand	–			Personalaufwand	–			Personalaufwand	↑		
		Abschreibungen	–			Abschreibungen	↓			Abschreibungen	–			Abschreibungen	↑		
		Ordentliches Betriebsergebnis	–			Ordentliches Betriebsergebnis	–			Ordentliches Betriebsergebnis	–			Ordentliches Betriebsergebnis	–		
		Außerordentliches Betriebsergebnis	–			Außerordentliches Betriebsergebnis	–			Außerordentliches Betriebsergebnis	–			Außerordentliches Betriebsergebnis	–		
		EBIT	–			EBIT	–			EBIT	–			EBIT	–		
		Gewinn der Abrechnungsperiode	↓			Gewinn der Abrechnungsperiode	↓			Gewinn der Abrechnungsperiode	–			Gewinn der Abrechnungsperiode	–		
	Kennzahlen	Debitorenziel	–			Debitorenziel	–			Debitorenziel	–			Debitorenziel	–		
		Kreditorenziel	–			Kreditorenziel	–			Kreditorenziel	–			Kreditorenziel	↑		
		Renditen	–			Renditen	–			Renditen	–			Renditen	–		
		Umsatzrendite	–			Umsatzrendite	–			Umsatzrendite	–			Umsatzrendite	–		
		Gesamtkapitalrendite	–			Gesamtkapitalrendite	–			Gesamtkapitalrendite	–			Gesamtkapitalrendite	–		
		Vorratsintensität	–			Vorratsintensität	–			Vorratsintensität	–			Vorratsintensität	↑		
		Anlagendeckungsgrad	–			Anlagendeckungsgrad	↑			Anlagendeckungsgrad	–			Anlagendeckungsgrad	–		
		Ausfallwahrscheinlichkeit	–			Ausfallwahrscheinlichkeit	–			Ausfallwahrscheinlichkeit	↑			Ausfallwahrscheinlichkeit	↑		
		Eigenkapitalquote	–			Eigenkapitalquote	–			Eigenkapitalquote	–			Eigenkapitalquote	–		
Qualitativ	Dimensionen	Marktanteil	–			Marktanteil	–			Marktanteil	–			Marktanteil	–		
		Vertriebsstruktur	–			Vertriebsstruktur	–			Vertriebsstruktur	–			Vertriebsstruktur	–		
		Wachstum	–			Wachstum	–			Wachstum	–			Wachstum	↓		
		Unternehmensführung	–			Unternehmensführung	–			Unternehmensführung	–			Unternehmensführung	–		
		Zuverlässigkeit	–			Zuverlässigkeit	–			Zuverlässigkeit	↓			Zuverlässigkeit	–		
		Informationspolitik	–			Informationspolitik	–			Informationspolitik	–			Informationspolitik	–		
		Prognosequalität	–			Prognosequalität	↓			Prognosequalität	–			Prognosequalität	–		

Abbildung 48: Verlauf der latenten Krise – Einkauf.

Insgesamt bestätigt das Jahresabschlussbild dieses Krisentyps die Schwierigkeit zur Identifikation von Unternehmenskrisen. Insbesondere steigende Umsätze und steigende Materialaufwendungen können bei diesem Krisentypen als merkmalskonform beschrieben und beobachtet werden.

Jedoch findet diese Krise eher vorgelagert in den mittleren beiden Betrachtungsperioden, also 2 bis 3 Jahre vor dem manifesten Krisenzustand, statt. Betrachtet man die Bilanzbilder und die qualitativen Auswertungen, so erscheint es, als sei dieser Krisentyp ein eher vorgelagerter Krisentyp.

Das Unternehmen erweckt zunächst den Anschein die Probleme bewältigt und die Krise gelöst zu haben. Krisenauslösend sind bei diesem Krisentypen am Ende andere Ursachen. Der sehr späte Versuch der operativen Gestaltung, zum Beispiel der Wechsels von einer Buy-Strategie zu einer Make-Strategie, sowie die Ausweitung der Kreditorenziele könnten ein Indiz dafür sein, dass den Unternehmen die Krise erst zu diesem sehr späten Zeitpunkt bewusst wird.

Dies spricht für einen äußerst dynamischen Verlauf der Krise, denn der interne Reaktionszeitraum betrifft hier – im Gegensatz zu anderen Krisentypen – nur ein Jahr.

Aus einer anderen Perspektive betrachtet könnte festgestellt werden, dass dieser Krisentyp frühzeitig von den Stakeholdern und deren verwendeten Bilanzratingmodellen erkannt werden könnte.

Zusammenfassend kann jedoch dargestellt werden, dass kein eigenständiges Profil erkennbar ist. Dies zeigt auch, dass dem Analysten bei diesem Krisentyp eine eher aktive Rolle bei der Identifikation von Problemen zugeschrieben werden muss. Denn dieser Krisentyp ist nur zu erkennen, wenn eine umfangreiche Analyse der Geschäftsprozesse unter Bezugnahme von detailiiertem Branchenfachwissen durchgeführt wird.

Das Ergebnis kann jedoch auch hier nur das Feststellen einer potenziellen Bedrohung sein, da die Unternehmen dem Analysten kaum ihre Lieferverträge zur Verfügung stellen werden.

Abbildung 49 versucht dennoch eine Darstellung des Krisentyps zu bieten und damit einen schematischen Verlauf von Unternehmen mit Problemen im Einkauf abzuleiten.

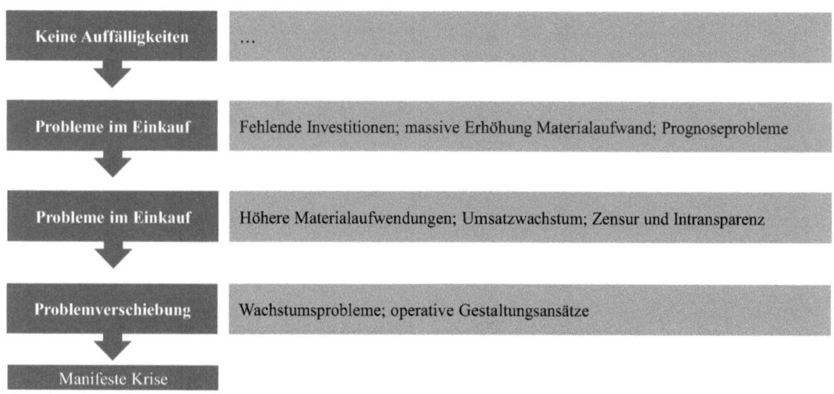

Abbildung 49: Schematische Darstellung des Krisenverlaufs mit Problemen am Beschaffungsmarkt.

5.1.9 Das Unternehmen mit innovativer Finanzierungstätigkeit – Krisenverlauf

Unternehmen mit innovativen Finanzierungstätigkeiten nutzen neue Finanzierungsinstrumente, die letztlich zu einer Krise führen können. Teilweise leiden diese Unternehmen unter erheblichen Finanzierungsproblemen oder mangelndem Chance-Risiko-Verständnis. Die Risiken können schließlich ursächlich für eine ausgeprägte Unternehmenskrise sein. Unternehmen, die innovative Finanzierungsmöglichkeiten nutzten, weisen immer wieder die folgenden Auffälligkeiten im Krisenprozess auf.

In der **ersten Betrachtungsperiode** können bilanziell keine Veränderungen beobachtet werden. Auch die Treiber der GuV sind unauffällig und lediglich der Gewinn der Abrechnungsperiode fällt. Dies ist ein frühzeitiges und erstes, aber allgemeines Krisensignal. Die Minderung des Gewinns scheint einen erheblichen Einfluss auf die Ausfallwahrscheinlichkeit auszuüben, denn diese steigt ebenfalls.

Die Stakeholder sehen zu diesem Zeitpunkt keine negative Entwicklung der beobachteten qualitativen Faktoren.

Die Unternehmen versuchen in der **zweiten Betrachtungsperiode** mittels Wachstum die Erfolgsprobleme zu bewältigen. Dies gelingt durch überproportional steigenden Umsatz und sorgt für eine Erhöhung des ordentlichen Betriebsergebnisses. Zudem steigt das außerordentliche Ergebnis in dieser Periode.

Des Weiteren kann eine sinkende Qualität bei den Prognosen beobachtet werden. Fraglich ist jedoch, ob Stakeholder generelle oder lediglich negative Abweichungen der Prognosen nachteilig in die Bewertung mit einfließen lassen. Es kann nicht davon ausgegangen werden, dass übertroffene Planungsrechnungen negativ in der Prognosequalität berücksichtigt werden.

Daher wird vermutet, dass Unternehmen mit innovativer Finanzierungstätigkeit die Wachstumsraten des Marktes verfehlen, bzw. zu optimistisch planen und trotz steigender Umsätze und Ergebnisse die gesetzten Ziele nicht erreichen. Darauf folgend sieht der Analyst die Zukunftsfähigkeit der Unternehmen grundsätzlich kritischer.

In der **dritten Periode** setzt das Unternehmen – möglicherweise aufgrund der verpassten Ziele des Vorjahres – auf eine weitere Expansionspolitik. Aktiva und Passiva steigen, wobei das Wachstum der Aktiva durch Fremd- und Eigenkapital finanziert wird.

Zudem geht der Verfasser krisentypenkonform von einer inflationären Verwendung von Hybridkapital und Mezzaninen Finanzierungsstrukturen aus. Fallende Eigenkapitalquoten zeigen, dass der Hauptteil des Wachstums durch Fremdkapital generiert wird.

Das Wachstum der Bilanz spiegelt sich auch in der GuV wider. Umsatz und Aufwandspositionen steigen proportional an, ohne Auswirkungen auf die Ergebnisse aufzuweisen.

Die **Periode vor der manifesten Krise** ist durch weiteres Wachstum auf der Aktivseite gekennzeichnet. Anlage- und Umlaufvermögen wachsen weiter an, ohne dass Anpassungen bei den Abschreibungen vorgenommen werden.

Entgegen der Vorperiode, bei der in die Finanzierung auch Eigenkapital, bzw. eigenkapitalähnliche Mittel eingeflossen sind, wird das Wachstum der Aktivseite mittlerweile ausschließlich durch Fremdkapital finanziert. Dies führt zu einer weiteren Verringerung der Eigenkapitalquote, was letztlich auch in der Erhöhung der Ausfallwahrscheinlichkeit Ausdruck findet.

Der Leser mag vermuten, dass das Bilanzrating aufgrund von Veränderungen auf der Passivseite ansteigt. Möglicherweise liegen neben der Verringerung des Eigenkapitals auch Fristenprobleme im Fremdkapital vor, welche jedoch nicht nachgewiesen werden konnten.

Auffällig ist auch hier wieder das Fehlen fallender qualitativer Einschätzungen der Stakeholder. Dies unterstreicht die beim unkontrolliert wachsenden Unternehmen und in der vorherigen Periode dieses Krisentyps geäußerte These, dass Stakeholder (und insbesondere die Analysten der Fremdkapitalgeber) wachsenden Organisationen prinzipiell positiv gegenüber stehen, da „die Story“ des Unternehmens weiterhin stimmt.

Krisentyp 8 - Das Unternehmen mit innovativer Finanzierungstätigkeit			t₄ - t₃	t₃ - t₂	t₂ - t₁	t₁ - t₀
Quantitativ		AV	–	–	↑	↑
		EK	–	–	↑	–
		UV	–	–	↑	↑
		FK	–	–	↑	↑
		Vorräte	–	–	–	–
		Rückstellungen	–	–	–	–
		Forderungen	–	–	–	–
		Vblk.	–	–	–	–
		Ford. L&L	–	–	–	–
		Vblk. KI	–	–	–	–
		Vblk. L&L	–	–	–	–
		Bilanzsumme	–	–	↑	↑
	Erfolgswirtschaftlich	Umsatz	–	↑	↑	–
		Materialaufwand	–	↑	↑	–
		Personalaufwand	–	–	↑	–
		Abschreibungen	–	–	–	–
		Ordentliches Betriebsergebnis	–	↑	–	–
		Außerordentliches Betriebsergebnis	–	↑	–	–
		EBIT	–	–	–	–
		Gewinn der Abrechnungsperiode	↓	–	–	–
	Kennzahlen	Debitorenziel	–	–	–	–
		Kreditorenziel	–	–	–	–
		Renditen	–	–	–	–
		Umsatzrendite	–	–	–	–
		Gesamtkapitalrendite	–	–	–	–
		Vorratsintensität	–	–	–	–
		Anlagendeckungsgrad	–	–	↓	–
		Ausfallwahrscheinlichkeit	↑	–	–	↑
		Eigenkapitalquote	–	–	↓	↓
Qualitativ	Dimensionen	Marktanteil	–	–	–	–
		Vertriebsstruktur	–	–	–	–
		Wachstum	–	–	–	–
		Unternehmensführung	–	–	–	–
		Zuverlässigkeit	–	–	–	–
		Informationspolitik	–	–	–	–
		Prognosequalität	–	↓	–	–

Abbildung 50: Verlauf der latenten Krise – Finanzierung.

Der Verlauf dieses Krisentyps zeigt – auch aufgrund der geringen Besetzungszahl – nur wenige Auffälligkeiten. Überraschend ist zunächst einmal der frühe Anstieg der Ausfallwahrscheinlichkeiten in der ersten Beobachtungsperiode. Da die tatsächliche Finanzierungstätigkeit erst in den Folgejahren beobachtet werden kann, wird die frühzeitige Reaktion der Bilanzratingmodelle nicht als Krisensignal gewertet.

Insbesondere die fehlenden Auffälligkeiten in Bilanz und GuV können aufgrund der geringen Datenbasis nicht eindeutig erklärt werden. Möglicherweise weisen die Strukturkennzahlen im Liquiditätsbereich erhebliche Veränderungen auf und sorgen so für einen starken Anstieg der Ausfallwahrscheinlichkeit.

Anschließend werden trotz überproportional wachsender Umsätze die gesteckten Ziele verfehlt. Darauf reagieren Unternehmen mit weiterem massiven Wachstum – eine Strategie, die bereits bei anderen Krisentypen beobachtet werden konnte.

Mithilfe erheblicher Fremdkapitalfinanzierungen wird zwar weiteres Wachstum generiert, eine positive Wirkung auf die Ergebnisse kann jedoch nicht mehr festgestellt werden.

Erstaunlich ist zudem, dass dieser Krisentyp über den gesamten latenten Krisenzeitraum überwiegend steigende oder zumindest nicht fallende Gewinne und Erträge aufweist.

Kennzeichnend für diesen Krisentyp ist darüber hinaus eine stetige Verringerung der Eigenkapitalquoten in den letzten Jahren der latenten Krise.

Darüber hinaus kann festgehalten werden, dass Stakeholder und Fremdkapitalanalysten diesen Krisentyp, ähnlich dem Krisentyp 4 (Expansionskrise), wohlwollend begleiten. Der Kreditanalyst ist somit als ein gutmütiger Begleiter zu interpretieren und schätzt das Wachstum grundsätzlich positiv ein. Eine inhaltliche Differenzierung von Wachstum wird hingegen nicht vorgenommen.

Zusammenfassend ist festzustellen, dass der Krisentyp 8 auf starkes Wachstum setzt. Dieses Wachstum kann er über zwei Jahre im Umsatz und im Bilanzsummenwachstum generieren. Das Wachstum im Anlagevermögen und im Umlaufvermögen wird anhand innovativer Finanzierungsinstrumente realisiert, welches die Renditen aber nicht steigern kann. Daher kann keine verbesserte Wettbewerbsfähigkeit erreicht werden.

Bei diesen Unternehmen wird das Wachstum insbesondere mit Mezzaninen Finanzierungsformen realisiert. Im zweiten und dritten Jahr kann Umsatzwachstum erzielt werden und in den letzten beiden Jahren wirkt das Umsatzwachstum auf ein auffälliges Bilanzsummenwachstum. Das Wachstum lässt die Unternehmen allerdings nicht wettbewerbsfähiger werden, denn es steigen weder Renditen noch die Gewinne.

Dies führt bei innovativen Finanzierungsinstrumenten zu negativen Wirkungen auf die Kostenstruktur, denn innovative Finanzierungsinstrumente sind in der Regel teurer als klassische Finanzierungsinstrumente.

Der Analyst sieht erst sehr spät ansteigende Ausfallwahrscheinlichkeiten als einziges Indiz für die vorliegende Krise. Die folgende Graphik visualisiert den schematischen Ablauf der Krise von Unternehmen mit innovativen Finanzierungsstrukturen.

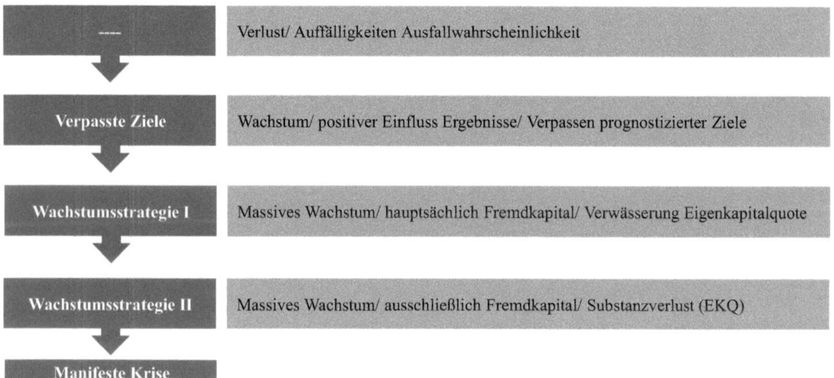

Abbildung 51: Schematische Darstellung des Krisenverlaufs von Unternehmen mit innovativer Finanzierungstätigkeit.

5.1.10 Das Unternehmen mit Nachfolgeproblemen – Krisenverlauf

Bei Unternehmen, die aufgrund von Nachfolgeproblemen[593] in eine Unternehmenskrise geraten, konnten in den **ersten beiden Beobachtungszeiträumen** keine Veränderung festgestellt werden. Die bilanziellen Veränderungen **zwei Jahre vor dem Übertritt ins manifeste Krisenstadium** sind eher als „statistisches Rauschen“ zu interpretieren. Auch die Verringerung des Fremdkapitals und der Erhöhung der Ausfallwahrscheinlichkeit in der **letzten Periode** können – bis auf die generell festzustellende Erhöhung von Ausfallwahrscheinlichkeiten im Datensample – nicht hinsichtlich des Krisentyps Nachfolge interpretiert werden. Vor dem Hintergrund der geringen Besetzungszahl soll auf eine weitere Interpretation verzichtet werden, da keine qualitativen Ergebnisse – die möglicherweise einen Hinweis hätten geben können – gemessen werden können. Dennoch soll zur Vollständigkeit auch die Krisendynamik des letzten Krisentyps vorgestellt werden.

---

[593] Durch die niedrige Besetzungszahl von n = 4 sind die folgenden Interpretationen analog zu den Krisentypen 6, 7 und 8 als Tendenz zu interpretieren.

Krisentyp 9 - Das Unternehmen mit unkorrekten Mitarbeitern

Quantitativ		t_4 - t_3				t_3 - t_2				t_2 - t_1				t_1 - t_0			
		AV	–	EK	–	AV	–	EK	–	AV	–	EK	↑	AV	–	EK	–
		UV	–	FK	–	UV	–	FK	–	UV	↑	FK	↑	UV	–	FK	↓
		Vorräte	–	Rückstellungen	–	Vorräte	–	Rückstellungen	–	Vorräte	–	Rückstellungen	–	Vorräte	–	Rückstellungen	–
		Forderungen	–	Vblk.	–	Forderungen	–	Vblk.	–	Forderungen	–	Vblk.	–	Forderungen	–	Vblk.	–
		Ford. L&L	–	Vblk. KI	–	Ford. L&L	–	Vblk. KI	–	Ford. L&L	–	Vblk. KI	–	Ford. L&L	–	Vblk. KI	–
				Vblk. L&L	–			Vblk. L&L	–			Vblk. L&L	–			Vblk. L&L	–
		Bilanzsumme			–	Bilanzsumme			–	Bilanzsumme			↑	Bilanzsumme			–

		t_4 - t_3		t_3 - t_2		t_2 - t_1		t_1 - t_0	
Quantitativ	Erfolgswirtschaftlich	Umsatz	–	Umsatz	–	Umsatz	–	Umsatz	–
		Materialaufwand	–	Materialaufwand	–	Materialaufwand	–	Materialaufwand	–
		Personalaufwand	–	Personalaufwand	–	Personalaufwand	–	Personalaufwand	–
		Abschreibungen	–	Abschreibungen	–	Abschreibungen	–	Abschreibungen	–
		Ordentliches Betriebsergebnis	–	Ordentliches Betriebsergebnis	–	Ordentliches Betriebsergebnis	–	Ordentliches Betriebsergebnis	–
		Außerordentliches Betriebsergebnis	–	Außerordentliches Betriebsergebnis	–	Außerordentliches Betriebsergebnis	–	Außerordentliches Betriebsergebnis	–
		EBIT	–	EBIT	–	EBIT	–	EBIT	–
		Gewinn der Abrechnungsperiode	–	Gewinn der Abrechnungsperiode	–	Gewinn der Abrechnungsperiode	–	Gewinn der Abrechnungsperiode	–
	Kennzahlen	Debitorenziel	–	Debitorenziel	–	Debitorenziel	–	Debitorenziel	–
		Kreditorenziel	–	Kreditorenziel	–	Kreditorenziel	–	Kreditorenziel	–
		Renditen	–	Renditen	–	Renditen	–	Renditen	–
		Umsatzrendite	–	Umsatzrendite	–	Umsatzrendite	–	Umsatzrendite	–
		Gesamtkapitalrendite	–	Gesamtkapitalrendite	–	Gesamtkapitalrendite	–	Gesamtkapitalrendite	–
		Vorratsintensität	–	Vorratsintensität	–	Vorratsintensität	–	Vorratsintensität	–
		Anlagendeckungsgrad	–	Anlagendeckungsgrad	–	Anlagendeckungsgrad	–	Anlagendeckungsgrad	–
		Ausfallwahrscheinlichkeit	–	Ausfallwahrscheinlichkeit	–	Ausfallwahrscheinlichkeit	–	Ausfallwahrscheinlichkeit	↑
		Eigenkapitalquote	–	Eigenkapitalquote	–	Eigenkapitalquote	–	Eigenkapitalquote	–
Qualitativ	Dimensionen	Marktanteil	–	Marktanteil	–	Marktanteil	–	Marktanteil	–
		Vertriebsstruktur	–	Vertriebsstruktur	–	Vertriebsstruktur	–	Vertriebsstruktur	–
		Wachstum	–	Wachstum	–	Wachstum	–	Wachstum	–
		Unternehmensführung	–	Unternehmensführung	–	Unternehmensführung	–	Unternehmensführung	–
		Zuverlässigkeit	–	Zuverlässigkeit	–	Zuverlässigkeit	–	Zuverlässigkeit	–
		Informationspolitik	–	Informationspolitik	–	Informationspolitik	–	Informationspolitik	–
		Prognosequalität	–	Prognosequalität	–	Prognosequalität	–	Prognosequalität	–

Abbildung 52: Verlauf der latenten Krise – Nachfolge.

5.2 Zusammenfassende Beobachtungen zu Krisenverläufen

Die Krisentypen zeigen insgesamt verschiedene in der Literatur aufgeführte klassische Erfolgsprobleme. Dies können remanent steigende Aufwendungen, reine Finanzprobleme, schockhafte Entwicklungen im letzten Zeitabschnitt oder aber sich länger darstellende Entwicklungen sein. Insgesamt zeigen sich die Krisen sehr unterschiedlich und sind in der Regel komplex zu identifizieren.

Allein das Bild der Aufwendungen zeigt bereits sehr viele verschiedene Ursachen:

- einzelne Aufwandsarten steigen, bei fallenden Umsätzen
- die eher weichen qualitativen Faktoren steigen zunächst an, während die eher harten Faktoren in der Regel erst zwei Jahre vor Übertritt in das manifeste Krisenstadium auffällig werden
- das aktive Krisenmanagement wird in den ersten Perioden anhand der Erhöhungen von Kreditorenzielen und verringerten Vorratsintensitäten auffällig
- Unternehmen nehmen insbesondere unter Transparenzgesichtspunkten deutliche Einbußen in Kauf
- die qualitative Einschätzung der Unternehmensleitung verschlechtert sich bei keiner Unternehmensgruppe signifikant

Die Krisentypen haben kein eindeutiges Bild im Rechnungswesen. In sechs der neun Fälle weisen die Krisen ein gleiches, übergeordnetes Muster der Ineffizienz im Erfolgsbild auf. Dies ermöglicht vielfach auch die Identifikation durch Bilanzratingsysteme. Damit bestätigt sich zudem die Notwendigkeit der klassischen Erfolgsanalyse, die sich in Erfolgsherkunft und in Erfolgsverwendung zeigt. Hieraus kann ein generelles Krisenbild abgebildet, nicht aber der Krisentyp bestimmt werden. Das heißt auch, dass der spezielle Krisentyp als Funktion des Geschäftsmodells verstanden werden muss, aber nicht als Abbild eines Bilanzbildes.

In fünf von neun Fällen zeigt sich, dass Wachstum mit der Krise einhergeht. Umgekehrt formuliert kann festgestellt werden, dass die Unternehmen versuchen die Krisen über Wachstumsaktivitäten zu beheben. Damit stellt sich auch hier die Frage nach einem kritischeren Herangehen der Bilanzanalyse an Wachstumsbilder. Die unkritische Betrachtung einzelner Kennzahlen ist zu Gunsten einer ganzheitlichen Wachstumsanalyse zu vermeiden. Auch hier ist auf die umfassender Absatzanalyse von Hauschildt zu verweisen, der schon frühzeitig auf die Betrachtung verschiedener Indikatoren hingewiesen hat.[594]

[594] Vgl. Hauschildt (1996), S. 141-144.

Es konnte festgestellt werden, dass während des latenten Krisenstadiums zahlreiche Finanzierungen über Lieferantenkredite genutzt werden. Naturgemäß ist die Finanzierung über Lieferanten bis zu einem gewissen Maße die einfachste Form der Finanzierung, insbesondere in der Krise. Hier sind alternative Krisenfinanzierungen aber auch Wachstumsfinanzierungen im Umlaufvermögen zu suchen. Neben den klassischen Kapitalgebern könnte eine Alternative in der Beteiligung von Mitarbeitern liegen. Es ist frühzeitig darüber nachzudenken die Vereinbarungen mit den Mitarbeitern auf potenzielle Krisensituationen anzupassen. Dies könnte in dem Sinne geschehen, als dass in Krisenzeiten die Kostenremanenz der Personalkosten aufgebrochen werden kann und dafür umgekehrt in Erfolgszeiten die Mitarbeiter deutlicher am Erfolg profitieren. So bietet der deutsche Rechtsraum zahlreiche Möglichkeiten Mitarbeiter bei der Krisenbewältigung zu beteiligen.[595] Insbesondere vor dem Hintergrund, dass die Krise „noch" einen latenten Charakter besitzt, kann dieses Instrument durch gezielte Kommunikation als motivierend und innovativ in die Unternehmenspolitik eingebunden werden.[596]

Interessant sind hingegen nicht nur die vorliegenden signifikanten Ergebnisse, sondern auch das vollständige Fehlen signifikanter Ergebnisse im Bereich Unternehmensführung. Dadurch wird deutlich, dass keine Abstufung der Dimension Unternehmensführung (auf einem statistisch signifikanten Niveau) durchgeführt wurde.[597] Möglicherweise schätzen die Stakeholder die Unternehmensführung erst dann als schlecht ein, wenn sich das Unternehmen bereits in einer manifesten Krise befindet. Anders formuliert könnte eine starke Veränderung der Dimension Unternehmensführung auch als ein Symptom manifester Krisenstadien interpretiert werden und würde damit den Wert als krisenanzeigendes Beurteilungskriterium verlieren.[598]

Die bisherige Messung der Qualität von Unternehmensführungen misst nicht die Fähigkeit der Unternehmensführung im Ernstfall. Im günstigsten Fall kann man sagen, dass die Messung der Unternehmensführung eine beschreibende Variable ist, der in der Regel die Aussagekraft fehlt. Möglicherweise könnten alternative Konstrukte zur Messung von Vertrauen diese Lücke schließen.

Das Fazit einer Gesamtbetrachtung könnte lauten, dass bereits vier Jahre vor Übertritt ins manifeste Krisenstadium erste Hinweise einer sich anbahnenden Krise aufzufinden sind. Gleichwohl sind diese Signale eher schwach und müssten anhand einer umfangreichen

---

595 Als ein Beispiel ist hier die Kurzarbeit zu nennen.

596 Steinhaus diskutiert zahlreiche Formen der Mitarbeiterbeteiligung und interpretiert diese aus der Krisenperspektive. Zwar setzt er bei bereits manifesten Krisen an, jedoch können diese Techniken doch zeitlich vorgezogen werden, um Potenziale aus dem Mitarbeiterkreis zu heben. Vgl. Steinhaus (2011).

597 Zumindest konnten keine statistisch signifikanten Unterschiede beobachtet werden. Der Mittelwertvergleich (arithmetische Mittel) zeigt hingegen eine stetig fallende Dimension Unternehmensführung, signifikante Ergebnisse konnten hingegen nicht gemessen werden, vgl. Anhang III.

598 Allerdings fehlt eine Untersuchung anhand empirischen Materials, welche auch Perioden im manifesten Krisenstadium abdecken.

Wachstumsanalyse validiert werden. Zwei Jahre vor Eintritt des manifesten Krisenstadiums sind dann ausgeprägte Krisensignale zu finden, die auf die eine künftige Krise hindeuten.

5.3 Zur Reaktion von Stakeholdern im manifesten Krisenstadium

In einem zweiten Schritt konnten die Faktoren ermittelt werden, die einen wesentlichen Einfluss auf die Reaktion der Stakeholder beim Übertritt ins manifeste Krisenstadium aufweisen. Die Analyse konnte folgende Variablen erklärend für die Einordnung in den manifesten Krisenzustand II – aktive Begleitung identifizieren. Tabelle 30 gibt einen Überblick über die elf ermittelten Variablen und deren Einfluss[599] auf die Entscheidung. Anschließend werden die Forschungsfragen anhand der Variablen diskutiert.

Tabelle 30: Entscheidungsrelevante Variablen manifester Krisenzustand.[600]

Quantitative Faktoren	**Einfluss**
Außerordentliches Ergebnis t_{-3}	Positiv
Ergebnis der Abrechnungsperiode t_{-1}	Negativ
Forderung aus Lieferung und Leistung t_{-1}	Positiv
Ordentliches Betriebsergebnis t_0	Negativ
Eigenkapitalquote t_{-1}	Positiv
Eigenkapitalquote t_{-2}	Negativ
Ausfallwahrscheinlichkeit t_0	Positiv
Qualitative Faktoren	**Einfluss**
Marktanteil t_{-1}	Positiv
Informationspolitik t_{-4}	Negativ
Wachstum t_{-3}	Positiv
Wachstum t_0	Positiv

5.3.1 Entscheidungsverhalten – quantitative Faktoren

Das erste in die Entscheidungsfindung aufgenommene quantitative Merkmal ist das **außerordentliche Ergebnis in t_{-3}**. Dies erscheint zunächst einmal sehr verwunderlich, ist das außerordentliche Ergebnis drei Jahre vor Krisenzustandsbewertung doch eine recht vergangene Information. Der Autor vermutet, dass Unternehmen mit außerordentlichen Ergebnissen von Kreditinstituten generell kritisch gesehen werden, denn die außerordentlichen Ergebnisse

[599] In der Tabelle sind nicht mehr die Koeffizienten aufgeführt, sondern nur noch die Richtungen der Variablen – ein positiver Koeffizient hat einen positiven Einfluss auf die Einordnung in den manifesten Krisenzustand II, ein negativer Koeffizient weist einen negativen Einfluss auf die Einordnung in den manifesten Krisenzustand II auf.

[600] In dieser Tabelle wurde die Anordnung aus Tabelle 27 weiter in quantitative und qualitative Faktoren unterteilt. Daher ist auch die Reihung in dieser Tabelle nicht als hierarchisch zu interpretieren.

können nicht als regelmäßig und mit dem Geschäftsmodell verknüpft interpretiert werden. Vor dem Hintergrund, dass außerordentliche Ergebnisse nicht betriebsbedingt sind und möglicherweise als der Verkauf von „Tafelsilber" interpretiert werden können, begleiten die Kreditinstitute Unternehmen mit höheren außerordentlichen Ergebnissen aktiv. Das bereitgestellte Wissen wird eingesetzt, um Folgeprobleme zu vermeiden. Auf der anderen Seite macht die Berücksichtigung der außerordentlichen Ergebnisse in der Zustandsbestimmung Sinn, wenn man hohe außerordentliche Erträge in der Vergangenheit als Indiz für zusätzlich vorhandene stille Reserven interpretiert. Dem Verfasser ist bewusst, dass außerordentliche Erfolge eher für eine Auflösung von stillen Reserven sprechen. Jedoch vermuten Kreditinstitute bei vorliegenden außerordentlichen Aktivitäten scheinbar weitere Potenziale zur Verbesserung der wirtschaftlichen Lage und Liquiditätssituation. Dass dieser Faktor bereits als erster quantitativer Faktor ausgewählt wird ist überraschend, denn damit ist die Höhe des außerordentlichen Ergebnisses der dominante quantitative Faktor in der Zustandsbeurteilung von manifesten Krisen.

Dem außerordentlichen Ergebnis in t_{-3} nachfolgend, hat das **Ergebnis der Abrechnungsperiode in t_{-1}** den größten Einfluss der quantitativen Dimension auf die Entscheidung der Stakeholder. Das Ergebnis der Abrechnungsperiode beschreibt den Gewinn des Unternehmens vor Gewinnverwendung und bietet somit eine Gesamteinschätzung über die Erfolgssituation des Unternehmens. Die Kreditinstitute scheinen die klassische Erfolgsgröße als wesentlichen Faktor zur Überführung ins manifeste Krisenstadium zu wählen. Entgegen dem außerordentlichen Ergebnis werden Unternehmen mit eher niedrigen Ergebnissen aus der Abrechnungsperiode mit Expertenwissen unterstützt und in eine Spezialeinheit überführt. Der Verfasser vermutet, dass die beiden quantitativen Faktoren außerordentliches Ergebnis und Ergebnis der Abrechnungsperiode bei der Entscheidung der Kreditinstitute einen sich gegenseitig austarierenden Charakter ausüben. So scheint doch, dass eine niedrige Ausprägung von Periodenergebnissen die hohen außerordentlichen Ergebnisse konterkariert.

Als dritten quantitativen Faktor berücksichtigen Stakeholder die Höhe der **Forderungen aus Lieferung und Leistung in t_{-1}**. Die Banken vermuten aufgrund hoher Außenstände gegenüber Kunden auch hohe Realisierungspotenziale in den Bilanzen. Die Strategie einer aktiven Begleitung erscheint erfolgsversprechend, da sich das Kreditinstitut einen positiven Einfluss auf die Realisierung der Potenziale zuschreibt. Zudem suggerieren relativ hohe Forderungen aus Lieferung und Leistung ein am Markt nachgefragtes Geschäftsmodell mit nachgefragten Produkten oder Dienstleistungen, welches eine Sanierung ebenfalls begünstigen wird. Zunächst mag sich der Leser wundern, dass die Stakeholder die Forderungen aus Lieferung und Leistung aus dem Vorjahr der manifesten Krise in ihre Entscheidungsfindung einfließen lassen. Gleichwohl könnten die Entscheider durch die Potenziale des letzten Jahres auch auf die generellen Potenziale schließen und die aktuellen Forderungen aus Lieferung und Leistung als unwesentlich weniger wichtig einstufen. Neben dem hohen kurzfristigen liquiditätsrelevanten Realisierungspotenzial bieten hohe ausstehende Forderungen aus Lieferung und Leistung auch zahlreiche Ansätze zur internen Organisationsoptimierung. Stellen Kreditinstitute ihr Wissen zur Krisenbewältigung zur Verfügung sind doch einfach implementierbare Ansätze von hervorzuhebender Bedeutung, da hier ein Erfolg möglichst schnell erreicht werden kann.

Als vierter Faktor der quantitativen Ebene hat die Analyse das **ordentliche Betriebsergebnis im Jahre des Krisenübertritts** ergeben. Je geringer das ordentliche Betriebsergebnis ist, desto wahrscheinlicher ist eine aktive Krisenbetreuung durch die Kreditinstitute. Denn das ordentliche Betriebsergebnis ist Ausdruck, ob mit dem aktuellen Geschäftsmodell aktuell Geld verdient wird. Die Kreditinstitute begleiten Unternehmen mit Problemen im ordentlichen Betriebsergebnis aktiv, da eine Restrukturierung erforderlich ist. Daher führen geringe ordentliche Betriebsergebnisse zu einer aktiven Krisenbegleitung, höhere ordentliche Betriebsergebnisse werden passiv begleitet. Die Kreditinstitute versuchen das Geschäftsmodell durch eine umfangreiche wissensgetriebene Restrukturierung zu verbessern und wieder marktübliche Renditen zu erwirtschaften. Anders formuliert ist das Geschäftsmodell aktuell gestört und es wird kein Geld verdient, daher entscheiden die Kreditinstitute zur aktiven Krisenbegleitung. Potenziale sollen gehoben werden damit mit dem Geschäftsmodell wieder Geld verdient wird.

Die Kreditverantwortlichen nutzen die **Eigenkapitalquote** aus zwei Perioden (**t_{-2} und t_{-1}**), um das Unternehmen einem Krisenzustand zuzuweisen. Da die Eigenkapitalquote eine Aussage über die Bestandsfestigkeit des Unternehmens trifft, nutzen die Entscheider diese Information zur Krisenzustandseinteilung. Jedoch konterkarieren sich die Ergebnisse im Bereich der Eigenkapitalquote. Eine höhere Eigenkapitalquote im Jahr vor dem Übertritt ins manifeste Krisenstadium führt zu einer höheren Wahrscheinlichkeit zur aktiven Krisenbegleitung. Im Gegensatz dazu, führen höhere Eigenkapitalquoten im Jahr t_{-2} zur passiven Strategie des Fremdkapitalgebers. Dies kann damit begründet werden, dass Unternehmen mit tendenziell niedrigeren Eigenkapitalquoten zwei Jahre vor Krisenbeginn bereits früher in den Fokus rücken. In Kombination mit der Information, dass die Eigenkapitalquoten in t_{-1} tendenziell höher sein sollten, um aktiv begleitet zu werden, mag man hier bereits einen ersten Anstieg der Substanz vermuten. Dies könnte dafür sprechen, dass die Unternehmen aktiv begleitet werden, die möglicherweise schon einen ersten Schritt aus der Krise heraus gemacht haben oder bei denen die Selbstverpflichtung der Eigentümer im Laufe der latenten Krise gestiegen ist. Zudem spricht eine eher höhere Eigenkapitalquote auch für eine eher hohe Bestandsfestigkeit und suggeriert eine höhere Erfolgsquote. Gleichwohl sind auch die Eigenkapitalquoten analog zur Ausfallwahrscheinlichkeit nachgelagert. So werden die Eigenkapitalquoten erst als achte (t_{-1}) und elfte (t_{-2}) Variable in dem Modell berücksichtigt.

Ein quantitativer Faktor im Entscheidungsverhalten ist die **Ausfallwahrscheinlichkeit in t_0**. Die Ausfallwahrscheinlichkeit in t_0 beschreibt die Bonität und Kreditfähigkeit des Kreditnehmers zum Entscheidungszeitpunkt und gilt als zentrale Information für den Übertritt von einem latenten in einen manifesten Krisenzustand.[601] Gleichwohl hat die Ausfallwahrscheinlichkeit ein eher nachgelagerten Einfluss auf die Entscheidungsfindung, ob des Krisenzustandes. Dies kann dadurch begründet werden, dass eine hohe Ausfallwahrscheinlichkeit bereits als Hauptkriterium für die Vorstellung vor dem Gremium Intensivbetreuung und damit zum Übertritt vom latenten ins manifeste Krisenstadium verantwortlich ist. Daher wirkt die Ausfallwahrscheinlichkeit nur gering auf die Bewertung des manifesten Krisenzustands. Dass die Ausfallwahrscheinlichkeit zum Entscheidungszeitpunkt in die Entscheidungsfindung einfließt, ist folgerichtig, denn die Ausfallwahrscheinlichkeiten aus den Vorjahren sind zum Zeitpunkt der Entscheidungsfindung obsolet.

Die **Größe von Unternehmen** kann auf unterschiedliche Weise ermittelt werden. Im Rahmen dieser Untersuchung wurde die Bilanzsumme zur Bestimmung der Unternehmensgröße genutzt. In der Konzeption des Forschungsdesigns vermutete der Verfasser, dass die Größe einen starken Einfluss auf die Entscheidung der Kreditinstitute hat. Erstens wurde ein Zusammenhang zwischen Größe des Unternehmens, Höhe der Obligos und aktiver Krisenbegleitung vermutet. Zudem sind größere Unternehmen präsenter in der Medienlandschaft und von politischem Interesse,[602] sodass Kreditinstitute nicht nur risikotheoretische Entscheidungen treffen können. Dieser Vermutung ist jedoch widerlegt worden, denn die Bilanzsumme hat keinen Einfluss auf die Einschätzung von Stakeholdern auf den Krisenzustand und der Notwendigkeit einer aktiven Begleitung des Unternehmens. Demnach nutzen Kreditinstitute tatsächliche eine reine Beurteilung der wirtschaftlichen Lage und das Verhalten der Unternehmensführung, insbesondere der Zuverlässigkeit, als Grundlage für die Entscheidungsfindung.

Nachdem mithilfe der Bilanzsumme die Größe des Unternehmens als Faktor in der Entscheidungsfindung diskutiert wurde, sind nun die weiteren Einflüsse der Unternehmenscharakteristika Alter der Unternehmung, Dauer der Geschäftsführung und Krisentyp zu diskutieren.

Das **Alter der Unternehmung** suggeriert, dass die betroffenen Unternehmen eine lange Tradition und Geschichte aufweisen. Nun könnten zwei Argumente aufgeführt werden, die für eine Berücksichtigung des Alters der Unternehmen sprechen. Erstens könnten Kreditinstituten den Konflikt mit älteren Unternehmen vermeiden, denn die Überführung in eine Abteilung zur aktiven Krisenbegleitung hat auch immer eine Außenwirkung. Aus diesem Grund könnten Kreditinstitute geneigt sein ältere Unternehmen eher passiv zu begleiten. Zudem

601 Vgl. Abbildung 20: Vorstellungsgründe beim Gremium Intensivbetreuung.
602 Wenngleich bezweifelt werden darf, dass die Unternehmen im Datensample bereits eine politisch relevante Größe aufweisen können.

könnte dem Unternehmen aufgrund der langjährigen Erfahrung auch zugetraut werden die Krise selbständig zu meistern. Die andere Argumentation könnte lauten, dass Banken traditionsreiche Unternehmen eher aktiv unterstützen möchten, da diese Kunden möglicherweise Unternehmen von öffentlichem Interesse sind und bei erfolgreichem Abschluss als Referenzkunde dienen könnten. Beide Argumentationen können weder verneint noch bejaht werden, da die vorliegenden Daten keine Anhaltspunkte für einen Einfluss des Unternehmensalters auf die Entscheidung hinsichtlich des manifesten Krisenzustands liefern. Somit ist festzuhalten, dass das Alter der Unternehmen keinen Einfluss auf die Einordnung in den manifesten Krisenzustand hat.

Die **Dauer der Geschäftsbeziehung** ist auch bedingt durch das Unternehmensalter, jedoch impliziert eine lange Geschäftsbeziehung neben Geschichte und Tradition auch ein ausgeprägtes Vertrauensverhältnis. Daher gelten die Argumente, wie beim Alter der Unternehmung bereits aufgeführt, auch bei der Dauer der Geschäftsbeziehung. Anders als in der Literatur vermutet,[603] konnte jedoch auch hier kein Einfluss auf die Art und Form der Krisenbegleitung festgestellt werden. Die Dauer der Geschäftsbeziehung weist demnach weder einen positiven noch einen negativen Einfluss auf.

Für beide Faktoren – Alter der Unternehmung sowie Dauer der Geschäftsbeziehung – könnten folgende Erklärungsansätze die überraschenden Ergebnisse erklären. Es könnte sein, dass die risikoverantwortlichen Unternehmensbetreuer eher schnell die Betreuungszuständigkeiten wechseln und somit die mögliche Vertrauensebene geringer ist.[604] Insbesondere die Entscheider, welche wesentlich für die Zuordnung in die Krisenzustände sind, können einer hohen Fluktuation unterliegen. Eine zweite und naheliegende Begründung für diese Erkenntnisse liegt in der organisatorischen Unabhängigkeit von Markt und Marktfolge sowie der Intensivbetreuungseinheiten von anderen Risikoeinheiten; dies wäre MaRisk-konform. Die Erkenntnis, dass weder Alter der Unternehmung noch Dauer der Geschäftsbeziehung einen Einfluss auf die Entscheidung haben, unterstreicht die risikotheoretische Ausrichtung von Finanzinstituten.

In einer weiteren Forschungsfrage wurde überprüft, ob die Zugehörigkeit zu einem Krisentypen einen Einfluss auf die Zustandsbestimmung der Stakeholder ausübt. Die Analysen haben jedoch ergeben, dass kein Krisentyp einen Einfluss auf die Entscheidung ausübt. Dies ist verwunderlich, da die verschiedenen Krisentypen entweder unterschiedliche Ansatzpunkte zur aktiven Krisenbegleitung bieten oder aber eine aktive Begleitung in der Krise nicht zwingend erfolgsversprechender sein muss als eine passive Krisenbegleitung.

---

603 Vgl. Lehmann (2003), S. 6.

604 Da die Unternehmen im Datensatz einen Median von 10,1 Jahren aufweist, bedeutet „schnell" hier weniger als 10 Jahre.

Der Krisentyp 1 – **technologische Probleme** – zeichnet sich zum Beispiel durch langfristige strategische Fehlentscheidungen aus. Dies zu korrigieren ist für die Kreditinstitute kurzfristig unmöglich und auch langfristig für die Unternehmen eher schwer zu bewältigen. Weder die aktive finanzielle Begleitung, noch die Unterstützung mithilfe von Wissen und Erfahrung hilft kurzfristig.

Die Probleme des **Unternehmens auf brechenden Stützpfeilern** sind vielfältig. Neben fallenden Umsätzen in verschiedenen Absatzmärkten weist es frühzeitig interne Organisationsprobleme auf. Auch bei diesen Unternehmen ist ein kurzfristiger Einfluss von Experten als eher gering einzuschätzen. Das Unternehmen muss einen langfristigen Restrukturierungsplan durchlaufen, um neue Marktanteile zu generieren und eine marktübliche Rendite erwirtschaften zu können. Fraglich ist, ob sich Finanzinstitute an solch langen Restrukturierungsvorhaben aktiv mit Expertenwissen beteiligen möchten.

Auch der dritte Krisentyp – **Patriarch** – hat keinen Einfluss auf die aktive oder passive Begleitung der Kreditnehmer. Es verwundert, dass die Kreditinstitute die Konfrontation mit einem Patriarchen weder als „reinigende" Auseinandersetzung betrachten, noch scheuen. Auch widerlegen die Daten die Vermutung, dass Patriarchen aus ihrer Position einen starken Einfluss auf die Entscheider geltend machen (können).

Bei **unkontrolliert wachsenden Unternehmen** war eine positive Grundhaltung von Stakeholdern zu erwarten. Geschäftsbeziehungen mit stark wachsenden Unternehmen bieten mehr Potenzial als Geschäftsbeziehungen mit eher schrumpfenden Unternehmen. Daher kann vermutet werden, dass Fremdkapitalgeber versuchen ein Unternehmen eher in eine aktive Krisenbegleitung zu überführen. Durch die Restrukturierung könnten die Kreditinstitute eine vertrauensvolle und dankbare Kundenbeziehung entwickeln. Allerdings konnte auch der Krisentyp 4 nicht als entscheidungsrelevant eingestuft werden.

Interessanterweise wird auch der Krisentyp **abhängiges Unternehmen** nicht in der Entscheidung berücksichtig. Abhängige Unternehmen, die aufgrund einer externen Entscheidung in eine Krise geraten, sind nur mit einer vollständigen Überarbeitung des Geschäftsmodells oder des Kundenstamms zu retten. Auch hier könnte für beide Entscheidungsalternativen argumentiert werden. Banken scheuen vollständige und langjährige Restrukturierungen, da sie personelle und finanzielle Ressourcen binden. Zudem müssen die krisenbehafteten Unternehmen umfangreiche interne Reorganisationen durchführen, auf die die Kreditinstitute nur einen bedingten Einfluss haben. Auf der anderen Seite könnten die Kreditinstitute ihr Netzwerk bemühen, um durch geeignete Geschäftspartner die Abhängigkeit aufzulösen. Möglicherweise treffen beide Argumente zu, begründen allerdings in der Praxis ähnlich oft die Entscheidung der Verantwortlichen.

Die Probleme von Unternehmen, die aufgrund von **unkorrekten Mitarbeitern** in eine Krise geraten, sind in der Regel nur anhand interner Restrukturierungen zu beheben. Der Einfluss von Kreditinstituten ist hier doch stark zu hinterfragen. Sind doch Unternehmen mit unkorrekten Mitarbeitern vor allem im Rahmen von Vertrauensverhältnissen in der Kreditbeziehung kritisch zu sehen. Doch kann eine passive Begleitung diese Unternehmen überhaupt steuern? Sind denn solche Unternehmen nicht schon obsoleter Handlungen überführt worden und bedürfen einer gesonderten Behandlung? Da die Kreditinstitute auch diesen Krisentyp in ihrer Entscheidung unberücksichtigt lassen, ist doch zu hinterfragen, ob die Kreditinstitute diesen Faktor in ihrer Geschäftspolitik berücksichtigen.

Das Kriterium der Unternehmen, die aufgrund von **Problemen am Beschaffungsmarkt** in eine Krise geraten, dient ebenfalls nicht als Erklärung für die Zuordnung in einen speziellen manifesten Krisenzustand. Zwar könnten diese Unternehmen insbesondere das Netzwerk und das Expertenwissen der Kreditinstitute zur Krisenbewältigung nutzen, jedoch scheint dieses Kriterium für die Kreditinstitute nicht entscheidend zu sein.

Insbesondere bei den Unternehmen, die aufgrund von **innovativen Finanzierungsstrukturen** wie Mezzanine Finanzierungen in Krisen geraten sind, hätte von einer höheren Loyalität der Geldhäuser ausgegangen werden können. Denn zu Beginn des Jahrtausends wurden innovative Finanzierungsstrukturen von zahlreichen Kreditinstituten angeboten und aktiv vertrieben.[605] Provisionen und Margen waren „üppig", die Geschäfte lukrativ und die Berater konnten hohe Deckungsbeiträge generieren. Gleichwohl mag auch die geringe Anzahl der problematischen Engagements die Entscheidungsrelevanz unscharf darstellen. Die Daten konnten jedenfalls keinen Einfluss auf die Entscheidungsfindung der Kreditgeber feststellen. Grundsätzlich ist es jedoch erstaunlich, da die Expertise von Kreditinstituten meist in der Neugestaltung und Restrukturierung der Passivseite liegt. Bei Unternehmen mit innovativer Finanzierungstätigkeit könnte das Wissen der Kreditinstitute gewinnbringend eingesetzt werden.

Abschließend konnte auch keine Berücksichtigung des **Unternehmens mit Nachfolgeproblemen** festgestellt werden. Dieses Problem der Unternehmensbeschreibung ist auch nicht vom Fremdkapitalgeber zu lösen, trotzdem wäre eine passive Begleitung zumindest argumentativ zu unterlegen gewesen.

Zusammenfassend für die Krisentypen kann festgestellt werden, dass die Entscheider keinen Krisentypen zur aktiven Begleitung favorisieren. Es werden auch keine Prioritäten für das aktiv begleitete Krisenportfolio hinsichtlich qualitativer Krisenfaktoren beschrieben. Auch dies zeigt eine ausgeprägte Professionalität sowie standardisierte und formalisierte Abläufe zur Krisenzustandsbewertung.

---

605 Vgl. Wells (2006), S. 150-153; Franke, Hein (2007), S. 4 f. und KFW, Bankenverband (2011), S. 3-10.

5.3.2 Entscheidungsverhalten – qualitative Faktoren

5.3.2.1 Entscheidungsverhalten – harte qualitative Faktoren

In die Entscheidungsfindung fließen der Marktanteil in t_{-1}, das Wachstum in t_{-3} und die Wachstumsphase in t_0 ein.

Die Daten belegen, dass Kreditinstitute Marktanteile im Jahr vor der Krise als einen wesentlichen Faktor zur Krisenzustandsbestimmung beurteilen. Der Faktor **Marktanteil t_{-1}** ist die Information mit der höchsten Klassifikationsleistung, ob die Krise aktiv oder passiv begleitet werden sollte. Den Unternehmen, die einen hohen Marktanteil aufweisen, werden das Wissen von Experten eher zur Verfügung gestellt und die Krise dadurch aktiv begleitet. Möglicherweise erhoffen sich die Kreditinstitute ein funktionierendes Geschäftsmodell, welches auf einem funktionierenden Markt fußt, denn der Marktanteil kann als Indiz für die Marktbearbeitung und die aktuelle Stellung bei Kunden interpretiert werden. Warum Kreditinstitute die Informationen des Marktanteils im Jahr vor der Beurteilung anstatt den aktuellen Marktanteilen in der Beurteilung berücksichtigen bleibt indes unklar. Eine Analyse, die ausschließlich die Marktanteile integriert, zeigt auf, dass der aktuelle Marktanteil, also Marktanteil t_0 erst die dritthöchste Klassifikationsleistung aufweist. Somit dominieren die Marktanteile t_{-1} und t_{-2} die aktuelle Information.[606] Der Autor vermutet, dass die Kreditinstitute sich an der Höhe der in den Vorjahren bereits realisierten Marktanteile orientieren. Offenbar ist eine rückwärtsgerichtete Zielsetzung, also die Berücksichtigung des bereits Erreichten, ein Argument zur aktiven Begleitung. Ob diese Praxis vielversprechend ist, kann nicht weiter eruiert werden, sondern bietet Raum für künftige Forschungsansätze.

Als zweiten harten qualitativen Einflussfaktor ergaben die Analyse positive Einflüsse der beiden Wachstumseinschätzungen Wachstum des Unternehmens in t_{-3} und **Wachstum in t_0**. Dabei ist das **Wachstum in t_{-3}** als drittstärkste Variable zur Klassifikation ermittelt worden, das Wachstum t_0 hingegen nur noch als zehnte Variable aufgenommen worden. Die Kreditinstitute beurteilen höhere Wachstumsraten als positiv und überführen stärker wachsende Unternehmen eher in eine aktive Krisenbegleitung. Dies könnte ein Validierungsansatz für die bereits in der Diskussion zur Dynamik von Unternehmenskrisen beschriebenen wachstumshonorierenden Kreditnehmerbeurteilungen der Kreditinstitute sein. Denn die Kreditinstitute „belohnen" Unternehmen, die versuchten aus der Krise herauszuwachsen. Wie bei so vielen Argumenten könnte auch diese aktive Begleitung spiegelbildlich interpretiert werden. Möglicherweise sehen die Kreditinstitute, dass Unternehmen aus der Krise herauswachsen wollten, dieses Vorhaben jedoch scheiterte. Bei diesem zweiten krisenüberwindenden Wachstumsversuch möchte das Kreditinstitut als regulierende und überwachende Institution fungie-

606 Vgl. Anhang VII.

ren. Scheinbar wird den Unternehmen eine Krisenüberwindung mithilfe von Wachstum nur unter dem Einfluss des kreditinstitutsspezifischen Expertenwissens zugetraut. Der Verfasser geht davon aus, dass beide Argumentationen die Einschätzung von Krisenzuständen determinieren und erklärend wirken – jedoch die beiden Extremargumentationen darstellen.

5.3.2.2 Entscheidungsverhalten – weiche qualitative Faktoren

Die Analyse ergab, dass die Höhe der **Informationspolitik in t_{-4}** einen negativen Einfluss auf die Überleitung in eine aktive Krisenbegleitung hat. Es könnte sein, dass Kreditinstitute ein generell negatives Niveau der Informationspolitik bestrafen und einer aktiven Krisenbegleitung nicht zustimmen. Da die Unternehmen eher als nicht informativ gelten, wird ihnen voraussichtlich eine aktive Begleitung verwehrt. Des Weiteren könnte natürlich eine aktive Begleitung auch an dem Umstand scheitern, dass Unternehmen mit einer restriktiven Informationspolitik Unmut bei den Entscheidern auslösen, denn Kommunikation und Vertrauensverhältnis sind bereits angespannt und belastet. Betrachtet man die Befunde aus einer anderen Perspektive, könnten alte niedrige Einschätzungen bei der Informationspolitik auch relativ gesehen höhere Werte kurz vor der Krisenzustandsbewertung suggerieren. Belohnt das Gremium Intensivbetreuung möglicherweise relative Verbesserungen bei der Informationspolitik im latenten Krisenverlauf?
Interessanterweise wird den anderen beiden eher weichen Faktoren der qualitativen Dimension keine Entscheidungsrelevanz zugeordnet. Die Zuverlässigkeit der Informationen und die Prognosequalität weisen zumindest keinen statistischen Einfluss auf die Entscheidung der Kreditinstitute auf, obwohl die Kreditinstitute die rechtzeitige Bereitstellung von Informationen positiv honorieren.[607]

Insbesondere ist fragwürdig, dass die Qualität der Unternehmensführung keine Berücksichtigung findet, obwohl die Literatur ihr einen wesentlichen Teil in der Kreditentscheidung zuspricht.[608]

5.4 Zusammenfassende Beobachtungen zur Reaktion von Stakeholdern

Das in der Literatur viel zitierte Phänomen „Too Big to Fail“ mag vielleicht für den Finanzsektor gelten. Hierbei mag der Leser vermutlich insbesondere an die staatlichen Interventionen während der Finanzmarktkrise mit der Rettung von Landes- und Privatbanken, sowie anderen europäischen Kreditinstituten denken. Auch mag es ein Phänomen sein, welches in der Spitze von deutschen Unternehmen zu beobachten ist, die in eine Schieflage geraten. Ins-

[607] Vgl. Brown, Zehnder (2007), S. 1889.
[608] Vgl. Blochwitz, Eigermann (2000), S. 59.

besondere die staatlichen Interventionen bei dem Holzmann Konzern[609] oder Opel[610] sind populäre Beispiele.[611] Eine Übertragung der Too Big to Fail Theorie auf das Phänomen aktiver oder passiver Begleitung bei Unternehmen des deutschen Mittelstandes bietet die Analyse jedoch nicht. Vielmehr bestätigen die Daten, dass weder Unternehmensgröße, Unternehmensalter noch Dauer der Geschäftsbeziehung einen entscheidenden Einfluss auf die Zuordnung in die unterschiedlichen manifesten Krisenzustände ausübt. Dies lässt auch die Schlussfolgerung zu, dass die Entscheider im Gremium Intensivbetreuung an diesen Stellen keinem geschäftspolitischen Druck unterliegen.

Vielmehr ist zu beobachten, dass die Entscheider zunächst auf qualitative Kriterien achten. Erst in einem zweiten Schritt werden klassische Bilanz- und Erfolgskennzahlen in der Entscheidung berücksichtigt. Dies ist plausibel, da der Übertritt ins manifeste Krisenstadium zumeist durch eine Verschlechterung der Bonität ausgelöst wird. In 69% der Fälle werden Unternehmen aufgrund der Überschreitung einer maximalen Ausfallwahrscheinlichkeit oder einer sehr starken Verschlechterung der Ausfallwahrscheinlichkeit dem Gremium vorgestellt und verlassen dadurch die latente Krise. Daher ist es plausibel, dass der Krisenzustand eher auf Basis zusätzlicher Informationen beurteilt wird. Insbesondere liegt hier der Fokus auf den drei qualitativen Dimensionen Marktanteil, Wachstum und Informationspolitik.

Da die Eigenkapitalquote zunehmend an Gewicht in Ratingmodellen verliert, wird sie in diesem Rahmen gesondert betrachtet. Gleichwohl ist festzustellen, dass die Eigenkapitalquote zwar in die Entscheidung einfließt, jedoch von nachrangiger Bedeutung ist. Verwunderlich ist jedoch, dass die Eigenkapitalquote aus zwei verschiedenen Perioden in die Betrachtung einfließt. Hier ist insbesondere zu hinterfragen, ob die Entscheider statische Kennzahlen bevorzugen.

Interessanterweise konnte zudem keine Berücksichtigung der operativen Kennzahlen Debitoren- oder Kreditorenziel sowie Vorratsintensität festgestellt werden. Dies führt natürlich zu der Frage, ob das Gremium Intensivbetreuung diese Informationen gar nicht verarbeitet oder aber nur zur Kenntnis nimmt. Der Bilanzanalytiker vermag doch wesentliche Informationen aus diesen Kennzahlen ob der wirtschaftlichen Lage, der operativen Qualität sowie des aktiven Managements von Stakeholdern generieren.

---

[609] Der Baukonzern Holzmann wurde aufgrund massiver staatlicher Interventionen im Jahr 2000 in der Legislaturperiode von Bundeskanzler Gerhard Schröder durch massive staatliche Interventionen gestützt. Zu weiteren Ausführung vgl. fortführend WirtschaftsWoche (1999), S. 18 und Schäfer (2014), S. 65-84.

[610] Der Autobauer Opel – eine Tochter der General Motors Group – wurde im Jahr 2009 (kurz vor der Bundestagswahl) durch erhebliche finanzielle Unterstützungen von staatlichen Institutionen vor der Illiquidität bewahrt. Vgl. fortführend Hering et al. (2009), S. 3-5.

[611] So mögen die Interventionen bei sehr großen Unternehmen von öffentlichem Interesse auch immer eine Funktion von parteipolitischem Geschick und Wahlkampf sein.

Ein weiterer Diskussionspunkt liegt in der hingenommenen Entscheidung des Gremiums Intensivbetreuung. Der Leser mag hinterfragen, ob die Entscheidung denn auch immer „richtig" war? Aufgrund der Daten kann nicht beurteilt werden, ob die Entscheidung des Gremiums Intensivbetreuung zweifelsfrei richtig war. Dem Verfasser ist bewusst, dass diese Annahme problematisch ist. Jedoch wurde in der Analyse unterstellt, dass das Gremium stets richtig urteilt, um eine Analyse der Kriterien zur Entscheidungsfindung aufsetzen zu können. Dem Verfasser ist auch bewusst, dass insbesondere weitere Einflussfaktoren als die hier abgebildeten einen Einfluss auf die Entscheidung haben können. So mögen die Kapazitätsauslastungen in den Intensivbetreuungseinheiten eine wesentliche Beschränkung bei der Aufnahme in die aktive Begleitung sein. So mag es zudem in wirtschaftlichen Abschwüngen „schwerer" sein in eine aktive Krisenbegleitung zu gelangen. Um diese Entscheidung ob ihrer Fehlerhaftigkeit zu beurteilen, müsste eine Folgeuntersuchung ein Konstrukt entwickeln, welches die Datensätze nach Ablauf von Phasen der Restrukturierung unter den hier dargestellten Erkenntnissen beurteilt. Möglicherweise sind die hier ermittelten entscheidungsrelevanten Variablen nicht vollständig und bedürfen einer Validierung anhand eines weiteren Datensatzes.

5.5 Implikationen

Aus den vorliegenden Analyse und Diskussionen können zahlreiche Implikationen für Wissenschaft und Praxis abgeleitet werden. So leitet sich aus dieser Untersuchung doch die zentrale Fragestellung ab, ob die Kenntnis von Krisentypen und deren Muster Optimierungspotenziale auf Seiten der Kreditinstitute in der Krisenbegleitung, aber auch auf Seiten der Unternehmen in deren Verhalten aufzeigt.

5.5.1 Erkenntnisse für die krisenbehafteten Unternehmen

Auf der Unternehmensseite ist festzuhalten, dass eine offene Kommunikation einen positiven Einfluss auf die aktive Bereitstellung von Restrukturierungswissen hat. Studien zeigen, dass eine Verbesserung des Kommunikationsverhaltens die Rückführungsquote erhöht.[612] Die anderen Variablen weisen keine Zielkonflikte zwischen aktiver Krisenbegleitung und unternehmerischen Streben auf. Unternehmen werden immer versuchen einen möglichst hohen Marktanteil aufzubauen, denn dies beschreibt die marktseitige Anerkennung des Geschäftsmodells. Unternehmen versuchen zudem stets nachhaltiges Wachstum zu generieren. Interessant ist jedoch auch, dass die außerordentlichen Ergebnisse einen Einfluss auf die Entscheidung aufweisen. Diese Information könnte von Unternehmen als Anreiz empfunden werden Restrukturierungen frühzeitig anzustreben. Auch die Literatur stellt fest, dass Restrukturierungen in den meisten Fällen zu spät begonnen werden und dadurch der Handlungsspielraum bereits zu Beginn von Restrukturierungen massiv eingeschränkt ist.

---

[612] Vgl. Werner et al. (2010), S. 68.

Stakeholder werden in der Krise meist zu spät informiert.[613] Diese Praxis konterkariert den Aufbau und die Konservierung von Vertrauen, das hingegen wesentlich für eine positive Überwindung von Unternehmenskrisen ist. Unternehmen müssen durch eigenes „Commitment" und konsistentes Verhalten das Vertrauen der Stakeholder gewinnen und konservieren. Dies kann durch eigenen Gehaltsverzicht oder andere Einschränkungen auf Unternehmens- und insbesondere Managementseite geschehen.[614] Anders ausgedrückt müssen Unternehmen den Reputationsverlust während der Unternehmenskrise einschränken. Denn dies kann einen direkten Einfluss auf eine nächste, anschließende Unternehmenskrise haben.[615] Daher ist Unternehmen insbesondere anzuraten, auch im Krisenfall zu kommunizieren.

Die Ableitung eines allgemeingültigen Identifikationsansatzes für die Krisentypen gestaltet sich äußerst schwer. Zunächst bedarf es einer detaillierten Darstellung des Geschäftsmodells, dies wird bereits den Großteil der Unternehmen vor erhebliche Probleme stellen. Anschließend müssen die Unternehmen eine vollständige Restrukturierung durchlaufen, die nicht auf eine Lösung der Probleme durch Wachstum abstellt. Zwingend erforderlich sind hierfür integrierte Planungsrechnungen, um das Geschäftsmodell in ökonomischen Werten auszudrücken. Mit Hilfe dieser Planungsrechnungen muss in eine Argumentation mit der Bank getreten werden, ob die Restrukturierung begleitet wird oder eine Beendigung der Geschäftsbeziehung sinnvoll ist. Zwar bedeutet dies ein hohes Maß an Eigeninitiative seitens der krisenbehafteten Unternehmen, gleichwohl vermag der Aufbau von Vertrauen eine aktive Begleitung durch die Kreditinstitute begünstigen. Die qualitativen Beurteilungen zur Prognosequalität und Zuverlässigkeit von Unternehmensführungen verdeutlichen auf eindrucksvolle Weise, dass die Analysten der Fremdkapitalgeber die Unterschiede zwischen geeigneten Planungs- und Kontrollsystemen fachmännisch einschätzen können. Generell verfügen Unternehmen jedoch nicht über geeignete Planungs- und Kontrollsysteme, um eine Mindestqualität der Planungsrechnungen und der Prognosen zu gewährleisten. So ist der Praxis anzuraten integrierte Planungssysteme zur Steuerung ihrer Unternehmen einzusetzen.

5.5.2 Erkenntnisse für die Stakeholder

Kreditinstitute können diese Information nutzen, um die Risikobewertung sensibler auf diese Kriterien auszurichten.[616] Die eher harten Faktoren Marktanteil, Unternehmenswachstum und Vertriebs- und Personalstruktur sind allerdings den eher weichen Faktoren nachgelagert. So könnte doch ein Risikomanager diese Muster erkennen und bereits ein Jahr früher zu der Erkenntnis gelangen, dass dieses Unternehmen eine latente Krise in sich trägt und somit einer

613 Vgl. Slatter, Lovett (1999), S. 57-60 und Buschmann (2006), S. 144.
614 Vgl. Buschmann (2006), S. 145 und Gullett et al. (2009), S. 337.
615 Vgl. Moulton, Thomas (1993), S. 130.
616 Für den Kreditanalysten stellt der Hinweis, dass ein als abhängig definiertes Unternehmen schwache Prognosen abliefert, ein starkes Krisensignal dar. Dies könnte in der Kreditbewertungspraxis als eine wesentliche Kennzahl definiert und in den Bewertungsprozess eingepflegt werden.

gesonderten Überprüfung unterzogen werden sollte. Ist er nun noch in der Lage einen Krisentyp abzuleiten, vermag eine Betrachtung der oben beschriebenen Krisenverläufe weitere Hinweispunkte zur Identifikation einer Krise oder zumindest zur Krisenzustandsbeschreibung liefern.

Strebt der Stakeholder eine Begleitung bei der Restrukturierung und damit der Findung eines neuen Geschäftsmodells an, müssen zunächst die Wachstums- und Erfolgsbilder gelesen und analysiert werden. Hierbei könnten umfangreiche Wachstums- und Erfolgsanalysen und deren Plausibilisierung, wie sie Hauschildt bereits in den 1990er Jahren forderte,[617] systematisch in den Bewertungsprozess eingepflegt werden. Insbesondere sind im Rahmen der Analyse folgende Fragen zu beantworten:

- Wie kann das Wachstum der Unternehmen eingeschätzt werden?
- Fußt das Wachstum auf geeigneten Organisationsstrukturen?
- Wie ist das Wachstum finanziert und wieso wird die Leidensfähigkeit des Eigenkapitals nicht berücksichtigt?
- Sind die Opportunitätskosten im aktuellen Marktumfeld aufgrund des Geldangebots derart gering, dass jegliches Wachstum finanziert wird?

Unabhängig vom Erfolgsbild müssen anschließend die einzelnen Krisentypen herausgearbeitet werden und könnten die Zuführung von Krisenunternehmen in eine aktive oder passive Begleitung argumentativ begründen. Darin liegt der Wert der Krisentypen.

Der qualitative Faktor Unternehmensführung hat weder in vorherigen Untersuchungen noch in dieser Untersuchung erklärend gewirkt. So sollten sich die Kreditinstitute fragen, ob die Kreditverantwortlichen Risikobeurteiler überhaupt in der Lage sind, die Qualität der Unternehmensführung einzuschätzen. Zudem eröffnet diese Fragestellung Raum für Forschung über den Sinn und Unsinn der Bewertung von Unternehmensführungen.

Stakeholder könnten diese Systematik nutzen, um anhand eigener Daten eine Diskriminanzfunktion oder logistische Regression zu schätzen. Wendet man diese Logik an, könnten die Entscheidungen, ob aktiv oder passiv begleitet wird systematisiert und effizienter gestaltet werden. So liegt es an den Stakeholdern eigene Modelle, basierend auf diesem Konzept, abzuleiten und anzuwenden. Behelfsmäßig könnten auch die Variablen dieser Forschungsarbeit[618] eingesetzt werden, bergen allerdings erhebliche Probleme.[619]

---

[617] Vgl. Hauschildt (1996), S. 131-151.
[618] Vgl. Tabelle 27.
[619] Die Limitationen werden im 5.6.2 aufgeführt und diskutiert.

Interessanterweise wurden keine Zahlungsziele bei der Entscheidung über den Krisenzustand berücksichtigt. Kreditinstitute sollten hinterfragen, warum diese Kennzahlen keinen Einfluss auf die Entscheidung ausüben, bilden sie doch einen wesentlichen Informationsbereich ab. Möglicherweise berücksichtigt das interne Ratingsystem diese Kennzahlen. Jedoch darf zumindest bezweifelt werden, ob die Entscheider auch den potenziellen Einfluss der operativen Kennzahlen kennen. Dieser Argumentation folgend bedarf es doch eines zusammenfassenden Berichts, in dem alle wesentlichen Bereiche der Unternehmen abgebildet und diskutiert werden. Diesen Prozess standardisiert aufzulegen könnte zu mehr Effizienz und erfolgreicher Restrukturierung führen.

5.5.3 Erkenntnisse für die Wissenschaft

Krisenforschung sowie Praxis haben die qualitativen Daten immer weiter zurückgedrängt. Tatsächlich sind zur Ermittlung des zu hinterlegenden Eigenkapitals von Kreditinstituten nur noch quantitative Analysen anzuwenden, daher scheinen qualitative Faktoren den quantitativen Faktoren bei der Identifikation einjähriger Ausfallwahrscheinlichkeiten unterlegen.[620] Dies liegt insbesondere an dem Problem, dass qualitative Faktoren von den Risikoabteilungen oftmals als Korrekturfaktor, ob positiv oder negativ sei dahingestellt, gesehen und genutzt werden. Erste Hintergrunduntersuchungen zeigen, dass die Teilurteile von qualitativen und quantitativen Analysen entweder stark positiv oder stark negativ korrelieren.[621] Dies spricht für eine Bestätigung oder eine Korrektur des Bilanzratings. Gleichwohl konnte im Rahmen dieser Arbeit festgestellt werden, dass bei einigen Krisentypen die qualitativen Faktoren deutlich vorgelagert erste Krisenhinweise liefern. So konnten teilweise statistisch signifikante Verschlechterungen der eher weichen qualitativen Faktoren Zuverlässigkeit, Informationspolitik und Prognosequalität zwei bis drei Jahre vor dem Übertritt ins manifeste Krisenstadium festgestellt werden.

Krisenverläufe wie die des Krisentyps Finanzierung unterstützen die teilweise in der Literatur geäußerte Kritik der Selbstvalidierung von internen Ratingsystemen.[622] Dies wiederum unterstützt auch die Kritik an dem Bankensystem und den Basel I bis Basel III Ansätzen. Allerdings bedarf es hierzu eines weiteren Forschungsprojektes, um die in der Literatur formulierten Vorwürfe zu ergründen.

Eine weitere Implikation für die Wissenschaft und den Regulator betrifft die Dokumentation. Eine intensive Dokumentation und Betreuung, die über die gesetzlichen Anforderungen hinausgeht, ist eher selten zu finden. So kann die Dokumentationstiefe doch auch als eine Funk-

620 Vgl. Trustorff, Botterweck (2012), S. 152-165 und Eckrich, Trustorff (2015), S. 124-138.

621 Die Literatur war bisher immer von einer deutlich besseren Beurteilung von qualitativen Informationen entgegen quantitativer Informationen ausgegangen. Vgl. Salomo, Kögel (2000), S. 233 f. und Fischer (2004), S. 381 f.

622 Vgl. Myšková, Hampel (2011), S. 224.

tion der Krisenintensität verstanden werden. Dort wo eine Krise existiert wird dokumentiert. Dies kann den Stakeholdern als Hinweis dienen, bereits frühzeitig mit der Dokumentation zu beginnen, um aus potenziellen Krisen besser zu lernen. Möglicherweise ist dies auch ein Hinweis an den Regulator, die gesetzlich geforderte Dokumentation auszuweiten.

5.6 Limitationen der Analyse

5.6.1 Analyse von Krisenverläufen

Die Finanzmarktkrise und die darauf folgende Weltwirtschaftskrise schränken die Interpretation der Ergebnisse ein. Insbesondere in den Jahren 2008 und 2009 (im Datensatz die Jahre t_{-4} oder t_{-3}) sind doch von einem gesamtwirtschaftlichen Wachstum geprägt. Daher unterliegt der Datensatz einem Wachstums-Bias, der in der Diskussion immer abmildernd erwähnt wurde.

Man könnte das Wachstum im Datensatz auch als „Stolpern über Wachstumschancen" interpretieren. Nach der Krise und im Zuge des allgemeinen wirtschaftlichen Aufschwungs in den Jahren 2008 bis 2010 haben sich vielen Unternehmen massive Wachstumschancen geboten. So werden auch Unternehmen in dem Datensatz vorhanden sein, denen sich zahlreiche Wachstumsopportunitäten boten. Gleichwohl konnten diese Unternehmen dem Wettbewerb nicht standhalten und gerieten so in eine Unternehmenskrise. Daher sind die Ergebnisse sicherlich aus dem Wissen heraus zu hinterfragen, dass der Aufschwung in den Jahren 2008 bis 2010 sehr viele Wachstumsopportunitäten bot, die allerdings nicht alle Unternehmen nachhaltig realisieren konnten.

Die Erhebung und Zuordnung der Krisentypen wurde mit Hilfe von Mitarbeitern der Marktfolgeeinheit durchgeführt. Während der Interviews wurden den Mitarbeitern zum Kennenlernen von Krisentypen einige Praxisbeispiele genannt.[623] Die Beschreibung der Krisentypen kann mitunter einen leichten Bias der befragten Kreditspezialisten nach sich ziehen, denn der Verfasser nimmt möglicherweise Einfluss auf die Teilnehmer. Der Verfasser konnte jedoch die Einschätzung gewinnen, dass der Bias eher gering war, denn oftmals hatten die Kreditspezialisten bereits eine Vorauswahl getroffen zu der lediglich noch Rückfragen gestellt wurden.

Der Eindruck von der Unternehmensführung beschreibt eine subjektive Einschätzung. Daher könnten selbstverständlich durch einen Wechsel der Unternehmensbetreuung Brüche in den Zeitreihen erklärt werden.

[623] Vgl. hierzu Fußnote 492.

5.6.2 Analyse von Entscheidungsverhalten

Eine wesentliche Limitation der vorliegenden Daten liegt in fehlenden Informationen zum Zahlungsverhalten der Unternehmen. Kreditinstitute und deren Finanzierungsentscheidungen basieren jedoch sehr stark (ein schlechtes Zahlungsverhalten mag als Ausschlusskriterium dienen) auf den Informationen zum Zahlungsverhalten. Auch in der Entscheidung zur Einordnung in unterschiedliche manifeste Krisenzustände mag das Zahlungsverhalten einen nicht unwesentlichen Einfluss haben.[624]

Die Kapazitäten der Intensivbetreuungseinheiten von Fremdkapitalgebern sind begrenzt. Dies hat zur Folge, dass ein wesentlicher Faktor bei der Beurteilung des manifesten Krisenzustands auch in den Ressourcen des Fremdkapitalgebers zu finden ist. Demnach kann und muss eine abgeleitet Formel auch immer als Funktion des aktuellen wirtschaftlichen Umfelds interpretiert werden. Ist die gesamtwirtschaftliche Lage positiv, werden vermutlich eher bessere Unternehmen in eine aktive Krisenbegleitung überführt als in einem gesamtwirtschaftlichen Abschwung, denn hier „bewerben" sich mehr Unternehmen für eine aktive Krisenbegleitung. Daher sind die Unternehmen in den Intensivbetreuungseinheiten immer nur als relativ oder überdurchschnittlich existenzgefährdet zu beurteilen.

Zudem sind Kundenbeziehungen und -strukturen sowie organisatorische Umsetzungen in unterschiedlichen Segmenten der Bankenlandschaft möglicherweise anders ausgeprägt. Daher müssten diese Erkenntnisse in einem Datensample von eher regional operierenden Finanzinstituten überprüft werden. Der Autor vermutet, dass Untersuchungen wie diese bei Sparkassen und regional operierenden genossenschaftlichen Instituten durchaus andere Ergebnisse liefern könnten.

Natürlich ist dem Verfasser bewusst, dass die Entscheidungen zur Einordnung in spezifische Krisenzustände auch andere Informationen berücksichtigen, die bspw. im organisatorischen oder geschäftspolitischen Umfeld gefunden werden können. Da bei der aktiven Krisenbegleitung ein erheblicher Mehraufwand seitens der Kreditinstitute betrieben wird, ist die Berücksichtigung der Kapazitätsauslastung der Mitarbeiter in den Intensivbetreuungseinheiten ein wesentlicher Treiber. Neben gesamtwirtschaftlichen Entwicklungen weisen möglicherweise auch die strategischen Ziele der Kreditinstitute einen Einfluss auf die Beurteilung des manifesten Krisenzustands auf. Diese Informationen konnten dem Datensatz jedoch nicht hinzugefügt oder entnommen werden und sind daher als Limitation zu interpretieren.

Ein weiterer Bias liegt in der Untersuchung vor, denn es kann davon ausgegangen werden, dass die Entscheider hinsichtlich Krisenzustandsbestimmung auch an der Erfolgsquote der

[624] Möglicherweise können hiermit die fehlenden 16% erklärt werden, die mit der Diskriminanzanalyse nicht erklärt werden konnten. Vgl. Tabelle 29.

aktiv begleiteten Unternehmen gemessen werden. Dies verleitet die Entscheider natürlich dazu, dass vorwiegend Unternehmen begleitet werden, die auch erfolgsversprechende Aussichten aufweisen. Die Daten haben eine Überprüfung dieses Problems nicht zugelassen, bieten aber Raum für künftige Forschungsansätze.

Die Befunde, dass die Krisentypen keinen Einfluss auf die Einordnung in den manifesten Krisenzustand vorweisen, müssen auch vor dem Hintergrund hinterfragt werden, dass Mehrfachnennungen möglich waren. Die Kreuztabelle (Tabelle 7) zeigt, dass kein Unternehmen lediglich einem Krisentyp zugeordnet werden konnte. Generell fundiert diese Erkenntnis auch eine grundsätzlich Fragestellung bei Krisenunternehmen. Wenn Krisentypen Cluster von Krisenursachen bündeln, um eine Krise qualitativ zu beschreiben; ist dann die Mehrfachnennung von Krisentypen zweckmäßig? Oder sollte das gesamte Konzept der Krisentypologie hinterfragt werden? Mag man es unter Risikogesichtspunkten eher als einen potenziellen Risikotypen begreifen?

Zuletzt ist das Vertrauen, ausgedrückt durch zuverlässige und zeitgerechte Lieferung von Daten, ein dominierender Faktor in der Krisenzustandsbewertung von Kreditinstituten. Daher bietet das Feld Kommunikation in der Krise, also die Analyse von Kommunikationsdaten zwischen Kreditinstituten und Unternehmen, umfassenden Raum für zahlreiche weitere Forschungsansätze.

6. Zusammenfassung und Fazit

Im Hinblick auf die zu Beginn aufgeworfenen Fragestellungen, die im Rahmen dieses Forschungsprojektes untersucht wurden, erbrachte die vorliegende Arbeit zahlreiche Resultate. Die zentralen Erkenntnisse sollen an dieser Stelle erstens noch einmal kurz zusammengefasst werden und zweitens in ihrer Bedeutung für die künftige Krisenforschung und -praxis Würdigung erfahren.

1. Welcher Dynamik unterliegen latente Unternehmenskrisen auf quantitativer und auf qualitativer Ebene?

In Abhängigkeit der Krisentypen konnten zahlreiche Veränderungen im Jahresabschluss beobachtet werden. Unternehmen versuchen durch Umsatzerhöhungen die Probleme in den Griff zu bekommen, jedoch steigen die Kosten (Materialaufwand, Personalaufwand und Abschreibungen) stärker als der Umsatz. Dies führt zu einer zunehmenden Ineffizienz der Unternehmen. Krisentypenübergreifend konnten zunächst Wachstumsbestrebungen festgestellt werden. Auch wenn Wachstum grundsätzlich wünschenswert ist, sollten (Fremdkapital-) Analysten das Wachstum zumindest einmal kritisch hinterfragen. In gewissen Konstellationen kann weiteres Wachstum auch eher schädlich als problemlösend wirken.

Dies geht einher mit den Beobachtungen der Erfolge. Hier wurden bei dem Großteil der Krisentypen der Turmspringer-Effekt, der Kopfspringer oder „Nosedive“[625] bestätigt. Die bereits in früheren Studien diagnostizierten kurzfristigen Aufschwünge vor dem letztlich entscheidenden Absturz können anhand dieser empirischen Daten bestätigt werden. Auf Krisentypen bezogen konnten die Verläufe insbesondere bei den Krisentypen Patriarch, Wachstum, Beschaffung und Finanzierung beobachtet werden. Die anderen Krisentypen Technologie, Stützpfeiler, Abhängigkeit, Mitarbeiter und Nachfolge wiesen diesen Verlauf nicht auf.

Argentis „Companies do not fail suddenly“[626] kann überwiegend bestätigt werden. Zwar erschweren Gestaltungsspielräume des Jahresabschlusses die Identifikation von Unternehmenskrisen[627] und einige Krisentypen verlaufen sehr dynamisch, doch konnten die Analysen zahlreiche Indizien für typenbezogene Krisensignale ableiten. In den meisten Fällen konnten bereits drei Jahre vor Eintritt in das manifeste Krisenstadium erste Anzeichen für Unternehmenskrisen abgeleitet werden. Lediglich beim Krisentyp unkorrekte Mitarbeiter können extern keine Hinweise auf die nahende Krise beobachtet werden. Dieser interne Schock stellt sowohl die externen Analysten als auch die Unternehmensführung vor erhebliche Probleme

[625] Vgl. Argenti (1976), S. 15; Baetge, Jerschensky (1996), S. 1588 f. und Hauschildt (1996), S. 136 f.
[626] Vgl. Argenti (1976), S. 13.
[627] Vgl. Argenti (1976), S. 13; Littkemann, Krehl (2000), S. 21 und Baetge, Kirsch, Thiele (2004), S. 54 f.

und unterstreicht die Einschätzung, dass gut durchgeführte Betrugsverhalten oder dolose Handlungen nur sehr schwer zu identifizieren sind.[628]

In der ersten Beobachtungsperiode können krisenübergreifend kaum Auffälligkeiten beobachtet werden. Es wird teilweise versucht operative Möglichkeiten zur Liquidationsgenerierung auszunutzen oder aktiv zu managen.

In der zweiten Periode sind vor allem negative Entwicklungen der Dimensionen Prognosequalität und Zuverlässigkeit auffällig. Dies unterstreicht, dass die krisenbehafteten Unternehmen ihre Kommunikation und Transparenz im Umgang mit externen Stakeholdern im Zuge einer latenten Krise umstellen und verringern. Dies kann auch als Übergang von einem intern-latenten in ein intern-manifestes Krisenstadium interpretiert werden, wie es bereits in der Literatur beschrieben wird.[629] Die restriktive Kommunikationspolitik kann auch als erste Zensur externer Stakeholder interpretiert werden. Bei einigen Krisentypen wurden zudem Wachstumsbestrebungen zur Bekämpfung der vermutlich intern bewussten Krisenproblematik registriert.

In der dritten Periode verringern sich vorwiegend die Dimensionen Zuverlässigkeit und Wachstum. Die Stakeholder schätzen die Zuverlässigkeit zunehmend schlechter ein und bewerten das Wachstum problematisch. Auffällig sind hierbei insbesondere die starken Umsatzeinbußen der unkontrolliert wachsenden Unternehmen. Die Zuverlässigkeit von Informationen verliert insbesondere bei diesen Unternehmen zwei Jahre vor Übertritt in das manifeste Krisenstadium. Dies geht einher mit einem starken Verlust von Transparenz.

Das letzte Jahr vor der Krise ist von massiven Verlusten des Marktanteils und der Ausrichtung des Vertriebes geprägt. Dies spiegelt sich auch in der Beobachtung wieder, dass nun tatsächlich erhebliche Probleme am Markt und der Marktpenetration herrschen. Dies drückt sich letztendlich auch in den massiven Einbrüchen der Renditen aus.

Krisenübergreifend werden zudem starke Anstiege der Ausfallwahrscheinlichkeiten in den letzten beiden Perioden beobachtet. Die Gründe für die Ausschläge sind jedoch sehr heterogen und können somit nur als gegebenes Krisensignal interpretiert werden.

2. Welche Faktoren beeinflussen die Entscheidung der Stakeholder im Rahmen der Feststellung manifester Krisenzustände?

Um einen manifesten Krisenzustand festzulegen, berücksichtigen die Entscheider des Gremiums Intensivbetreuung zahlreiche Aspekte. Hervorzuheben sind hierbei insbesondere die qualitativen Ausprägungen Marktanteil t_{-1}, Informationspolitik t_{-4} und Wachstumsphase des Un-

[628] Vgl. hierzu Peemöller, Hofmann (2005) und Krehl, Fischer (2009), S. 281-300.
[629] Vgl. Clasen (1992).

ternehmens t_{-3}. Diese Variablen beschreiben das Vertrauen zwischen beiden Geschäftspartnern sowie das zukünftige Potenzial, welches in den Unternehmen gesehen wird.

Zudem erklären die Variablen Ergebnis der Erfolgsrechnung t_{-1}, Forderungen aus Lieferung und Leistung t_{-1}, ordentliches Betriebsergebnis t_0, Eigenkapitalquote t_{-1} und Ausfallwahrscheinlichkeit t_0 die Einordnung in den Krisenzustand. Hiermit belegen die Analysten, dass sie Informationen zur Erfolgslage des Unternehmens, des Umlaufvermögens und der Kapitalstruktur bei der Entscheidungsfindung verarbeiten. Abschließend wird noch die Ausfallwahrscheinlichkeit als Ausdruck der Bonität, insbesondere aber auslösendes Element des Überprüfungsprozesses, zur Krisenzustandsbestimmung genutzt.

Auffallend ist zudem, dass weder Größe, Alter der Unternehmung noch Dauer der Geschäftsbeziehung einen Einfluss darstellt. Demnach kann die eher populistische Theorie „Too Big To Fail“ anhand dieses Datenmaterials nicht bestätigt werden. Auch der Krisentyp hat keinen Einfluss auf die Entscheidung, ob ein Unternehmen aktiv oder passiv begleitet wird.

Der vorliegende Beitrag hat das Feld der Krisenforschung durch die handlungsorientierte Weiterentwicklung des Krisenphasenmodells erweitert. Zudem konnten die Krisentypen, die nach der Finanzmarktkrise entwickelt wurden, empirisch überprüft und validiert werden. Zwar bilden Lekers neue Krisentypen nur eine Nische in der Krisenbeschreibung ab, vervollständigen allerdings das sehr heterogene Bild der Krisentypen und nähern die Krisentypologie der Vollständigkeit an.

Das Aussitzen von Problemen stellt doch das größte Problem in der Lösung von Unternehmenskrisen dar. Daher ist das Phänomen der „Grauen Haare“ nach Peter Nolls „Der kleine Machiavelli“ unbedingt abzuwenden.[630] Die vorliegende Arbeit bietet der Praxis einen Ansatz, Problemkunden möglichst frühzeitig zu identifizieren und aktiv in einer Krise und aus einer Krise heraus zu begleiten.

Die Darstellung der Krise verdeutlicht, dass die Identifikation von Unternehmenskrisen zwar schwer, aber unter Berücksichtigung qualitativer Daten durchaus früher möglich ist, als es aktuell in der Praxis gehandhabt wird. Dies könnte zudem dazu führen, dass Kreditinstitute krisenbehaftete Unternehmen früher in eine spezialisierte Intensivbetreuungseinheit überführen können. Folgt man der Literatur, würde dies in deutlich höheren Erfolgsquoten resultieren. Hierzu bedarf es allerdings einer dynamischen Betrachtungsweise von Unternehmenskrisen. Neben der Einbindung qualitativer Daten bieten die Verläufe und die Dynamik der Krisen doch zusätzliches Potenzial bei der Krisenidentifikation und -erkennung.

630 Vgl. Noll, Bachmann (2007).

Dennoch wirft diese Arbeit auch eine Vielzahl neuer Forschungsfragen auf. Insbesondere die Validierung der Entscheidungskriterien dürfte eine herausfordernde Aufgabe für nachkommende Forschung darstellen.

Die Untersuchung betrachtet die Verläufe von Krisen in einem latenten Stadium. Es wird keine Aussage über die Sanierungswahrscheinlichkeit oder den Erfolg einer aktiven Krisenbegleitung getroffen. Zukünftige Forschungsansätze könnten

1. das Modell dynamischer Krisenverläufe im manifesten Krisenstadium erweitern und das Modell dadurch auf eine größere empirische Basis testen.

2. die Erfolgswahrscheinlichkeit zur Bewältigung von Unternehmenskrisen in Abhängigkeit von Krisenpfaden analysieren und untersuchen, ob es optimale „Wege durch die Krise" gibt oder zumindest Krisenpfade die erfolgversprechender sind als andere.

3. die Erfolgswahrscheinlichkeit in Abhängigkeit von der Krisenzustandsbewertung beurteilen und damit eine Überprüfung der aktuellen Intensivbetreuungspraxis durchführen.

Zudem ist nach wie vor zu diskutieren, ob die Messung der Managementqualität in der Kreditpraxis zielführend gehandhabt wird. Sind Kreditanalysten in der Lage, die Qualität des Managements richtig einzuschätzen? Oder ist die Bewertung des Managements lediglich eine ex-post Betrachtung der manifesten Unternehmenskrise? Daher stellt sich den Kreditinstituten die Frage, ob eine Bewertung des Managements überhaupt vorgenommen werden soll, liefert sie doch keine zusätzliche Erkenntnis.

Des Weiteren geben die Befunde zur Messung der Managementqualität Anlass darüber nachzudenken, ob deren Messung nicht verbesserungswürdig ist. Der Managementforschung obliegt daher der weitergehende Auftrag, systematische Ansätze zur Bewertung von Managementqualitäten bei krisenbehafteten Unternehmen zu entwickeln. Weisen bestimmte Managementtypen eine bessere Performance bei der Bewältigung von Unternehmenskrisen auf? Welche organisatorischen Strukturen müssen Unternehmensführungen vorhalten, um eine Krise zu bewältigen?

Des Weiteren hat die Untersuchung gezeigt, dass die Ausfallwahrscheinlichkeit verschieden auf die unterschiedlichen Krisensignale reagiert. Hier könnte eine Folgeuntersuchung bei der Frage ansetzen, welche Krisenursachen Einflüsse auf die Ausfallwahrscheinlichkeit ausüben und wie der Einfluss beschrieben werden kann.

Im Rahmen integrierter Planungsrechnungen hat die Praxis die wissenschaftlichen Ansätze bereits überholt, wobei integrierte Planungsrechnungen ein überwiegend praxisorientierter

Ansatz ist. Gleichwohl könnten Untersuchungen, ob Unternehmen mit integrierten Planungsrechnungen performanter sind als Unternehmen ohne Planungsrechnungen, die Relevanz von integrierten Planungsrechnungen auch wissenschaftlich unterstreichen.

Aus den Erkenntnissen leitet sich aber auch die Frage für Fremdkapitalgeber ab, ob sie Working Capital Finanzierungen übernehmen sollten. Oder ist diese beobachtete Praxis lediglich gefußt auf dem erstens aktuellen Geldüberhang und zweitens dem Rückgang der Risiken (gemessen in Insolvenzen)? Ist die Finanzierung des Working Capitals nicht ein erheblicher Aufbau stiller Lasten? Und wieso sehen Unternehmen dies erheblich kritischer? Der gesamte Bereich von Finanzierungen des Working Capitals vor dem Hintergrund niedriger Zinsen und voller Kapitalzuteilung seitens der Europäischen Zentralbank bietet ausreichend Raum für weitere Forschungsansätze.

Abschließend ist es dem Autor ein Anliegen, die Diskussion über die Wahrnehmung von Unternehmenskrisen grundsätzlich neu anzustoßen. Um auf die eingangs zitierten alten Chinesen zu verweisen, sollten Unternehmenskrisen auch als Chance zur Transformation und Weiterentwicklung des Geschäftsmodells begriffen werden. Eine neuerliche Diskussion ist zu befürworten.

„Da alles ständig im Wandel ist, kann nichts auf Dauer unverändert existieren.“
(Dalai Lama)

Anhang

Anhang I – Mediane aus der Bilanz – Aufteilung Krisentypen

Anlagevermögen										
	t_{-4}		t_{-3}		t_{-2}		t_{-1}		t_0	
	abs.	Δ %	abs.	Δ %	abs.	Δ %	abs.	Δ %	abs.	Δ %
Technologie	100	-	100,0	0,0	114,1	14,1	102,4	-10,3	98,9	-3,42
Stützpfeiler	100	-	98,3	-1,7	100,0	1,73	102,4	2,4	103,0	0,59
Patriarch	100	-	100,0	0,0	106,9	6,85	124,9	16,85	132,7	6,25
Expansion	100	-	100,0	0,0	97,0	-3,0	96,0	-1,08	109,5	14,07
Abhängigkeit	100	-	100,0	0,0	97,0	-3,0	101,8	4,95	112,1	10,07
Mitarbeiter	100	-	100,0	0,0	96,3	-3,7	109,1	13,29	108,5	-0,60
Einkauf	100	-	93,8	-6,25	99,5	6,08	96,6	-2,87	97,9	1,29
Finanzierung	100	-	102,9	2,85	103,9	0,97	134,9	29,85	179,2	32,89
Nachfolge	100	-	98,2	-1,8	95,7	-2,55	113,7	18,76	107,4	-5,54
gesamt	100	-	100,9	0,9	100,9	0,0	109,1	8,13	117,9	8,02

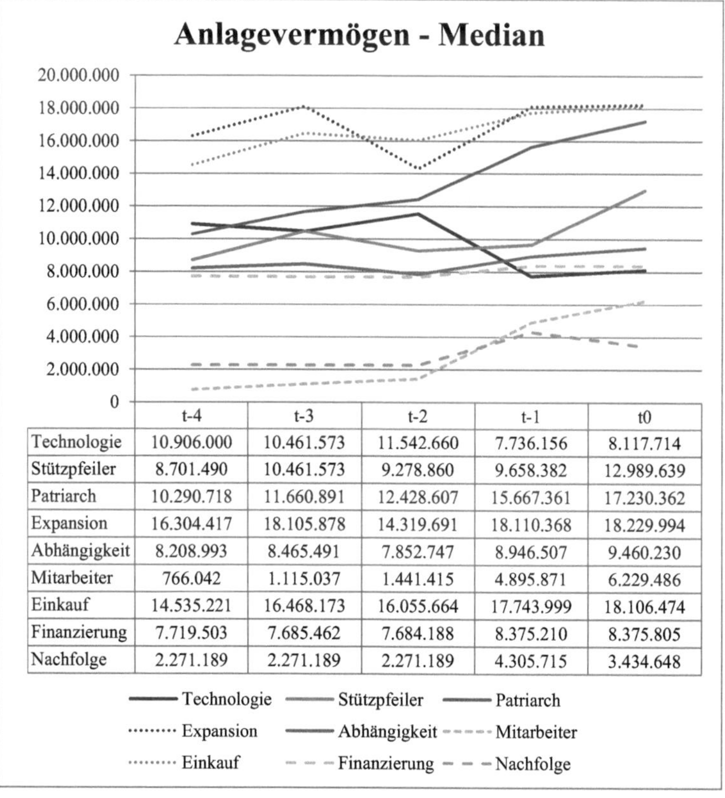

	t-4	t-3	t-2	t-1	t0
Technologie	10.906.000	10.461.573	11.542.660	7.736.156	8.117.714
Stützpfeiler	8.701.490	10.461.573	9.278.860	9.658.382	12.989.639
Patriarch	10.290.718	11.660.891	12.428.607	15.667.361	17.230.362
Expansion	16.304.417	18.105.878	14.319.691	18.110.368	18.229.994
Abhängigkeit	8.208.993	8.465.491	7.852.747	8.946.507	9.460.230
Mitarbeiter	766.042	1.115.037	1.441.415	4.895.871	6.229.486
Einkauf	14.535.221	16.468.173	16.055.664	17.743.999	18.106.474
Finanzierung	7.719.503	7.685.462	7.684.188	8.375.210	8.375.805
Nachfolge	2.271.189	2.271.189	2.271.189	4.305.715	3.434.648

Umlaufvermögen										
	t_{-4}		t_{-3}		t_{-2}		t_{-1}		t_0	
	abs.	Δ %	abs.	Δ %	abs.	Δ %	abs.	Δ %	abs.	Δ %
Technologie	100	-	97,2	-2,8	100,4	3,29	104,1	3,69	99,3	-4,61
Stützpfeiler	100	-	100,0	0,0	104,2	4,2	104,7	0,48	108,0	3,15
Patriarch	100	-	100,0	0,0	119,9	19,9	132,6	10,59	141,7	6,86
Expansion	100	-	100,0	0,0	120,8	20,8	132,1	9,31	128,9	-2,39
Abhängigkeit	100	-	100,0	0,0	105,2	5,15	109,9	4,52	117,4	6,82
Mitarbeiter	100	-	105,3	5,25	178,5	69,55	211,5	18,52	186,6	-11,8
Einkauf	100	-	100,0	-0,05	117,9	17,91	119,6	1,44	134,0	12,05
Finanzierung	100	-	103,8	3,75	131,7	26,94	139,1	5,62	290,2	108,63
Nachfolge	100	-	92,3	-7,75	94,0	1,84	119,8	27,46	123,9	3,42
gesamt	100	-	100,0	0,0	108,5	8,5	114,8	5,81	119,7	4,22

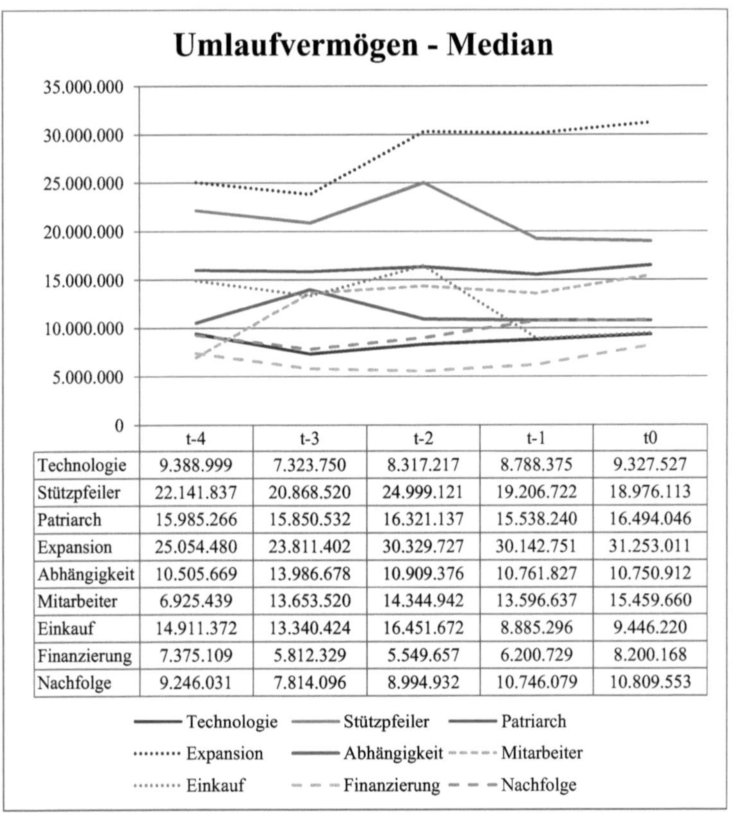

	t-4	t-3	t-2	t-1	t0
Technologie	9.388.999	7.323.750	8.317.217	8.788.375	9.327.527
Stützpfeiler	22.141.837	20.868.520	24.999.121	19.206.722	18.976.113
Patriarch	15.985.266	15.850.532	16.321.137	15.538.240	16.494.046
Expansion	25.054.480	23.811.402	30.329.727	30.142.751	31.253.011
Abhängigkeit	10.505.669	13.986.678	10.909.376	10.761.827	10.750.912
Mitarbeiter	6.925.439	13.653.520	14.344.942	13.596.637	15.459.660
Einkauf	14.911.372	13.340.424	16.451.672	8.885.296	9.446.220
Finanzierung	7.375.109	5.812.329	5.549.657	6.200.729	8.200.168
Nachfolge	9.246.031	7.814.096	8.994.932	10.746.079	10.809.553

Vorräte										
	t_{-1}		t_{-2}		t_{-3}		t_{-4}		t_{-5}	
	abs.	Δ %	abs.	Δ %	abs.	Δ %	abs.	Δ %	abs.	Δ %
Technologie	100	-	100,0	0,0	95,0	-5,0	102,7	8,11	133,5	29,99
Stützpfeiler	100	-	97,5	-2,5	98,4	0,92	108,0	9,76	118,6	9,81
Patriarch	100	-	99,6	-0,45	102,9	3,31	116,4	13,13	129,9	11,65
Expansion	100	-	90,6	-9,4	112,2	23,84	120,4	7,31	125,3	4,07
Abhängigkeit	100	-	98,0	-2,0	95,8	-2,24	112,8	17,69	117,0	3,73
Mitarbeiter	100	-	100,0	0,0	159,1	59,05	161,0	1,23	141,8	-11,96
Einkauf	100	-	86,6	-13,4	84,0	-3,0	92,2	9,76	100,0	8,46
Finanzierung	100	-	97,5	-2,5	103,9	6,56	112,8	8,57	256,7	127,57
Nachfolge	100	-	85,3	-14,7	90,5	6,1	105,6	16,69	97,1	-8,05
gesamt	100	-	97,5	-2,5	100,0	2,56	113,6	13,6	119,9	5,5

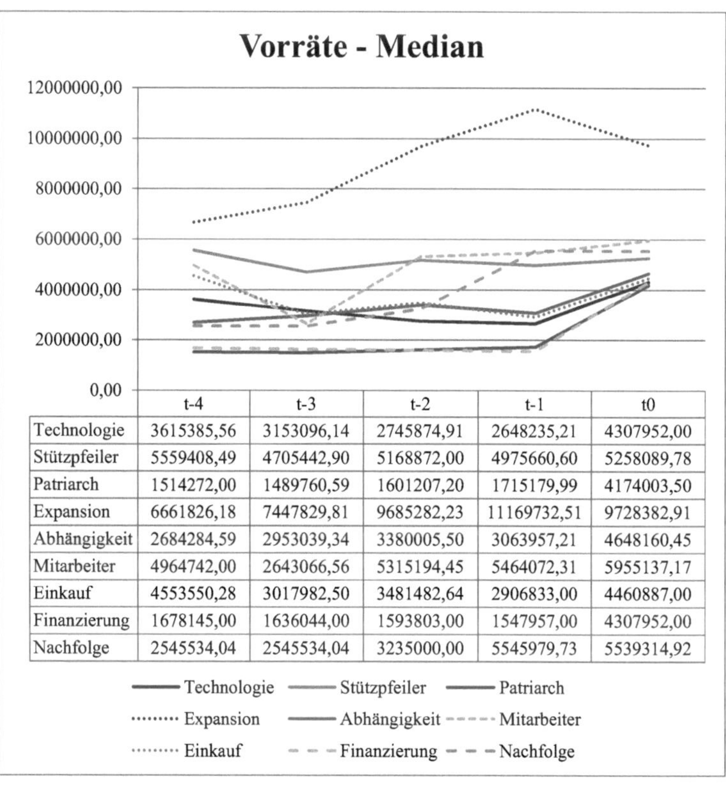

	t-4	t-3	t-2	t-1	t0
Technologie	3615385,56	3153096,14	2745874,91	2648235,21	4307952,00
Stützpfeiler	5559408,49	4705442,90	5168872,00	4975660,60	5258089,78
Patriarch	1514272,00	1489760,59	1601207,20	1715179,99	4174003,50
Expansion	6661826,18	7447829,81	9685282,23	11169732,51	9728382,91
Abhängigkeit	2684284,59	2953039,34	3380005,50	3063957,21	4648160,45
Mitarbeiter	4964742,00	2643066,56	5315194,45	5464072,31	5955137,17
Einkauf	4553550,28	3017982,50	3481482,64	2906833,00	4460887,00
Finanzierung	1678145,00	1636044,00	1593803,00	1547957,00	4307952,00
Nachfolge	2545534,04	2545534,04	3235000,00	5545979,73	5539314,92

Forderungen										
	t_{-1}		t_{-2}		t_{-3}		t_{-4}		t_{-5}	
	abs.	Δ %	abs.	Δ %	abs.	Δ %	abs.	Δ %	abs.	Δ %
Technologie	100	-	103,6	3,60	111,7	7,82	95,2	-14,8	98,4	3,36
Stützpfeiler	100	-	100,0	0,0	103,0	3,0	107,7	4,56	115,3	7,06
Patriarch	100	-	100,2	0,2	115,6	15,32	139,3	20,55	159,1	14,21
Expansion	100	-	100,0	0,0	112,9	12,85	127,9	13,29	124,2	-2,85
Abhängigkeit	100	-	100,0	0,0	107,6	7,6	121,7	13,1	115,4	-5,22
Mitarbeiter	100	-	110,8	10,8	208,7	88,44	183,4	-12,2	215,9	17,75
Einkauf	100	-	101,8	1,8	130,1	27,8	96,4	-25,9	106,9	10,84
Finanzierung	100	-	100,9	0,85	149,0	47,74	160,5	7,72	319,6	99,1
Nachfolge	100	-	102,4	2,40	119,1	16,31	159,7	34,09	120,7	-24,4
gesamt	100	-	103,1	3,1	108,2	4,95	118,6	9,61	132,7	11,85

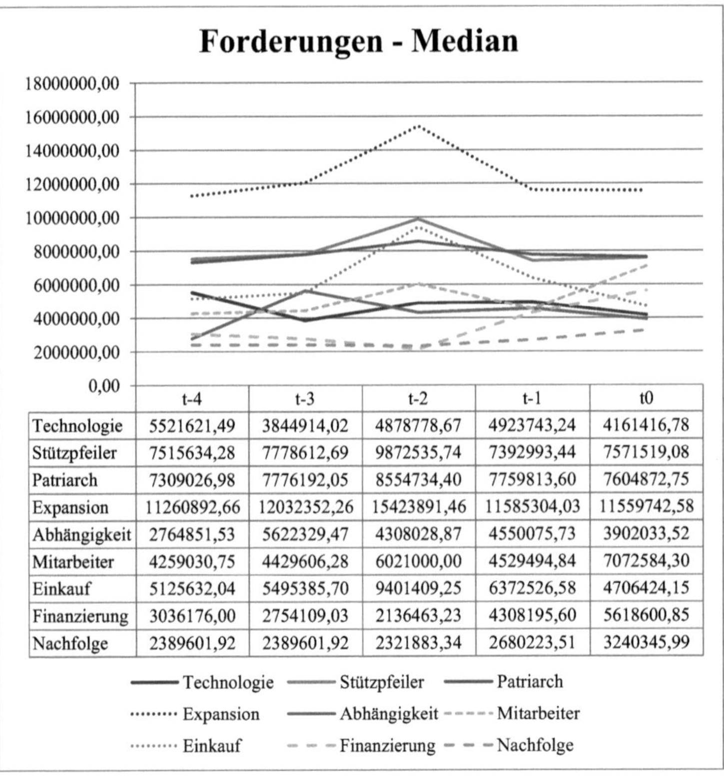

	t-4	t-3	t-2	t-1	t0
Technologie	5521621,49	3844914,02	4878778,67	4923743,24	4161416,78
Stützpfeiler	7515634,28	7778612,69	9872535,74	7392993,44	7571519,08
Patriarch	7309026,98	7776192,05	8554734,40	7759813,60	7604872,75
Expansion	11260892,66	12032352,26	15423891,46	11585304,03	11559742,58
Abhängigkeit	2764851,53	5622329,47	4308028,87	4550075,73	3902033,52
Mitarbeiter	4259030,75	4429606,28	6021000,00	4529494,84	7072584,30
Einkauf	5125632,04	5495385,70	9401409,25	6372526,58	4706424,15
Finanzierung	3036176,00	2754109,03	2136463,23	4308195,60	5618600,85
Nachfolge	2389601,92	2389601,92	2321883,34	2680223,51	3240345,99

Forderungen aus Lieferung und Leistung										
	t_{-1}		t_{-2}		t_{-3}		t_{-4}		t_{-5}	
	abs.	Δ %	abs.	Δ %	abs.	Δ %	abs.	Δ %	abs.	Δ %
Technologie	100	-	100,0	0,0	97,6	-2,4	108,4	11,07	106,8	-1,48
Stützpfeiler	100	-	100,0	0,0	101,5	1,5	107,3	5,67	106,3	-0,93
Patriarch	100	-	100,0	0,0	101,7	1,7	106,6	4,77	146,0	36,98
Expansion	100	-	100,0	0,0	111,0	11,0	120,5	8,51	102,0	-15,4
Abhängigkeit	100	-	100,0	0,0	102,8	2,8	108,8	5,84	110,0	1,1
Mitarbeiter	100	-	100,0	0,0	139,7	39,65	118,2	-15,4	186,7	58,02
Einkauf	100	-	100,0	0,0	123,7	23,65	101,7	-17,8	139,1	36,84
Finanzierung	100	-	107,8	7,75	165,0	53,13	165,9	0,55	228,9	37,94
Nachfolge	100	-	100,1	0,1	170,5	70,28	171,4	0,53	156,0	-8,96
gesamt	100	-	100,0	0,0	101,7	1,7	109,4	7,57	111,4	1,83

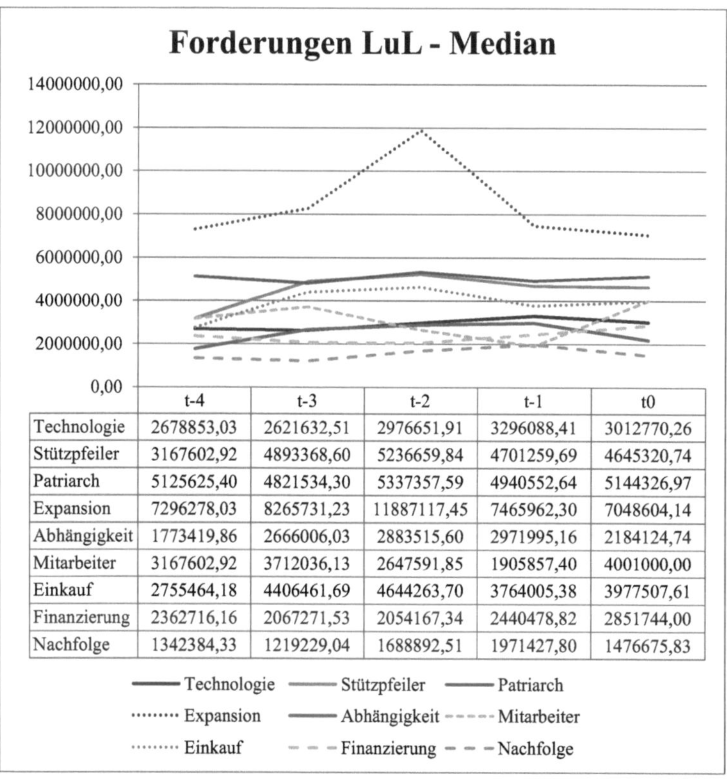

	t-4	t-3	t-2	t-1	t0
Technologie	2678853,03	2621632,51	2976651,91	3296088,41	3012770,26
Stützpfeiler	3167602,92	4893368,60	5236659,84	4701259,69	4645320,74
Patriarch	5125625,40	4821534,30	5337357,59	4940552,64	5144326,97
Expansion	7296278,03	8265731,23	11887117,45	7465962,30	7048604,14
Abhängigkeit	1773419,86	2666006,03	2883515,60	2971995,16	2184124,74
Mitarbeiter	3167602,92	3712036,13	2647591,85	1905857,40	4001000,00
Einkauf	2755464,18	4406461,69	4644263,70	3764005,38	3977507,61
Finanzierung	2362716,16	2067271,53	2054167,34	2440478,82	2851744,00
Nachfolge	1342384,33	1219229,04	1688892,51	1971427,80	1476675,83

Eigenkapital										
	t_{-1}		t_{-2}		t_{-3}		t_{-4}		t_{-5}	
	abs.	Δ %	abs.	Δ %	abs.	Δ %	abs.	Δ %	abs.	Δ %
Technologie	100	-	102,5	2,5	113,4	10,63	117,6	3,7	114,6	-2,55
Stützpfeiler	100	-	100,0	0,0	100,0	0,0	100,0	0,0	100,1	0,1
Patriarch	100	-	101,0	1,0	114,1	12,97	121,8	6,75	112,3	-7,84
Expansion	100	-	102,1	2,05	108,7	6,47	122,5	12,75	108,6	-11,4
Abhängigkeit	100	-	100,0	0,0	100,0	0,0	100,0	0,0	101,4	1,40
Mitarbeiter	100	-	100,8	0,8	102,9	2,03	127,0	23,43	77,4	-39,0
Einkauf	100	-	100,1	0,05	103,7	3,60	103,7	0,05	109,0	5,06
Finanzierung	100	-	111,3	11,25	113,8	2,25	127,3	11,87	149,1	17,13
Nachfolge	100	-	94,1	-5,95	106,9	13,61	117,5	9,97	97,9	-16,7
gesamt	100	-	102,9	2,9	107,7	4,66	109,8	1,95	109,1	-0,68

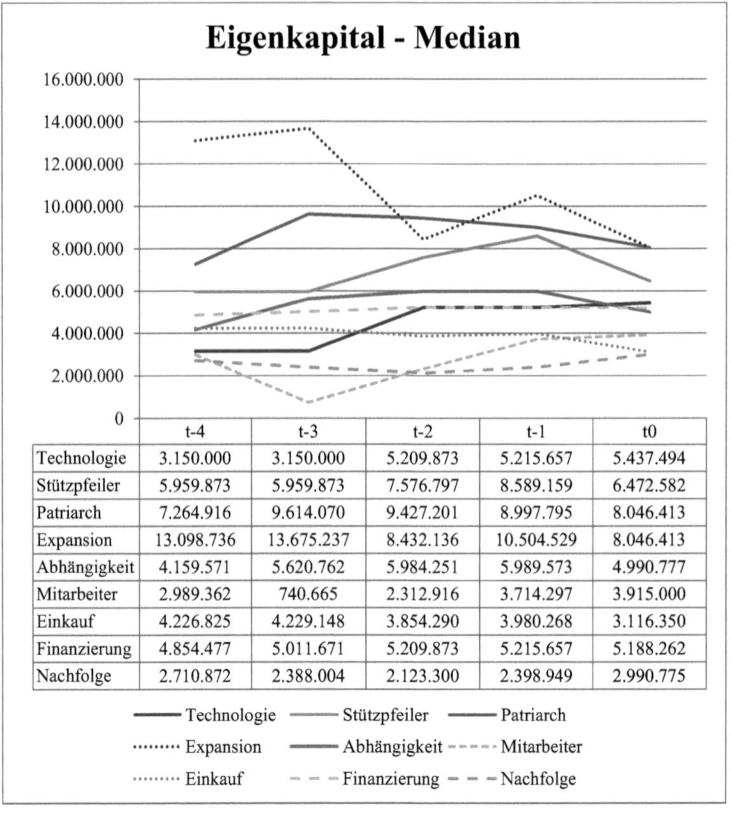

	t-4	t-3	t-2	t-1	t0
Technologie	3.150.000	3.150.000	5.209.873	5.215.657	5.437.494
Stützpfeiler	5.959.873	5.959.873	7.576.797	8.589.159	6.472.582
Patriarch	7.264.916	9.614.070	9.427.201	8.997.795	8.046.413
Expansion	13.098.736	13.675.237	8.432.136	10.504.529	8.046.413
Abhängigkeit	4.159.571	5.620.762	5.984.251	5.989.573	4.990.777
Mitarbeiter	2.989.362	740.665	2.312.916	3.714.297	3.915.000
Einkauf	4.226.825	4.229.148	3.854.290	3.980.268	3.116.350
Finanzierung	4.854.477	5.011.671	5.209.873	5.215.657	5.188.262
Nachfolge	2.710.872	2.388.004	2.123.300	2.398.949	2.990.775

Fremdkapital										
	t_{-1}		t_{-2}		t_{-3}		t_{-4}		t_{-5}	
	abs.	Δ %	abs.	Δ %	abs.	Δ %	abs.	Δ %	abs.	Δ %
Technologie	100	-	103,7	3,7	102,7	-0,96	98,7	-3,89	97,1	-1,62
Stützpfeiler	100	-	100,0	0,0	100,0	0,0	97,9	-2,1	106,3	8,58
Patriarch	100	-	100,0	0,0	104,6	4,55	116,6	11,53	144,9	24,27
Expansion	100	-	100,0	0,0	106,8	6,75	116,9	9,46	117,8	0,77
Abhängigkeit	100	-	100,0	0,0	99,1	-0,9	103,2	4,14	113,6	10,08
Mitarbeiter	100	-	103,5	3,45	133,3	28,81	218,2	63,71	257,1	17,83
Einkauf	100	-	98,5	-1,55	105,2	6,81	107,6	2,28	106,4	-1,07
Finanzierung	100	-	102,8	2,75	116,6	13,43	149,9	28,61	308,3	105,64
Nachfolge	100	-	94,2	-5,85	97,6	3,66	113,3	16,09	107,3	-5,34
gesamt	100	-	100,0	0,0	102,6	2,55	111,1	8,29	116,6	4,95

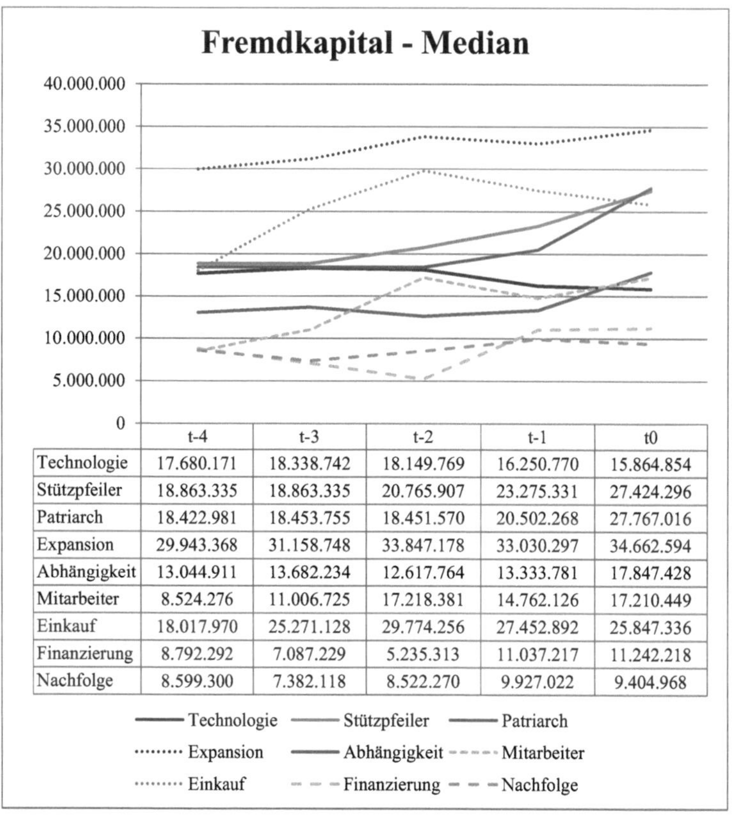

	t-4	t-3	t-2	t-1	t0
Technologie	17.680.171	18.338.742	18.149.769	16.250.770	15.864.854
Stützpfeiler	18.863.335	18.863.335	20.765.907	23.275.331	27.424.296
Patriarch	18.422.981	18.453.755	18.451.570	20.502.268	27.767.016
Expansion	29.943.368	31.158.748	33.847.178	33.030.297	34.662.594
Abhängigkeit	13.044.911	13.682.234	12.617.764	13.333.781	17.847.428
Mitarbeiter	8.524.276	11.006.725	17.218.381	14.762.126	17.210.449
Einkauf	18.017.970	25.271.128	29.774.256	27.452.892	25.847.336
Finanzierung	8.792.292	7.087.229	5.235.313	11.037.217	11.242.218
Nachfolge	8.599.300	7.382.118	8.522.270	9.927.022	9.404.968

Rückstellungen										
	t_{-1}		t_{-2}		t_{-3}		t_{-4}		t_{-5}	
	abs.	Δ %	abs.	Δ %	abs.	Δ %	abs.	Δ %	abs.	Δ %
Technologie	100	-	100,0	0,0	99,0	-1,0	94,8	-4,24	96,3	1,58
Stützpfeiler	100	-	100,0	0,0	99,9	-0,1	95,3	-4,6	98,1	2,94
Patriarch	100	-	100,0	0,0	100,0	0,0	105,6	5,55	92,1	-12,8
Expansion	100	-	100,0	0,0	79,0	-21,0	95,6	21,01	90,3	-5,54
Abhängigkeit	100	-	100,0	0,0	98,6	-1,4	92,5	-6,24	94,4	2,11
Mitarbeiter	100	-	100,0	0,0	137,7	37,65	144,9	5,23	235,4	62,48
Einkauf	100	-	101,1	1,05	97,8	-3,22	103,2	5,47	106,5	3,25
Finanzierung	100	-	63,2	-36,8	49,6	-21,5	164,8	232,16	187,7	13,93
Nachfolge	100	-	89,5	-10,6	78,4	-12,4	135,9	73,39	88,4	-34,9
gesamt	100	-	100,0	0,0	98,2	-1,85	106,5	8,51	97,2	-8,73

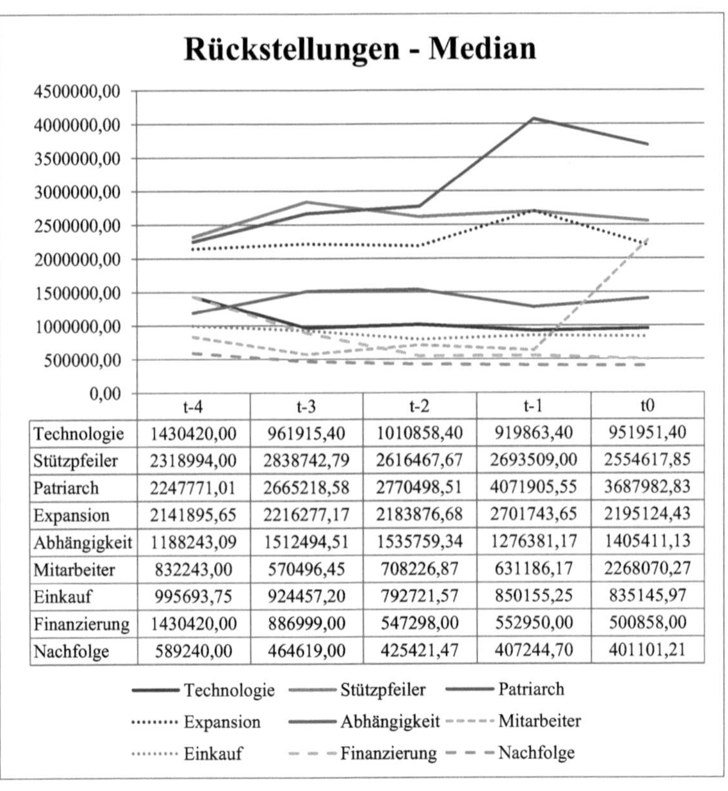

	t-4	t-3	t-2	t-1	t0
Technologie	1430420,00	961915,40	1010858,40	919863,40	951951,40
Stützpfeiler	2318994,00	2838742,79	2616467,67	2693509,00	2554617,85
Patriarch	2247771,01	2665218,58	2770498,51	4071905,55	3687982,83
Expansion	2141895,65	2216277,17	2183876,68	2701743,65	2195124,43
Abhängigkeit	1188243,09	1512494,51	1535759,34	1276381,17	1405411,13
Mitarbeiter	832243,00	570496,45	708226,87	631186,17	2268070,27
Einkauf	995693,75	924457,20	792721,57	850155,25	835145,97
Finanzierung	1430420,00	886999,00	547298,00	552950,00	500858,00
Nachfolge	589240,00	464619,00	425421,47	407244,70	401101,21

Verbindlichkeiten										
	t_{-1}		t_{-2}		t_{-3}		t_{-4}		t_{-5}	
	abs.	Δ %	abs.	Δ %	abs.	Δ %	abs.	Δ %	abs.	Δ %
Technologie	100	-	101,5	1,5	101,8	0,3	98,8	-2,95	110,4	11,74
Stützpfeiler	100	-	100,0	0,0	101,5	1,5	97,2	-4,24	110,4	13,58
Patriarch	100	-	100,0	0,0	109,4	9,4	127,4	16,41	152,5	19,75
Expansion	100	-	100,0	0,0	109,9	9,9	117,0	6,41	122,3	4,53
Abhängigkeit	100	-	100,0	0,0	101,3	1,3	108,1	6,71	113,1	4,58
Mitarbeiter	100	-	105,9	5,85	148,3	40,1	241,7	62,98	259,7	7,45
Einkauf	100	-	97,1	-2,95	105,6	8,81	106,6	0,95	109,1	2,30
Finanzierung	100	-	103,1	3,1	120,9	17,26	138,5	14,56	305,2	120,36
Nachfolge	100	-	94,3	-5,75	98,1	4,08	165,0	68,14	171,3	3,82
gesamt	100	-	100,0	0,0	109,1	9,05	111,5	2,2	122,3	9,69

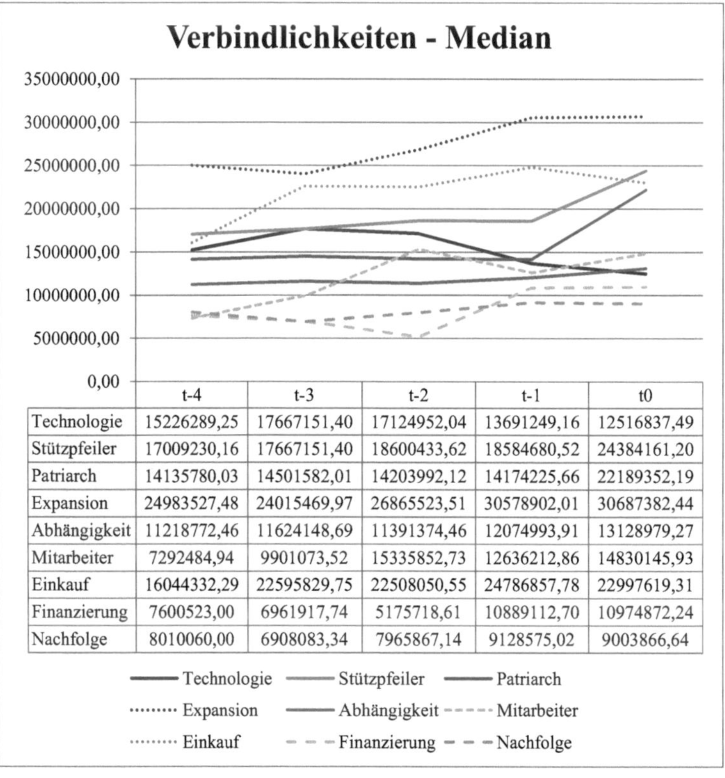

	t-4	t-3	t-2	t-1	t0
Technologie	15226289,25	17667151,40	17124952,04	13691249,16	12516837,49
Stützpfeiler	17009230,16	17667151,40	18600433,62	18584680,52	24384161,20
Patriarch	14135780,03	14501582,01	14203992,12	14174225,66	22189352,19
Expansion	24983527,48	24015469,97	26865523,51	30578902,01	30687382,44
Abhängigkeit	11218772,46	11624148,69	11391374,46	12074993,91	13128979,27
Mitarbeiter	7292484,94	9901073,52	15335852,73	12636212,86	14830145,93
Einkauf	16044332,29	22595829,75	22508050,55	24786857,78	22997619,31
Finanzierung	7600523,00	6961917,74	5175718,61	10889112,70	10974872,24
Nachfolge	8010060,00	6908083,34	7965867,14	9128575,02	9003866,64

Verbindlichkeiten gegenüber Kreditinstituten										
	t_{-1}		t_{-2}		t_{-3}		t_{-4}		t_{-5}	
	abs.	Δ %	abs.	Δ %	abs.	Δ %	abs.	Δ %	abs.	Δ %
Technologie	100	-	100,0	0,0	102,2	2,2	104,8	2,54	107,5	2,58
Stützpfeiler	100	-	100,0	0,0	100,0	0,0	102,3	2,25	122,8	20,05
Patriarch	100	-	100,0	0,0	110,2	10,2	120,0	8,89	184,3	53,58
Expansion	100	-	100,0	0,0	113,2	13,2	121,6	7,42	147,1	20,97
Abhängigkeit	100	-	100,0	0,0	97,0	-3,0	97,4	0,41	147,7	51,64
Mitarbeiter	100	-	92,5	-7,55	122,1	32,02	228,5	87,22	258,4	13,06
Einkauf	100	-	100,0	0,0	102,2	2,2	105,5	3,23	102,0	-3,32
Finanzierung	100	-	81,6	-18,4	123,3	51,1	120,0	-2,68	107,5	-10,4
Nachfolge	100	-	94,5	-5,5	94,7	0,21	92,5	-2,32	121,0	30,81
gesamt	100	-	100,0	0,0	106,8	6,80	114,9	7,58	147,1	28,02

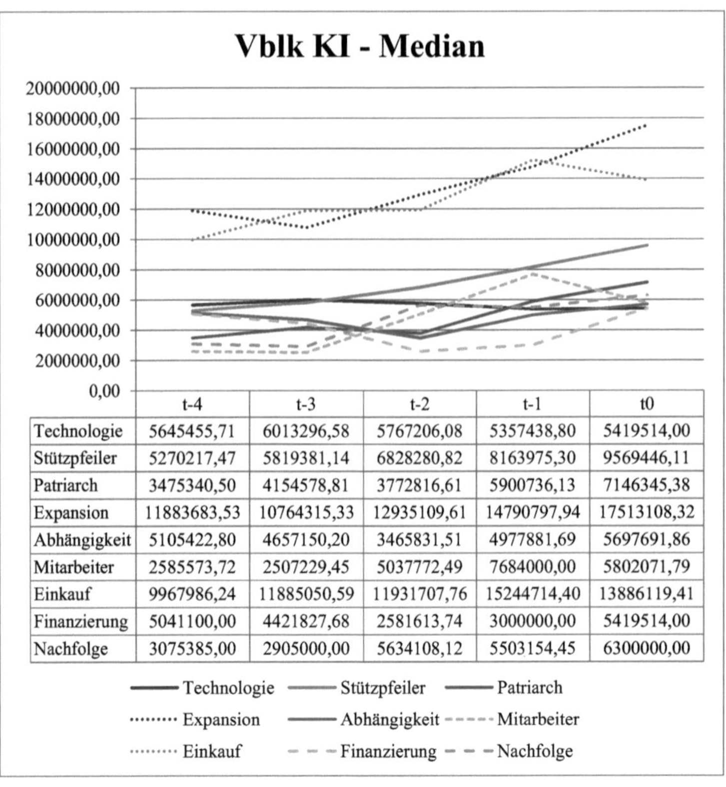

	t-4	t-3	t-2	t-1	t0
Technologie	5645455,71	6013296,58	5767206,08	5357438,80	5419514,00
Stützpfeiler	5270217,47	5819381,14	6828280,82	8163975,30	9569446,11
Patriarch	3475340,50	4154578,81	3772816,61	5900736,13	7146345,38
Expansion	11883683,53	10764315,33	12935109,61	14790797,94	17513108,32
Abhängigkeit	5105422,80	4657150,20	3465831,51	4977881,69	5697691,86
Mitarbeiter	2585573,72	2507229,45	5037772,49	7684000,00	5802071,79
Einkauf	9967986,24	11885050,59	11931707,76	15244714,40	13886119,41
Finanzierung	5041100,00	4421827,68	2581613,74	3000000,00	5419514,00
Nachfolge	3075385,00	2905000,00	5634108,12	5503154,45	6300000,00

Verbindlichkeiten aus Lieferung und Leistung										
	t_{-1}		t_{-2}		t_{-3}		t_{-4}		t_{-5}	
	abs.	Δ %	abs.	Δ %	abs.	Δ %	abs.	Δ %	abs.	Δ %
Technologie	100	-	105,7	5,7	111,6	5,58	98,5	-11,7	105,9	7,51
Stützpfeiler	100	-	100,0	0,0	98,2	-1,8	116,8	18,89	105,5	-9,64
Patriarch	100	-	100,3	0,3	100,0	-0,3	132,4	32,35	169,4	27,96
Expansion	100	-	100,0	0,0	98,8	-1,2	111,9	13,26	137,9	23,24
Abhängigkeit	100	-	100,0	0,0	101,7	1,7	138,5	36,18	134,7	-2,74
Mitarbeiter	100	-	108,2	8,2	207,5	91,77	297,8	43,49	297,5	-0,1
Einkauf	100	-	72,1	-27,9	91,8	27,32	97,1	5,77	106,6	9,78
Finanzierung	100	-	89,6	-10,4	86,7	-3,24	99,6	14,88	215,1	115,96
Nachfolge	100	-	119,6	19,6	87,7	-26,7	153,0	74,46	76,6	-49,93
gesamt	100	-	100,0	0,0	100,0	0,0	119,3	19,3	134,7	12,91

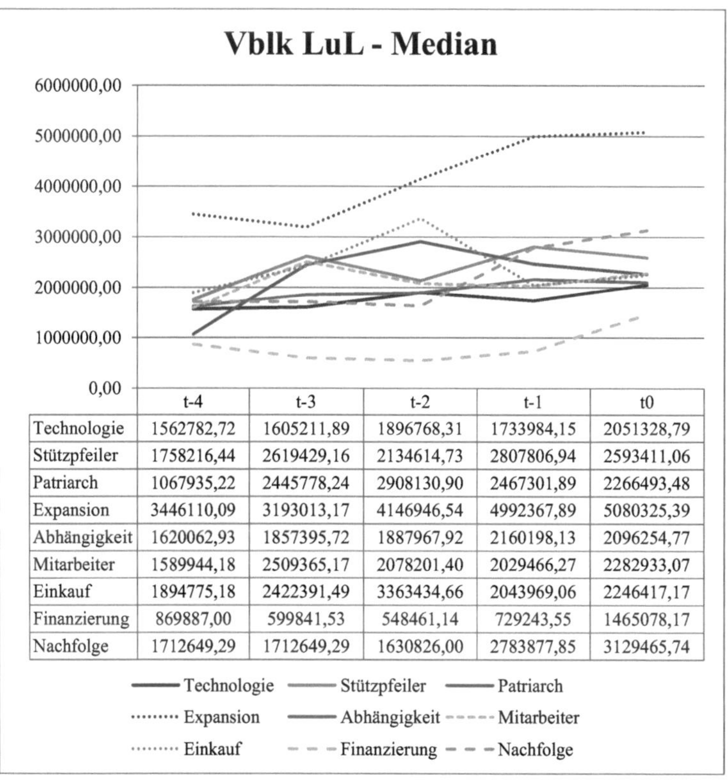

	t-4	t-3	t-2	t-1	t0
Technologie	1562782,72	1605211,89	1896768,31	1733984,15	2051328,79
Stützpfeiler	1758216,44	2619429,16	2134614,73	2807806,94	2593411,06
Patriarch	1067935,22	2445778,24	2908130,90	2467301,89	2266493,48
Expansion	3446110,09	3193013,17	4146946,54	4992367,89	5080325,39
Abhängigkeit	1620062,93	1857395,72	1887967,92	2160198,13	2096254,77
Mitarbeiter	1589944,18	2509365,17	2078201,40	2029466,27	2282933,07
Einkauf	1894775,18	2422391,49	3363434,66	2043969,06	2246417,17
Finanzierung	869887,00	599841,53	548461,14	729243,55	1465078,17
Nachfolge	1712649,29	1712649,29	1630826,00	2783877,85	3129465,74

Bilanzsumme										
	t_{-1}		t_{-2}		t_{-3}		t_{-4}		t_{-5}	
	abs.	Δ %	abs.	Δ %	abs.	Δ %	abs.	Δ %	abs.	Δ %
Technologie	100	-	100,0	0,0	107,3	7,30	111,6	4,01	105,0	-5,91
Stützpfeiler	100	-	100,0	0,0	100,0	0,0	97,7	-2,30	105,7	8,19
Patriarch	100	-	100,0	0,0	110,2	10,2	121,3	10,03	139,1	14,72
Expansion	100	-	100,0	0,0	106,8	6,75	114,5	7,26	112,0	-2,23
Abhängigkeit	100	-	100,0	0,0	99,3	-0,7	103,3	3,98	108,8	5,38
Mitarbeiter	100	-	102,3	2,25	131,6	28,7	191,8	45,71	172,3	-10,1
Einkauf	100	-	98,6	-1,4	100,8	2,18	103,9	3,08	103,7	-0,14
Finanzierung	100	-	102,4	2,4	114,7	11,96	145,6	27,0	260,6	78,98
Nachfolge	100	-	93,2	-6,8	95,1	2,04	117,3	23,29	118,0	0,6
gesamt	100	-	100,0	0,0	105,5	5,5	112,4	6,54	114,1	1,47

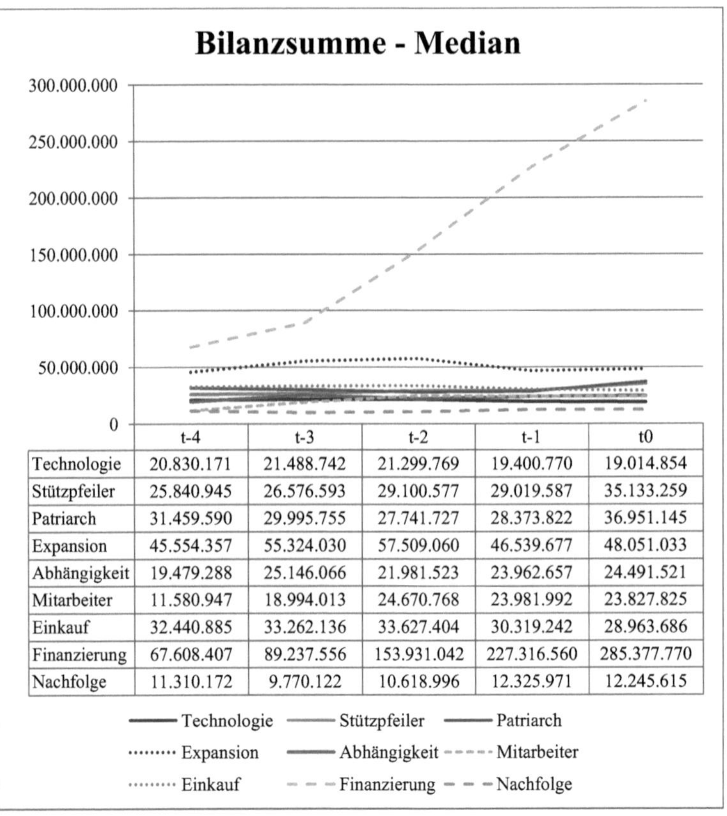

	t-4	t-3	t-2	t-1	t0
Technologie	20.830.171	21.488.742	21.299.769	19.400.770	19.014.854
Stützpfeiler	25.840.945	26.576.593	29.100.577	29.019.587	35.133.259
Patriarch	31.459.590	29.995.755	27.741.727	28.373.822	36.951.145
Expansion	45.554.357	55.324.030	57.509.060	46.539.677	48.051.033
Abhängigkeit	19.479.288	25.146.066	21.981.523	23.962.657	24.491.521
Mitarbeiter	11.580.947	18.994.013	24.670.768	23.981.992	23.827.825
Einkauf	32.440.885	33.262.136	33.627.404	30.319.242	28.963.686
Finanzierung	67.608.407	89.237.556	153.931.042	227.316.560	285.377.770
Nachfolge	11.310.172	9.770.122	10.618.996	12.325.971	12.245.615

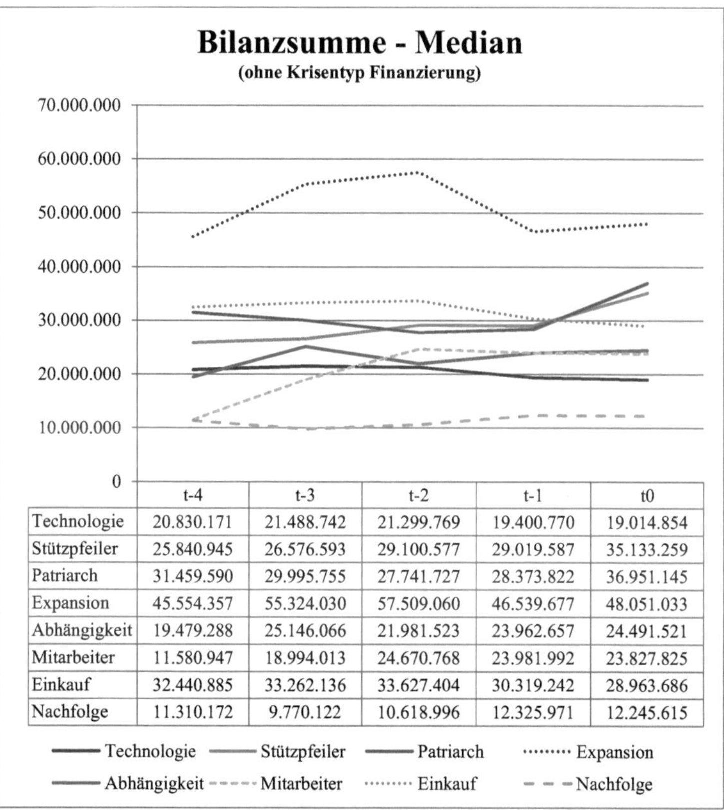

	t-4	t-3	t-2	t-1	t0
Technologie	20.830.171	21.488.742	21.299.769	19.400.770	19.014.854
Stützpfeiler	25.840.945	26.576.593	29.100.577	29.019.587	35.133.259
Patriarch	31.459.590	29.995.755	27.741.727	28.373.822	36.951.145
Expansion	45.554.357	55.324.030	57.509.060	46.539.677	48.051.033
Abhängigkeit	19.479.288	25.146.066	21.981.523	23.962.657	24.491.521
Mitarbeiter	11.580.947	18.994.013	24.670.768	23.981.992	23.827.825
Einkauf	32.440.885	33.262.136	33.627.404	30.319.242	28.963.686
Nachfolge	11.310.172	9.770.122	10.618.996	12.325.971	12.245.615

Anhang II – Mediane aus der Gewinn- und Verlustrechnung – Aufteilung Krisentypen

Umsatz										
	t_{-1}		t_{-2}		t_{-3}		t_{-4}		t_{-5}	
	abs.	Δ %	abs.	Δ %	abs.	Δ %	abs.	Δ %	abs.	Δ %
Technologie	100	-	95,3	-4,7	98,3	3,15	97,2	-1,12	103,7	6,69
Stützpfeiler	100	-	100,0	0,0	100,3	0,3	101,7	1,4	101,6	-0,1
Patriarch	100	-	100,0	0,0	108,6	8,6	115,2	6,08	123,4	7,12
Expansion	100	-	96,1	-3,9	100,2	4,27	111,7	11,48	101,8	-8,86
Abhängigkeit	100	-	100,0	0,0	102,3	2,25	104,6	2,3	101,5	-2,96
Mitarbeiter	100	-	108,2	8,15	159,6	47,53	175,6	10,06	195,0	11,02
Einkauf	100	-	96,7	-3,35	102,8	6,36	109,4	6,42	105,5	-3,61
Finanzierung	100	-	117,8	17,75	121,1	2,8	183,8	51,8	182,9	-0,49
Nachfolge	100	-	78,8	-21,2	89,8	13,96	104,8	16,7	97,5	-6,97
gesamt	100	-	100,0	0,0	104,1	4,1	112,0	7,59	111,7	-0,27

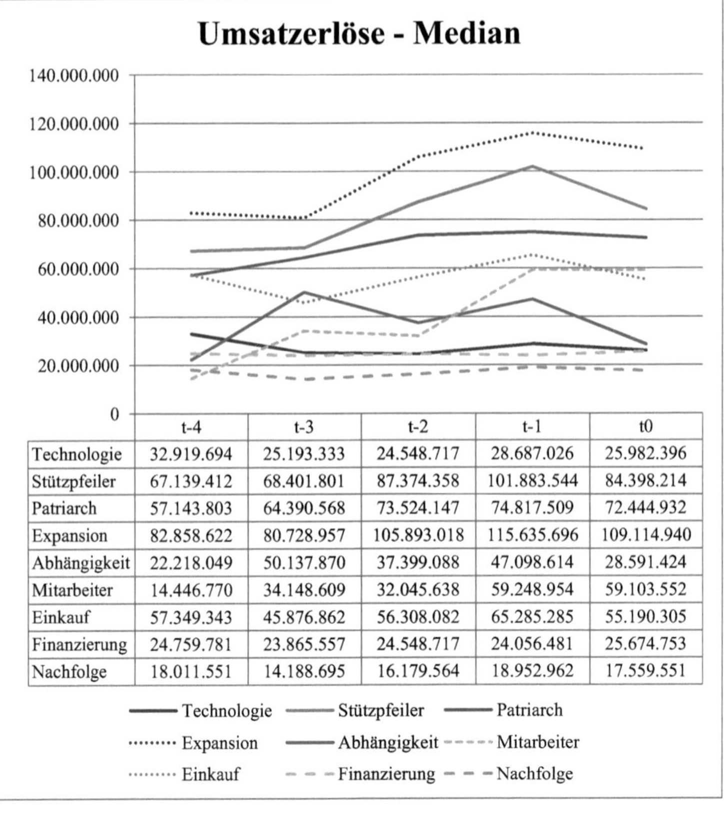

	t-4	t-3	t-2	t-1	t0
Technologie	32.919.694	25.193.333	24.548.717	28.687.026	25.982.396
Stützpfeiler	67.139.412	68.401.801	87.374.358	101.883.544	84.398.214
Patriarch	57.143.803	64.390.568	73.524.147	74.817.509	72.444.932
Expansion	82.858.622	80.728.957	105.893.018	115.635.696	109.114.940
Abhängigkeit	22.218.049	50.137.870	37.399.088	47.098.614	28.591.424
Mitarbeiter	14.446.770	34.148.609	32.045.638	59.248.954	59.103.552
Einkauf	57.349.343	45.876.862	56.308.082	65.285.285	55.190.305
Finanzierung	24.759.781	23.865.557	24.548.717	24.056.481	25.674.753
Nachfolge	18.011.551	14.188.695	16.179.564	18.952.962	17.559.551

Materialaufwand										
	t_{-1}		t_{-2}		t_{-3}		t_{-4}		t_{-5}	
	abs.	Δ %	abs.	Δ %	abs.	Δ %	abs.	Δ %	abs.	Δ %
Technologie	100	-	99,3	-0,7	105,5	6,24	105,5	0,0	115,9	9,86
Stützpfeiler	100	-	100,0	0,0	100,0	0,0	105,5	5,5	98,1	-7,01
Patriarch	100	-	100,0	0,0	113,3	13,25	118,6	4,72	126,8	6,87
Expansion	100	-	93,3	-6,7	106,2	13,83	112,0	5,46	109,0	-2,68
Abhängigkeit	100	-	100,3	0,25	98,2	-2,09	110,3	12,33	98,7	-10,5
Mitarbeiter	100	-	109,6	9,55	173,1	57,96	189,0	9,22	222,4	17,65
Einkauf	100	-	96,7	-3,35	110,2	14,02	126,5	14,75	114,0	-9,89
Finanzierung	100	-	116,9	16,9	130,8	11,85	184,0	40,73	183,1	-0,52
Nachfolge	100	-	79,9	-20,1	88,4	10,64	104,8	18,55	95,6	-8,78
gesamt	100	-	100,0	0,0	107,1	7,1	123,2	15,03	118,3	-3,98

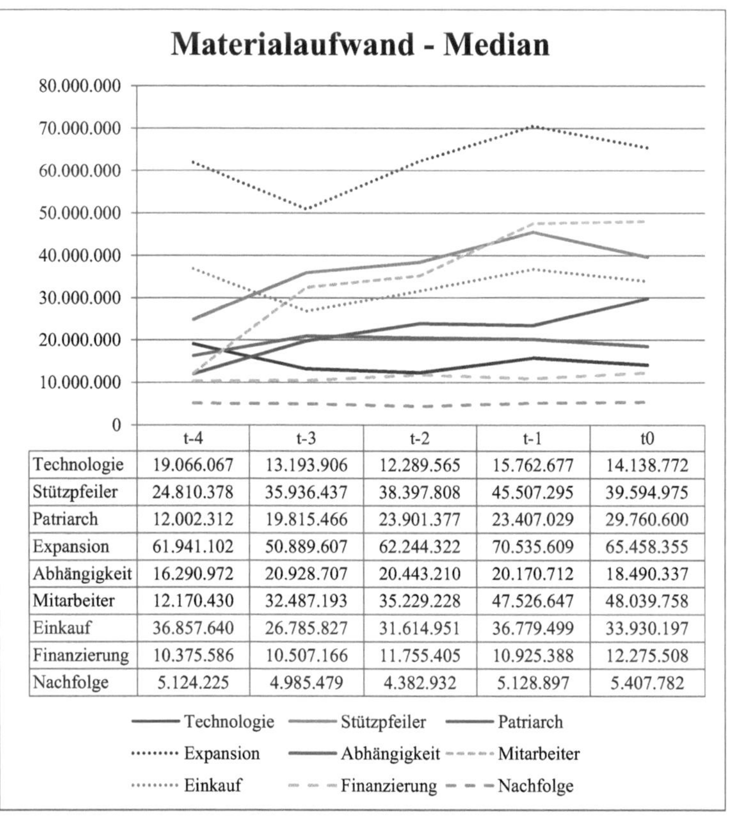

	t-4	t-3	t-2	t-1	t0
Technologie	19.066.067	13.193.906	12.289.565	15.762.677	14.138.772
Stützpfeiler	24.810.378	35.936.437	38.397.808	45.507.295	39.594.975
Patriarch	12.002.312	19.815.466	23.901.377	23.407.029	29.760.600
Expansion	61.941.102	50.889.607	62.244.322	70.535.609	65.458.355
Abhängigkeit	16.290.972	20.928.707	20.443.210	20.170.712	18.490.337
Mitarbeiter	12.170.430	32.487.193	35.229.228	47.526.647	48.039.758
Einkauf	36.857.640	26.785.827	31.614.951	36.779.499	33.930.197
Finanzierung	10.375.586	10.507.166	11.755.405	10.925.388	12.275.508
Nachfolge	5.124.225	4.985.479	4.382.932	5.128.897	5.407.782

Personalaufwand										
	t_{-1}		t_{-2}		t_{-3}		t_{-4}		t_{-5}	
	abs.	Δ %	abs.	Δ %	abs.	Δ %	abs.	Δ %	abs.	Δ %
Technologie	100	-	95,3	-4,70	90,2	-5,35	99,5	10,31	100,4	0,9
Stützpfeiler	100	-	100,0	0,0	102,0	2,0	105,0	2,94	105,2	0,19
Patriarch	100	-	100,0	0,0	101,9	1,85	112,9	10,8	117,6	4,21
Expansion	100	-	99,3	-0,75	104,9	5,69	110,7	5,53	112,5	1,63
Abhängigkeit	100	-	100,0	0,0	105,5	5,5	109,9	4,17	110,7	0,73
Mitarbeiter	100	-	102,2	2,15	132,0	29,22	146,0	10,57	144,3	-1,16
Einkauf	100	-	98,5	-1,5	102,0	3,55	96,5	-5,39	105,2	9,02
Finanzierung	100	-	98,1	-1,9	98,0	-0,1	113,0	15,31	111,6	-1,24
Nachfolge	100	-	96,9	-3,1	98,0	1,14	103,0	5,1	103,9	0,87
gesamt	100	-	100,0	0,0	104,3	4,3	110,7	6,14	113,4	2,44

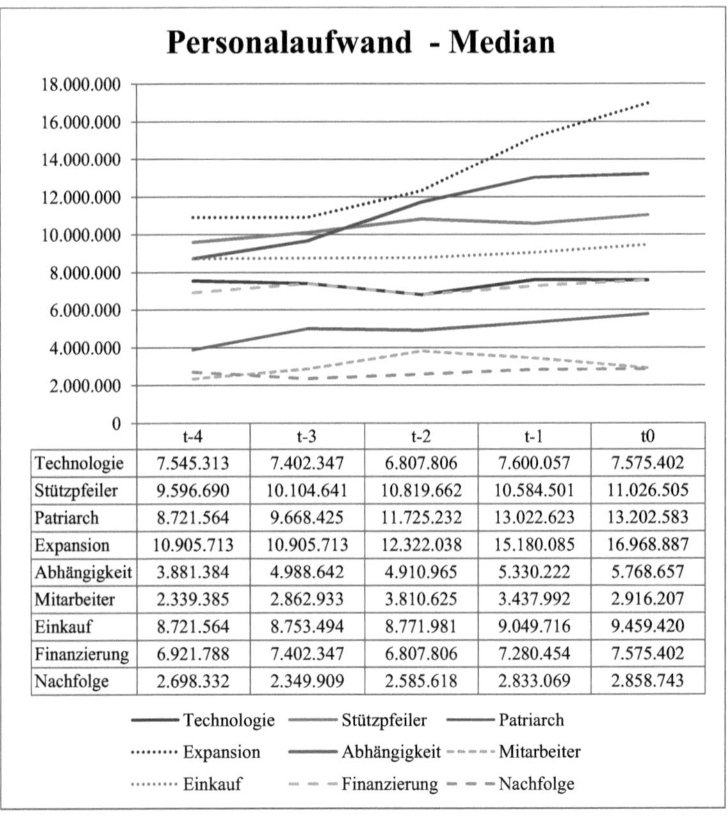

	t-4	t-3	t-2	t-1	t0
Technologie	7.545.313	7.402.347	6.807.806	7.600.057	7.575.402
Stützpfeiler	9.596.690	10.104.641	10.819.662	10.584.501	11.026.505
Patriarch	8.721.564	9.668.425	11.725.232	13.022.623	13.202.583
Expansion	10.905.713	10.905.713	12.322.038	15.180.085	16.968.887
Abhängigkeit	3.881.384	4.988.642	4.910.965	5.330.222	5.768.657
Mitarbeiter	2.339.385	2.862.933	3.810.625	3.437.992	2.916.207
Einkauf	8.721.564	8.753.494	8.771.981	9.049.716	9.459.420
Finanzierung	6.921.788	7.402.347	6.807.806	7.280.454	7.575.402
Nachfolge	2.698.332	2.349.909	2.585.618	2.833.069	2.858.743

Abschreibungen										
	t_{-1}		t_{-2}		t_{-3}		t_{-4}		t_{-5}	
	abs.	Δ %	abs.	Δ %	abs.	Δ %	abs.	Δ %	abs.	Δ %
Technologie	100	-	101,0	1,0	90,3	-10,6	91,5	1,33	101,8	11,26
Stützpfeiler	100	-	100,0	0,0	103,1	3,1	107,9	4,66	107,3	-0,56
Patriarch	100	-	100,0	0,0	113,1	13,1	126,6	11,94	139,7	10,35
Expansion	100	-	104,3	4,3	107,5	3,07	117,4	9,21	110,5	-5,88
Abhängigkeit	100	-	100,0	0,0	105,1	5,1	113,2	7,71	123,1	8,75
Mitarbeiter	100	-	101,6	1,6	104,8	3,15	109,5	4,44	99,1	-9,46
Einkauf	100	-	107,4	7,4	96,3	-10,3	102,2	6,13	102,6	0,34
Finanzierung	100	-	103,8	3,75	101,3	-2,41	152,1	50,22	208,9	37,31
Nachfolge	100	-	91,3	-8,7	98,6	8,0	101,4	2,84	80,1	-21,0
gesamt	100	-	101,0	1,0	105,4	4,36	117,4	11,39	121,5	3,49

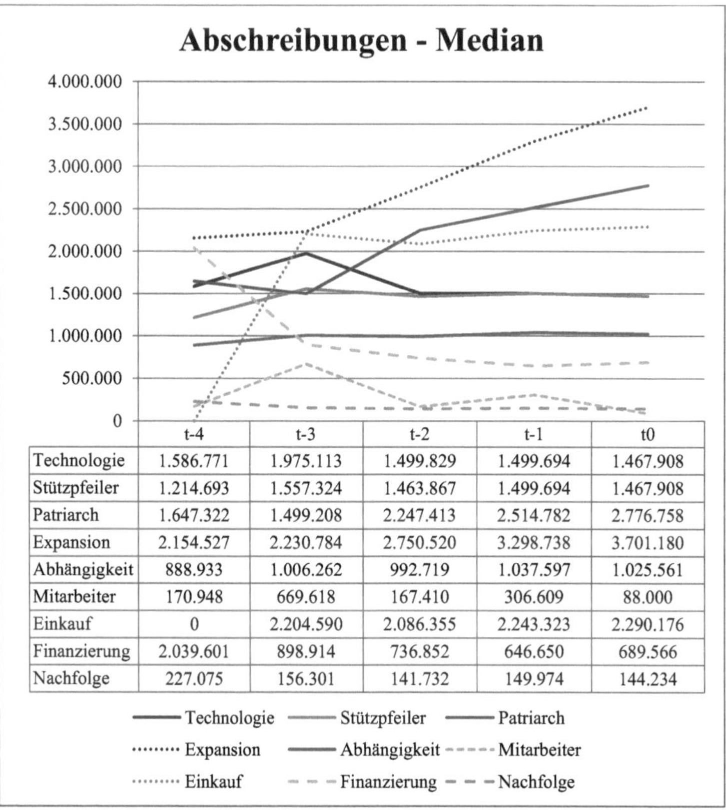

	t-4	t-3	t-2	t-1	t0
Technologie	1.586.771	1.975.113	1.499.829	1.499.694	1.467.908
Stützpfeiler	1.214.693	1.557.324	1.463.867	1.499.694	1.467.908
Patriarch	1.647.322	1.499.208	2.247.413	2.514.782	2.776.758
Expansion	2.154.527	2.230.784	2.750.520	3.298.738	3.701.180
Abhängigkeit	888.933	1.006.262	992.719	1.037.597	1.025.561
Mitarbeiter	170.948	669.618	167.410	306.609	88.000
Einkauf	0	2.204.590	2.086.355	2.243.323	2.290.176
Finanzierung	2.039.601	898.914	736.852	646.650	689.566
Nachfolge	227.075	156.301	141.732	149.974	144.234

Ordentliches Betriebsergebnis										
	t_{-1}		t_{-2}		t_{-3}		t_{-4}		t_{-5}	
	abs.	Δ %	abs.	Δ %	abs.	Δ %	abs.	Δ %	abs.	Δ %
Technologie	100	-	93,3	-6,70	97,7	4,72	98,5	0,82	88,6	-10,1
Stützpfeiler	100	-	100,0	0,0	105,9	5,9	104,7	-1,13	88,6	-15,4
Patriarch	100	-	100,0	0,0	108,7	8,65	113,8	4,69	111,5	-1,98
Expansion	100	-	92,3	-7,7	98,4	6,61	104,5	6,2	91,5	-12,4
Abhängigkeit	100	-	100,0	0,0	112,6	12,55	104,8	-6,89	89,9	-14,2
Mitarbeiter	100	-	104,1	4,1	159,8	53,46	181,0	13,3	187,2	3,4
Einkauf	100	-	96,7	-3,35	103,6	7,19	90,5	-12,7	92,8	2,6
Finanzierung	100	-	100,9	0,9	113,6	12,59	110,2	-2,99	98,5	-10,6
Nachfolge	100	-	73,3	-26,8	86,3	17,82	85,7	-0,75	104,1	21,54
gesamt	100	-	100,0	0,0	98,3	-1,7	96,4	-1,93	90,39	-6,43

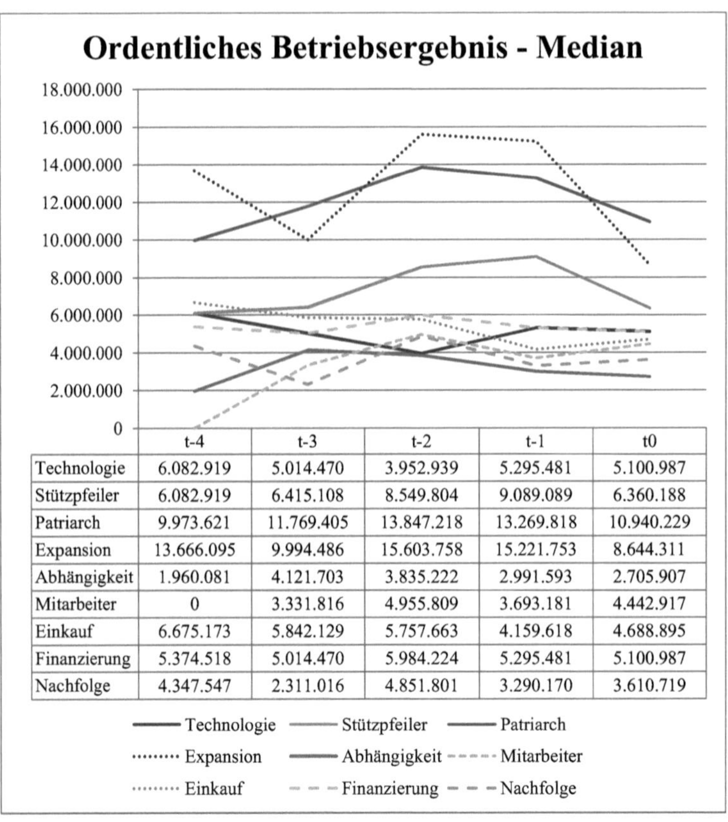

	t-4	t-3	t-2	t-1	t0
Technologie	6.082.919	5.014.470	3.952.939	5.295.481	5.100.987
Stützpfeiler	6.082.919	6.415.108	8.549.804	9.089.089	6.360.188
Patriarch	9.973.621	11.769.405	13.847.218	13.269.818	10.940.229
Expansion	13.666.095	9.994.486	15.603.758	15.221.753	8.644.311
Abhängigkeit	1.960.081	4.121.703	3.835.222	2.991.593	2.705.907
Mitarbeiter	0	3.331.816	4.955.809	3.693.181	4.442.917
Einkauf	6.675.173	5.842.129	5.757.663	4.159.618	4.688.895
Finanzierung	5.374.518	5.014.470	5.984.224	5.295.481	5.100.987
Nachfolge	4.347.547	2.311.016	4.851.801	3.290.170	3.610.719

Außerordentliches Betriebsergebnis										
	t_{-1}		t_{-2}		t_{-3}		t_{-4}		t_{-5}	
	abs.	Δ %	abs.	Δ %	abs.	Δ %	abs.	Δ %	abs.	Δ %
Technologie	100	-	16,0	-84,0	0,0	-100	0,0	0,0	0,0	0,0
Stützpfeiler	100	-	100,0	0,0	2,1	-97,9	0,0	-100	0,0	0,0
Patriarch	100	-	100,0	0,0	0,0	-100	0,0	0,0	0,0	0,0
Expansion	100	-	100,0	0,0	0,0	-100	0,0	0,0	0,0	0,0
Abhängigkeit	100	-	100,0	0,0	2,1	-97,9	2,1	0,0	0,8	-61,9
Mitarbeiter	100	-	100,0	0,0	0,0	-100	0,0	0,0	0,0	0,0
Einkauf	100	-	100,0	0,0	11,9	-88,1	0,0	-100	1,6	0,0
Finanzierung	100	-	100,0	0,0	6,0	-94,1	0,0	-100	0,0	0,0
Nachfolge	100	-	100,0	0,0	-1,3	-101	44,4	-3515	47,4	6,76
gesamt	100	-	100,0	0,0	0,0	-100	0,0	0,0	0,0	0,0

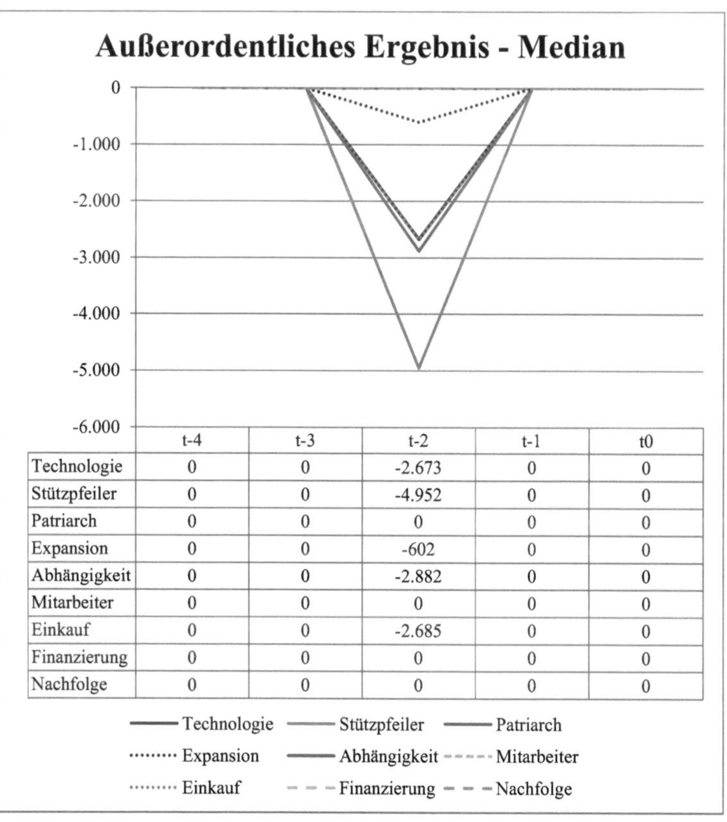

	t-4	t-3	t-2	t-1	t0
Technologie	0	0	-2.673	0	0
Stützpfeiler	0	0	-4.952	0	0
Patriarch	0	0	0	0	0
Expansion	0	0	-602	0	0
Abhängigkeit	0	0	-2.882	0	0
Mitarbeiter	0	0	0	0	0
Einkauf	0	0	-2.685	0	0
Finanzierung	0	0	0	0	0
Nachfolge	0	0	0	0	0

EBIT										
	t_{-1}		t_{-2}		t_{-3}		t_{-4}		t_{-5}	
	abs.	Δ %	abs.	Δ %	abs.	Δ %	abs.	Δ %	abs.	Δ %
Technologie	100	-	105,7	5,7	77,2	-26,9	50,7	-34,3	28,0	-44,8
Stützpfeiler	100	-	100,0	0,0	100,0	0,0	65,4	-34,6	21,3	-67,4
Patriarch	100	-	100,0	0,0	106,7	6,7	73,6	-31,0	54,2	-26,4
Expansion	100	-	91,1	-8,95	67,4	-25,9	40,8	-39,5	47,1	15,46
Abhängigkeit	100	-	100,0	0,0	97,8	-2,2	70,8	-27,7	38,6	-45,4
Mitarbeiter	100	-	100,0	0,0	101,9	1,85	120,2	18,02	61,9	-48,5
Einkauf	100	-	100,8	0,8	54,7	-45,7	66,8	22,03	16,5	-75,3
Finanzierung	100	-	78,0	-22,1	114,5	46,89	96,3	-15,9	99,2	3,01
Nachfolge	100	-	70,8	-29,2	70,1	-1,06	93,2	32,98	70,3	-24,6
gesamt	100	-	100,0	0,0	98,9	-1,1	74,9	-24,3	39,1	-47,8

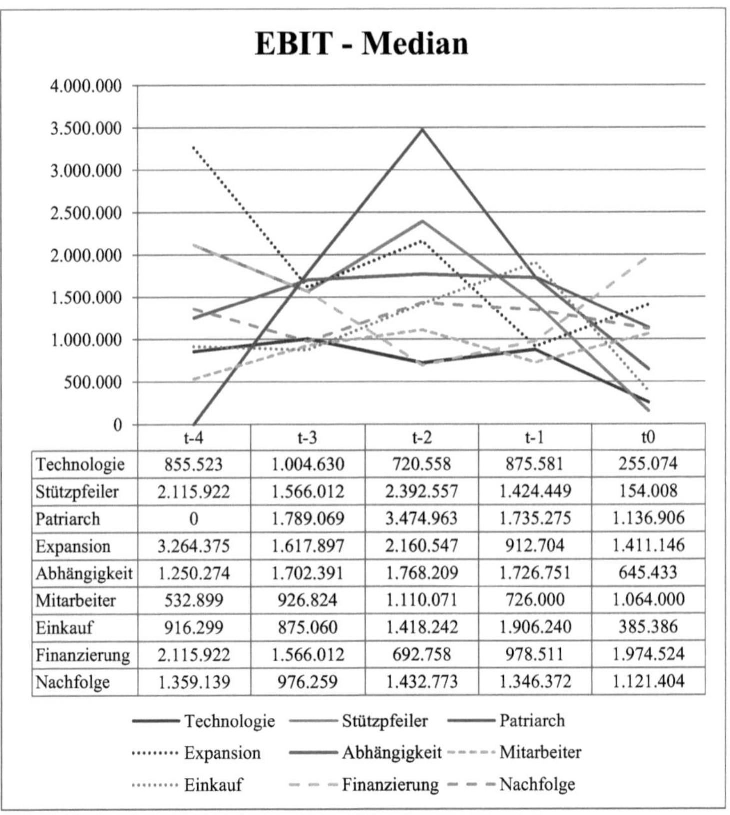

	t-4	t-3	t-2	t-1	t0
Technologie	855.523	1.004.630	720.558	875.581	255.074
Stützpfeiler	2.115.922	1.566.012	2.392.557	1.424.449	154.008
Patriarch	0	1.789.069	3.474.963	1.735.275	1.136.906
Expansion	3.264.375	1.617.897	2.160.547	912.704	1.411.146
Abhängigkeit	1.250.274	1.702.391	1.768.209	1.726.751	645.433
Mitarbeiter	532.899	926.824	1.110.071	726.000	1.064.000
Einkauf	916.299	875.060	1.418.242	1.906.240	385.386
Finanzierung	2.115.922	1.566.012	692.758	978.511	1.974.524
Nachfolge	1.359.139	976.259	1.432.773	1.346.372	1.121.404

Gewinn der Abrechnungsperiode										
	t_{-1}		t_{-2}		t_{-3}		t_{-4}		t_{-5}	
	abs.	Δ %	abs.	Δ %	abs.	Δ %	abs.	Δ %	abs.	Δ %
Technologie	100	-	85,7	-14,3	-21,6	-125,2	12,9	-159,7	50,9	294,57
Stützpfeiler	100	-	95,6	-4,40	89,4	-6,49	12,9	-85,57	16,4	27,13
Patriarch	100	-	100,0	0,00	93,2	-6,80	30,6	-67,22	2,1	-93,29
Expansion	100	-	92,9	-7,15	51,4	-44,70	6,5	-87,34	2,1	-68,46
Abhängigkeit	100	-	100,0	0,00	88,8	-11,20	31,6	-64,47	15,9	-49,60
Mitarbeiter	100	-	62,6	-37,5	45,4	-27,42	41,1	-9,47	80,5	95,74
Einkauf	100	-	52,0	-48,1	-105,5	-302,9	-32,8	-68,9	20,4	-162,1
Finanzierung	100	-	10,7	-89,4	34,1	220,19	74,6	118,62	13,9	-81,35
Nachfolge	100	-	64,0	-36,0	75,5	17,97	96,5	27,75	63,0	-34,73
gesamt	100	-	91,7	-8,35	43,3	-52,76	20,5	-52,66	2,3	-88,78

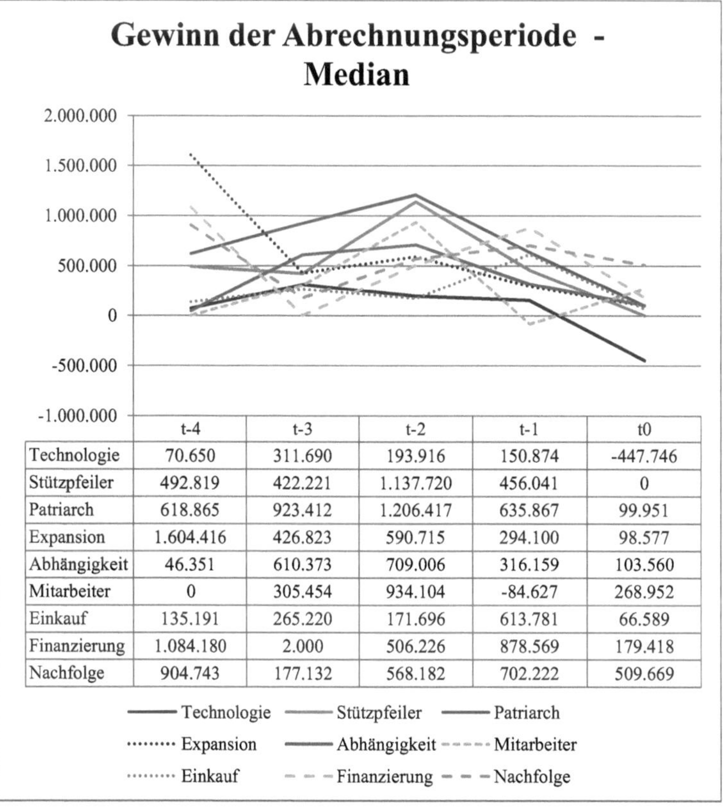

	t-4	t-3	t-2	t-1	t0
Technologie	70.650	311.690	193.916	150.874	-447.746
Stützpfeiler	492.819	422.221	1.137.720	456.041	0
Patriarch	618.865	923.412	1.206.417	635.867	99.951
Expansion	1.604.416	426.823	590.715	294.100	98.577
Abhängigkeit	46.351	610.373	709.006	316.159	103.560
Mitarbeiter	0	305.454	934.104	-84.627	268.952
Einkauf	135.191	265.220	171.696	613.781	66.589
Finanzierung	1.084.180	2.000	506.226	878.569	179.418
Nachfolge	904.743	177.132	568.182	702.222	509.669

Anhang III – Mediane aus der Analysekennzahlen – Aufteilung Krisentypen

Debitorenziel										
	t_{-1}		t_{-2}		t_{-3}		t_{-4}		t_{-5}	
	abs.	Δ %	abs.	Δ %	abs.	Δ %	abs.	Δ %	abs.	Δ %
Technologie	100	-	109,4	9,40	128,9	17,82	108,0	-16,2	94,4	-12,6
Stützpfeiler	100	-	100,3	0,25	107,4	7,13	103,4	-3,72	110,8	7,16
Patriarch	100	-	104,3	4,30	103,2	-1,10	102,6	-0,58	123,2	20,09
Expansion	100	-	103,4	3,40	116,8	12,96	118,0	1,03	102,9	-12,8
Abhängigkeit	100	-	100,0	0,00	100,0	0,00	104,3	4,30	104,0	-0,29
Mitarbeiter	100	-	100,0	0,00	79,7	-20,3	91,9	15,24	89,6	-2,50
Einkauf	100	-	108,9	8,90	132,6	21,76	106,3	-19,8	116,4	9,50
Finanzierung	100	-	105,6	5,60	161,7	53,13	118,0	-27,0	116,4	-1,36
Nachfolge	100	-	97,5	-2,50	140,1	43,69	139,6	-0,36	112,8	-19,2
gesamt	100	-	102,2	2,20	100,2	1,96	98,0	-4,11	103,9	6,02

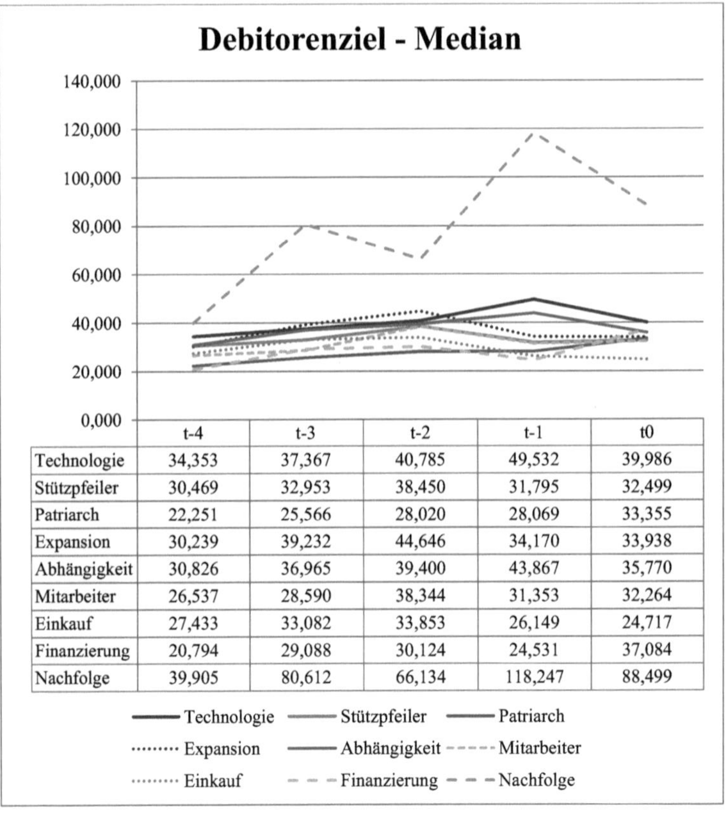

	t-4	t-3	t-2	t-1	t0
Technologie	34,353	37,367	40,785	49,532	39,986
Stützpfeiler	30,469	32,953	38,450	31,795	32,499
Patriarch	22,251	25,566	28,020	28,069	33,355
Expansion	30,239	39,232	44,646	34,170	33,938
Abhängigkeit	30,826	36,965	39,400	43,867	35,770
Mitarbeiter	26,537	28,590	38,344	31,353	32,264
Einkauf	27,433	33,082	33,853	26,149	24,717
Finanzierung	20,794	29,088	30,124	24,531	37,084
Nachfolge	39,905	80,612	66,134	118,247	88,499

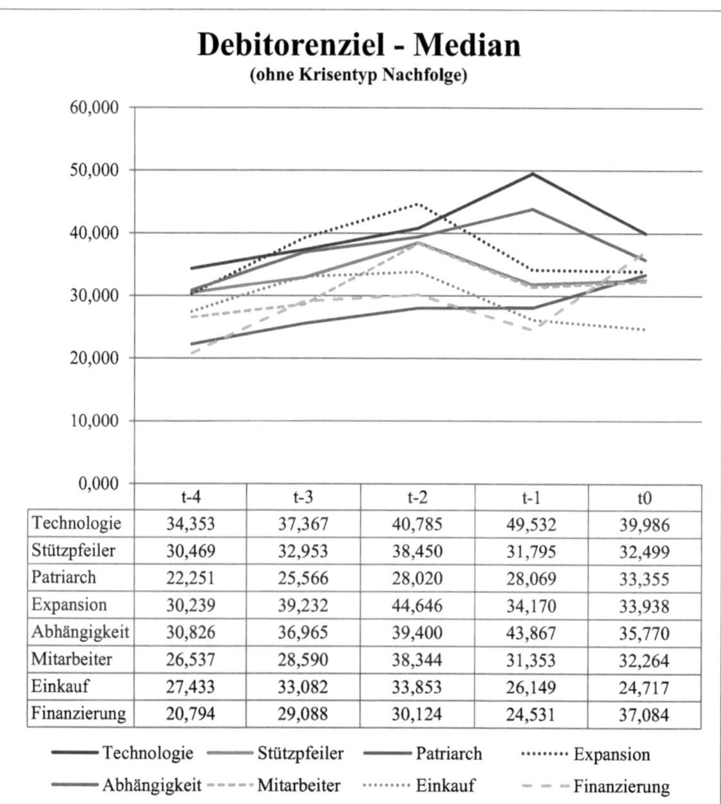

	t-4	t-3	t-2	t-1	t0
Technologie	34,353	37,367	40,785	49,532	39,986
Stützpfeiler	30,469	32,953	38,450	31,795	32,499
Patriarch	22,251	25,566	28,020	28,069	33,355
Expansion	30,239	39,232	44,646	34,170	33,938
Abhängigkeit	30,826	36,965	39,400	43,867	35,770
Mitarbeiter	26,537	28,590	38,344	31,353	32,264
Einkauf	27,433	33,082	33,853	26,149	24,717
Finanzierung	20,794	29,088	30,124	24,531	37,084

Kreditorenziel										
	t_{-1}		t_{-2}		t_{-3}		t_{-4}		t_{-5}	
	abs.	Δ %	abs.	Δ %	abs.	Δ %	abs.	Δ %	abs.	Δ %
Technologie	100	-	106,6	6,60	116,7	9,47	109,5	-6,17	152,9	39,63
Stützpfeiler	100	-	100,0	0,00	100,8	0,75	110,4	9,58	108,0	-2,17
Patriarch	100	-	110,3	10,25	105,7	-4,17	127,1	20,30	124,0	-2,44
Expansion	100	-	100,0	0,00	116,1	16,10	127,6	9,91	145,7	14,18
Abhängigkeit	100	-	100,0	0,00	100,0	0,00	119,0	19,00	107,8	-9,41
Mitarbeiter	100	-	101,2	1,15	116,0	14,68	136,6	17,72	149,3	9,34
Einkauf	100	-	86,3	-13,7	110,7	28,27	86,9	-21,5	117,0	34,64
Finanzierung	100	-	151,8	51,80	193,8	27,67	153,9	-20,6	219,9	42,88
Nachfolge	100	-	116,5	16,50	85,1	-26,9	143,6	68,74	66,0	-54,0
gesamt	100	-	105,4	5,4	110,9	5,21	113,2	2,07	107,8	-4,77

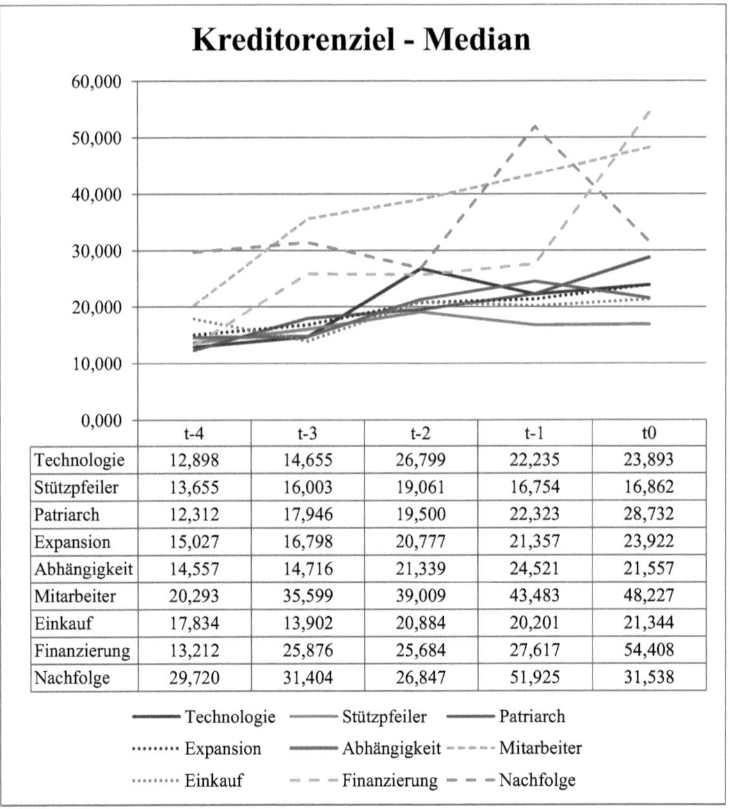

	t-4	t-3	t-2	t-1	t0
Technologie	12,898	14,655	26,799	22,235	23,893
Stützpfeiler	13,655	16,003	19,061	16,754	16,862
Patriarch	12,312	17,946	19,500	22,323	28,732
Expansion	15,027	16,798	20,777	21,357	23,922
Abhängigkeit	14,557	14,716	21,339	24,521	21,557
Mitarbeiter	20,293	35,599	39,009	43,483	48,227
Einkauf	17,834	13,902	20,884	20,201	21,344
Finanzierung	13,212	25,876	25,684	27,617	54,408
Nachfolge	29,720	31,404	26,847	51,925	31,538

Umsatzrendite										
	t_{-1}		t_{-2}		t_{-3}		t_{-4}		t_{-5}	
	abs.	Δ %	abs.	Δ %	abs.	Δ %	abs.	Δ %	abs.	Δ %
Technologie	100	-	117,2	17,20	74,2	-36,6	58,2	-21,6	27,0	-53,6
Stützpfeiler	100	-	100,0	0,00	100,0	0,00	54,7	-45,3	14,2	-74,0
Patriarch	100	-	100,0	0,00	101,6	1,60	47,6	-53,2	38,0	-20,2
Expansion	100	-	85,2	-14,8	81,3	-4,58	33,2	-59,2	41,4	24,70
Abhängigkeit	100	-	100,0	0,00	90,0	-10,1	41,7	-53,6	34,7	-16,8
Mitarbeiter	100	-	96,9	-3,10	65,1	-32,9	22,6	-65,3	27,4	21,02
Einkauf	100	-	99,9	-0,15	57,8	-42,2	58,4	1,13	15,9	-72,8
Finanzierung	100	-	67,9	-32,2	102,8	51,44	63,8	-38,0	60,7	-4,78
Nachfolge	100	-	52,8	-47,2	87,2	65,15	97,1	11,35	87,3	-10,1
gesamt	100	-	100,0	0,00	90,7	-9,30	58,2	-35,8	36,2	-37,8

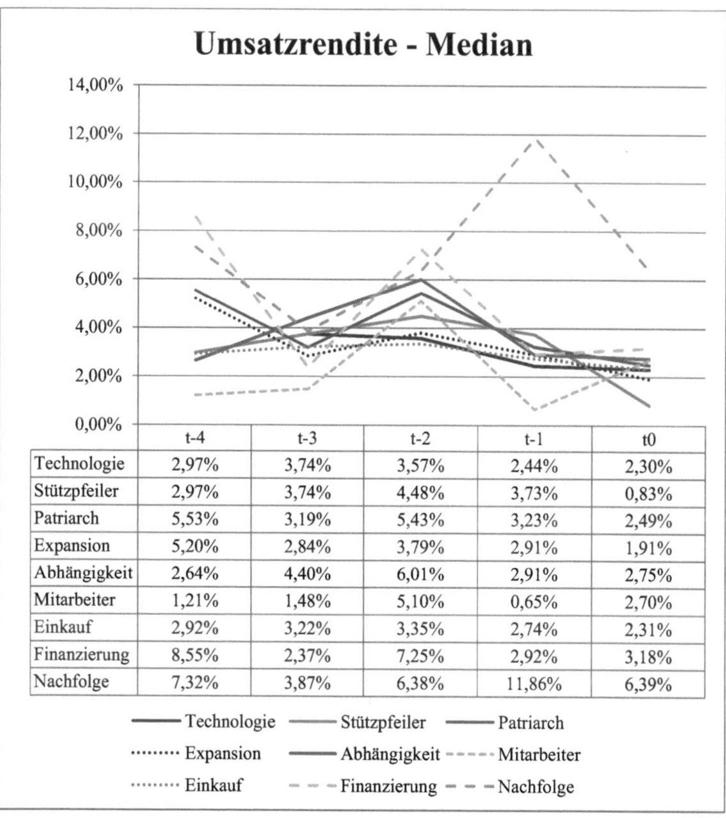

	t-4	t-3	t-2	t-1	t0
Technologie	2,97%	3,74%	3,57%	2,44%	2,30%
Stützpfeiler	2,97%	3,74%	4,48%	3,73%	0,83%
Patriarch	5,53%	3,19%	5,43%	3,23%	2,49%
Expansion	5,20%	2,84%	3,79%	2,91%	1,91%
Abhängigkeit	2,64%	4,40%	6,01%	2,91%	2,75%
Mitarbeiter	1,21%	1,48%	5,10%	0,65%	2,70%
Einkauf	2,92%	3,22%	3,35%	2,74%	2,31%
Finanzierung	8,55%	2,37%	7,25%	2,92%	3,18%
Nachfolge	7,32%	3,87%	6,38%	11,86%	6,39%

Gesamtkapitalrendite										
	t_{-1}		t_{-2}		t_{-3}		t_{-4}		t_{-5}	
	abs.	Δ %	abs.	Δ %	abs.	Δ %	abs.	Δ %	abs.	Δ %
Technologie	100	-	106,3	6,30	64,5	-39,3	54,5	-15,5	26,6	-51,2
Stützpfeiler	100	-	100,0	0,00	100,0	0,00	54,5	-45,5	10,7	-80,4
Patriarch	100	-	100,0	0,00	95,3	-4,70	48,5	-49,1	30,6	-36,9
Expansion	100	-	80,6	-19,5	64,4	-20,1	19,3	-70,0	21,3	10,36
Abhängigkeit	100	-	100,0	0,00	86,4	-13,7	56,8	-34,2	28,3	-50,3
Mitarbeiter	100	-	83,9	-16,2	34,7	-58,6	21,1	-39,2	28,3	33,89
Einkauf	100	-	100,7	0,65	57,6	-42,8	62,9	9,11	15,7	-75,1
Finanzierung	100	-	75,6	-24,4	58,0	-23,4	72,9	25,80	65,4	-10,4
Nachfolge	100	-	74,1	-25,9	74,8	0,94	91,2	21,93	70,3	-23,0
gesamt	100	-	100,0	0,00	88,0	-12,1	62,0	-29,5	34,7	-44,0

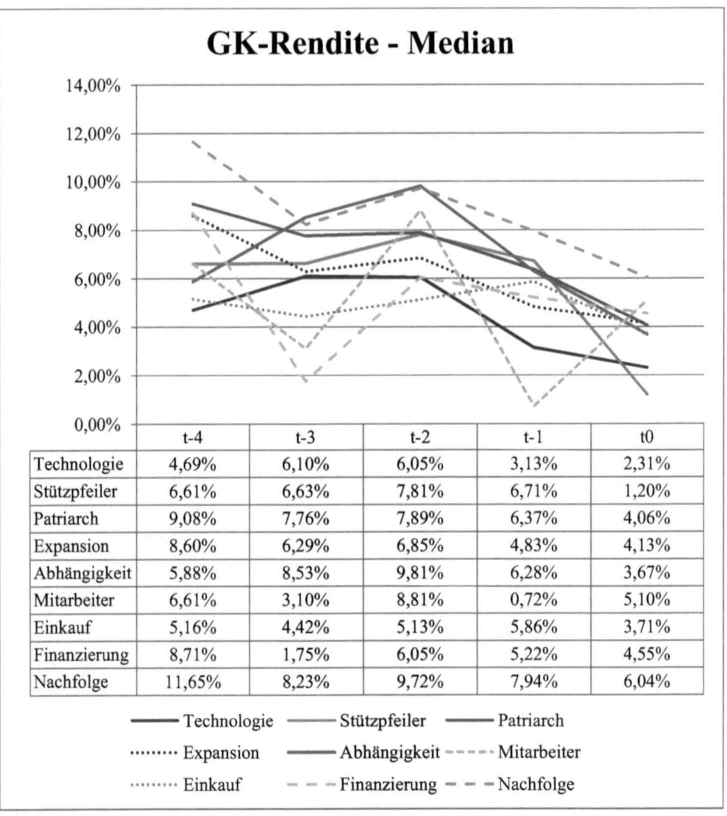

	t-4	t-3	t-2	t-1	t0
Technologie	4,69%	6,10%	6,05%	3,13%	2,31%
Stützpfeiler	6,61%	6,63%	7,81%	6,71%	1,20%
Patriarch	9,08%	7,76%	7,89%	6,37%	4,06%
Expansion	8,60%	6,29%	6,85%	4,83%	4,13%
Abhängigkeit	5,88%	8,53%	9,81%	6,28%	3,67%
Mitarbeiter	6,61%	3,10%	8,81%	0,72%	5,10%
Einkauf	5,16%	4,42%	5,13%	5,86%	3,71%
Finanzierung	8,71%	1,75%	6,05%	5,22%	4,55%
Nachfolge	11,65%	8,23%	9,72%	7,94%	6,04%

Vorratsintensität										
	t_{-1}		t_{-2}		t_{-3}		t_{-4}		t_{-5}	
	abs.	Δ %	abs.	Δ %	abs.	Δ %	abs.	Δ %	abs.	Δ %
Technologie	100	-	97,5	-2,47	93,9	-3,67	107,8	14,78	103,4	-4,11
Stützpfeiler	100	-	99,3	-0,69	100,0	0,70	100,8	0,77	98,0	-2,79
Patriarch	100	-	100,0	0,00	100,0	0,00	107,8	7,84	104,1	-3,44
Expansion	100	-	96,8	-3,19	101,3	4,60	104,2	2,87	104,3	0,11
Abhängigkeit	100	-	98,8	-1,19	98,4	-0,41	100,8	2,46	106,1	5,26
Mitarbeiter	100	-	87,2	-12,8	102,0	16,92	91,2	-10,6	84,5	-7,30
Einkauf	100	-	82,2	-17,8	91,3	11,02	101,5	11,17	116,3	14,58
Finanzierung	100	-	102,2	2,25	98,0	-4,20	95,5	-2,50	79,0	-17,3
Nachfolge	100	-	90,5	-9,55	80,6	-10,9	84,1	4,35	76,1	-9,56
gesamt	100	-	96,7	-3,30	94,9	-1,88	100,2	5,60	100,0	-0,18

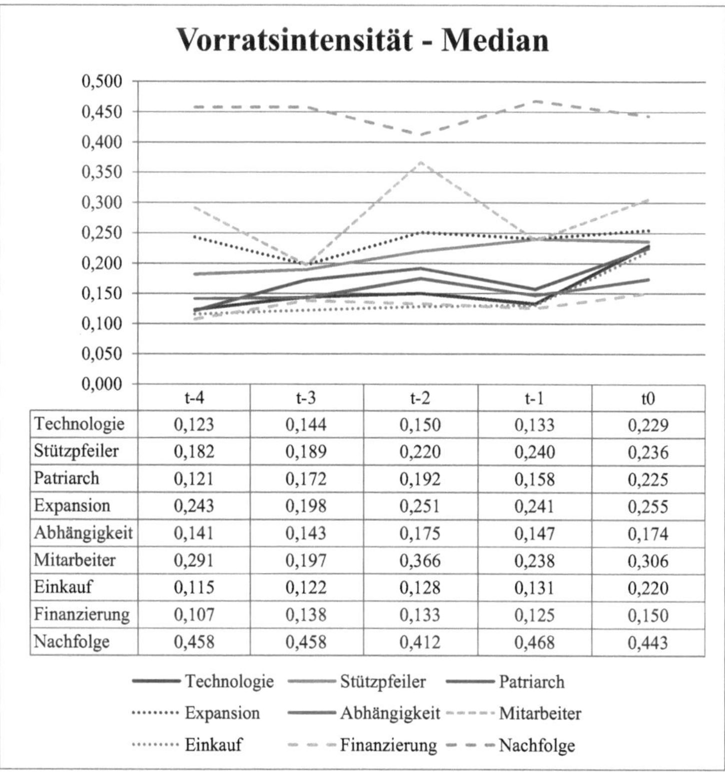

	t-4	t-3	t-2	t-1	t0
Technologie	0,123	0,144	0,150	0,133	0,229
Stützpfeiler	0,182	0,189	0,220	0,240	0,236
Patriarch	0,121	0,172	0,192	0,158	0,225
Expansion	0,243	0,198	0,251	0,241	0,255
Abhängigkeit	0,141	0,143	0,175	0,147	0,174
Mitarbeiter	0,291	0,197	0,366	0,238	0,306
Einkauf	0,115	0,122	0,128	0,131	0,220
Finanzierung	0,107	0,138	0,133	0,125	0,150
Nachfolge	0,458	0,458	0,412	0,468	0,443

Anlagendeckungsgrad										
	t_{-1}		t_{-2}		t_{-3}		t_{-4}		t_{-5}	
	abs.	Δ %	abs.	Δ %	abs.	Δ %	abs.	Δ %	abs.	Δ %
Technologie	100	-	100,0	0,00	127,3	27,30	109,7	-13,8	91,3	-16,8
Stützpfeiler	100	-	100,0	0,00	108,0	8,00	109,7	1,57	99,0	-9,75
Patriarch	100	-	100,0	0,00	110,5	10,50	91,1	-17,6	81,0	-11,0
Expansion	100	-	102,6	2,60	132,0	28,65	122,5	-7,20	99,0	-19,2
Abhängigkeit	100	-	100,0	0,00	102,0	1,95	112,5	10,35	104,8	-6,89
Mitarbeiter	100	-	100,0	0,00	87,9	-12,1	132,2	50,34	111,0	-16,0
Einkauf	100	-	105,9	5,85	115,0	8,64	94,7	-17,7	87,8	-7,29
Finanzierung	100	-	112,5	12,45	109,6	-2,53	89,2	-18,7	93,3	4,66
Nachfolge	100	-	97,7	-2,35	112,1	14,80	109,8	-2,05	132,6	20,72
gesamt	100	-	100,0	0,00	105,8	5,75	97,9	-7,47	92,4	-5,62

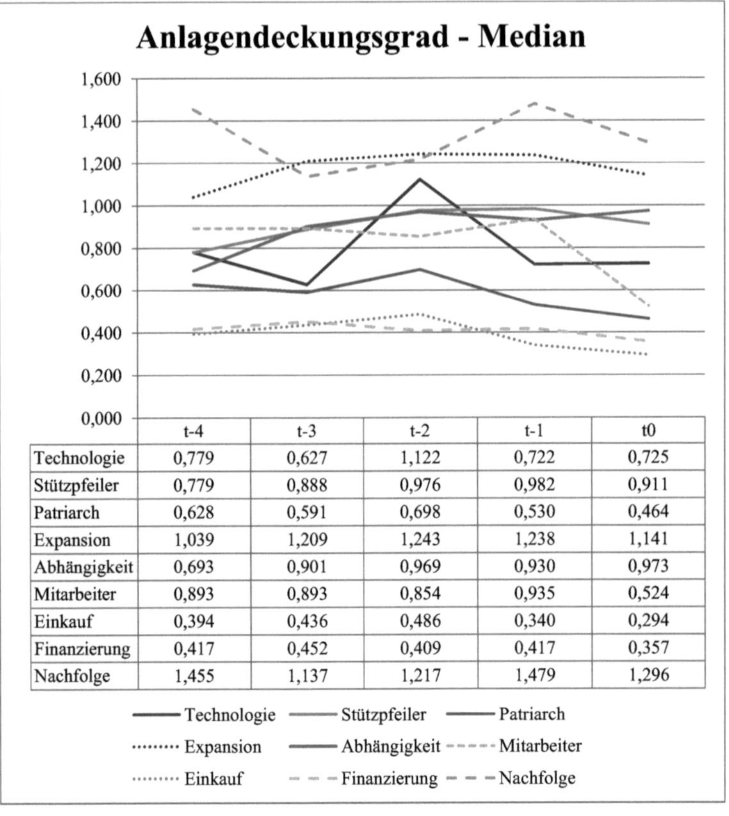

	t-4	t-3	t-2	t-1	t0
Technologie	0,779	0,627	1,122	0,722	0,725
Stützpfeiler	0,779	0,888	0,976	0,982	0,911
Patriarch	0,628	0,591	0,698	0,530	0,464
Expansion	1,039	1,209	1,243	1,238	1,141
Abhängigkeit	0,693	0,901	0,969	0,930	0,973
Mitarbeiter	0,893	0,893	0,854	0,935	0,524
Einkauf	0,394	0,436	0,486	0,340	0,294
Finanzierung	0,417	0,452	0,409	0,417	0,357
Nachfolge	1,455	1,137	1,217	1,479	1,296

Ausfallwahrscheinlichkeit										
	t_{-1}		t_{-2}		t_{-3}		t_{-4}		t_{-5}	
	abs.	Δ %	abs.	Δ %	abs.	Δ %	abs.	Δ %	abs.	Δ %
Technologie	100	-	211,0	111,00	136,0	-35,55	162,0	19,12	320,0	97,53
Stützpfeiler	100	-	81,0	-19,00	88,0	8,64	128,0	45,45	316,0	146,88
Patriarch	100	-	107,0	7,00	135,5	26,64	207,0	52,77	430,0	107,73
Expansion	100	-	112,5	12,50	116,0	3,11	148,5	28,02	428,0	188,22
Abhängigkeit	100	-	101,0	1,00	119,0	17,82	160,5	34,87	322,0	100,62
Mitarbeiter	100	-	109,5	9,50	235,0	114,61	181,0	-23,0	1858,0	926,52
Einkauf	100	-	90,0	-10,00	121,5	35,00	157,5	29,63	414,5	163,17
Finanzierung	100	-	136,0	36,00	216,0	58,82	356,0	64,81	724,0	103,37
Nachfolge	100	-	128,0	28,00	111,5	-12,89	49,5	-55,6	513,0	936,36
gesamt	100	-	105,0	5,00	113,5	8,10	144,0	26,87	358,0	148,61

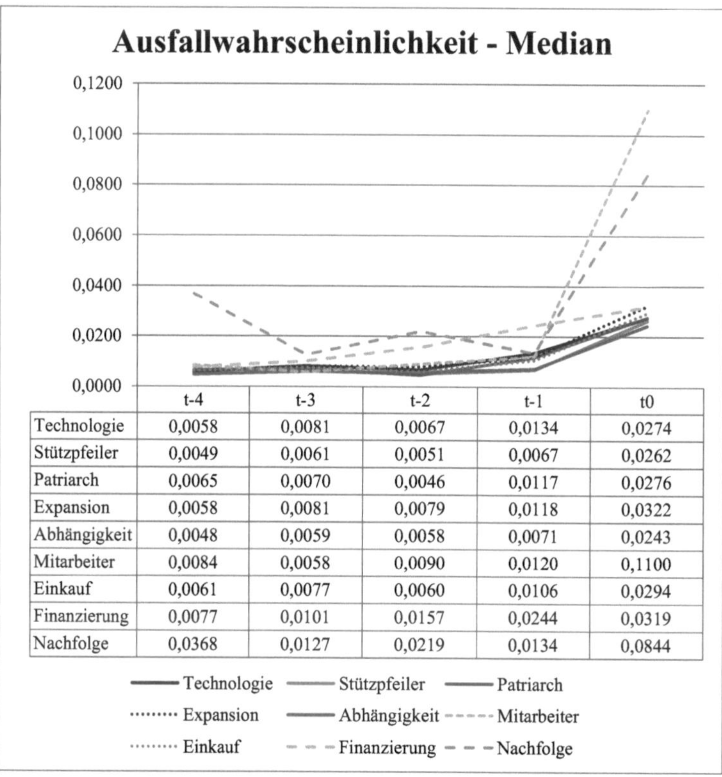

	t-4	t-3	t-2	t-1	t0
Technologie	0,0058	0,0081	0,0067	0,0134	0,0274
Stützpfeiler	0,0049	0,0061	0,0051	0,0067	0,0262
Patriarch	0,0065	0,0070	0,0046	0,0117	0,0276
Expansion	0,0058	0,0081	0,0079	0,0118	0,0322
Abhängigkeit	0,0048	0,0059	0,0058	0,0071	0,0243
Mitarbeiter	0,0084	0,0058	0,0090	0,0120	0,1100
Einkauf	0,0061	0,0077	0,0060	0,0106	0,0294
Finanzierung	0,0077	0,0101	0,0157	0,0244	0,0319
Nachfolge	0,0368	0,0127	0,0219	0,0134	0,0844

Eigenkapitalquote										
	t_{-1}		t_{-2}		t_{-3}		t_{-4}		t_{-5}	
	abs.	Δ %	abs.	Δ %	abs.	Δ %	abs.	Δ %	abs.	Δ %
Technologie	100	-	100,0	0,00	111,9	11,90	107,4	-4,02	101,7	-5,31
Stützpfeiler	100	-	100,0	0,00	102,7	2,70	102,3	-0,39	99,6	-2,64
Patriarch	100	-	100,0	0,00	110,4	10,40	100,0	-9,47	81,9	-18,06
Expansion	100	-	100,2	0,20	110,8	10,58	100,0	-9,75	95,8	-4,20
Abhängigkeit	100	-	100,0	0,00	102,8	2,75	102,3	-0,49	97,0	-5,18
Mitarbeiter	100	-	93,0	-7,00	47,8	-48,66	93,1	94,87	81,3	-12,68
Einkauf	100	-	100,3	0,30	103,3	2,94	98,9	-4,26	85,3	-13,71
Finanzierung	100	-	114,5	14,50	121,5	6,07	89,1	-26,7	84,2	-5,50
Nachfolge	100	-	101,0	1,00	112,0	10,89	84,9	-24,2	98,8	16,31
gesamt	100	-	100,0	0,00	101,3	1,25	99,8	-1,43	95,8	-4,01

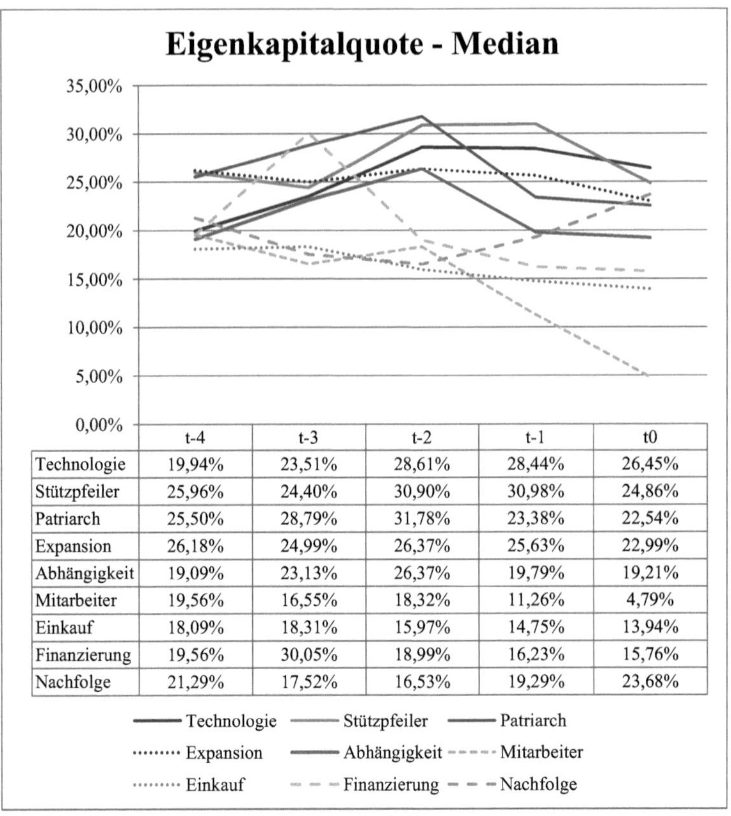

	t-4	t-3	t-2	t-1	t0
Technologie	19,94%	23,51%	28,61%	28,44%	26,45%
Stützpfeiler	25,96%	24,40%	30,90%	30,98%	24,86%
Patriarch	25,50%	28,79%	31,78%	23,38%	22,54%
Expansion	26,18%	24,99%	26,37%	25,63%	22,99%
Abhängigkeit	19,09%	23,13%	26,37%	19,79%	19,21%
Mitarbeiter	19,56%	16,55%	18,32%	11,26%	4,79%
Einkauf	18,09%	18,31%	15,97%	14,75%	13,94%
Finanzierung	19,56%	30,05%	18,99%	16,23%	15,76%
Nachfolge	21,29%	17,52%	16,53%	19,29%	23,68%

Anhang IV – Arithmetische Mittel qualitative Faktoren – Aufteilung Krisentypen

Marktanteil										
	t_{-1}		t_{-2}		t_{-3}		t_{-4}		t_{-5}	
	abs.	Δ %	abs.	Δ %	abs.	Δ %	abs.	Δ %	abs.	Δ %
Technologie	2,55	-	2,09	-17,9	2,27	8,70	1,91	-16,0	1,64	-14,3
Stützpfeiler	2,74	-	2,63	-4,17	2,57	-2,17	2,20	-14,4	2,06	-6,49
Patriarch	2,82	-	2,75	-2,53	2,71	-1,30	2,54	-6,58	2,25	-11,3
Expansion	2,65	-	2,62	-1,45	2,65	1,47	2,35	-11,6	2,04	-13,1
Abhängigkeit	2,61	-	2,57	-1,37	2,54	-1,39	2,21	-12,7	2,00	-9,68
Mitarbeiter	2,56	-	2,44	-4,35	2,44	0,00	2,22	-9,09	2,11	-5,00
Einkauf	2,50	-	2,50	0,00	2,40	-4,00	2,30	-4,17	2,00	-13,0
Finanzierung	3,14	-	3,00	-4,55	3,00	0,00	2,57	-14,3	2,29	-11,1
Nachfolge	2,67	-	2,67	0,00	2,50	-6,25	2,33	-6,67	2,17	-7,14
gesamt	2,66	-	2,59	-2,75	2,51	-2,83	2,24	-10,7	2,10	-6,52

Vertriebsstruktur										
	t_{-1}		t_{-2}		t_{-3}		t_{-4}		t_{-5}	
	abs.	Δ %	abs.	Δ %	abs.	Δ %	abs.	Δ %	abs.	Δ %
Technologie	2,73	-	2,73	0,00	2,73	0,00	2,36	-13,3	2,00	-15,4
Stützpfeiler	2,77	-	2,83	2,06	2,77	-2,02	2,54	-8,25	2,26	-11,2
Patriarch	2,79	-	2,89	3,85	2,86	-1,23	2,71	-5,00	2,54	-6,58
Expansion	2,73	-	2,81	2,82	2,69	-4,11	2,42	-10,0	2,15	-11,1
Abhängigkeit	2,75	-	2,75	0,00	2,61	-5,19	2,50	-4,11	2,25	-10,0
Mitarbeiter	2,78	-	2,67	-4,00	2,56	-4,17	2,33	-8,70	2,11	-9,52
Einkauf	2,60	-	2,70	3,85	2,90	7,41	2,40	-17,2	2,30	-4,17
Finanzierung	2,86	-	3,00	5,00	3,00	0,00	2,57	-14,3	2,57	0,00
Nachfolge	3,00	-	3,00	0,00	3,00	0,00	3,00	0,00	2,67	-11,1
gesamt	2,78	-	2,79	0,44	2,77	-0,87	2,56	-7,49	2,33	-9,05

Wachstum										
	t_{-1}		t_{-2}		t_{-3}		t_{-4}		t_{-5}	
	abs.	Δ %	abs.	Δ %	abs.	Δ %	abs.	Δ %	abs.	Δ %
Technologie	3,82	-	3,82	0,00	3,91	2,38	3,36	-14,0	3,18	-5,41
Stützpfeiler	4,43	-	4,37	-1,29	4,06	-7,19	3,89	-4,23	3,60	-7,35
Patriarch	4,32	-	4,18	-3,31	3,86	-7,69	3,68	-4,63	3,39	-7,77
Expansion	4,35	-	4,23	-2,65	3,96	-6,36	3,58	-9,71	3,27	-8,60
Abhängigkeit	4,36	-	4,25	-2,46	3,96	-6,72	3,89	-1,80	3,68	-5,50
Mitarbeiter	4,33	-	4,33	0,00	4,11	-5,13	3,78	-8,11	3,33	-11,8
Einkauf	4,20	-	4,30	2,38	4,00	-6,98	3,80	-5,00	3,70	-2,63
Finanzierung	4,29	-	4,29	0,00	3,71	-13,3	3,29	-11,5	3,00	-8,70
Nachfolge	4,33	-	4,33	0,00	3,83	-11,5	3,83	0,00	3,67	-4,35
gesamt	4,29	-	4,26	-0,85	4,01	-5,73	3,82	-4,86	3,54	-7,35

Unternehmensführung										
	t_{-1}		t_{-2}		t_{-3}		t_{-4}		t_{-5}	
	abs.	Δ %	abs.	Δ %	abs.	Δ %	abs.	Δ %	abs.	Δ %
Technologie	3,73	-	3,91	4,88	3,91	0,00	4,00	2,33	3,82	-4,55
Stützpfeiler	3,89	-	3,94	1,47	3,83	-2,90	3,86	0,75	3,89	0,74
Patriarch	4,00	-	3,93	-1,79	3,96	0,91	3,96	0,00	3,86	-2,70
Expansion	3,92	-	3,88	-0,98	3,92	0,99	3,85	-1,96	3,85	0,00
Abhängigkeit	3,79	-	3,86	1,89	3,75	-2,78	3,79	0,95	3,79	0,00
Mitarbeiter	3,56	-	3,78	6,25	3,78	0,00	3,67	-2,94	3,44	-6,06
Einkauf	4,00	-	3,90	-2,50	4,00	2,56	4,00	0,00	4,00	0,00
Finanzierung	4,00	-	4,00	0,00	4,00	0,00	4,00	0,00	4,00	0,00
Nachfolge	3,50	-	3,33	-4,76	3,33	0,00	3,33	0,00	3,00	-10,0
gesamt	3,85	-	3,85	0,00	3,82	-0,95	3,79	-0,64	3,74	-1,29

Zuverlässigkeit										
	t_{-1}		t_{-2}		t_{-3}		t_{-4}		t_{-5}	
	abs.	Δ %	abs.	Δ %	abs.	Δ %	abs.	Δ %	abs.	Δ %
Technologie	3,18	-	3,45	8,57	3,09	-10,5	3,00	-2,94	2,91	-3,03
Stützpfeiler	3,49	-	3,51	0,82	3,23	-8,13	3,00	-7,08	3,00	0,00
Patriarch	3,46	-	3,46	0,00	3,18	-8,25	3,00	-5,62	2,89	-3,57
Expansion	3,46	-	3,35	-3,33	3,12	-6,90	2,81	-9,88	2,69	-4,11
Abhängigkeit	3,57	-	3,46	-3,00	3,29	-5,15	3,00	-8,70	3,04	1,19
Mitarbeiter	3,44	-	3,33	-3,23	3,22	-3,33	2,89	-10,3	2,89	0,00
Einkauf	3,10	-	3,50	12,90	3,40	-2,86	3,10	-8,82	3,10	0,00
Finanzierung	3,43	-	3,57	4,17	3,29	-8,00	3,14	-4,35	2,57	-18,2
Nachfolge	3,17	-	3,17	0,00	3,00	-5,26	3,00	0,00	2,83	-5,56
gesamt	3,49	-	3,46	-0,70	3,16	-8,80	2,98	-5,79	2,89	-2,87

Informationspolitik										
	t_{-1}		t_{-2}		t_{-3}		t_{-4}		t_{-5}	
	abs.	Δ %	abs.	Δ %	abs.	Δ %	abs.	Δ %	abs.	Δ %
Technologie	2,73	-	2,82	3,33	2,64	-6,45	2,45	-6,90	2,00	-18,5
Stützpfeiler	2,94	-	2,94	0,00	2,86	-2,91	2,86	0,00	2,71	-5,00
Patriarch	2,82	-	2,89	2,53	2,71	-6,17	2,64	-2,63	2,46	-6,76
Expansion	2,81	-	2,92	4,11	2,85	-2,63	2,81	-1,35	2,54	-9,59
Abhängigkeit	2,89	-	2,89	0,00	2,71	-6,17	2,64	-2,63	2,61	-1,35
Mitarbeiter	3,00	-	3,00	0,00	2,89	-3,70	2,67	-7,69	2,44	-8,33
Einkauf	2,90	-	2,90	0,00	2,80	-3,45	2,60	-7,14	2,30	-11,5
Finanzierung	2,57	-	2,86	11,11	2,86	0,00	2,86	0,00	2,57	-10,0
Nachfolge	2,67	-	2,67	0,00	2,67	0,00	2,67	0,00	2,50	-6,25
gesamt	2,87	-	2,90	1,28	2,77	-4,62	2,61	-5,73	2,43	-7,01

Prognosequalität										
	t_{-1}		t_{-2}		t_{-3}		t_{-4}		t_{-5}	
	abs.	Δ %	abs.	Δ %	abs.	Δ %	abs.	Δ %	abs.	Δ %
Technologie	2,82	-	2,82	0,00	2,91	3,23	2,36	-18,8	2,18	-7,69
Stützpfeiler	3,43	-	3,37	-1,67	3,06	-9,32	2,89	-5,61	2,60	-9,90
Patriarch	3,32	-	3,18	-4,30	2,86	-10,1	2,68	-6,25	2,39	-10,7
Expansion	3,35	-	3,23	-3,45	2,96	-8,33	2,58	-13,0	2,27	-11,9
Abhängigkeit	3,36	-	3,25	-3,19	2,96	-8,79	2,89	-2,41	2,68	-7,41
Mitarbeiter	3,33	-	3,33	0,00	3,11	-6,67	2,78	-10,7	2,33	-16,0
Einkauf	3,20	-	3,30	3,12	3,00	-9,09	2,80	-6,67	2,70	-3,57
Finanzierung	3,29	-	3,29	0,00	2,71	-17,4	2,29	-15,8	2,00	-12,5
Nachfolge	3,33	-	3,33	0,00	2,83	-15,0	2,83	0,00	2,67	-5,88
gesamt	3,29	-	3,26	-1,11	3,01	-7,49	2,82	-6,48	2,54	-9,96

Anhang V – Kanonische Diskriminanzfunktion Graphische Darstellung

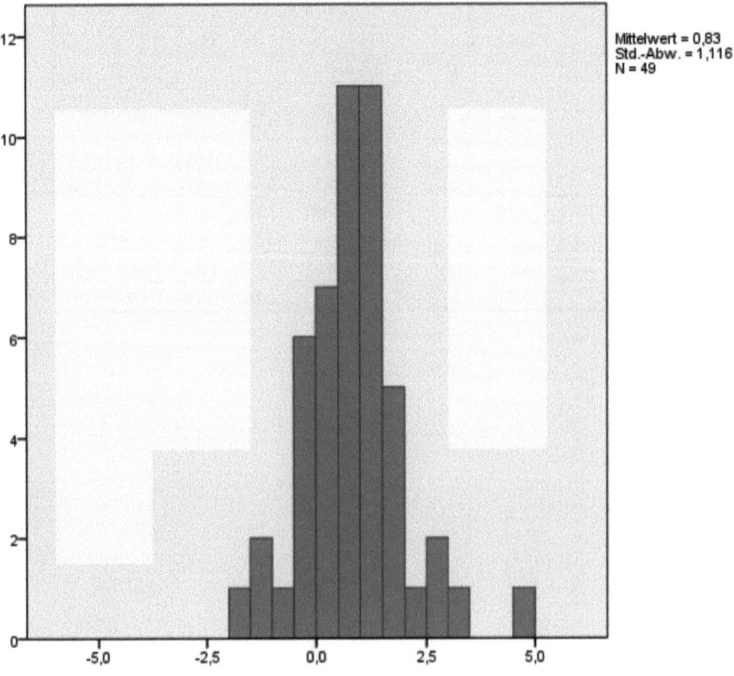

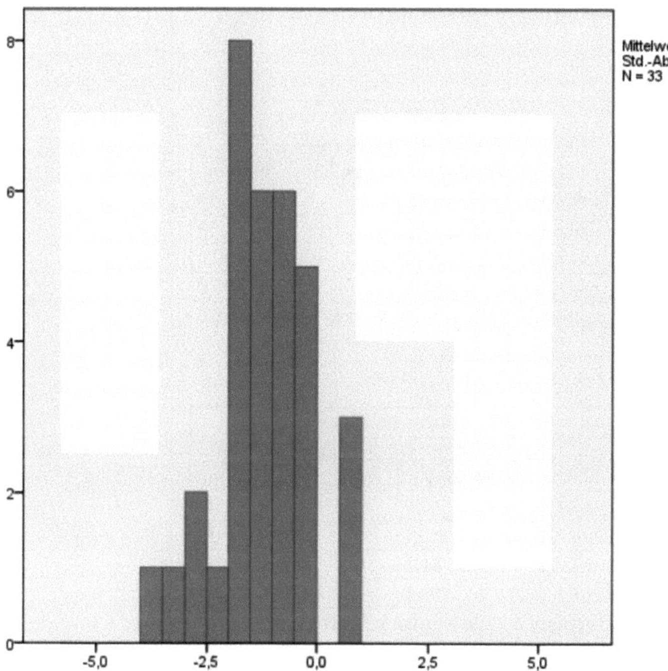
Mittelwert = -1,18
Std.-Abw. = 1,062
N = 33
8
6
4
2
0
-5,0
-2,5
0,0
2,5
5,0

Anhang VI – Univariate Klassifikationsleistungen – Krisentypen

Krisentyp 1

manifeste Krisenphase II			prognostizierte Gruppenzugehörigkeit		Gesamt
			mKZ I	mKZ II	
tatsächliche Gruppen-zugehörigkeit	abs.	mKZ I	**44**	5	49
		mKZ II	27	**6**	33
	%	mKZ I	**89,8**	10,2	100,0
		mKZ II	81,8	**18,2**	100,0

61,0% der ursprünglich gruppierten Fälle wurden korrekt klassifiziert.

Krisentyp 2

manifeste Krisenphase II			prognostizierte Gruppenzugehörigkeit		Gesamt
			mKZ I	mKZ II	
tatsächliche Gruppen-zugehörigkeit	abs.	mKZ I	**30**	19	49
		mKZ II	17	**16**	33
	%	mKZ I	**61,2**	38,8	100,0
		mKZ II	51,5	**48,5**	100,0

56,1% der ursprünglich gruppierten Fälle wurden korrekt klassifiziert.

Krisentyp 3

manifeste Krisenphase II			prognostizierte Gruppenzugehörigkeit		Gesamt
			mKZ I	mKZ II	
tatsächliche Gruppen-zugehörigkeit	abs.	mKZ I	**36**	13	49
		mKZ II	18	**15**	33
	%	mKZ I	**73,5**	26,5	100,0
		mKZ II	54,5	**45,5**	100,0

62,2% der ursprünglich gruppierten Fälle wurden korrekt klassifiziert.

Krisentyp 4

manifeste Krisenphase II			prognostizierte Gruppenzugehörigkeit		Gesamt
			mKZ I	mKZ II	
tatsächliche Gruppen-zugehörigkeit	abs.	mKZ I	**17**	32	49
		mKZ II	9	**24**	33
	%	mKZ I	**34,7**	65,3	100,0
		mKZ II	27,3	**72,7**	100,0

50,0% der ursprünglich gruppierten Fälle wurden korrekt klassifiziert.

Krisentyp 5

manifeste Krisenphase II			prognostizierte Gruppenzugehörigkeit		
			mKZ I	mKZ II	Gesamt
tatsächliche Gruppen-zugehörigkeit	abs.	mKZ I	**18**	31	49
		mKZ II	10	**23**	33
	%	mKZ I	**36,7**	63,3	100,0
		mKZ II	30,3	**69,7**	100,0

50,0% der ursprünglich gruppierten Fälle wurden korrekt klassifiziert.

Krisentyp 6

manifeste Krisenphase II			prognostizierte Gruppenzugehörigkeit		
			mKZ I	mKZ II	Gesamt
tatsächliche Gruppen-zugehörigkeit	abs.	mKZ I	7	42	49
		mKZ II	1	**32**	33
	%	mKZ I	**14,3**	85,7	100,0
		mKZ II	3,0	**97,0**	100,0

47,6% der ursprünglich gruppierten Fälle wurden korrekt klassifiziert.

Krisentyp 7

manifeste Krisenphase II			prognostizierte Gruppenzugehörigkeit		
			mKZ I	mKZ II	Gesamt
tatsächliche Gruppen-zugehörigkeit	abs.	mKZ I	**6**	43	49
		mKZ II	4	**29**	33
	%	mKZ I	**12,2**	87,8	100,0
		mKZ II	12,1	**87,9**	100,0

42,7% der ursprünglich gruppierten Fälle wurden korrekt klassifiziert.

Krisentyp 8

manifeste Krisenphase II			prognostizierte Gruppenzugehörigkeit		
			mKZ I	mKZ II	Gesamt
tatsächliche Gruppen-zugehörigkeit	abs.	mKZ I	**46**	3	49
		mKZ II	30	**3**	33
	%	mKZ I	**93,9**	6,1	100,0
		mKZ II	90,9	**9,1**	100,0

59,8% der ursprünglich gruppierten Fälle wurden korrekt klassifiziert.

Krisentyp 9

manifeste Krisenphase II			prognostizierte Gruppenzugehörigkeit		Gesamt
			mKZ I	mKZ II	
tatsächliche Gruppen-zugehörigkeit	abs.	mKZ I	**48**	1	49
		mKZ II	30	**3**	33
	%	mKZ I	**98,0**	2,0	100,0
		mKZ II	90,9	**9,1**	100,0

62,2% der ursprünglich gruppierten Fälle wurden korrekt klassifiziert.

Anhang VII – Unternehmenscharakteristika

Unternehmensalter

manifeste Krisenphase II			prognostizierte Gruppenzugehörigkeit		
			mKZ I	mKZ II	Gesamt
tatsächliche Gruppen-zugehörigkeit	abs.	mKZ I	**14**	35	49
		mKZ II	11	**22**	33
	%	mKZ I	**28,6**	71,4	100,0
		mKZ II	33,3	**66,7**	100,0

43,9% der ursprünglich gruppierten Fälle wurden korrekt klassifiziert.

Dauer der Geschäftsbeziehung

manifeste Krisenphase II			prognostizierte Gruppenzugehörigkeit		
			mKZ I	mKZ II	Gesamt
tatsächliche Gruppen-zugehörigkeit	abs.	mKZ I	**33**	16	49
		mKZ II	19	**14**	33
	%	mKZ I	**67,3**	32,7	100,0
		mKZ II	57,6	**42,4**	100,0

57,3% der ursprünglich gruppierten Fälle wurden korrekt klassifiziert.

Marktanteil t_{-1}

manifeste Krisenphase II			prognostizierte Gruppenzugehörigkeit		
			mKZ I	mKZ II	Gesamt
tatsächliche Gruppen-zugehörigkeit	abs.	mKZ I	**13**	20	33
		mKZ II	7	**42**	49
	%	mKZ I	**39,4**	60,6	100,0
		mKZ II	14,3	**85,7**	100,0

67,1% der ursprünglich gruppierten Fälle wurden korrekt klassifiziert.

Marktanteil - Diskriminanzanalyse

Variable	**F-Wert**	**Wilks Lampda**
Marktanteil t-4	2,897	,965
Marktanteil t-3	,386	,995
Marktanteil t-2	4,550	,946
Marktanteil t-1	**6,737**	,922
Marktanteil t0	3,558	,957

Anhang VIII – Schrittweise logistische Regression

Variablen in der Gleichung						
Schritt	**Chi-Quadrat**	**Regressions-koeffizient**	**Standard-fehler**	**Wald**	**Signifikanz**	**Exp(B)**
1	MaAn1*	1,132	,490	5,333	,021	3,102
	Konstante	-2,761	1,377	4,019	,045	,063
2	MaAn1*	1,179	,503	5,495	,019	3,250
	IPo4**	-1,478	,744	3,950	,047	,228
	Konstante	-1,207	1,559	,599	,439	,299
3	MaAn1*	1,417	,519	7,439	,006	4,124
	WaU3***	,733	,365	4,030	,045	2,082
	IPo4**	-1,747	,832	4,408	,036	,174
	Konstante	-2,660	1,718	2,397	,122	,070

*MaAn1 – Marktanteil in t_{-1}
**IPo4 – Informationspolitik in t_{-4}
***WaU3 – Wachstum des Unternehmens in t_{-3}

Modellzusammenfassung			
Schritt	**-2 Log-Likelihood**	**Cox & Snell R-Quadrat**	**Nagelkerkes R-Quadrat**
1	99,508	,075	,101
2	94,854	,129	,174
3	90,194	,179	,242

Hosmer Lemeshow Test			
Schritt	**Chi-Quadrat**	**df**	**Signifikanz**
1	,404	1	,525
2	,053	1	,818
3	3,413	5	,637

Literaturverzeichnis

Abrahamse, Adriaan P. J.; van Frederikslust, Ruud A. I. (1976): Discriminant Analysis and the Prediction of Corporate Failure, in: Brealey, Richard; Rankine, Graeme (Hrsg.), European Finance Association - meetings held in 1975, Amsterdam, S. 329-373.

Achilles, Wolfgang (2000): Die Rolle der Kommunikation im Rahmen der Sanierung von mittelständischen Unternehmen, Dissertation, St. Gallen Universität, St. Gallen.

Achleitner, Ann-Kristin (2012): Structure and Determinants of Financial Covenants in Leveraged Buyouts, in: Review of Finance, 16 (3), S. 647.

Albach, Horst (1962): Investition und Liquidität - Die Planung des optimalen Investitionsbudgets, Wiesbaden: Springer Gabler.

Albach, Horst (1979): Kampf ums Überleben: Der Ernstfall als Normalfall für Unternehmen in einer freiheitlichen Wirtschaftsordnung, in: Frühwarnsysteme, S. 5-22.

Allen, Natalie J.; Meyer, John P. (1993): Organizational commitment: Evidence of career stage effects?, in: Journal of Business Research, 26 (1), S. 49-61.

Alp, Aysun (2013): Structural Shifts in Credit Rating Standards, in: The Journal of Finance, S. 2435-2470.

Altman, Edward I. (1968): Financial ratios, discriminant analysis and the prediction of corporate bankruptcy, in: The Journal of Finance, 23 (4), S. 589-609.

Altman, Edward I. (1984): The success of business failure prediction models: An international survey, in: Journal of Banking and Finance, 8 (2), S. 171-198.

Amon, Nadine Assunta; Dorfleitner, Gregor (2013): The influence of the financial crisis on mezzanine financing of European medium-sized businesses: an empirical study, in: Journal of small business and entrepreneurship, S. 169-181.

Anders, Sven; Weber, Sascha (2005): Preisrigiditäten und Marktmacht im Lebenzmitteleinzelhandel, in: Schriften der Gesellschaft für Wirtschafts- und Sozialwissenschaften des Landbaues e.V., Band 40, S. 303-311.

Ang, James S. (1978): A Note on the Leverage Effect on Portfolio Performance Measures, in: Journal of Financial and Quantitative Analysis, 13 (3), S. 567-571.

Ansoff, H. Igor (1976): Managing surprise and discontinuity: strategic response to weak signals, in: Schmalenbachs Zeitschrift für betriebswirtschaftliche Forschung, 28 (3), S. 129-152.

Argenti, John (1976): Corporate collapse the causes and symptoms, London: McGraw-Hill.

Arnold, Hans-Peter; Ifftner, Angelika; Portisch, Wolfgang (2011): Intensivbetreuung: Kreditausfällen frühzeitig und systematisch vorbeugen, in: Kreditwesen, S. 87-90.

Backhaus, Klaus; Erichson, Bernd; Plinke, Wulff; Weiber, Rolf (2006): Multivariate Analysemethoden eine anwendungsorientierte Einführung, 11. Aufl., Berlin: Springer.

Backhaus, Klaus; Erichson, Bernd; Plinke, Wulff; Weiber, Rolf (2008): Multivariate Analysemethoden eine anwendungsorientierte Einführung, 12. Aufl., Berlin: Springer.

Baetge, Jörg; Dossmann, Christiane; Kruse, Ariane (2000): Krisendiagnose durch Künstliche Neuronale Netze, in: Hauschildt, Jürgen; Leker, Jens (Hrsg.), Krisendiagnose durch Bilanzanalyse, 2. Aufl., Köln: Dr. Otto Schmidt Verlag, S. 179-220.

Baetge, Jörg; Hüls, Dagmar; Uthoff, Carsten (1996): Früherkennung der Unternehmenskrise: neuronale Netze als Hilfsmittel für Kreditprüfer, in: Corsten, Hans (Hrsg), Neuronale Netze in der Betriebswirtschaft: Anwendung in Prognose, Klassifikation und Optimierung, Wiesbaden: Gabler Verlag, S. 151-168.

Baetge, Jörg; Jerschensky, Andreas (1996): Beurteilung der wirtschaftlichen Lage von Unternehmen mit Hilfe von modernen Verfahren der Jahresabschlußanalyse: Bilanzbonitäts-Rating von Unternehmen mit Künstlichen Neuronalen Netzen, in: Handelsblatt Fachmedien, Band 49 (32), S. 1581-1591.

Baetge, Jörg; Kirsch, Hans-Jürgen; Thiele, Stefan (2004): Bilanzanalyse, 2. Aufl., Düsseldorf: IDW Verlag GmbH.

Baetge, Jörg; Kirsch, Hans-Jürgen; Thiele, Stefan (2005): Bilanzen, 8. Aufl., Düsseldorf: IDW Verlag GmbH.

Baetge, Jörg; Schmidt, Matthias; Hater, André (2012): Determinanten einer Unternehmenskrise, in: Thierhoff, Michael (Hrsg.), Unternehmenssanierung, Heidelberg: C.F. Müller Verlag, S. 19-85.

Barnett, William P.; Freeman, John (2001): Too Much of Good Thing? Product Proliferation and Organizational Failure, in: Organization Science, 12 (5), S. 539-558.

Barton, Jan; Simko, Paul J. (2002): The Balance Sheet as an Earnings Management Constraint, in: The Accounting Review, 77 (1), S. 1-27.

Bauman, David C. (2011): Evaluating Ethical Approaches to Crisis Leadership: Insights from Unintentional Harm Research, in: Journal of Business Ethics, 98 (2), S. 281-295.

Bean, LuAnn (2008): Mezzanine financing: is it for you?, in: The Journal of Corporate Accounting & Finance, 19 (2), S. 33-35.

Beasley, Mark S. (1996): An Empirical Analysis of the Relation between the Board of Director Composition and Financial Statement Fraud, in: The Accounting Review, 71 (4), S. 443-465.

Beck, Matthias; Möhlmann, Thomas (2000): Sanierung und Abwicklung in der Insolvenz, Herne: NWB Verlag.

Becker, Hans Paul; Peppmeier, Arno (2006): Bankbetriebslehre, 6, aktualisierte Aufl., Ludwigshafen: Kiehl Verlag.

Beckwith, Neil E.; Lehmann, Donald R. (1975): The Importants of Halo Effects in Multi-Attribute Attitude Models, in: Journal of Marketing Research, 12 (3), S. 265-275.

Behn, Markus; Haselmann, Rainer; Sobott, Jonas; Weber, Rüdiger; Wulf, Dorje (2013): Welche Aussagekraft haben Länderratings? Eine empirische Modellierung der Ratingvergabe während der europäischen Staatsschuldenkrise, in: Schmalenbachs Zeitschrift für betriebswirtschaftliche Forschung, 16 (2), S. 1-31.

Bel, Germà; Joseph, Stephan (2015): Emission abatement: Untangling the impacts of the EU ETS and the economic crisis, in: Energy Economics, 49 (5), S. 531-539.

Bellinger, Bernhard (1962): Unternehmenskrisen und ihre Ursachen, in: Handelsbetrieb und Marktordnung, Festschrift zum 70. Geburtstag von Carl Ruberg, Wiesbaden: Gabler, S. 49-74.

Bennewitz, Anja; Kasterich, Axel (2004): Krisenfrüherkennung und Krisenbewältigung im mittelständischen Firmenkundengeschäft aus Sicht der Banken, in: Schmeisser, Wilhelm (Hrsg.), Handbuch Krisen- und Insolvenzmanagement: wie mittelständische Unternehmen die Wende schaffen, Suttgart: Schäffer-Poeschel, S. 3-22.

Berkowitz, Jeremy; O'Brien, James (2002): How Accurate Are Value-at-Risk Models at Commercial Banks?, in: The Journal of Finance, 57 (3), S. 1093-1111.

Blochwitz, Stefan; Eigermann, Judith (2000): Krisendiagnose durch quantitatives Credit-Rating mit Fuzzy-Regeln, in: Hauschildt, Jürgen; Leker, Jens (Hrsg.), Krisendiagnose durch Bilanzanalyse, 2. Aufl., Köln: Verlag Otto Schmidt Verlag KG, S. 240-267.

Bodolica, Virginia; Spraggon, Martin (2011): Behavioral Governance and Self-Conscious Emotions: Unveiling Governance Implications of Authentic and Hubristic Pride, in: Journal of Business Ethics, 10 (3), S. 535-550.

Bösenberg, Christina; Küppers, Bernhard (2011): Im Mittelpunkt steht der Mitarbeiter - Was die Arbeitswelt wirklich verändern wird, 1. Aufl., Freiburg: Haufe Verlag.

Boser, Bernhard; Guyon, Isabelle; Vapnik, Vladimir (1992): A Training Algorithm for Optimal Margin Classifiers, in: Proceedings of the 5th Annual ACM Workshop on Computationial Learning Theory, S. 144-152.

Bösl, Konrad; Hasler, Peter Thilo (2012): Mittelstandsanleihen: Überblick und Weiterentwicklungspotenziale, in: Bösl, Konrad; Hasler, Peter Thilo (Hrsg.), Mittelstandsanleihen, Wiesbaden: Gabler Verlag, S. 11-22.

Bourgeois III, L. Jay (1981): On the Measurement of Organizational Slack, in: Academy of Management Review, 6 (1), S. 29-39.

Boyd, John H.; Hakenes, Hendrik (2014): Looting and risk shifting in banking crises, in: Journal of Economic Theory, 149 (1), S. 43-64.

Breitkopf, Diethard; Gerber, Thomas; Jacobs, Dietrich (2009): Mittelständische Unternehmen in der Krise: Welche Instrumente wie anwenden? - Ein Praxis-Leitfaden zu Überprüfung der Wirksamkeit konkreter Maßnahmen, in: Krisen-, Sanierungs- und Insolvenzberatung, 03/2009, S. 119-125.

Brinkmann, Jochen; Schiffer, Florian (2012): Mittelstand und Börse - Trends, Erwartungen, Einschätzungen, in: Bohnert Group of Partners (Hrsg.), Düsseldorf, S. 1-21.

Brosius, Felix (2013): SPSS 21, 1. Aufl., Heidelberg: Mitp, Verl.-Gruppe Hüthig, Jehle, Rehm.

Brown, Martin; Zehnder, Christian (2007): Credit Reporting, Relationship Banking, and Loan Repayment, in: Journal of Money, Credit and Banking, 39 (8), S. 1883-1918.

Brühl, Volker (2004): Kapitalstrukturplanung und Krisenprävention, in: Brühl, Volker; Göpfert, Burkard (Hrsg), Unternehmensrestrukturierung: Strategien und Konzepte, Stuttgart: Schäffer-Poeschel, S. 151-182.

Bruno, Albert V.; Leidecker, Joel K. (1988): Causes of New Venture Failure: 1960s vs. 1980s, in: Business Horizons, 31 (6), S. 51-56.

Bühl, Achim (2008): SPSS 16: Einführung in die moderne Datenanalyse, 11. Aufl., München: Pearson Studium.

Burger, Anton (1994): Zur Klassifikation von Unternehmen mit neuronalen Netzen und Diskriminanzanalysen, in: Journal of business economics, 64 (9), S. 1165-1179.

Büschgen, Hans E. (1998): Bankgeschäfte und Bankmanagement, Wiesbaden: Gabler.

Buschmann, Holger (2006): Turnaround-Management. Empirische Untersuchung mit Schwerpunkt auf den Einfluss der Stakeholder im Turnaround, Dissertation, St. Gallen, Universität, Sankt Gallen.

Butzer-Strothmann, Kristin (1999): Krisen in Geschäftsbeziehungen, Dissertation, Wiesbaden: Deutscher Universitäts-Verlag.

Cameron, Kim; Zammuto, Raymond (1983): Matching Managerial Strategies to Conditions of Decline, in: Human Resource Management, 22 (4), S. 359-375.

Carmeli, Abraham; Sheaffer, Zachary (2009): How Leadership Characteristics Affect Organizational Decline and Downsizing, in: Journal of Business Ethics, 86 (3), S. 363-378.

Chang, Kuang-chi (2011): The Companies We Keep: Effects of Relational Embeddedness on Organizational Performance, in: Sociological Forum, 26 (3), S. 527-555.

Chava, Sudheer; Roberts, Michael R. (2008): How Does Financing Impact Investment? The Role of Dept Covenants, in: The Journal of Finance, 63 (5), S. 2085-2121.

Chen, Chao C.; Chen, Ya-Ru; Xin, Katherine (2004): Guanxi Practices and Trust in Management: A Procedural Justice Perspective, in: Organization Science, 15 (2), S. 200-209.

Christensen, Hans B.; Nikolaev, Valeri V. (2012): Capital Versus Performance Covenants in Dept Contracts, in: Journal of Accounting Research, 50 (1), S. 75-116.

Chyba, Jochen (2003): Erfolgsfaktoren von Venture Capital Unternehmen.

Clasen, Jan P. (1992): Turnaround Management für mittelständische Unternehmen, Wiesbaden: Gabler.

Coenenberg, Adolf G. (1989): Konzept der Bilanzanalyse und Probleme aufgrund des neuen Bilanzrechts, in: Coenenberg, Adolf G. (Hrsg.), Bilanzanalyse nach neuem Recht, Verlag Moderne Industrie, S. 15-32.

Collins, Jamie D.; Uhlenbruck, Klaus; Rodriguez, Peter (2009): Why Firms Engage in Corruption: A Top Management Perspective, in: Journal of Business Ethics, 87 (1), S. 89-108.

Covitz, Daniel; Liang, Nellie; Suarez, Gustavo A. (2013): The Evolution of a Financial Crisis: Collapse of the Asset-Backed Commercial Paper Market, in: The Journal of Finance, 68 (3), S. 815-848.

Cristianini, Nello; Shawe-Taylor, John (2006): An Introduction to Support Vector Machines, Cambridge: Cambridge University Press.

Damnitz, Michael; Kleutgens, Ingo (2011): Mezzanine-Kapital : Finanzierungsinstrumente für Unternehmen in der Krise, Stuttgart: Boorberg.

David, Sven (2001): Externes Krisenmanagement aus Sicht der Banken, 1. Aufl., Köln: Eul Verlag.

de Figueiredo, Rui J. P. Jr.; Weingast, Barry R. (1997): Ratinonality of Fear: Political Opportunism and Ethnic conflict.

Deakin, Edward B. (1972): A Discriminant Analysis of Predictors of Business Failure, in: Journal of Accounting Research, S. 167-179.

Deimel, Klaus; Heupel, Thomas; Wiltinger, Kai (2013): Controlling, München: Vahlen.

Dinibütünoglu, Yeliz (2008): Bank-Strategien und Poolverträge in Krisen der Firmenschuldner - Eine empirische Analyse, Dissertation, Universität Osnabrück, Fachbereich Wirtschaftswissenschaften, Osnabrück.

Dippel, Thorsten (2004): Erfolgswirkung strategischer Turnaround-Maßnahmen auf Unternehmensziele - eine empirische Ableitung, in: Bickhoff, Nils; Blatz, Michael; Eilenberger, Guido; Haghani, Sascha (Hrsg.), Die Unternehmenskrise als Chance - Innovative Ansätze zur Sanierung und Restrukturierung, Berlin, Heidelberg, New York: Springer, S. 169-196.

Dobelli, Rolf (2011): Die Kunst des klaren Denkens: 52 Denkfehler, die Sie besser anderen überlassen, Hanser.

Dörschell, Andreas; Franke, Lars; Schulte, Jörn (2009): Der Kapitalisierungszinssatz in der Unternehmensbewertung, Düsseldorf: IDW-Verlag.

Doukas, John A.; Petmezas, Dimitris (2007): Acquisitions, overconfident managers and self-attribution bias, in: European financial management, 13 (3), S. 531-577.

Downs, George W.; Rocke, David M. (1994): Conflict, agency, and gambling for resurrection: The principal-agent problem goes to war, in: American Journal of Political Science, 38 (2), S. 362-380.

Draganska, Michaela; Klapper, Daniel (2006): Retail Environment and Manufacturer Competitive Intensity, in: Research Paper Series Stanford Graduate School of Business, S. 1-41.

Dubrovski, Drago (2009): Management mistakes as causes of corporate crisis: Managerial implications for countries in transition, in: Total Quality Management, 20 (1), S. 39-59.

Dürselen, Karl (2012): MaRisk der Banken und Frühwarnindikatoren, in: Jacobs, Jürgen; Riegler, Johannes; Schulte-Mattler, Hermann; Weinrich, Günter (Hrsg.), Frühwarnindikatoren und Krisenfrühaufklärung, Wiesbaden: Springer Gabler, S. 189-204.

Eckrich, Emanuel; Trustorff, Jan-Henning (2015): Ratingentwicklung und -validierung, in: Everling, Oliver; Leker, Jens; Bielmeier, Stefan (Hrsg.), Credit Analyst, Berlin: De Gruyter, S. 123-146.

Elbannan, Mohamed A.; Elbannan, Mona A. (2015): Economic Consequences of Bank Disclosure in the Financial Statements Before and During the Financial Crisis: Evidence From Egypt, in: Journal of Accounting Auditing & Finance, 30 (2), S. 181-217.

Euler Hermes Kreditversicherung (2009): Insolvenzen in Zeiten der Finanzkrise, in: Wirtschaft Konkret, 107, S. 1-32.

Evertz, Derik; Krystek, Ulrich (2014): Unternehmen erfolgreich restrukturieren und sanieren - Herausforderungen und Lösungsansätze für den Turnaround, 1. Aufl., Stuttgart: Schäffer-Poeschel Verlag.

Exler, Markus W.; Situm, Mario (2013): Früherkennung von Unternehmenskrisen - Systematische Zuordnung von Krisenfrüherkennungsindikatoren zu den unterschiedlichen Krisenphasen des Unternehmens, in: Krisen-, Sanierungs- und Insolvenzberatung, 04/2013, S. 161-166.

Exler, Markus W.; Situm, Mario; Hueber, Sophia (2014): Die Krise verändert das operative Agieren, in: Krisen-, Sanierungs- und Investitionsberatung, 5/2014, S. 202-207.

Fachverband Sanierungs- und Insolvenzberatung des BDU e. V. (2015): Grundlagen ordnungsgemäßer Restrukturierung und Sanierung (GoRS) - Entwurf eines BDU- Leitfadens, in: Krisen-, Sanierungs- und Insolvenzberatung, 04/2015, S. 170-178.

Federowski, Richard (2009): Unternehmensroutinen im Turnaroundmanagement: Analyse der Wirkungen von Routinen und routinenbewusste Gestaltung der Krisenbewältigung, Wiesbaden: Gabler.

Feldbauer-Durstmüller, Birgit (2003): Sanierungsmanagement - Die Bewältigung von Unternehmenskrisen durch Unternehmenssanierung, in: Zeitschrift Führung + Organisation, 3/2003, S. 128-132.

Feldbauer-Durstmüller, Birgit; Mayr, Stefan (2009): Unternehmensethik und Krise: Ethische Verantwortung in der Unternehmenssanierung, in: Feldbauer-Durstmüller, Birgit; Pernsteiner, Helmut (Hrsg.), Betriebswirtschaftslehre und Unternehmensethik, Wien: Linde Verlag, S. 563-597.

Findeisen, Franz (1932): Aufstieg der Betriebe: der gesunde und der kranke Betrieb, Leipzig: Lindner.

Fischer, Andreas (2012): Entwicklung eines länderübergreifenden Bilanzratingmodells: eine empirische Untersuchung anhand deutscher und italienischer Jahresabschlüsse, Dissertation, Universität Münster, 1. Aufl., Lohmar: Eul Verlag.

Fischer, Arne (2004): Qualitative Merkmale in bankinternen Ratingsystemen: Eine empirische Analyse zur Bonitätsbeurteilung von Firmenkunden, Dissertation, Universität Münster, Bad Soden: Uhlenbruch Verlag.

Fischer, Barbara (2004): Finanzierung und Beratung junger Start-Up Unternehmen - Betriebswirtschaftlicher Analyse aus Gründerperspektive, Technische Universität München, Wiesbaden.

Fischer, Thomas M.; Möller, Klaus; Schultze, Wolfgang (2015): Controlling - Grundlagen, Instrumente und Entwicklungsperspektiven, 2. Aufl., Stuttgart: Schäffer-Poeschel.

Fisher, Ronald A. (1936): The Use of Multiple Measurements in Taxonomic Problems, in: Annals of Eugenics, 7 (2), S. 179-188.

Flanagan, David J.; O'Shaughnessy, K. C. (2005): The Effect of Layoffs on Firm Reputation, in: Journal of Management, 31 (3), S. 445-463.

Fleege-Althoff, Fritz (1930): Die notleidende Unternehmung, Stuttgart: Poeschel Verlag.

Fleischhauer, Uwe (2012): Umbruch in der Unternehmensfinanzierung - Nachfrage nach Mezzanine und Eigenkapital nimmt zu, in: Venture Capital Magazin, S. 12-14.

Fleming, Michael J. (2012): Federal Reserve Liquidity Provision during the Financial Crisis of 2007-2009, in: Annual Review of Financial Economics, 4 (10), S. 161-166.

Flosbach, Hans-Jürgen (1987): Sanierungsentscheidungen der Banken, Dissertation, Bergisch-Gladbach: Eul Verlag.

Franke, Günter; Hein, Julia (2007): Securitisation of Mezzanine Capital in Germany, Working Paper, Universität Konstanz.

Freeman, R. Edward (1984): Strategic Management. A Stakeholder Approach, Cambridge: Cambridge Univ. Press.

Fröhlich, Konrad; Ifftner, Angelika; Maatz, Bernhard; Portisch, Wolfgang (2009): Unternehmenskrisen, frühzeitig erkennen - Sanierung gemeinsam umsetzen, in: Kreditwesen, 62 (14), S. 39-42.

Gemünden, Hans G. (1988): Defizite der empirischen Insolvenzforschung, in: Hauschildt, Jürgen (Hrsg.), Krisendiagnose durch Bilanzanalyse, 1. Aufl., Köln: Verlag Dr. Otto Schmidt KG, S. 135-152.

Gemünden, Hans Georg (2000): Defizite der statistischen Insolvenzdiagnose, in: Hauschildt, Jürgen; Leker, Jens (Hrsg.), Krisendiagnose durch Bilanzanalyse, 2. Aufl., Köln: Verlag Dr. Otto Schmidt KG, S. 144-167.

Gläser, Jochen; Laudel, Grit (2010): Experteninterviews und qualitative Inhaltsanalyse als Instrumente rekonstruierender Untersuchungen, 4. Aufl., Wiesbaden: Verlag für Sozialwissenschaften.

Gless, Sven-Erik (1996): Unternehmenssanierung: Grundlagen - Strategien - Maßnahmen, Wiesbaden: Gabler Verlag, Deutscher Universitäts-Verlag.

Goss, Ernest Preston; Ramchandani, Harish (1995): Comparing Classification Accuracy of Neural Networks, Binary Logit Regression and Discriminant Analysis for Insolvency Prediction of Life Insurers, in: Journal of Economics and Finance, 19 (3), S. 1-18.

Grape, Christian (2006): Sanierungsstrategien: Empirisch-qualitative Untersuchung zur Bewältigung schwerer Unternehmenskrisen, Wiesbaden: Deutscher Universitäts-Verlag.

Grelck, Michael; Richter, Tim (2012): Einsatz von Frühwarnindikatoren in der Schifffahrt, in: Jacobs, J.; Riegler, J. -J; Schulte-Mattler, H.; Weinrich, G. (Hrsg.), Frühwarnindikatoren und Krisenfrühaufklärung, Wiesbaden: Springer Gabler, S. 491-520.

Grenz, Thorsten (1987): Dimensionen und Typen der Unternehmenskrise. Analysemöglichkeiten auf der Grundlage von Jahresabschlussinformationen, Dissertation, Frankfurt am Main: Verlag Peter Lang GmbH.

Groß, Paul J. (2014): Die Produkt- und Absatzkrise, in: Krisen-, Sanierungs- und Insolvenzberatung, 5/2014, S. 212-221.

Groß, Paul J. (2015): Die Erstellung und Plausibilisierung einer Fortbestehensprognose - Teil 1: Anforderungen auf der Basis eines Sanierungskonzeptes nach IDW S6, in: Krisen-, Sanierungs- und Insolvenzberatung, 1/2015, S. 5-12.

Grunwald, Egon; Grunwald, Stephan (2001): Bonitätsanalyse im Firmenkundengeschäft - Handbuch Risikomanagement und Rating, 2. Aufl., Stuttgart: Schäffer-Poeschel.

Gullett, Josh; Do, Loc; Canuto-Carranco, Maria; Brister, Mark; Turner, Shundricka; Caldwell, Cam (2009): The Buyer-Supplier Relationship: An Integrative Model of Ethics and Trust, in: Journal of Business Ethics, 90 (3), S. 329-341.

Gundel, Stephan (2005): Towards a New Typology of Crisis, in: Journal of Contingencies and Crisis Management, 13 (3), S. 106-115.

Hambrick, Donald C. (2007): Upper Echelons Theory: An Update, in: The Academy of Management Review, 32 (2), S. 334-343.

Hambrick, Donald C.; Crozier, Lynn M. (1985): Stumblers and stars in the management of rapid growth, in: Journal of Business Venturing, 1 (1), S. 31-45.

Hambrick, Donald C.; D'Aveni, Richard A. (1988): Large Corporate Failures as Downward Spirals, in: Administrative Science Quarterly, 33 (1), S. 1-23.

Hartmann-Wendels, Thomas; Pfingsten, Andreas; Weber, Martin (2004): Bankbetriebslehre, 3. Aufl., Berlin: Springer.

Hauschildt, Jürgen (1970): Organisation der finanziellen Unternehmensführung – Eine empirische Untersuchung, Suttgart: Poeschel Verlag.

Hauschildt, Jürgen (1983): Aus Schaden klug, in: Manager-Magazin, 10/1983, S. 142-153.

Hauschildt, Jürgen (1985): Betriebliche Krisenursachen und Krisensignale, in: Datenverarbeitung, Steuern, Wirtschaft, Recht - Zeitschrift, (Sonderheft), S. 23-27.

Hauschildt, Jürgen (1988): Krisendiagnose durch Bilanzanalyse, 1. Aufl., Köln: Verlag Dr. Otto Schmidt.

Hauschildt, Jürgen (1989): Erfolgsspaltung: Ermittlungsmöglichkeiten und empirischer Test, in: Coenenberg, Adolf G. (Hrsg.), Bilanzanalyse nach neuem Recht, Verlag moderne Industrie, S. 189-208.

Hauschildt, Jürgen (1996): Erfolgs-, Finanz- und Bilanzanalyse - Analyse der Vermögens-, Finanz-, und Ertragslage von Kapital- und Personengesellschaften, Köln: Verlag Dr. Otto Schmidt.

Hauschildt, Jürgen (1999): Unternehmensverfassung als Instrument des Konfliktmanagements, in: Berger, Gerhard; Hartmann, Petra; Endruweit, Günter (Hrsg.), Soziologie in konstruktiver Absicht Festschrift für Günter Endruweit, Hamburg: Reim, S. 59-87.

Hauschildt, Jürgen (2000): Unternehmenskrisen - Herausforderungen an die Bilanzanalyse, in: Hauschildt, Jürgen; Leker, Jens (Hrsg.), Krisendiagnose durch Bilanzanalyse, 2. Aufl., Köln: Dr. Otto Schmidt Verlag KG, S. 1-18.

Hauschildt, Jürgen (2000): Vorgehensweise der statistischen Insolvenzdiagnose, in: Hauschildt, Jürgen; Leker, Jens (Hrsg.), Krisendiagnose durch Bilanzanalyse, 2. Aufl., Köln: Dr. Otto Schmidt Verlag KG, S. 119-143.

Hauschildt, Jürgen (2003): Anmerkungen zum Umgang der Betriebswirtschaftslehre mit Unternehmenskrisen, in: Institut für Betriebswirtschaftslehre (Hrsg.), Manuskripte aus den Instituten für Betriebswirtschaftslehre der Universität Kiel, Kiel.

Hauschildt, Jürgen (2004): Existenzielle Schlüsselereignisse im Lebenszyklus der Unternehmung - Plädolyer für eine ontogenetische Betrachtungsweise in der Betriebswirtschaftslehre, in: Döring, Ulrich; Kußmaul, Heinz (Hrsg.), Spezialisierung und Internationalisierung: Entwicklungstendenzen der deutschen Betriebswirtschaftslehre, Festschrift für Prof. Dr. h.c. mult. Günter Wöhe zum 80. Geburtstag am 2.Mai 2004, München: Franz Vahlen Verlag, S. 29-49.

Hauschildt, Jürgen (2005): Von der Krisenerkennung zum präventiven Krisenmanagement - Zum Umgang der Betriebswirtschaftslehre mit der Unternehmenskrise, in: Krisen-, Sanierungs- und Investitionsberatung, 1/2005, S. 1-7.

Hauschildt, Jürgen (2008): Die Feststellung der Unternehmenskrise, in: Krisen-, Sanierungs- und Investitionsberatung, 1/2008, S. 5-11.

Hauschildt, Jürgen; Grape, Christian; Schindler, Marc (2006): Typologien von Unternehmenskrisen im Wandel, in: Die Betriebswirtschaft, 66 (1), S. 7-25.

Hauschildt, Jürgen; Grenz, Thorsten; Gemünden, Hans G. (1988): Entschlüsselung von Unternehmenskrisen durch Erfolgsspaltung - vor und nach dem Bilanzrichtlinien-Gesetz, in: Hauschildt, Jürgen (Hrsg.), Krisendiagnose durch Bilanzanalyse, 1. Aufl., Köln: Dr. Otto Schmidt Verlag, S. 41-63.

Haves, Rolf (2015): Baseler Regulatorik: Basel I, II und III im Überblick, in: Everling, Oliver; Leker, Jens; Bielmeier, Stefan (Hrsg.), Credit Analyst, Berlin: De Gruyter, S. 25-54.

Helbling, Carl (2015): Besonderheiten bei der Bewertung von kleinen und mittleren Unternehmen, in: Peemöller, Volker H. (Hrsg.), Praxishandbuch der Unternehmensbewertung Grundlagen und Methoden, Bewertungsverfahren, Besonderheiten bei der Bewertung, Herne: NWB Verlag, S. 995-1006.

Heldt, Philipp (2002): Finanzorganisation - Befunde einer Paneluntersuchung, Working Paper, Universität Kiel, Kiel.

Heldt-Sorgenfrei, Philipp (2012): Kreditgeschäft im Kontext des Baseler Regelwerkes, in: Everling, Oliver; Leker, Jens; Bielmeier, Stefan (Hrsg.), Credit Analyst, Berlin: De Gruyter, S. 3-24.

Henselek, Hilmar F. (2005): Gestaltung von Personalkosten und Personalinvestitionen in Unternehmungen, Dissertation, 1. Aufl., Lohmar: Eul Verlag.

Hering, Hendrik; Rolloch, Jörg; Becker, Helmut; Diez, Willi (2009): Der Fall Opel: scheitert der staatliche Rettungsplan?, in: Ifo-Schnelldienst München, S. 3-14.

Hiebler, Franz (1964): Die Praxis der Kreditgewährung, 2. Aufl., Wiesbaden: Gabler.

Hillmer, Hans-Jürgen (2015): Aktuelle Rahmenbedingungen und neue Grundsätze zur Sanierung - Bericht zum 14. Expertendialog des BDU-Fachverbandes Sanierungs- und Insolvenzberatung, in: Krisen-, Sanierungs- und Insolvenzberatung, S. 124-129.

Hlavica, Christian; Klapproth, Uwe; Hülsberg, Frank M. (2011): Tax Fraud & Forensic Accounting - Umgang mit Wirtschaftskriminalität, Wiesbaden: Gabler.

Hofmann, Thorsten; Röhrich, Raimund (2006): Krisenmanagement als Vorstandsaufgabe - Zur Bedeutung der Krisenkommunikation im Rahmen der Prävention und Bewältigung von Krisen, in: Krisen-, Sanierungs- und Insolvenzberatung, 05/2006, S. 167-172.

Hohberger, Stefan; Damlachi, Hellmut (2014): Praxishandbuch Sanierung im Mittelstand, 3. Aufl., Wiesbaden: Springer.

Hohmeyer, Olav; Wiegenbach, Clemens (2014): EEG Reloaded 2014: Abschaffung des EEG oder Reform der EEG-Finanzierung?, Working Paper, Universität Flensburg, Mai 2014.

Höller, Elisabeth; Künzle, Valerie (2009): Unternehmensethik und der Stakeholder "Umwelt": die Ansprüche des Stakeholders Umwelt an das Unternehmen im Kontext der Investmentethik, in: Betriebswirtschaftslehre und Unternehmensethik, Wien, S. 297-330.

Holzach, Robert (1982): Die Verletzlichkeit des Bankensystems: erweiterte Fassung eines Referates, gehalten vor der Zürcher Volkswirtschaftlichen Gesellschaft am 9. Dezember 1981, in: Schweizer Bankgesellschaft (Hrsg.), SBG-Schriften zu Wirtschafts-, Bank- und Währungsfragen, Nr. 79.

Hosmer, David W.; Lemeshow, Stanley (2000): Applied logistic regression, 2. Aufl., New York: Wiley.

Husted, Bryan W. (1998): Organizational Justice and the Management of Stakeholder Relations, in: Journal of Business Ethics, 17 (6), S. 643-651.

Hwang, Peter; Lichtenthal, David (2000): Anatomy of Organizational Crisis, in: Journal of Contingencies and Crisis Management, 8 (3), S. 129-140.

Icks, Annette; Kranzusch, Peter (2010): Sanierungen in Insolvenzverfahren - übertragende Sanierungen und insolvenzplanbasierte Eigensanierungen in NRW, in: Institut für Mittelstandsforschung Bonn (Hrsg.): IfM-Materialien Nr. 195, Bonn.

Inderst, Cornelia; Bannenberg, Britta; Poppe, Sina (2013): Compliance Aufbau - Management - Risikobereiche - gebunden oder broschiert, Heidelberg: Müller Verlag.

Jänicke, Martin (1973): Krisenbegriff und Krisenforschung, in: Jänicke, Martin (Hrsg.), Herrschaft und Krise - Beiträge zur politikwissenschaftlichen Krisenforschung, Wiesbaden: S. 10-25.

Jensen, Michael C.; Meckling, William H. (1976): Theory of the Firm: Managerial Behavior, Agency Costs and Ownership Structure, in: Journal of Financial Economics, 3 (4), S. 305-360.

Jog, Vijay M.; Kotlyar, Igor; Tate, Donald G. (1993): Stakeholder Losses in Corporate Restructuring: Evidence From Four Cases in the North American Steel Industry, in: Financial Management, 22 (3), S. 185-201.

Jostarndt, Philipp; Wagner, Stefan (2006): Kapitalstrukturen börsennotierter Aktiengesellschaften: Deutschland und USA im Vergleich, in: Vierteljahrshefte zur Wirtschaftsforschung, 75 (4), S. 93-108.

Jung, Burkhard (2015): Insolvenzanfechtungsrecht: Pro und Contra zum Änderungsbedarf, in: Krisen-, Sanierungs- und Insolvenzberatung, 03/2015, S. 97.

Kajüter, Peter; Franz, Klaus-Peter (2011): Controlling und Rechnungslegung Bestandsaufnahme, Schnittstellen, Perspektiven; Festschrift für Klaus-Peter Franz, Stuttgart: Schäffer-Poeschel.

Kappler, Ekkehard; Rehkugler, Heinz (1985): Kapitalwirtschaft, in: Heinen, Edmund (Hrsg.), Industriebetriebslehre - Entscheidungen im Industriebetrieb, Wiesbaden: Gabler, S. 773-887.

Kehrel, Uwe; Leker, Jens (2009): Unternehmenskrisen, in: Zeitschrift Führung + Organisation, 04/2009, S. 200-205.

Kehrel, Uwe; Sonius, David (2015): Krisentypen, in: Krisen-, Sanierungs- und Insolvenzberatung, im Erscheinen.

Knierim, Thomas C.; Smok, Robin (2012): Verteidigung in der Unternehmenskrise, in: Dannecker, Gerhard; Knierim, Thomas C.; Hagemeier, Andrea (Hrsg.), Insolvenzstrafrecht, Heidelberg: Müller Verlag, S. 191-372.

Knoll, Leonhard (2014): Inflationsüberwälzung in der ewigen Rente: eingeschwungener Zustand und Unternehmensschrumpfung, in: Corporate Finance, 5 (1), S. 3-6.

Konrad, Paul Markus (2012): The calibration of rating models estimation of the probability of default based on advanced pattern classification methods, Dissertation, Universität Münster, Marburg: Tectum-Verlag.

Kor, Yasemin Y.; Misangyi, Vilmos F. (2008): Outside Directors' Industry-Specific Experience and Firms' Liability of Newness, in: Strategic Management Journal, 29 (12), S. 1345-1355.

Kortmann, Sebastian; Gelhard, Carsten; Zimmermann, Carsten; Pillerd, Frank T. (2014): Linking strategic flexibility and operational efficiency: The mediating role of ambidextrous operational capabilities, in: Journal of Operations Management, 32, S. 475-490.

Kraus, Georg; Becker-Kolle, Christel (2004): Führen in Krisenzeiten: Managementfehler vermeiden, schnell und entschieden handeln, 1. Aufl., Wiesbaden: Gabler.

Krehl, Harald (1988): Zur Verbesserung der Kennzahlenanalyse, in: Hauschildt, Jürgen (Hrsg.), Krisendiagnose durch Bilanzanalyse, 1. Aufl., Köln: Verlag Dr. Otto Schmidt KG, S. 17-40.

Krehl, Harald (2001): Entwicklungslinien der Bilanzanalyse, in: Hamel, W.; Gemünden, Hans G. (Hrsg.), Außergewöhnliche Entscheidungen, München: Verlag Vahlen, S. 209-274.

Krehl, Harald (2013): Die Erkennbarkeit der Strategiekrise durch Organe der Kapitalgesellschaft und den Abschlussprüfer - Merkmale strategischer Krisen und Abwehrmaßnahmen, in: Krisen-, Sanierungs- und Insolvenzberatung, 06/2013, S. 253-258.

Krehl, Harald; Fischer, Andreas (2009): Bilanzrating als Instrument zur Risikofrüherkennung im Prüfungsprozess, in: Reimer, Marko; Fiege, Stefanie (Hrsg.), Perspektiven des Strategischen Controllings, Festschrift für Professor Dr. Ulrich Krystek, Wiesbaden: Gabler, S. 282-300.

Krehl, Harald; Hauschildt, Jürgen (1988): Krisendiagnose durch Finanzflußrechnungen, in: Hauschildt, Jürgen (Hrsg.), Krisendiagnose durch Bilanzanalyse, 1. Aufl., Köln: Verlag Dr. Otto Schmidt KG, S. 91-101.

Krehl, Harald; Knief, Peter (2002): Rating - Herausforderung des Mittelstandes und Chance des beratenden Berufsstandes, Augsburg: Kognos Verlag Braun GmbH.

Krehl, Harald; Schneider, Ricardo; Fischer, Andreas (2006): Branchenrating 2006 - Benchmarks für Branchen, 1. Aufl., Nürnberg: DATEV eG.

Krehl, Harald; Strobel, Stefan; Sonius, David (2015): Analyse und Planung von Geschäftsmodellen, in: Everling, Oliver; Leker, Jens; Bielmeier, Stefan (Hrsg.), Credit Analyst, De Gruyter, S. 225-256.

Krystek, Ulrich (1980): Organisatorische Möglichkeiten des Krisenmanagements, in: Zeitschrift für Führung + Organisation, 49 (2), S. 63-71.

Krystek, Ulrich (1987): Unternehmungskrisen - Beschreibung, Vermeidung und Bewältigung überlebenskritischer Prozesse in Unternehmungen, 1. Aufl., Wiesbaden: Gabler.

Krystek, Ulrich; Moldenhauer, Ralf (2007): Handbuch Krisen- und Restrukturierungsmanagement: Generelle Konzepte, Spezialprobleme, Praxisberichte, Stuttgart: Kohlhammer Verlag.

Kurfels, Matthias (2015): Mindestanforderungen an das Risikomanagement, in: Everling, Oliver; Leker, Jens; Bielmeier, Stefan (Hrsg.), Credit Analyst, Berlin, Boston: De Gruyter, S. 55-76.

Küting, Karlheinz (1981): Die Erfolgsspaltung: ein Instrument der Bilanzanalyse Ein Vergleich der Erfolgsspaltung auf der Grundlage des Aktienrechts und des Bilanzrichtlinie-Gesetzes, in: Betriebs-Berater, 36 (9), S. 529-535.

Küting, Karlheinz; Weber, Claus-Peter (2012): Die Bilanzanalyse - Beurteilung von Abschlüssen nach HGB und IFRS, 10. Aufl., Stuttgart: Schäffer Poeschel.

Küting, Karlheinz; Weber, Claus-Peter (2015): Die Bilanzanalyse - Beurteilung von Abschlüssen nach HGB und IFRS, Stuttgart: Schäffer Poeschel.

Lagadec, Patrick (1987): Communications Strategies in Crisis, in: Organization & Environment, (1), S. 19-26.

Laske, Michael; Neunteufel, Herbert (2005): Vertrauen eine "Conditio sine qua non" für Kooperationen?, Discussion Paper, Hochschule Wismar, 01/2005, Wismar.

Leffson, Ulrich (1984): Bilanzanalyse, 3., verb. Aufl., Stuttgart: Poeschel.

Lehmann, Bina (2003): Is It Worth the While? The Relevance of Qualitative Information in Credit Rating, Universitaet Konstanz, Konstanz.

Leker, Jens (1993): Fraktionierte Frühdiagnose von Unternehmenskrisen, in: Schriften zur Rechnungslegung, Wirtschaftsprüfung und Unternehmensberatung, Dissertation, Universität Kiel, Köln: Dr. Otto Schmidt Verlag KG.

Leker, Jens (1994): Beurteilung von Ausfallrisiken im Firmenkundengeschäft: Leistungsfähigkeit und Defizite der aktuell diskutierten Verfahren, in: Zeitschrift für das gesamte Bank- und Börsenwesen, 42 (8), S. 599-609.

Leker, Jens (2000): Die Neuausrichtung der Unternehmensstrategie, in: Hofmann, K. (Hrsg.), Die Einheit der Gesellschaftswissenschaften, Tübingen: Mohr Siebeck Verlag.

Leker, Jens (2000): Der Unternehmer als Schuldner in der Insolvenz, in: Beck, Matthias; Möhlmann, Thomas (Hrsg.), Sanierung und Abwicklung in der Insolvenz: Erfahrungen, Chancen, Risiken, Herne: NWB Verlag, S. 133-157.

Leker, Jens (2001): Bilanzratingsysteme zwischen Theorie und Praxis, in: Hamel, W.; Gemünden, G. (Hrsg.), Außergewöhnliche Entscheidungen, Festschrift für Jürgen Hauschildt, München: Franz Vahlen Verlag, S. 275-303.

Leker, Jens (2008): Unternehmen in der Krise: Eine typologische Betrachtung, in: Unternehmeredition "Turnaround 2008", 4/2008, S. 42-43.

Leker, Jens; Mahlstedt, Dirk (2004): Praxis der bilanziellen Krisendiagnose - geeignete Indikatoren zum Selbst-Check und zur Kundenbeurteilung, in: Zeitschrift für Bilanzierung, Rechnungswesen und Controlling, 5/2004, S. 101-105.

Leker, Jens; Möhlmann-Mahlau, Thomas; Wieben, Hans-Jürgen (2002): Risikomanagement vor und in der Insolvenz, Recklinghausen: ZAP-Verlag für die Rechts- und Anwaltspraxis.

Leker, Jens; Salomo, Soren (1998): Die Veränderung der wirtschaftlichen Lage im Verlauf eines Wechsels an der Unternehmensspitze, in: Schmalenbachs Zeitschrift für betriebswirtschaftliche Forschung, 50 (2), S. 156-177.

Leker, Jens; Scheffczyk, Eva (2006): Fraktionierende Frühdiagnose von Unternehmenskrisen: Bilanzanalyse in unterschiedlichen Krisenstadien, in: Hutzschenreuther, Thomas; Griess-Nega, Torsten (Hrsg.), Krisenmanagement: Grundlagen - Strategien - Instrumente, Wiesbaden: Gabler, S. 143-164.

Leker, Jens; Schewe, Gerhard (1998): Beurteilung des Kreditausfallrisikos im Firmenkundengeschäft der Banken, in: Zeitschrift für betriebswirtschaftliche Forschung, (3) 50, S. 877-891.

Leker, Jens; Sonius, David (2015): Berücksichtigung von Ausfallwahrscheinlichkeiten in der Unternehmensbewertung, in: Peemöller, Volker H. (Hrsg.), Praxishandbuch der Unternehmensbewertung Grundlagen und Methoden, Bewertungsverfahren, Besonderheiten bei der Bewertung, Herne: NWB Verlag, S. 725-757.

Lerbinger, Otto (1997): The crisis manager facing risk and responsibility, Mahwah, N.J: Erlbaum.

Lintemeier, Klaus (2014): Unternehmenskrisen und Stakeholder-Beziehungen, in: Thießen, Ansgar (Hrsg.), Handbuch Krisenmanagement, Wiesbaden: Springer, S. 55-69.

Littkemann, Jörn; Krehl, Harald (2000): Kennzahlen der klassischen Bilanzanalyse - nicht auf Krisendiagnose zugeschnitten, in: Hauschildt, Jürgen; Leker, Jens (Hrsg.), Krisendiagnose durch Bilanzanalyse, 2. Aufl., Köln: Verlag Dr. Otto Schmidt KG, S. 19-32.

Löhneysen, Gisela von (1982): Die rechtzeitige Erkennung von Unternehmenskrisen mit Hilfe von Frühwarnsystemen als Voraussetzung für ein wirksames Krisenmanagement, Dissertation, Göttingen.

Lüthy, Martin (1988): Unternehmenskrisen und Restrukturierungen - Bank und Kreditnehmer im Spannungsfeld existentieller Unternehmenskrisen, Dissertation, Institut für Schweizerisches Bankwesen der Universität Zürich, Zürich.

Macharzina, Klaus; Wolf, Joachim (2012): Unternehmensführung: Das internationale Managementwissen Konzepte Methoden Praxis, 8. Aufl., Springer Gabler.

Mackebrandt, Lutz (2008): Die Tücken des Mezzanine-Kapitals - Probleme bei Prolongation oder Umfinanzierung, in: Krisen-, Sanierungs- und Insolvenzberatung, 05/2008, S. 193.

Manager Magazin (2013): Familienzwist - Auf Spitz und Knopf, in: Manager-Magazin, 11/2013, S. 60-66.

Manzel, Ines; Manzel, Thorsten (2003): Wege aus der Unternehmenskrise: die Rolle der Kreditinstitute in der Unternehmenssanierung, Köln: Bank-Verlag.

Martens, David; Van Gestel, Tony; De Backer, Manu; Haesen, Raf; Vanthienen, Jan; Baesens, Bart (2010): Credit rating prediction using Ant Colony Optimization, in: The Journal of the Operational Research Society, 61 (4), S. 561-573.

Mather, Paul; Peirson, Graham (2006): Financial covenants in the markets for public and private debt, in: Accounting and Finance: Journal of the Accounting Association of Australia and New Zealand, 46 (2), S. 285-307.

Mausbach, Carmen (2012): Erfolgreiche Kommunikation in Krisensituationen - Erfahrungen aus führenden deutschen Unternehmen, in: Krisen-, Sanierungs- und Insolvenzberatung, 04/2012, S. 177-179.

Mausbach, Carmen (2015): Krisenkommunikation in der digitalisierten Gesellschaft - Wie Unternehmen, Behörden, Verbände und die Politik Krisen erfolgreich bewältigen können, in: Krisen-, Sanierungs- und Insolvenzberatung, 03/2015, S. 130-132.

Mayr, Stefan (2010): Stakeholdermanagement in der Unternehmenskrise, Dissertation, Universität Linz, Wiesbaden: Gabler/GWV Fachverlage GmbH.

McKinley, William; Latham, Scott F.; Braun, Michael (2014): Organizational decline and innovation: turnarounds and downward spirals, in: The Academy of Management Review, 39 (1), S. 88-110.

Meitner, Matthias; Streitferdt, Felix (2015): Die Bestimmung des Betafaktors, in: Peemöller, Volker H. (Hrsg.), Praxishandbuch der Unternehmensbewertung, Herne: NWB Verlag, S. 521-646.

Mellahi, Kamel; Wilkinson, Adrian (2004): Organizational Failure: a critique of recent research and a proposed integrative framework, in: International Journal of Management Reviews, 6 (1), S. 21-41.

Merton, Robert K. (1948): The Self-Fulfilling Prophecy, in: The Antioch Review, 8 (2), S. 193-210.

Miller, Danny (1977): Common syndromes of business failure, in: Business Horizons, S. 43-53.

Miller, Danny; Friesen, Peter H. (1978): Archetypes of Strategy Formulation, in: Management Science, 24 (9), S. 921-933.

Miller, Danny; Friesen, Peter H. (1983): Strategy-Making and Environment: The Third Link, in: Strategic Management Journal, 4 (3), S. 221-235.

Mishkin, Frederic S.; Stern, Gary; Feldman, Ron (2006): How Big a Problem Is Too Big to Fail? A Review of Gary Stern and Ron Feldman's, in: Journal of Economic Literature, 44 (4), S. 988-1004.

Mitter, Christine; Feldbauer-Durstmüller, Birgit (2008): Schwerpunktthema Sanierungsmanagement und weitere Stichwörter zu Sanierung und Krisenmanagement, in: Häberle, Siegfried G. (Hrsg.), Das neue Lexikon der Betriebswirtschaftslehre, Oldenbourg Verlag, S. 1123-1126.

Moog, Petra; Kay, Rosemarie; Schlömer-Laufen, Nadine; Schlepphorst, Susanne (2012): Unternehmensnachfolge in Deutschland - aktuelle Trends, in: Institut für Mittelstandsforschung (Hrsg.), IfM Materialen Nr. 216, Bonn, S. 1-33.

Morgan, Robert M.; Hunt, Shelby D. (1994): The Commitment-Trust Theory of Relationship Marketing, in: Journal of Marketing, 58 (3), S. 20-38.

Moulton, Wilbur N.; Thomas, Howard (1993): Bankruptcy as a deliberate strategy: Theoretical considerations and empirical evidence, in: Strategic Management Journal, 14 (2), S. 125-135.

Müller, Rainer (1986): Krisenmanagement in der Unternehmung Vorgehen, Maßnahmen und Organisation, 2. Aufl., Frankfurt am Main: Lang Verlag.

Myšková, Katerina; Hampel, David (2011): Rating Calibration, in: Acta univ. agric. et silvic. Mendel. Brun., 60 (2), S. 223-230.

Neubauer, Michael (1999): Krisenmanagement in Projekten, Berlin: Springer.

Neubäumer, Renate (2011): Eurokrise: Keine Staatsschuldenkrise, sondern Folge der Finanzkrise, in: Wirtschaftsdienst, 91 (12), S. 827-833.

Niehaus, Hans J. (1987): Früherkennung von Unternehmenskrisen, Dissertation, Düsseldorf: IDW-Verlag.

Niggemann, Karl; Simmert, Diethard (2013): Unternehmensnachfolge als Krisenursache, in: Krisen-, Sanierungs- und Investitionsberatung, 03/2013, S. 106-112.

Niggemann, Mark; Simmert, Prof Dr Diethard (2010): Möglichkeiten einer finanzwirtschaftlichen Restrukturierung - Maßnahmen zur Krisenbewältigung im checklistenartigen Überblick, in: Krisen-, Sanierungs- und Insolvenzberatung, 03/2010, S. 120-124.

Noll, Peter; Bachmann, Hans Rudolf (2007): Der kleine Machiavelli: Handbuch der Macht für den alltäglichen Gebrauch, 2. Aufl., München: Piper Verlag.

Nystrom, Paul C.; Starbuck, William H. (1984): To Avoid Organizational Crises, Unlearn, in: Organizational Dynamics, 12 (4), S. 53-65.

Ofek, Eli; Richardson, Matthew (2003): DotCom Mania: The Rise and Fall of Internet Stock Prices, in: The Journal of Finance, 58 (3), S. 1113-1137.

Ong, Michael K. (2000): Internal Credit Risk Models: Capital Allocation and Performance Measurement, Risk Publications.

Onkila, Tiina Johanna (2009): Corporate argumentation for acceptability: reflections of environmental values and stakeholder relations in corporate environmental statements, in: Journal of business ethics, 87 (2), S. 285-298.

Papenstein, Bernd; Rams, Andreas; Lüke, Christian (2011): Fälligkeit Standard-Mezzanin - Herausforderung für den Mittelstand?, in: PricewaterhouseCoopers AG Wirtschaftsprüfungsgesellschaft: Studie im Auftrag des Bundesministeriums für Wirtschaft und Technologie, Januar 2011.

Pauchant, Thierry C.; Mitroff, Ian I. (1992): Transforming the Crisis-Prone Organization. Preventing individual, organizational, and environmental tragedies, San Francisco: Jossey-Bass Publishers.

Pearson, Christine M.; Clair, Judith A. (1998): Reframing Crisis Management, in: The Academy of Management Review, 23/1998, S. 59-76.

Peemöller, Volker H.; Hofmann, Stefan (2005): Bilanzskandale - Delikte und Gegenmaßnahmen, Berlin: Erich Schmidt Verlag.

Penrose, Edith (1995): The Theory of the Growth of the Firm, 2. Aufl., New York: Oxford University Press Inc.

Pinkwart, Andreas; Kolb, Susanne; Heinemann, Daniel (2005): Unternehmen aus der Krise führen: Die Turnaround-Balanced Scorecard als ganzheitliches Konzept zur Wiederherstellung des Unternehmenserfolges von kleinen und mittleren Unternehmen, Stuttgart: Deutscher Sparkassenverlag.

Plassmeier, Stefanie (2011): Mitarbeiterbindung in Zeiten des demografischen Wandels: Altersabhängige Entstehungsbedingungen von affektivem organisationalem Commitment, Dissertation, Universität Lüneburg, Lüneburg.

Pontell, Harry N. (2005): Control fraud, gambling for resurrection, and moral hazard: Accounting for white-collar crime in the savings and loan crisis, in: The Journal of Socio-Economics, 34/2005, S. 756-770.

Porter, Michael E. (1997): Competitive Strategy, in: Measuring Business Excellence, 1 (2), S. 12-17.

Portisch, Wolfgang (2011): Sanierungsmaßnahmen in der Intensivbetreuung, in: Die Bank, (2), S. 32-34.

Portisch, Wolfgang (2015): Intensivkonzepte in einem frühen Krisenstadium. Entscheidung zur Sanierung eines Firmenkunden in der Intensivbetreuung durch Kreditinstitute sicher treffen, in: Krisen-, Sanierungs- und Investitionsberatung, 01/2015, S. 13-17.

Probst, Gilbert; Raisch, Sebastian (2005): Organizational Crisis: The Logic of Failure, in: The Academy of Management Executive, 19 (1), S. 90-105.

Quentmeier, Helma (2012): Praxishandbuch Compliance - Grundlagen, Ziele und Praxistipps für Nicht-Juristen, Wiesbaden: Gabler.

Raguß, Gerd (2009): Der Vorstand einer Aktiengesellschaft - Vertrag und Haftung von Vorstandsmitgliedern, 2. Aufl., Heidelberg: Springer.

Reske, Winfried; Brandenburg, Achim; Mortsiefer, Hans-Jürgen (1976): Insolvenzursachen mittelständischer Betriebe - Eine empirische Analyse, in: Institut für Mittelstandsforschung (Hrsg.), Schriften zur Mittelstandsforschung, Göttingen: Otto Schwartz & Co. Verlag.

Riggert, Rainer (2015): Lieferanten, in: Stakeholder Management in der Restrukturierung - Perspektiven und Handlungsfelder in der Praxis, Spinger Gabler, S. 134-146.

Robichek, Alexander A.; Higgins, Robert C.; Kinsman, Michael (1973): The Effect of Leverage on the Cost of Equity Capital of Electric Utility Firms, in: The Journal of Finance, 28 (2), S. 353-367.

Robl, Karl; Thürbach, Ralf-Peter (1976): Zur Problemsituation mittelständischer Betriebe - eine empirische Analyse, in: Institut für Mittelstandsforschung (Hrsg.), Beiträge zur Mittelstandsforschung, Göttingen: Verlag Otto Schwartz & Co.,

Rödl; Helmut (1979): Strukturen, Ursachen und Phasen von Unternehmenskrisen, in: Hommel, Ulrich; Knecht, Ulrich; Wohlenberg, Holger (Hrsg.), Handbuch Unternehmensrestrukturierung, Wiesbaden: Gabler Verlag, S. 1219-1232.

Roloff, Julia (2008): Learning from Multi-Stakeholder Networks: Issue-Focussed Stakeholder Management, in: Journal of Business Ethics, 82 (1), S. 233-250.

Ross, Stephen A. (1973): The Economic Theory of Agency: The Principal Problem, in: The American Economic Review, 32 (2), S. 134-139.

Röthig, Peter (1976): Organisation und Krisen-Management: Zur organisatorischen Gestaltung der Unternehmung unter den Bedingungen eines Krisen-Management, in: Zeitschrift für Organisation, 1/1976, S. 13-20.

Rungtusanatham, M.; Ng, C. H.; Zhao, X.; Lee, T. S. (2008): Pooling Data Across Transparently Different Groups of Key Informants: Measurement Equivalence and Survey Research, in: Decision Sciences, 39 (1), S. 115-145.

Salomo, Sören; Kögel, K. (2000): Krisendiagnose mit wissensbasierten Systemen, in: Hauschildt, Jürgen; Leker, Jens (Hrsg.), Krisendiagnose durch Bilanzanalyse, 2. Aufl., Köln: Verlag Dr. Otto Schmidt KG, S. 221-239.

Sandig, Curt (1953): Die Führung des Betriebes, Suttgart: Poeschel Verlag.

Sandin, Per (2009): Approaches to Ethics for Corporate Crisis Management, in: Journal of Business Ethics, 87 (1), S. 109-116.

Saparito, Patrick A.; Chen, Chao C.; Sapienza, Harry J. (2004): The Role of Relational Trust in Bank-Small Firm Relationships, in: The Academy of Management Journal, 47 (3), S. 400-410.

Schäfer, Dorothea (2014): Die „Geiselhaft" des Relationship-Intermediärs: Eine Nachlese zur Beinahe-Insolvenz des Holzmann-Konzerns, in: Perspektiven der Wirtschaftspolitik, 4 (1), S. 65-84.

Schalast, Christoph; Ockens, Klaas; Jobe, Clemens J.; Safran, Robert (2006): Work-Out und Servicing von notleidenden Krediten – Berichte und Referate des HfB-NPL Servicing Forums 2006.

Schieszl, Sven; Bachmann, Mark; Amann, Mark (2012): Das Wachstum der finanziellen Überschüsse in der Unternehmensbewertung – Eine empirisch gestützte Bestandsaufnahme, in: Peemöller, Volker H. (Hrsg.), Praxishandbuch der Unternehmensbewertung, Herne: NWB-Verlag, S. 629-652.

Schmalenbach, Eugen (1948): Über die literarische Betätigung der Wirtschaftsprüfer, in: Die Wirtschaftsprüfung, 1 (1), S. 3-4.

Schmalenbach, Eugen (1953): Dynamische Bilanz, 11. Aufl., Köln: Westdeutscher Verlag.

Schmolke, Klaus (2012): Whistleblowing-Systeme als Corporate Governance-Instrument transnationaler Unternehmen, in: Recht der internationalen Wirtschaft, 4 (16), S. 224-232.

Schnabl, Gunther (2009): Asymmetrische Makropolitiken und eingetrübte Wachstumsperspektiven, in: Wirtschaftsdienst, 89 (10), S. 660-664.

Schnettler, Albert (1933): Der Betriebsvergleich - Grundlagen, Technik und Anwendung zwischenbetrieblicher Vergleiche, Suttgart: Poeschel Verlag.

Schön, Constantin; Ehrmann, Thomas; Rost, Katja (2015): Ownership, Visibility and Effort: Golf Handicaps as Proxies for Managers' Extra Effort, in: KYKLOS, 68 (2), S. 255-274.

Schoorman, F. David; Mayer, Roger C.; Davis, James H. (2007): An Integrative Model of Organizational Trust: Past, Present and Future, in: Academy of Management Review, 32 (2), S. 344-354.

Schulenburg, Nils (2008): Entstehung von Unternehmenskrisen, Dissertation, Wiesbaden: Gabler.

Schwalbach, Joachim; Brenner, Steffen (2001): Managerqualität und Unternehmensgröße, Working Paper, Humboldt-Universität zu Berlin, Berlin.

Schwartz, Michael (2013): Aktuelle Statistiken zum Mittelstand in Deutschland, in: KFW Economic Research, S. 1-24.

Service, Robert W.; Loudon, David (2012): A Global Leadership Quotient - GLQ: Measuring, Assessing, and Developing, in: China-USA Business Review, 11 (8), S. 1096-1112.

Shrivastava, Paul; Mitroff, Ian; Miller, Danny; Miglani, Anil (1988): Understanding Industrial Crisis, in: Journal of Management Studies, 25 (2), S. 285-303.

Singh, Jitendra V.; Tucker, David J.; House, Robert J. (1986): Organizational Legitimacy and the Liability of Newness, in: Administrative Science Quarterly, 31 (2), S. 171-193.

Slatter, Stuart; Lovett, David (1999): Corporate Turnaround: Managing Companies in Distress, Rev. Aufl., London: Penguin Books.

Snyder, Peter; Hall, Molly; Robertson, Joline; Jasinski, Tomasz; Miller, Janine S. (2006): Ethical Rationality: A Strategic Approach to Organizational Crisis, in: Journal of Business Ethics, 63 (4), S. 371-383.

Söllner, Rene (2011): Ausgewählte Ergebnisse für kleine und mittlere Unternehmen in Deutschland 2009, in: Statistisches Bundesamt: Wirtschaft und Statistik, S. 1086-1096.

Sonius, David; Kehrel, Uwe; Bergstermann, Marie; Liewald, Carolina (2015): Zur Entstehung von Unternehmenskrisen - Eine empirische Bewertung potenzieller Krisenursachen, in: Krisen-, Sanierungs- und Insolvenzberatung, 05/2015, S. 197-206.

Stausberg, Thomas (2012): Ansatzpunkte für ein verbessertes Risikomanagement von Banken, in: Jacobs, Jürgen; Riegler, Johannes; Schulte-Mattler, Hermann; Weinrich, Günter (Hrsg.), Frühwarnindikatoren und Krisenfrühaufklärung, Wiesbaden: Springer Gabler, S. 287-320.

Steinhaus, Henrik (2011): Mitarbeiterbeteiligung als Krisenbewältigungsinstrument aus akteurtheoretischer Sicht, Dissertation, 1. Aufl., Wiesbaden: Gabler Verlag.

Stinchcombe, Arthur L. (1965): Social structure and organizations, in: March, James G. (Hrsg.), Handbook of Organizations, Chicago: Rand McNally, S. 142-193.

Stober, Ingo; Moldenhauer, Ralf (2004): Restrukturierung und strategische Neuausrichtung eines Pharma Unternehmens, in: Bickhoff, Nils; Blatz, Michael; Eilenberger, Guido; Haghani, Sascha (Hrsg.), Die Unternehmenskrise als Chance - Innovative Ansätze zur Sanierung und Restrukturierung, Berlin: Springer, S. 383-396.

Stöckl, Matthias (2010): Fremdkapitalquoten in Europa: Ein Ländervergleich, in: Working Papers in Economics and Finance, University of Salzburg, S. 1-18.

Strobel, Stefan (2012): Unternehmensplanung im Spannungsfeld von Ratingnote, Liquidität und Steuerbelastung, Hamburg: Kovac.

Süße, Sascha (2014): Whistleblowing - Hinweisgebersysteme als Bestandteil eines effektiven Compliance-Managements, in: Schettgen-Sarcher, Walburga; Bachmann, Sebastian; Schettgen, Peter (Hrsg.), Compliance Officer - Das Augsburger Qualifizierungsmodell, Wiesbaden: Springer Gabler, S. 195-218.

Svenson, Ola (1981): Are we all less risky and more skillful than our fellow drivers? in: Acta Psychologica, S. 143-148.

Syllwasschy, Henning (2013): Stakeholder-Beteiligung in der finanz- und leistungswirtschaftlichen Sanierung von Krisenunternehmen, Dissertation, Hamburg: Kovač Verlag.

Tafoya, Dennis W. (2013): Organizations in the face of crisis managing the brand and stakeholders, New York: Palgrave Macmillan.

Taylor, Shelly E.; Brown, Jonathan D. (1988): Illusion and Well-Being: A Social Psychological Perspective on Mental Health, in: Psychological Bulletin, 103 (2), S. 193-210.

Tchouvakhina, Margarita (2012): Woran scheitern junge Unternehmen? in: KFW Economic Research, Nr. 6, Frankfurt am Main, Dezember 2012.

Thießen, Ansgar (2013): Handbuch Krisenmanagement, Wiesbaden: Springer.

Thorndike, Edward L. (1936): The Relation Between Intellect and Morality in Rulers, in: American Journal of Sociology, 42 (3), S. 321-334.

Tinz, Oliver (2010): Die Abbildung von Wachstum in der Unternehmensbewertung eine theoretische und empirische Analyse der Möglichkeiten und Grenzen einer objektivierten und transparenten Abbildung von Wachstum nach IDW S 1, Dissertation, 1. Aufl., Lohmar: Eul Verlag.

Tobias, Robert (2012): Pfadbruch durch Insolvenz?: Eine Fallstudie zur Wirkung von Insolvenzverfahren auf betriebliche Pfadabhängigkeiten bei zwei mittelständischen Unternehmen, 1. Aufl., Tectum.

Töpfer, Armin (1999): Plötzliche Unternehmenskrisen - Gefahr oder Chance?: Grundlagen des Krisenmanagements, Praxisfälle, Grundsätze zur Krisenvorsorge, Neuwied: Hermann Luchterhand Verlag GmbH.

Töpfer, Armin (2002): Issue-, Risiko- und Krisenmanagement im Dreiklang, in: Pastors, Peter (Hrsg.), Risiken des Unternehmens - vorbeugen und meistern -, München: Rainer Hampp Verlag, S. 243-269.

Troßmann, Ernst; Baumeister, Alexander (2015): Internes Rechnungswesen, 1. Aufl., München: Vahlen.

Trustorff, Jan-Henning; Botterweck, Birgit (2012): Bankinterne Ratingverfahren, in: Everling, Oliver; Leker, Jens; Bielmeier, Stefan (Hrsg.), Credit Analyst, München: Oldenbourg Verlag, S. 151-166.

Tversky, Amos (1995): The Psychology of Decision Making, in: Wood, Arnold S.; Brock, Horace W. (Hrsg.), Behavioral finance and decision theory in investment management, Association for Investment Management and Research, Charlottesville, S. 2-5.

Virany, Beverly; Tushman, Michael L.; Romanelli, Elaine (1992): Executive Succession and Organization Outcomes in Turbulent Environments: An Organization Learning Approach, in: Organization Science, 3 (1), S. 72-91.

von Allwörden, Andrea (2005): Untersuchungen zur Situation existenzgefährdeter Betriebe in Landwirtschaft und Gartenbau Ursachen, wirtschaftliche und soziale Folgen sowie Konsequenzen für die Beratung, 1. Aufl., Berlin: Köster Verlag.

von Wysocki, Klaus (1962): Das Postulat der Finanzkongruenz als Spielregel, Stuttgart: Kohlhammer.

Weiß, Markus (2013): Risikofaktoren im steuerberatenden Berufsstand eine empirische Analyse, 1. Aufl., Lohmar u.a.: Eul Verlag.

Wells, Kathryn (2006): Mezzanine takes off in central Europe, in: Euromoney, 37 (442), S. 150-153.

Werner, Henning; Rózsa, Julia; Radner, Bozidar; Murday, Jeremy (2010): Einsatz externer Sanierungsberater aus Bankensicht - Ergebnisse einer Studie zum Thema „Work-out und Sanierungsberatung“, in: Krisen-, Sanierungs- und Insolvenzberatung, 2/2010, S. 65-70.

Whetten, David A. (1987): Organizational Growth and Decline Processes, in: Annual Review of Sociology, 13, S. 335-358.

Wicks, Andrew C.; Gilbert, Daniel R.; Freeman, Jr; Freeman, R. Edward (1994): A Feminist Reinterpretation of the Stakeholder Concept, in: Business Ethics Quarterly, 4 (4), S. 475-497

Wieselhuber (2002), Wieselhuber & Partner (2002): Unternehmenskrisen im Mittelstand - Krisenursachen und Erfolgsfaktoren der Krisenbewältigung, München.

Wilkinson, Adrian; Mellahi, Kamel (2005): Organizational Failure: Introduction to the Special Issue, in: Long Range Planning, 38, S. 233-238.

Wilson, Jonathan A. J. (2012): The Brand Stakeholder Approach: Broad and Narrow-Based Views to Managing Consumer-Centric Brands, in: Kapoor, Avinash; Kulshrestha, Chinmaya (Hrsg.), Branding and Sustainable Competitive Advantage, Hershey: Business Science Reference, S. 136-160.

Witte, Eberhard (1963): Die Liquiditätspolitik der Unternehmung, Tübingen: Mohr Siebeck.

Witte, Eberhard (1981): Der praktische Nutzen empirischer Forschung, Tübingen: Mohr.

WirtschaftsWoche (1999): Bauwirtschaft "Eine Pleite wäre besser gewesen", in: WirtschaftsWoche, Nr. 49 vom 02.12.1999, S. 18.

WirtschaftsWoche (2005): Offenes Einfallstor - Sind Deutschlands Betriebsräte käuflich?, in: WirtschaftsWoche, Nr. 29 vom 14.07.2005, S. 38.

WirtschaftsWoche (2007): Gefesselter Riese, in: WirtschaftsWoche, Nr. 13 vom 26.03.2007, S. 74.

Woeste, Karl Friedrich (1980): Vorbeugende Massnahmen gegen (finanzielle) Krisen im Unternehmen, in: Journal of business economics, 50 (6), S. 620-637.

Wolfe, Richard A.; Putler, Daniel S. (2002): How Tight Are the Ties that Bind Stakeholder Groups?, in: Organization science, 13 (1), S. 64-80.

Yang, Blinglin (2012): Regulatory Covernance and Risk Management - Occupational Health and Safety in the Coal Mining Industry, New York: Routledge.

Ye, Bendu (2010): Langenscheidts Großwörterbuch Deutsch als Fremdsprache: Deutsch-Chinesisch.

Zald, Mayer N. (1969): The Power and Functions of Boards of Directors: A Theoretical Synthesis, in: American Journal of Sociology, 75 (1), S. 97-111.

Ziolkowski, Ulrich (1989): Erfolgsspaltung: Aussagefähigkeit und Grenzen, in: Coenenberg, Adolf G. (Hrsg.), Bilanzanalyse nach neuem Recht, Verlag Moderne Industrie, S. 155-188.

Zirener, Jörg (2005): Sanierung in der Insolvenz, Dissertation, Wiesbaden: Deutscher Universitätsverlag.

Zuckermann, Marvin; Neeb, Michael (1979): Sensation Seeking and Psychopathology, in: Psychiatry Research, 1 (3), S. 255-264.

Quellenverzeichnis

Gesetzestexte, Richtlinien und Verordnungen

Gesetz betreffend die Gesellschaften mit beschränkter Haftung (GmbHG) in der im Bundesgesetzblatt Teil III, Gliederungsnummer 4123-1, veröffentlichten bereinigten Fassung, das zuletzt durch Artikel 6 des Gesetzes vom 17. Juli 2015 (BGBl. I S. 1245) geändert worden ist.

Handelsgesetzbuch (HGB) in der im Bundesgesetzblatt Teil III, Gliederungsnummer 4100-1, veröffentlichten bereinigten Fassung, das zuletzt durch Artikel 2 Ansatz 39 des Gesetzes vom 22. Dezember 2011 (BGBl. I S. 2044) geändert worden ist.

Insolvenzordnung (InsO) vom 5. Oktober 1994 (BGBl. I S. 2866), die zuletzt durch Artikel 149 der Verordnung vom 31. August 2015 (BGBl. I S. 1474) geändert worden ist.

Kreditwesengesetz (KWG) in der Fassung der Bekanntmachung vom 9. September 1998 (BGBl. I S. 2776), das durch Artikel 339 der Verordnung vom 31. August 2015 (BGBl. I S. 1474) geändert worden ist

Internetquellen

Altegör, Tim (2014): JUWI baut 400 Stellen ab, http://www.neueenergie.net/wirtschaft/unternehmen/juwi-baut-400-stellen-ab, abgerufen am 07.03.2015.

APA (2014): Computerhändler DiTech insolvent - "Sehr grosse Verluste" - Jobabbau folgt, http://wirtschaftsblatt.at/home/nachrichten/oesterreich/1572975/Computerhaendler-DiTech-insolvent-Sehr-grosse-Verluste-Jobabbau, abgerufen am 14.09.2015.

Dentz, Markus (2013): Ernüchternde Bilanz für Preps 2006-1, http://www.finance-magazin.de/geld-liquiditaet/alternative-finanzierungen/ernuechternde-bilanz-fuer-preps-2006-1-1270201/, abgerufen am 02.01.2015.

DeStatis (2015): https://www.destatis.de/DE/ZahlenFakten/Wirtschaftsbereiche/IndustrieVerarbeitendesGewerbe/IndustrieVerarbeitendesGewerbe.html, abgerufen am 07.03.2015.

Deutsche Bundesbank; BaFin (2007), Deutsche Bundesbank, Bundesanstalt für Finanzdienstleistungsaufsicht: Merkblatt zur Zulassung zum IRBA vom 01. April 2007, https://www.bundesbank.de/Redaktion/DE/Downloads/Aufgaben/Bankenaufsicht/IRBA/merkblatt_zur_zulassung_zum_irba.pdf?__blob=publicationFile, abgerufen am 14.07.2013.

Deutsche Bundesbank Eurosystem (2015): Erteilte Zulassungen zur Nutzung eines auf internen Ratings basierenden Ansatzes (IRBA), http://www.bundesbank.de/Redaktion/DE/Standardartikel/Aufgaben/Bankenaufsicht/basel2_zulassung_institute_in_deutschland.html, abgerufen am 18.06.2015.

Dierig, Carsten (2013): Diese vier Probleme muss ThyssenKrupp schnell lösen, http://www.welt.de/wirtschaft/article119012625/Diese-vier-Probleme-muss-ThyssenKrupp-schnell-loesen.html, abgerufen am 25.02.2015

Duden Online Krise, http://www.duden.de/suchen/dudenonline/krise, abgerufen am 08.01.2015.

Duden Online Herkunftswörterbuch creditum, http://www.munzinger.de/search/simple/query?template=%2Fpublikationen%2Fhitlist-directhits-full.jsp&query.id=query-duden&query.key=8akZZ9HQ&query.commit=yes&query.scope=xx%3Bduden-d0%3Bduden-d1%3Bduden-d5%3Bduden-d7%3Bduden-d8%3Bduden-d9%3Bduden-db%3Bduden-dd%3Bduden-de%3Bduden-df%3Bduden-dg%3Bduden-dh%3Bduden-di%3Bduden-dj%3Bduden-dk%3Bduden-dl%3Bduden-dm%3B&query.facets=no&hitlist.highlight=no&query.text=kredit&query.dall=on&query.d0=on&query.d1=on&query.d5=on&query.d7=on&query.d8=on&query.d9=on&query.db=on&query.dd=on&query.de=on&query.df=on&query.dg=on&query.dh=on&query.di=on&query.dj=on&query.dk=on&query.dl=on&query.dm=on, abgerufen am 08.01.2015.

Gotham City Research LLC (2014), Let's GOWEX: A Pescanovan Charade, http://de.scribd.com/doc/232063069/Let-s-Gowex-La-Charada-Pescanova-a-Pescanovan-Charade, abgerufen am 14.07.2015.

Hofmann, Josef (2012): Kommentar: Selbstherrlich in die Pleite - Anton Schlecker ist schuld am endgültigen Aus, http://www.nordbayern.de/politik/kommentar-selbstherrlich-in-die-pleite-1.2116332, abgerufen am 18.06.2015

Insolvenz Ratgeber (2010): Automobilzulieferer Angell-Demmel ist insolvent, http://www.insolvenz-ratgeber.de/automobilzulieferer-angell-demmel-ist-insolvent/2010/09/02/, abgerufen am 25.02.2015.

Kuhr, Daniela (2014): Der hohe Preis der Billig-Eier, http://www.sueddeutsche.de/wirtschaft/marktmacht-der-discounter-der-hohe-preis-der-billig-eier-1.1870712, abgerufen am 12.08.2015.

Marquart, Marie; Diehl, Jörg (2012): ThyssenKrupp: Das Ende von Glut, Schweiß und Stahl, in: http://www.spiegel.de/wirtschaft/unternehmen/krise-bei-thyssenkrupp-nach-verlusten-a-871668.html, abgerufen am 16.09.2014

Renner, Anton (2013): Bayern Batterie geht der Strom aus, http://www.merkur.de/lokales/erding/isen/bayern-batterie-geht-strom-2940409.html, abgerufen am 16.09.2014.

Reuters (2011): Krise in der Druckbranche: König & Bauer will bis zu 700 Stellen kürzen, http://www.handelsblatt.com/unternehmen/industrie/krise-in-der-druckbranche-koenig-und-bauer-will-bis-zu-700-stellen-kuerzen/4216282.html, abgerufen am 07.03.2015.

Reuters (2014): Kartellarmt warnt: Aldi und Co. nutzen Marktmacht aus, http://www.handelsblatt.com/unternehmen/handel-konsumgueter/kartellamt-warnt-aldi-und-co-nutzen-marktmacht-aus/10748874.html, abgerufen am 07.03.2015.

Schnitzler, Lothar (2011): Mezzanine werden zur Unternehmer-Falle, http://www.wiwo.de/unternehmen/mittelstand-mezzanine-werden-zur-unternehmer-falle/5245424.html, abgerufen am 11.09.2015.

Schorlemmer, Ingo (2013): Bäckerei Kohlmann hat Chancen auf Sanierung, http://www.schubra.de/de/presseservice/pressemitteilungen/Kohlmann_pm20130110.php, abgerufen am 19.09.2014.

Selling, Andreas (2013): Druckindustrie: "Ein tödlicher Cocktail", http://www.boersenblatt.net/artikel-meinung.594818.html, abgerufen am 15.08.2015.

Soester-Anzeiger (2010): Automobilzulieferer Honsel meldet Insolvenz an, http://www.soester-anzeiger.de/lokales/soest/automobilzulieferer-honsel-meldet-insolvenz-977104.html, abgerufen am 18.06.2015.

Statista (2015): Umsatz der deutschen Automobilindustrie in den Jahren 2005 bis 2014, http://de.statista.com/statistik/daten/studie/160479/umfrage/umsatz-der-deutschen-automobilindustrie/, abgerufen am 14.07.2015.

Toyer, Julien; Ruano, Carlos; Gonzalez, Andres (2014), Special Report - Web of lies: How a Spanish tech star fooled the world, http://www.reuters.com/article/2014/08/14/us-spain-gowex-ceo-specialreport-idUSKBN0GE0R420140814, abgerufen am 08.01.2015.

Sonstige Quellen

BaFin (2012), Bundesanstalt für Finanzdienstleistungsaufsicht: Mindestanforderungen an das Risikomanagement – MaRisk, An alle Kreditinstitute und Finanzdienstleistungsinstitute in der Bundesrepublik Deutschland, Rundschreiben 10/2012 (BA), Geschäftszeichen BA 54-FR 2210-2012/0002, vom 14. Dezember 2012.

Creditreform (2014): Insolvenzen in Deutschland – Jahr 2014: Unternehmensinsolvenzen sinken auf 15-Jahres-Tief, Neuss, Dezember 2014.

Creditreform Rating Agentur (2015): Creditreform Branchenanalyse – Maschinenbau, Neuss, Juni 2015.

Creditreform; ZEW; ZIV (2010), Creditreform; Zentrum für Europäische Wirtschaftsforschung Gmbh; Zentrum für Insolvenz und Sanierung an der Universität Mannheim e.V. (2010): Ursachen für das Scheitern junger Unternehmen in den ersten fünf Jahren ihres Bestehens, Studie im Auftrag des Bundesministeriums für Wirtschaft und Technologie, Mannheim und Neuss, März 2010.

Europäische Kommission (2003): KMU-Definition: Empfehlung der Kommission vom 06. Mai 2003.

DVFA (2006): DVFA: DVFA-Rating Standards und DVFA-Validierungsstandards, in: Dreieich: DVFA - Finanzvorschriften, Band 2, S. 1-37.

IDW (2009): IDW Standard: Anforderungen an die Erstellung von Sanierungskonzepten (IDW S6), in: IDW Fachnachrichten, Band 11, S. 578-596.

KFW; Bankenverband (2011), Kreditanstalt für Wiederaufbau Bankengruppe; Bundesverband deutscher Banken (2011): Standard-Mezzanine: Refinanzierungsproblematik, Lösungsansätze und Handlungsempfehlungen, Working Paper, Frankfurt am Main, Mai 2011.